土木工程实验与检测技术

（上）

主　编　张志恒

参　编　杨晓峰　宋百姓　王小波　熊　恩
　　　　晏冲为　吴　旦　秦至谦

中南大学出版社
www.csupress.com.cn

前　言

　　本书以高等学校土木类各专业用土木工程教学大纲以及土木类相关专业国家和行业标准等为依据而编写的，分上、下两册。主要内容包括土木工程材料实验与检测、土力学室内实验与现场原位测试实验、岩石力学实验、测量实验与检测、建筑结构实验与检测、道路与桥梁工程材料实验与检测、路基路面工程现场实验与检测等；主要从基本概念、仪器设备及使用、实验步骤、实验记录与计算、检测相关规定等方面进行阐述。

　　本书由南华大学张志恒高级实验师担任主编，参加本书编写的有：张志恒（土木工程材料实验与检测、建筑结构实验与检测）；杨晓峰、宋百姓（土木工程材料实验与检测）；王小波（土力学室内实验与现场原位测试实验、岩石力学实验）；熊恩、晏冲为（测量实验与检测）；吴旦、秦至谦（道路与桥梁工程材料实验、路基路面工程现场实验）。

　　本书编写注重理论联系实际，编写人员均来自于南华大学土木工程实验教学中心和南华大学工程技术检测中心，具有多年的实验教学和工程检测实践经验；本书可作为土木工程类各专业的实验教学用书，亦可作为土木工程专业工程检测人员和试验人员参考用书。

　　本书在编写的过程中得到了南华大学土木工程学院柯国军教授的大力指导和支持，在此深表感谢！

　　由于编写时间仓促，本书内容还不够全面，例如：建筑节能实验与检测、钢结构实验与检测、建筑幕墙实验与检测等内容还未在本书中加入，争取在修订时进行补充。

　　由于新材料、新工艺、先进仪器设备等不断发展和提高，国家和行业标准的不断更新，加之编者水平有限，本书缺点和错误在所难免，敬请同行专家和读者批评指正。

编　者

2016 年 5 月

目　录

第一篇　土木工程材料实验与检测

第二篇　土力学室内实验

第三篇　现场原位测试实验

第四篇　岩石力学实验

第五篇　建筑结构实验与检测

第一篇
土木工程材料实验与检测

实验 1.1　材料的基本性质实验

【实验目的】　通过实验掌握材料的密度、表观密度、孔隙率、吸水率等基本概念，以及材料的强度与材料的孔隙率的大小及孔隙特征的关系，熟悉仪器设备的性能和操作规程。

【预习思考】　预习材料的密度、表观密度、表干密度、毛体积密度、堆积密度、孔隙率以及吸水率的基本概念。

1.1.1　密度实验

1. 基本概念

(1)材料密度(真实密度)：指材料在绝对密实状态下(不计材料内部任何孔隙的材料实体的体积)，单位体积内所具有的质量。计算式为：

$$\rho = \frac{m}{V}\ (\text{g/cm}^3)$$

式中：m——材料的质量(干燥至恒重)；

　　　V——材料的绝对密实体积。

(2)恒重：化学术语之一，常用于化学分析之中，前后两次称量重量差异在万分之二以下可视作恒重。工程中常指相邻两次称量间隔时间不少于 6 h 的情况下，前后两次称量之差小于该项试验所要求的称量精密度。

(3)对于多孔材料的密度测定，关键是测出绝对密实体积 V，常用方法是将材料磨成细粉，干燥后用排液法(如李氏瓶)测得的粉末体积为绝对密实体积。材料磨得越细，内部孔隙消除越完全，测到的体积也越精确，工程中一般要求磨得的细粉粒径不大于 0.25 mm。

2. 实验仪器设备(以破碎的砖块为例)

(1)李氏瓶：250 mL；

(2)标准筛：孔径 0.25 mm(土壤标准筛)；

(3)天平：称量 1 kg，感量 0.01 g；

(4)烘箱：能控制温度 105 ± 5℃；

(5)恒温水槽：灵敏度 ±0.5℃；

(6)其他：干燥器、球磨机、小勺、滴管、漏斗、滤纸等。

3. 实验步骤

(1)试样制备：将试样破碎研碎，通过孔径 0.25 mm 筛，除去筛余物，放入 105 ~ 110℃烘箱中烘至恒重(一般烘干时间不少于 6 小时)，然后放入干燥器中冷却至室温备用。

(2)将李氏瓶、漏斗等洗净、烘干备用。

(3)将不与待测试样起反应的液体(水或无水煤油)注入李氏瓶中,使液体至瓶突颈下0~1 mL刻度线范围内(以弯月面下部刻度为准),盖上瓶塞,放入恒温水槽内,使刻度部分浸入水中(水温控制为李氏瓶刻度上标明的温度),恒温30 min,记下此时的初始读数 V_1。

(4)从恒温水槽中取出李氏瓶,用滤纸将李氏瓶细长颈内无液体的部分仔细擦干净。

(5)用天平称取60~90 g试样,准确至0.01 g,用小勺和漏斗将试样徐徐送入李氏瓶中,反复摇动,至没有气泡排出,加料至液面上升至20 mL刻度左右。

(6)再次将李氏瓶静置于恒温水槽中,恒温30 min,记下此时的读数 V_2,第一次读数和第二次读数时,恒温水槽的温度差不大于0.2℃。

(7)称取剩余的试样质量,算出装入李氏瓶内的试样质量 m(g)。

(8)计算:密度 $\rho = \dfrac{m}{V_2 - V_1}$(g/cm³)　　(准确至0.01 g/cm³)

式中:m——装入瓶中试样的质量(g);

　　　$V_2 - V_1$——装入瓶中试样的体积(cm³)。

4. 记录及结果计算

表1-1-1　密度实验记录表

实验项目		样品名称			样品编号		
实验方法				实验规程			
主要仪器设备名称				实验室环境条件			
实验人员				指导老师			
记录人员				实验日期			

		实验原始记录						

实验次数	装入瓶内试样质量(g)			试样体积(mL)			密度(g/cm³)	
	初始质量	剩余质量	李氏瓶中试样质量	瓶中液面初始读数 V_1	加试样后液面读数 V_2	试样体积 $V_2 - V_1$	计算值	平均值
1								
2								
备注	以两次实验结果的平均值作为密度实验结果,两次结果之差不应大于0.02 g/cm³,否则重做							

5. 检测相关

工程中需测定材料密度的实验主要有:

(1)确定水泥比表面积时,一般先要测定水泥的密度,采用李氏瓶法,具体参见《水泥密度测定方法》(GB/T208—2014)、《水泥比表面积测定方法——勃氏法》(GB/T8074—2008);

(2)工程岩石颗粒密度测定,采用比重瓶法,具体参见《工程岩体试验方法标准》(GB/T50266—2013)、《公路工程岩石试验规程》(JTG E41—2005);

(3)土粒比重实验,采用比重瓶法,具体参见《土工试验方法标准》(GB/T50123—1999)、《土工试验规程》(SL237—1999)、《公路土工试验规程》(JTG E40—2007)。

1.1.2 表观密度实验

1. 基本概念

(1)表观密度：材料在自然状态下单位体积所具有的质量。计算式为：

$$\rho_0 = \frac{m}{V_0}$$

式中：m——材料的质量(干燥至恒重)；

V_0——材料在自然状态下的体积。

(2)测定材料在自然状态下的体积 V_0 的方法：

①若材料外观形状规则，则一般干燥至恒重后，直接度量外形尺寸，按几何公式计算体积 V_0，例如：砌墙砖体积密度测定，环刀法测土的密度等。

②若材料外观形状不规则，则可用蜡封 – 排液法测得体积(为了防止液体由材料孔隙渗入材料内部影响测定值，在材料表面涂蜡密封处理)。

③对于工程中常用的粗、细集料，由于孔隙率很小，其表观密度常称为视密度，多采用容量瓶法测定。具体参见后续粗、细集料实验项目。

2. 实验仪器设备(以烧结普通砖为例)

(1)砖用卡尺：分度值 0.5 mm；

(2)钢直尺：分度值不大于 1 mm；

(3)烘箱：能控制温度 105 ±5℃；

(4)台秤：分度值不大于 5 g。

3. 实验步骤

(1)取外观完整试件数量 5 块，清理试件表面，将其放置在 105 ±5℃烘箱中烘至恒重，称其质量 m(kg)。

(2)用砖用卡尺测量试件尺寸，准确至 0.5 mm。长度测量为两个大面的中间处测量，每个大面测一次，取平均值；宽度测量为两个大面的中间处测量，每个大面测一次，取平均值；高度测量为两个条面的中间处测量，每个条面测一次，取平均值；然后根据平均值计算出体积。每个试件测两次，以两次计算出的体积的算术平均值作为该试件的 V_0(mm³)。

(3)计算：表观密度

$$\rho_0 = \frac{m}{V_0} \times 10^9 \, (\text{kg/m}^3) \, (\text{准确至 } 0.01 \text{ kg/m}^3)$$

式中：m——试件干燥至恒重的质量(kg)；

V_0——试件计算体积(mm³)。

(4)实验结果：以 5 块试件表观密度的算术平均值表示，准确至 0.01 kg/m³。

4.记录及结果计算

表1-1-2 表观密度实验记录表

实验项目		样品名称			样品编号			
实验方法				实验规程				
主要仪器设备名称				实验室环境条件				
实验人员				指导老师				
记录人员				实验日期				

实验原始记录

试件编号	烘干质量（kg）	试件尺寸（mm）						试件体积（mm³）		表观密度（kg/m³）	
		长		宽		高		计算值	平均值	计算值	平均值
		测量	平均	测量	平均	测量	平均				
1											
2											
3											
4											
5											

5. 检测相关

(1)工程中测定粗、细集料的几个主要密度指标：

①密度：材料烘干质量与材料绝对密实体积(不包括任何内部孔隙,仅材料实体体积)之比;

②表观密度：材料烘干质量与材料视体积(包括材料实体体积和闭口孔隙的体积,不包括开口孔隙的体积)之比;

③表干密度：材料表干质量(饱和面干质量,包括吸入了开口孔隙中的水)与材料毛体积(包括材料实体体积、开口和闭口孔隙体积)之比,又称表干毛体积密度;

④毛体积密度：材料烘干质量与材料毛体积(包括材料实体体积、开口和闭口孔隙体积)之比;又称绝干毛体积密度;

⑤堆积密度：材料烘干质量与材料堆积体积(包括材料实体体积、开口和闭口孔隙体积及颗粒间空隙体积)之比。我国规程测定的堆积密度,包括自然堆积状态、振实状态、捣实状态下的堆积密度。

集料各种密度的关系为：密度 > 表观密度 > 表干密度 > 毛体积密度 > 堆积密度。

(2)工程中常用材料的密度、表观密度和堆积密度如表 1 – 1 – 3 所示。

表 1 – 1 – 3　常用材料的密度、表观密度和堆积密度

材料名称	密度(g/cm^3)	表观密度(kg/m^3)	堆积密度(kg/m^3)
水泥	2.8~3.1 计算通常取 3.1	—	松散：900~1300 紧密：1400~1700 计算通常取 1300
混凝土用砂	2.5~2.6	—	1450~1650
混凝土用石	2.6~2.9	—	1400~1700
普通混凝土	—	2100~2500	—
石灰岩	2.6~2.8	1800~2600	
花岗岩	2.7~3.0	2000~2850	
钢材	7.85	7850	
铝合金	2.7~2.9	2700~2900	
黏土	2.5~2.7	—	1600~1800
烧结普通砖	2.5~2.7	1500~1800	—
建筑陶瓷	2.5~2.7	1800~2500	—
玻璃	2.45~2.55	2450~2550	—

1.1.3　孔隙率计算

1. 基本概念

(1)孔隙率：材料中孔隙体积占材料实体体积的百分率。计算式为：

$$n = \frac{V_0 - V}{V} \times 100\% = \left(1 - \frac{\rho_0}{\rho}\right) \times 100\%$$

式中：ρ_0——材料的表观密度(g/cm^3)；

    ρ——材料的密度(g/cm^3)。

(2)材料孔隙率的大小反映了材料的密实程度,孔隙率大,则材料的密实度相对小。

(3)上式计算得到的孔隙率,理论上称为:闭口孔隙率。工程中,一般通过测定材料的密度和表观密度来计算材料的闭口孔隙率。

(4)材料的总孔隙率是指材料中总孔隙(包括开口孔隙和闭口孔隙)体积占材料实体体积的百分率。总孔隙率通过测定材料的密度和毛体积密度计算得到,其计算式为:

$$n_{总} = \left(1 - \frac{\rho_d}{\rho}\right) \times 100\%$$

式中：ρ_d——材料的毛体积密度(g/cm^3)；

    ρ——材料的密度(g/cm^3)。

工程中,一般提到的岩石的孔隙率多指的是总孔隙率。岩石孔隙率变化范围较大,新鲜的结晶类岩类的孔隙率一般小于3%,沉积岩为1%~10%,一些胶结不良的砂砾岩,孔隙率可高达10%~20%,有的甚至更高。

1.1.4 吸水率实验

1. 基本概念

(1)吸水率:

①质量吸水率:材料吸水饱和时的吸水量占材料干燥质量的百分率,计算式为:

$$\omega_m = \frac{m_b - m_g}{m_g} \times 100\%$$

式中：ω_m——材料质量吸水率(%)；

    m_b——材料在吸水饱和状态下的质量(g)；

    m_g——材料在干燥状态下的质量(g)。

②体积吸水率:材料吸水饱和时的水分体积占材料自然体积的百分率,计算式为:

$$\omega_v = \frac{m_b - m_g}{V_0 \cdot \rho_w} \times 100\%$$

式中：m_b——材料在吸水饱和状态下的质量(g)；

    m_g——材料在干燥状态下的质量(g)；

    V_0——材料在自然状态下的体积(cm^3)；

    ρ_w——水的密度,常温下取1.0 g/cm^3。

③质量吸水率和体积吸水率的算术关系:

把表观密度的定义式$\rho_0 = \frac{m_g}{V_0}$代入体积吸水率公式中,得:

$$\omega_v \cdot \rho_w = \omega_m \cdot \rho_0$$

(2)材料的吸水率反映材料的吸水性,水分通过材料的开口孔隙吸入后,通过材料的连通孔隙渗入到材料的内部,再通过润湿作用和毛细管作用等使水分留存在材料的内部。因此,具有较多的细微连通孔隙的材料,水分渗入后,由于毛细管作用留存,其吸水率较大;而粗大孔隙的材料,水分渗入后,不易在孔内留存,其吸水率并不高;致密材料和仅有闭口孔隙的材料,水分不易进入,基本上是不吸水的。

2. 实验仪器设备(以加气混凝土为例)

(1)烘箱:能控制温度 $105 \pm 5 \, \text{℃}$;

(2)天平:称量 1 kg,感量 0.01 g;

(3)其他:干燥器、盛水容器等。

3. 实验步骤

(1)取三个尺寸为 100 mm 的立方体试样,将试样表面清理干净,然后放入 $105 \pm 5 \, \text{℃}$ 烘箱内烘干至恒重,再放入干燥器中冷却至室温,称其质量为 m_g,准确至 0.01 g。

(2)将称量后的试件放入盛水容器内,注水至试件高度的 1/3 处,然后每隔 2 h 分别注水至试件高度的 1/2 和 3/4 处,6 h 后将水加至高出试件顶面 20 mm 以上,以利于试件孔隙内空气逐步逸出。试件全部被水淹没后,再自由吸水 48 h。

(3)取出浸水试件,用湿纱布擦去试件表面的水分,立即称其质量为 m_b,准确至 0.01 g。

(4)计算:计算其质量吸水率:

$$\omega_m = \frac{m_b - m_g}{m_g} \times 100\%$$

计算结果准确至 0.01%。

(5)实验结果:以三个试件吸水率算术平均值表示,准确至 0.01%。

4. 记录及结果计算

表 1 - 1 - 4　吸水率实验记录表

实验项目		样品名称		样品编号	
实验方法		实验规程			
主要仪器 设备名称		实验室 环境条件			
实验人员		指导老师			
记录人员		实验日期			
实验原始记录					

试件 编号	烘干质量 $m_g(g)$	浸水饱和 质量 $m_b(g)$	$m_b - m_g(g)$	$\omega_m = \dfrac{m_b - m_g}{m_g} \times 100\%$	吸水率平均值 (%)
1					
2					
3					

5. 检测相关

工程中，测定常见材料的吸水率有：

（1）粗集料吸水率和细集料吸水率测定，采用容量瓶法可以一次实验同时得出表观密度、表干密度、毛体积密度和吸水率。具体参见《公路工程集料试验规程》（JTG E42—2005）、《普通混凝土用砂、石质量及检验方法标准》（JGJ52—2006）。

（2）砌墙砖吸水率和饱和系数测定，试件数量各 5 块，分为常温水浸泡 24 h 的吸水率和沸煮 3 h 的吸水率。具体参见《砌墙砖试验方法标准》（GB/T 2542—2012）。

（3）岩石的吸水率、饱和吸水率和饱水系数测定，吸水率采用自然吸水法测定，饱和吸水率采用煮沸法或真空抽气法测定。具体参见《公路工程岩体试验规程》（JTG E41—2005）、《工程岩体试验方法标准》（GB/T50266—2013）。

6. 作业题

（1）从材料的构造说明材料的密度、表观密度、表干密度、毛体积密度、堆积密度的区别和大小关系。

（2）材料的孔隙率、吸水率如何计算？

实验 1.2　水泥实验

【实验目的】　根据国家有关水泥标准，对水泥的主要物理及力学性能进行实验，掌握水泥合格评定的依据。

【预习思考】　国家标准规定需检验的水泥物理性能共有几项？我国主要的水泥品种有哪些？各有何特点？工程适用性如何？

1.2.1　水泥取样方法

1. 基本概念

(1)单样：由一个部位取出的水泥样品。

(2)混合样：从一个检验批内不同部位取得的全部单样，经充分混匀后得到的样品。

(3)试验样：从混合样中取出，用于水泥质量检验的一份。

(4)封存样：从混合样中取出，用于复验仲裁的一份。

(5)分割样：从一个检验批内，分成十个编号，按每 1/10 编号取得的单样，即一个检验批共十个分割样，用于匀质性试验(试验 10 个分割样 28d 抗压强度的稳定程度)的样品。

(6)检验批：为实施抽样检查而汇集起来的同一条件下生产的单位产品，并给予编号来代表该检验批。

2. 实验仪器设备

散装水泥取样器、袋装水泥取样器、二分器、0.9 mm 方孔筛、密封金属容器等。

3. 实验步骤

(1)散装水泥取样：取样深度不超过 2 m，用散装水泥取样器随机取样，转动取样器内管控制开关，在适当位置插入水泥一定深度，关闭开关后小心抽出，然后将样品放入洁净、干燥、不易受污染的容器中。

(2)袋装水泥取样：每个检验批(即同一编号)抽取不少于 20 袋，将袋装取样器沿着水泥包装袋对角线方向插入，用大拇指按住气孔，小心取样，然后将样品放入洁净、干燥、不易受污染的容器中。

(3)样品制备：

①混合样制备：每一编号所取水泥混合样，过 0.9 mm 方孔筛，一次或多次将样品缩分到相关水泥试验所需要的用量，需同时均分为试验样和封存样；

②分割样制备：每一编号所取的 10 个分割样都应该分别过 0.9 mm 方孔筛，不得混合。

4. 取样记录

表 1 – 2 – 1   水泥取样记录表

_____水泥样品取样单

水泥编号	水泥品种及标号	代表批量	取样日期	取样地点	取样人

5. 检测相关

1）水泥样品取样数量

（1）混合样取样数量：数量应符合水泥相关试验标准，一般从同一编号 20 个部位等量取样，总量不少于 12 kg；

（2）分割样取样数量：对袋装水泥，每 1/10 编号从一袋中取出不少于 6 kg，对散装水泥，每 1/10 编号在 5 min 内取出不少于 6 kg。即共 10 个分割样，每个分割样不少于 6 kg。

2）工程中水泥进场复检取样批量

（1）复检情况：

水泥进场时，应有生产厂家的品质试验检验报告，包括：品种、强度等级、出厂日期、出厂编号和试验数据等。施工企业还应对其强度、安定性以及其他必要的性能指标进行复检。

当在使用过程中，对水泥质量有怀疑或水泥出厂超过三个月（快硬硅酸盐水泥出厂超过一个月），应进行复检，并按复检结果使用。

（2）复检批量：

同一生产厂家、同一品种、同一强度等级、同一批号且连续进场的水泥，袋装水泥以不超过 200 t 为一批，散装水泥以不超过 500 t 为一批，每批抽样不少于一次。

3）水泥样品存储

样品取得后应放在密封的洁净、干燥的金属容器中，并加封条。封存样可以用食品级别的塑料袋装好，扎紧袋口（因为食品级的塑料袋表面无增塑剂，不会形成难溶于水的物质），然后放入容器中，且容器至少在一处加盖清晰、不易擦除的标有编号、取样时间、地点、人员的密封印。封存样要密封保存 3 个月。

1.2.2   水泥细度测定——筛析法

1. 基本概念

（1）水泥细度：用来描述水泥的粗细程度的参数。用比表面积或规定筛网上的筛余量质量占试样原始质量的百分数来表示。

（2）水泥细度筛析法主要有负压筛析法、水筛法、手工干筛法三种，当三种方法测定的结果有争议时，以负压筛析法为准。

（3）水泥细度筛析法是采用 45 μm 方孔标准筛或 80 μm 方孔标准筛的筛余量百分数来表示水泥样品的细度。计算式为：

$$F = \frac{R_t}{W} \times 100\%$$

式中：F——水泥试样的筛余百分数（%）；

R_t——水泥筛余物的质量(g);

W——水泥试样的质量(g)。

(4)水泥细度的大小反映了水泥颗粒粗细程度或水泥的分散程度,对水泥的水化速度、强度、放热速度、和易性和需水量比等有一定影响。

①水泥水化硬化过程是从水泥的颗粒表面开始的,颗粒越细,比表面积越大,水化过程中与水的接触面就越多,则水化速度和凝结速度就越快,早期强度也就越高;

②水泥颗粒越细,也带来一些不利影响,例如:颗粒细度的提高,同时会使水化需水量增加,水化过程产生的收缩变形也会增大,也越容易吸收空气中的水分而受潮,故水泥细度应控制在合理范围内。

2. 实验仪器设备

(1)试验筛:分负压筛(带透明筛盖)、水筛、手干筛三种,分别对应三种试验方法。筛网尺寸均为 45 μm 方孔标准筛或 80 μm 方孔标准筛;

(2)负压筛析仪:负压可调范围 4000 Pa ~ 6000 Pa;

(3)天平:最小分度值不大于 0.01 g;

(4)方孔筛:0.9 mm;

(5)烘箱:能控制温度 105 ±5℃;

(6)其他:水筛架及喷头、干燥器、刷子、蒸发皿、小木槌等。

3. 实验步骤

试验前准备:将试验用试验筛清洗、干燥备用;将水泥试样通过 0.9 mm 方孔筛,烘干后放入干燥器中冷却至室温备用。

1)负压筛析法

(1)筛析试验前,应检查控制系统,把负压筛放在筛座上,盖上筛盖,接通电源,调节负压至 4000 ~ 6000 Pa 范围,如果工作负压小于 4000 Pa,应清理负压筛析仪吸尘器内水泥,使负压恢复正常;当筛网堵塞时,可将筛网反置,反吹空筛一段时间,再用毛刷清理干净。

(2)称取试样 25 g(80 μm 方孔标准筛)或 10 g(45 μm 方孔标准筛),准确至 0.01 g,置于洁净的负压筛中,放在筛座上,盖上筛盖,接通电源,开动筛析仪连续筛析 2 min,筛析时,当试样附着在试验筛的筛盖上,用小木槌轻轻敲击筛盖使试样落下。

(3)筛毕,将试验筛上的筛余量移入天平托盘中,称取筛余量,准确至 0.01 g。

2)水筛法

(1)筛析实验前,使水中无泥、砂,调整好水压及水筛架的位置,使其能正常运转,喷头底面和筛网之间的距离为 35 ~ 70 mm。

(2)称取试样 25 g(80 μm 方孔标准筛)或 10 g(45 μm 方孔标准筛),准确至 0.01 g,置于洁净的水筛中,立即用淡水冲洗至大部分细粉通过后,放在水筛架上,用水压为 0.05 ± 0.02 MPa 的喷头连续冲洗 3 min。冲洗过程中要注意防止喷头与筛网之间的偏斜角度过大,影响实验结果。

(3)筛毕,用少量水将筛余物冲至蒸发皿中,待水泥颗粒全部沉淀后,小心倒出清水,烘干并用天平称量出筛余量,准确至 0.01 g。

注意:水筛法实际操作过程中,水压的稳定是关键。水压较高,样品会溅在筛框上,使筛余结果偏低;水压偏低,筛余不完全,使筛余结果偏高。

3)手工干筛法

　　(1)称取试样25 g(80 μm 方孔标准筛)或10 g(45 μm 方孔标准筛),准确至0.01 g,置于洁净的干筛中。

　　(2)用一只手持筛往复摇动,另一只手轻轻拍打,拍打速度为每分钟120次,每40次向同一方向转动60°,使试样均匀分布在筛网上,注意往复摇动和拍打过程中应保持筛近于水平,直至每分钟通过试样量不超过0.03 g为止。

　　(3)筛毕,称量全部筛余量,准确至0.01 g。

　　4)计算

　　水泥试样筛余百分数:

$$F = \frac{R_t}{W} \times 100\%$$

式中:F——水泥试样的筛余百分数(%);

　　　　R_t——水泥筛余物的质量(g);

　　　　W——水泥试样的质量(g)。

　　计算结果准确至0.1%。

　　5)实验结果

　　每个样品称取两个试样分别进行筛析,取筛余百分数平均值作为筛余结果。若两次筛余值绝对误差大于0.5%(当筛余结果≤5%),或大于1%(当筛余结果>5%时),应再做一次实验,取两次相近结果的算术平均值作为最终结果。

　　4. 记录及结果计算

表1-2-2　筛析法实验记录表

实验项目		样品名称、型号		样品编号、生产厂家	
实验方法	□负压筛析法 □水筛法 □手工干筛法	实验规程			
主要仪器设备名称		实验室环境条件			
实验人员		指导老师			
记录人员		实验日期			

实验原始记录

试样	样品质量 W(精确至0.01 g)	筛余量 R_t(准确至0.01 g)	筛余百分数 $F=\dfrac{R_t}{W}\times100\%$(准确至0.1%)	筛余百分数平均值	备注
1					每个样品称取两个试样分别进行筛析,取筛余百分数平均值作为筛余结果。若两次筛余值绝对误差大于0.5%(当筛余值≤5%),或大于1%(当筛余值>5%时),应再做一次实验,取两次相近结果的算术平均值作为最终结果。
2					
3					

5. 检测相关

(1)水泥细度检验为水泥检验中的一个选择性指标,筛析法适用于硅酸盐水泥(P·Ⅰ、P·Ⅱ)、普通硅酸盐水泥(P·O)、矿渣硅酸盐水泥(P·S)、火山灰质硅酸盐水泥(P·P)、粉煤灰硅酸盐水泥(P·F)、复合硅酸盐水泥(P·C)等,但只有矿渣硅酸盐水泥(P·S)、火山灰质硅酸盐水泥(P·P)、粉煤灰硅酸盐水泥(P·F)、复合硅酸盐水泥(P·C)的细度才以筛余表示,其 80 μm 筛余不大于10%,45 μm 筛余不大于30%。

硅酸盐水泥(P·Ⅰ、P·Ⅱ)、普通硅酸盐水泥(P·O)的细度以比表面积表示。

(2)试验筛必须保持筛孔通畅,使用10次后必须进行清洗。

(3)试验筛筛网在试验过程中会磨损,所以在筛析实验前,必须对试验筛用水泥细度标准样品(水泥细度标准粉)进行标定,以确定试验筛是否可用,试验筛析结束后,必须对筛析实验结果乘以标定的修正系数 C 进行修正。即:$F_终 = F \cdot C$,具体参见《水泥细度检验方法筛析法》(GB/T1345—2005)、《公路工程水泥及水泥混凝土试验规程》(JTG E30—2005)。

1.2.3 水泥密度测定

1. 基本概念

(1)水泥密度指的是水泥质量与密实体积之比,计算式为:

$$\rho = \frac{m}{V}(\text{g/cm}^3)$$

式中:m——材料的质量(干燥至恒重)(g);

V——材料的绝对密实体积(cm^3)。

(2)水泥密度测定主要是测定其密实体积,采用李氏瓶法。根据阿基米德定律,水泥的体积等于它所排开的液体体积,从而计算出水泥单位体积的质量。为使测定的水泥不发生水化,液体介质采用无水煤油。

2. 实验仪器设备

(1)李氏瓶:250 mL;

(2)方孔筛:0.9 mm;

(3)天平:量程大于100 g,感量不大于0.01 g;

(4)烘箱:能控制温度110 ±5℃;

(5)恒温水槽:水温可稳定控制20 ±1℃;

(6)无水煤油:符合 GB253—2008 中 2 号煤油要求;

(7)其他:干燥器、小勺、滴管、漏斗、滤纸等。

3. 实验步骤

(1)试样制备:将水泥试样先通过0.9 mm 方孔筛,放入110 ±5℃烘箱中干燥1 h,然后放入干燥器中冷却至室温备用;

(2)将李氏瓶、漏斗等洗净、烘干备用;

(3)将无水煤油注入李氏瓶中,使液体至瓶突颈下0 mL ~1 mL 刻度线范围内(以弯月面下部刻度为准),盖上瓶塞,放入恒温水槽内,使刻度部分浸入水中(水温控制为李氏瓶刻度上标明的温度），恒温 30 min，记下此时的初始读数 V_1；

（4）从恒温水槽中取出李氏瓶，用滤纸将李氏瓶细长颈内无煤油的部分仔细擦干净；

（5）用天平称取 60 g 试样，准确至 0.01 g，用小勺和漏斗将试样徐徐送入李氏瓶中，反复摇动，至没有气泡排出；

（6）再次将李氏瓶静置于恒温水槽中，恒温 30 min，记下此时的读数 V_2，第一次读数和第二次读数时，恒温水槽的温度差不大于 0.2℃；

（7）计算：

$$\rho = \frac{m}{V_2 - V_1}(\text{g/cm}^3) \quad （准确至 0.01 \text{ g/cm}^3）$$

式中：m——装入瓶中试样的质量（g）；

$V_2 - V_1$——装入瓶中试样的体积（cm^3）。

4. 记录及结果计算

表 1-2-3　水泥密度实验记录表

实验项目		样品名称、型号		样品编号 生产厂家	
实验方法		实验规程			
主要仪器设备 名称、型号		实验室 环境条件			
实验人员		指导老师			
记录人员		实验日期			
实验原始记录					
实验次数	装入瓶内 试样质量 （g） （准确至 0.01 g）	试样体积（mL）			密度（g/cm³）
		瓶中液面恒温 30 min 后初始 读数 V_1	加试样后恒温 30 min 后 液面读数 V_2	试样体积 V_2-V_1	计算值 平均值
1					
2					
备注	以两次实验结果的平均值作为密度实验结果，两次结果之差不应大于 0.02 g/cm³，否则重做				

5. 检测相关

（1）硅酸盐水泥的密度与其熟料矿物组成、熟料的煅烧程度、存储时间和条件等有关，一般掺活性混合材的硅酸盐水泥的密度较普通硅酸盐水泥的密度小。如硅酸盐水泥的密度范围在 3.10～3.20 g/cm³，普通硅酸盐水泥的密度在 3.10 g/cm³ 左右，矿渣硅酸盐水泥的密度为 2.60～3.00 g/cm³；

（2）水泥密度在水泥检验中不是必检项目，但在采用勃氏法测水泥细度的实验中，一般都必须先测定水泥的密度。

1.2.4　水泥比表面积测定——勃氏法

1. 基本概念

（1）水泥比表面积：单位质量的水泥粉末所具有的总表面积，以 cm^2/g 或 m^2/kg 表示。

（2）勃氏法测水泥比表面积是根据一定量的空气通过具有一定空隙率和固定厚度的水泥层时，所受到的阻力不同而引起流速的变化来间接求得水泥的比表面积。

2. 实验仪器设备及材料

（1）勃氏比表面积透气仪（含透气圆筒、穿孔板、捣器、玻璃管 U 形压力计、抽气装置、中速定量滤纸等）；

（2）天平：分度值 0.001 g；

（3）烘箱：能控制温度 110 ±5℃；

（4）秒表：分度值 0.5 s；

（5）实验材料：分析纯汞、基准水泥样品（又称水泥比表面积标准粉，符合 GSB14 - 1511）、压力计液体（带颜色的蒸馏水）；

（6）其他：干燥器、毛刷、0.9 mm 方孔筛、小玻璃板、塑料手套、防毒口罩、活塞油脂等。

3. 实验步骤

1）试样制备

依据水泥取样方法（实验一）取待测水泥样，过 0.9 mm 的方孔筛，放入 110 ±5℃烘箱中烘干，移入干燥器中冷却至室温备用。

将水泥比表面积标准粉放入 110 ±5℃烘箱中烘干，移入干燥器中冷却至室温备用。

2）漏气检验

把透气圆筒上口用橡皮塞塞紧，接到压力计上，用抽气装置从压力计的一臂中抽出部分气体，然后关闭阀门，观察是否漏气，如果漏气，则用活塞油脂密封处理。

3）试料层体积的确定——水银排代法

（1）记录实验时环境温度和湿度。

（2）将透气圆筒和穿孔圆板用毛刷清理干净，首先将穿孔圆板放入透气圆筒内，然后将两片滤纸沿圆筒壁缓慢放入透气圆筒内，用一个直径略比透气圆筒小的细长棒轻轻把滤纸往下按，直至滤纸平整放在穿孔圆板上。

（3）将水银缓慢装满透气圆筒，用小块薄玻璃板轻压水银表面，使之与圆筒口平齐，以玻璃板与水银表面之间没有气泡或空洞为准。

（4）从圆筒中倒出水银入专门容器，称量水银质量，准确至 0.05 g。

（5）重复上述几次测定，直至水银质量数值基本不变为止。

（6）从圆筒中取出一片滤纸，然后称取待测水泥样约 3.3 g，倒入圆筒，轻敲圆筒边，使水泥层表面平坦，再在其上放入一片新的滤纸，用捣器插入圆筒，均匀捣实试料，直至捣器的支持环与圆筒顶边接触，并旋转捣器两周，然后缓慢取出捣器。

注意：应制备坚实的试料层，如果按此法制备的试料层太松（水泥用量偏少，捣器不用旋转就能很轻松地使支持环与圆筒顶边接触）或不能压到要求的体积（水泥用量偏多，捣器支持环不能与圆筒顶边接触，或要用力旋转很多周才能与圆筒顶边接触)，则要调整水泥用量重新制备，直至满足坚实的试料层为止。

(7)在圆筒的上部空间注入水银，同样用小块薄玻璃板轻压水银表面，使之与圆筒口平齐，以玻璃板与水银表面之间没有气泡或空洞为准。

(8)从圆筒中倒出水银入专门容器，称量水银质量，准确至 0.05 g。

(9)重复上述几次测定，直至水银质量数值相差少于 0.05 g 为止。

(10)试料层体积计算：

$$V = \frac{(m_1 - m_2)}{\rho_{水银}}（准确至 0.005 \ cm^3）$$

式中：V——试料层体积(cm^3)；

　　m_1——未装水泥时，充满透气圆筒的水银质量(g)；

　　m_2——装水泥样品后，充满透气圆筒的水银质量(g)；

　　$\rho_{水银}$——试验温度下水银的密度(查 GB8074—1987 附录 A)。

4)测定密度

依据"水泥密度测定"方法测定待测水泥样和比表面积标准粉的密度。(若标准粉盒上给定了密度，则只测待测水泥样密度)

5)比表面积标准粉透气实验

(1)记录实验时环境温度和湿度。

(2)确定标准粉试料层空隙率 ε_S：硅酸盐水泥($P \cdot I$, $P \cdot II$)的空隙率为：0.500 ± 0.005，其他水泥或粉料的空隙率为 0.530 ± 0.005。(若标准粉盒上给定了空隙率则按其给定值取)。

(3)确定标准粉试验用质量、试料层制备：

$$m_S = \rho_S \cdot (V - \varepsilon_S \cdot V) = \rho_S \cdot V(1 - \varepsilon_S)$$

式中：m_S——标准粉试验用质量(g)；

　　V——试料层体积(cm^3)；

　　ε_S——标准粉试料层空隙率(为试料层孔的体积与试料层体积 V 之比)；

　　ρ_S——标准粉密度(g/cm^3)。

(4)试料层制备：

将透气圆筒和穿孔圆板用毛刷清理干净，首先将穿孔圆板放入透气圆筒的突缘内，用一个直径略比透气圆筒小的细长棒将一片滤纸送到圆筒内的穿孔板上，边缘压紧，称取按步骤(3)确定的标准粉质量，准确至 0.001 g，倒入圆筒，轻敲圆筒边，使水泥层表面平坦，再在其上放入一片滤纸，用捣器插入圆筒，均匀捣实试料，直至捣器的支持环与圆筒顶边接触，并旋转捣器两周，然后缓慢取出捣器。

注意：制备的是坚实的水泥试料层，如果按此法制备的试料层太松(水泥用量偏少，捣器不用旋转就能很轻松地使支持环与圆筒顶边接触)或不能压到要求的体积(水泥用量偏多，捣器支持环不能与圆筒顶边接触，或要用力旋转很多周才能与圆筒顶边接触)，则可以适当调整空隙率，重新计算水泥用量再制备，直至满足坚实的水泥试料层为止。(空隙率调整是以2000 g(5 等砝码)将试样压到捣器的支持环与圆筒顶边接触为准)

(5)透气实验：

把装有试料层的透气圆筒下锥面涂一薄层活塞油脂，装入压力计顶端锥形磨口处，旋转

1～2周，保证紧密连接不漏气。

打开微型电磁泵，慢慢从压力计一臂中抽取空气，直至压力计内液体上升到其扩大部下端时关闭压力计上的阀门，当压力计内液体的凹月面下降到第一条刻度线时，开始计时，下降到第二条刻度线时停止计时，记录液体从第一条刻度线到第二条所需的时间，同时记录试验时的温度。重复几次，至时间基本稳定为止。

注意：电磁泵开启抽取空气时，当液面上升到扩大部下端后，要及时关闭压力计上的阀门，否则可能造成液体倒流入电磁泵，使电磁泵损坏。

6）待测水泥样透气实验

同比表面积标准粉透气实验，确定实验质量时，空隙率取用同样以硅酸盐水泥（P·Ⅰ，P·Ⅱ）的空隙率为：0.500±0.005，其他水泥或粉料的空隙率为0.530±0.005。计算待测水泥样质量

$$m = \rho \cdot (V - \varepsilon \cdot V) = \rho \cdot V(1 - \varepsilon)$$

式中：m——待测水泥实验用质量（g）；

V——试料层体积（cm³）；

ε——待测水泥试料层空隙率（为试料层孔的体积与试料层体积 V 之比）；

ρ——待测水泥密度（g/cm³）。

7）计算

当 $\rho \neq \rho_s$，$\varepsilon \neq \varepsilon_s$，$|T_t - T_b| > 3℃$ 时，基本公式：$S = \dfrac{S_s \cdot \rho_s \sqrt{\eta_s}\sqrt{T}(1-\varepsilon_s)\sqrt{\varepsilon^3}}{\rho \cdot \sqrt{\eta}\sqrt{T_s}(1-\varepsilon)\sqrt{\varepsilon_s^3}}$

式中：S——待测水泥试样的比表面积（cm²/g）；

S_s——标准粉的比表面积（cm²/g）；

ρ——待测水泥的密度（g/cm³）；

ρ_s——标准粉密度（g/cm³）；

ε_s——标准粉试料层空隙率；

ε——待测水泥试料层空隙率；

η——待测水泥实验温度 T_t 下的空气黏度（Pa·s）；

η_s——标准粉实验温度 T_b 下的空气黏度（Pa·s）；

T——待测水泥透气试验时间（s）；

T_s——标准粉透气试验时间（s）。

当 $\rho \neq \rho_s$，$\varepsilon \neq \varepsilon_s$，$|T_t - T_b| \leq 3℃$ 时（$|T_t - T_b| \leq 3℃$，认为 $\eta = \eta_s$），则：

$$S = \frac{S_s \cdot \rho_s \sqrt{T}(1-\varepsilon_s)\sqrt{\varepsilon^3}}{\rho \cdot \sqrt{T_s}(1-\varepsilon)\sqrt{\varepsilon_s^3}}$$

当 $\rho = \rho_s$，$\varepsilon \neq \varepsilon_s$，$|T_t - T_b| > 3℃$ 时，则：

$$S = \frac{S_s \cdot \sqrt{\eta_s}\sqrt{T}(1-\varepsilon_s)\sqrt{\varepsilon^3}}{\sqrt{\eta}\sqrt{T_s}(1-\varepsilon)\sqrt{\varepsilon_s^3}}$$

当 $\rho = \rho_s$，$\varepsilon \neq \varepsilon_s$，$|T_t - T_b| \leq 3℃$ 时，则：

$$S = \frac{S_s \cdot \sqrt{T}(1-\varepsilon_s)\sqrt{\varepsilon^3}}{\sqrt{T_s}(1-\varepsilon)\sqrt{\varepsilon_s^3}}$$

当 $\rho = \rho_S$，$\varepsilon = \varepsilon_S$，$|T_t - T_b| > 3℃$ 时，则：

$$S = \frac{S_S \cdot \sqrt{\eta_S}\sqrt{T}}{\sqrt{\eta}\sqrt{T_S}}$$

当 $\rho = \rho_S$，$\varepsilon = \varepsilon_S$，$|T_t - T_b| \leqslant 3℃$ 时，则：

$$S = \frac{S_S \cdot \sqrt{T}}{\sqrt{T_S}}$$

4. 记录及结果计算

表 1 – 2 – 4　水银排代法实验记录表

实验项目	试料层体积确定	样品名称、型号		样品编号生产厂家	
实验方法	水银排代法	实验规程			
主要仪器设备名称、型号			实验室环境条件	温度：　℃　湿度：（≤50%）试验温度下水银密度：$\rho_{水银} = $　g/cm³	
实验人员		指导老师			
记录人员		实验日期			

<table>
<tr><td colspan="6" align="center">实验原始记录</td></tr>
<tr><td>试验次数</td><td>未装水泥时水银充满透气筒时，水银质量 m_1（精确到 0.05 g）</td><td>所称水泥质量(g)（大约 3.3 g）</td><td>试料层装满水泥后水银充满透气筒时，水银质量 m_2（精确到 0.05 g）</td><td>试料层体积 $V = \dfrac{(m_1 - m_2)}{\rho_{水银}}$（精确到 0.005 cm³）</td><td>试料层体积确定（取 2 次数值相差 ≤0.005 cm³ 的平均值（精确到 0.005 cm³）</td></tr>
<tr><td>1</td><td></td><td></td><td></td><td></td><td></td></tr>
<tr><td>2</td><td></td><td></td><td></td><td></td><td></td></tr>
<tr><td>3</td><td></td><td></td><td></td><td></td><td></td></tr>
<tr><td>4</td><td></td><td></td><td></td><td></td><td></td></tr>
</table>

备注：第 1 次试验用水泥 3.3 g，如不能制备坚实的试料层，则必须适当调整水泥用量，直至制备到坚实的试料层为止

表 1 – 2 – 5　透气实验记录表

实验项目		样品名称、型号		样品编号生产厂家	
实验方法		实验规程			
主要仪器设备名称、型号		实验室环境条件		温度：　℃　湿度：（≤50%）	
比表面积标准粉参数：	密度：$\rho_S = $　g/cm³		空隙率：$\varepsilon_S = $		比表面积：$S_S = $　cm²/g

续上表

待测水泥参数	密度：$\rho =$　　　g/cm³	空隙率：$\varepsilon =$　　　（P·I与P·II型：$\varepsilon = 0.500 \pm 0.005$，其他水泥：$\varepsilon = 0.530 \pm 0.005$）	
标准粉透气实验条件	实验时温度：$T_b =$	空气黏度：$\eta_s =$	
待测试样透气实验条件	实验时温度：$T_t =$	空气黏度：$\eta =$	
实验人员		指导老师	
记录人员		实验日期	

实验原始记录

标准粉试料层质量 $m_s = \rho_s \cdot V(1 - \varepsilon_s)$（准确至 0.001 g）		标准粉透气试验次数	计时起点	计时终点	标准粉透气试验时间 $T_s(s)$
初始质量值					
试料层压实状态	是否压实 □是　□否	1			
调整质量值		2			
试料层压实状态	是否压实 □是　□否	3			
最终质量值		4			

待测试样试料层质量 $m = \rho \cdot V(1 - \varepsilon)$（准确至 0.001 g）		待测试样透气试验次数	计时起点	计时终点	待测试样透气试验时间 $T(s)$
初始质量值					
试料层压实状态	是否压实 □是　□否	1			
调整质量值		2			
试料层压实状态	是否压实 □是　□否	3			
最终质量值		4			

备注：待测试样比表面积由两侧透气试验结果的平均值表示，如两次试验结果相差2%以上时，应重新试验。计算结果保留至 10 cm²/g

5. 检测相关

（1）勃氏法适用于硅酸盐水泥（P·I，P·II）、普通硅酸盐水泥（P·O）、矿渣硅酸盐水泥（P·S）、火山灰质硅酸盐水泥（P·P）、粉煤灰硅酸盐水泥（P·F）、复合硅酸盐水泥（P·

C）等比表面积的测定，不适用于测定多孔材料和超细粉状物料。但只有硅酸盐水泥（P·I，P·II）、普通硅酸盐水泥（P·O）的细度以比表面积表示，其比表面积不小于 300 m²/kg。

（2）勃氏比表面积透气仪分手动和自动两种，当测试结果有争议时，以手动勃氏比表面积透气仪为准；

（3）本实验要求实验室相对湿度不大于 50%，在试料层体积确定以及透气实验过程中，必须记录实验时温度，因为水银密度和空气黏度与温度有关。

（4）试料层体积确定时，按《水泥比表面积确定方法——勃氏法》（GB/T8074—2008）规定，以《勃氏透气仪》（JC/T956—2005）的要求确定，即通过游标卡尺测量后计算确定；按《公路工程水泥及水泥混凝土试验规程》（JTG E30—2005）规定，是以水银排代法确定，与 GB8074—1987 中规定一致；检测试验建议采用水银排代法确定试料层体积，由于水银有一定的毒性，操作过程中，注意做好防护措施。学生实验建议采用测量计算方法确定试料层体积。

（5）勃氏比表面积仪器校准至少每年 1 次，使用频繁则应半年一次，若维修则要重新进行标定。

（6）不同温度下水银的密度和空气黏度参考值如表 1-2-6 所示。

表 1-2-6　不同温度下水银的密度和空气黏度参考值

温度（℃）	水银密度（g/cm³）	空气黏度 η（Pa·s）	$\sqrt{\eta}$
8	13.58	0.0001749	0.01322
10	13.57	0.0001759	0.01326
12	13.57	0.0001768	0.01330
14	13.56	0.0001778	0.01333
16	13.56	0.0001788	0.01337
18	13.55	0.0001798	0.01341
20	13.55	0.0001808	0.01345
22	13.54	0.0001818	0.01348
24	13.54	0.0001828	0.01352
26	13.53	0.0001837	0.01355
28	13.53	0.0001847	0.01359
30	13.52	0.0001857	0.01363
32	13.52	0.0001867	0.01366
34	13.51	0.0001876	0.01370

1.2.5　水泥净浆标准稠度用水量、凝结时间、安定性

1. 基本概念

(1)标准稠度用水量：标准试杆(或试锥)沉入水泥净浆时具有一定的阻力，对不同品种水泥、不同用水量下的水泥净浆该阻力不同，规定该阻力达到统一规定的浆体可塑性状态(标准稠度)时所需加的用水量为标准稠度用水量；

(2)凝结时间：水泥从加水开始到失去流动性即从可塑状态发展到固体状态所需的时间。以试针沉入标准稠度净浆到一定深度的时间来测定；

(3)安定性：水泥浆体硬化过程中，表示体积变化是否均匀的性质。通过标准稠度净浆沸煮后的体积变化情况来测定；

(4)水泥凝结时间和安定性是以标准稠度净浆为基础，所以测定水泥凝结时间和安定性时，必须先进行标准稠度用水量试验以制备标准稠度净浆。

2. 实验仪器设备、耗材、实验室环境条件

(1)水泥净浆搅拌机(由搅拌锅、搅拌叶片、传动装置和控制系统组成)；

(2)标准法维卡仪(由支架、滑杆、圆模、标准稠度试杆、凝结时间试针等组成)；

(3)代用法维卡仪(由支架、滑杆、锥模、标准稠度试锥、凝结时间试针等组成)；

(4)沸煮箱：能在 30 ± 5 min 内将箱内试验用水由室温升至沸腾，并可保持沸腾状态 3 h 以上，整个实验过程无需补充水量；

(5)湿气养护箱：温度 20 ± 1℃，相对湿度不低于 90%；

(6)量筒或滴定管：精度 ±0.5 mL；

(7)天平：最大称量不小于 1000 g，分度值不大于 1 g；

(8)实验用水：洁净饮用水，有争议时采用蒸馏水；

(9)其他：雷氏夹及膨胀测定仪(最小刻度 0.5 mm)、厚度大于 2.5 mm 玻璃板(用于标准稠度用水量测定——标准法、凝结时间测定)、秒表(精度 1 s)、计时装置、矿物油、抹布、直边小刀、盛装容器、小勺、边长或直径 80 mm，厚度 4～5 mm 玻璃板(用于安定性测定——标准法)、100 mm×100 mm 玻璃板(用于安定性测定——代用法)等；

(10)实验室环境要求：实验室温度 20 ± 2℃，相对湿度不低于 50%。

3. 实验步骤

1)标准稠度用水量试验——标准法

(1)确保实验室环境温度、湿度符合要求，将实验用水泥试样(按水泥取样方法取水泥试样，过 0.9 mm 方孔筛)、拌和水、仪器设备、用具等与实验室环境温度一致。

(2)确保维卡仪滑杆能自由滑动，用湿抹布将水泥净浆搅拌锅、搅拌叶片、玻璃底板、试模内壁擦湿，玻璃板放于试模底部，再置于标准维卡仪上，安装试杆于维卡仪滑杆上，调整滑杆使试杆接触玻璃底板，此时调整滑杆上的指针对准零点(零点位于刻度线下方)，固定指针。上述完成后，将搅拌锅、搅拌叶片、试模等用湿抹布覆盖备用。

(3)称取水泥试样 500 g，准确至 1 g，用量筒量取试验用水(按经验量取用水量，可以初步选定为 143 mL，准确至 0.5 mL)，将量取的水倒入搅拌锅内，然后在 5～10 s 内将称好的 500 g 水泥试样小心地加入搅拌锅内，将搅拌锅放到搅拌机锅座上，升至搅拌位置，启动搅拌

机,低速搅拌 120 s,停止 15 s,停止期间将叶片和锅壁上的水泥浆用小勺刮入锅中间,再高速搅拌 120 s。

(4)拌和结束后,立即将搅拌锅取出,用小勺取适量水泥净浆一次性装入已置于玻璃底板的试模中,浆体约超出试模上端,用宽为 25 mm 的擦湿的直边刀轻轻拍打超出试模部位的浆体 5 次以排除浆体内的孔隙,然后在试模上表面约 1/3 处,略倾斜于试模分别向外轻轻锯掉多余净浆,再从试模边缘轻抹顶面一次,使净浆表面光滑,上述过程注意不要压实净浆。

(5)将制备好的净浆试模移入维卡仪上,将试模中心定在试杆下,降低滑杆,直至试杆底与净浆表面接触,拧紧螺丝 1~2 s 后,突然放松滑杆的同时计时,使试杆垂直自由沉入水泥净浆中。在试杆停止沉入或释放试杆 30 s 时记录试杆距离玻璃底板的距离(因为试验准备时,已调整指针零位置为试杆接触玻璃底板,故此距离直接可从维卡仪刻度上读出),升起试杆后立即擦净试杆。从净浆装模到试验完成整个过程应该控制在 1.5 min 内。

(6)以试杆沉入净浆并距底板 6±1 mm 的水泥净浆为标准稠度净浆。若距离底板距离大于 6±1 mm,说明用水量偏小,反之,用水量偏大,适当调整用水量(可以以 ±0.5 mL 为步长),重新试验直至满足试杆沉入净浆并距底板 6±1 mm 为止。

(7)标准稠度用水量计算:

$$P = \frac{W}{500} \times 100\%$$

式中:P——标准稠度用水量(%);

W——达到标准稠度的用水量(mL)。

2)标准稠度用水量试验——代用法

(1)确保实验室环境温度、湿度符合要求,将实验用水泥试样(按水泥取样方法取水泥试样,过 0.9 mm 方孔筛)、拌和水、仪器设备、用具等与实验室环境温度一致。

(2)确保维卡仪滑杆能自由滑动,用湿抹布将水泥净浆搅拌锅、搅拌叶片、锥模内壁、试锥擦湿,再置于代用维卡仪上,安装试锥于维卡仪滑杆上,调整滑杆至试锥尖端接触锥模顶面,此时调整滑杆上的指针对准零点(零点位于刻度线上方),固定指针。上述完成后,将搅拌锅、搅拌叶片、试锥、锥模等用湿抹布覆盖备用。

(3)称取水泥试样 500 g,准确至 1 g,用量筒量取试验用水,不变用水量法量取 142.5 mL,调整用水量法按经验取水(不同品牌、不同等级的水泥标准稠度用水量不同,可以初步选定 140 mL),将量取的水倒入搅拌锅内,然后在 5~10 s 内将称好的 500 g 水泥试样小心地加入搅拌锅内,然后将搅拌锅放到搅拌机锅座上,升至搅拌位置,启动搅拌机,低速搅拌 120 s,停止 15 s,停止期间将叶片和锅壁上的水泥浆用小勺刮入锅中间,再高速搅拌 120 s。

(4)拌和结束后,立即将搅拌锅取出,用小勺取适量水泥净浆一次性装入锥模中,浆体约超出锥模上端,用宽为 25 mm 的擦湿的直边刀在浆体表面轻轻插捣 5 次,再轻振锥模 5 次,刮去多余净浆,再从锥模边缘轻抹顶面一次,使净浆表面光滑。

(5)将制备好的净浆锥模移入维卡仪固定位置上,降低滑杆,直至试锥尖端与净浆表面接触,拧紧螺丝 1~2 s 后,突然放松滑杆的同时计时,使试锥垂直自由沉入水泥净浆中。在试锥停止沉入或释放试锥 30 s 时记录试锥下沉深度。升起试锥后立即擦净试锥表面。从净浆装模到试验完成整个过程应该控制在 1.5 min 内。

(6)标准稠度用水量计算:

以不变用水量测定时,标准稠度用水量可以直接从代用维卡仪刻度读数或按下式计算:

$$P = 33.4 - 0.185S$$

式中:P——标准稠度用水量(%);

S——试锥下沉深度(mm),当下沉深度小于 13 mm 时,应改用调整用水量法测定。

以调整用水量测定时,以试锥下沉深度 28 ± 2 mm 的水泥净浆为标准稠度净浆,若下沉深度大于 28 ± 2 mm,说明用水量偏达,反之,用水量偏小,适当调整用水量,重新试验直至满足试锥下沉深度 28 ± 2 mm 为止。其计算式为:

$$P = \frac{W}{500} \times 100\%$$

式中:P——标准稠度用水量(%);

W——达到标准稠度的用水量(mL)。

3)凝结时间测定

(1)将初凝针安装到标准维卡仪的滑杆上,将带玻璃底板的空试模置于标准维卡仪上,调整滑杆使试针底接触玻璃底板,此时调整滑杆上的指针对准零点,固定指针。

(2)以测定的标准稠度用水量,按上述标准法的(3)、(4)步骤制备标准稠度净浆,同时记录水泥全部加入水中的时刻作为凝结时间的起点,将制备好的净浆试模立即放入湿气养护箱中(温度 20 ± 1℃,相对湿度不低于 90%)。

(3)在湿气养护箱中养护至加水 30 min 后取出,进行第一次测定。将试模置于标准维卡仪上,降低试针与净浆面接触,拧紧螺丝 $1 \sim 2$ s 后突然放松,试针垂直自由沉入水泥净浆,观察试针停止下沉或释放试针 30 s 时指针的读数,当试针沉入至距离底板 4 ± 1 mm 时,为水泥的初凝状态。从水泥全部加入到水中到水泥的初凝状态的时间作为水泥的初凝时间,用 min 表示。

注意:达到初凝前,应在最初测定的几次中,要用手轻轻扶持金属滑杆,让其徐徐下降,防止试针撞弯;临近初凝时,应每隔 5 min(或更短)测定一次,每次测定过程中,试针沉入的位置都要距离试模内壁 10 mm 以上,且每次测定不能落入原针孔,测定完后立即将试模放入湿气养护箱中养护,试针擦拭干净。

(4)初凝时间测定完后,立即将试模连同浆体以平移的方式从玻璃板取下,翻转 180°,使试模直径大端向上,直径小端向下放在玻璃板上,再放入湿气养护箱中继续养护(即测试试样反面终凝下沉深度)。从维卡仪上取下初凝针,换上终凝针。

(5)临近终凝时,应每隔 15 min(或更短)测定一次,当试针沉入试体 0.5 mm 时(终凝针上的环形附件开始不能在试体上留下痕迹时),为水泥终凝状态。达到终凝时应立即重复测试一次,当两次结论相同时,才能定为终凝状态。从水泥全部加入到水中到水泥的终凝状态的时间作为水泥的终凝时间,用 min 表示。

4)安定性测定——标准法

(1)将雷氏夹内表面、玻璃板与雷氏夹接触面涂抹一层矿物油,将雷氏夹放在玻璃板上。

(2)以测定的标准稠度用水量,按上述标准稠度用水量测定——标准法的(3)步制备标准稠度净浆,一次装满雷氏夹,共装两个试件。装浆时一只手轻轻扶持雷氏夹,另一只手用宽约 25 mm 的擦湿的直边刀在浆体表面轻轻插捣 3 次,然后抹平,盖上涂油的玻璃板,接着立即将试件移至湿气养护箱内养护 24 ± 2 h。

（3）调整好沸煮箱的水位，使之能保证在整个煮沸过程中都超过试件，不需中途补加试验用水，同时又能保证在 30 ±5 min 内升至沸腾。

（4）达到养护龄期后，从湿气养护箱中取出试件，脱去玻璃板，取下试件，用膨胀值测定仪测量雷氏夹指针尖端的距离 A，准确至 0.5 mm，然后将试件放入沸煮箱的试件架上，指针朝上，在 30 ±5 min 内加热至沸腾并恒沸 180 ±5 min。

（5）沸煮结束后，放掉沸煮箱中的热水，打开箱盖，待箱体冷却至室温，取出试件用膨胀值测定仪测量雷氏夹指针尖端的距离 C，准确至 0.5 mm。

（6）安定性判断：以两个试件增加距离（$C-A$）的平均值不大于 5 mm 时，即安定性合格，反之不合格。当两个试件的（$C-A$）值相差超过 4 mm 时，应用同一样品重做一次试验，再如此，则认为安定性不合格。

5）安定性测定——代用法

（1）将两块 100 mm × 100 mm 的玻璃板，准备与水泥净浆接触的那面涂抹一层矿物油。

（2）以测定的标准稠度用水量，按上述标准稠度用水量测定标准法的（3）步制备标准稠度净浆，取出其中一部分，用手搓成球形，放在玻璃板上，轻振玻璃板并用擦湿的小刀由边缘向中间抹动，做成直径 70 ~ 80 mm、中心厚度约 10 mm、边缘渐薄、表面光滑的试饼，接着将试饼放入湿气养护箱内养护 24 ±2 h。

（3）调整好沸煮箱的水位，使之能保证在整个煮沸过程中都超过试件，不需中途补加试验用水，同时又能保证在 30 ±5 min 内升至沸腾。

（4）达到养护龄期后，从湿气养护箱中取出试件，脱去玻璃板，取下试件，检查试饼是否完整（如已开裂、翘曲等，要查明原因，如确定无外因时，该试饼即属于不合格品，不必沸煮），在确定试饼无缺陷的情况下将试饼放在沸煮箱的水平篦板上，在 30 ±5 min 内加热至沸腾并恒沸 180 ±5 min。

（5）沸煮结束后，放掉沸煮箱中的热水，打开箱盖，待箱体冷却至室温，取出试件。

（6）安定性判断：目测试饼未发现裂缝，用钢直尺检查也无弯曲（钢直尺与试饼底部紧靠，以两者不透光为不弯曲）的试饼为安定性合格，反之为不合格。当两个试饼判别结果矛盾时，安定性不合格。

4. 记录及结果计算

表 1 – 2 – 7　标准法或代用法实验记录表

实验项目	标准稠度用水量	样品名称、型号		样品编号生产厂家	
实验方法	□标准法 □代用法	实验规程			
主要仪器设备名称、型号		实验室环境条件		温度：　℃ 湿度：　（≥50%）	
实验人员		指导老师			
记录人员		实验日期			
标准法实验原始记录					

续上表

试验次数	水泥质量 $C(g)$	加水量 $W(mL)$	试杆距底板 (mm)	标准稠度用水量 $P = (W/C) \times 100\%$	备注
1	500				
2					技术指标：试杆距底板 6 ± 1 mm 对应的用水量为
3					标准稠度用水量
4					

代用法实验原始记录（不变用水量）

实验项目		样品名称、型号		样品编号 生产厂家	
试验次数	水泥质量 C (g)	加水量 $W(mL)$	试锥下沉深度 $S(mm)$	标准稠度用水量 $P = 33.4 - 0.185S$	
1	500	142.5			
2					
3					
4					

代用法实验原始记录（调整用水量）

试验次数	水泥质量 $C(g)$	加水量 $W(mL)$	试锥下沉深度 $S(mm)$	标准稠度用水量 $P = (W/C) \times 100\%$	备注
1	500				
2					技术指标：试锥下沉深度 $S = 30 \pm 1$ mm 对应的
3					用水量为标准稠度用
4					水量

凝结时间实验原始记录

初凝时间试验			终凝时间试验	备注
水泥加水时刻	h	min		

续上表

试验次数	测试时刻	针距离底板 （mm）	试验次数	测试时刻	沉入试体深度 （mm）	初凝时间为当初凝针针距底板 4 ± 1 mm 所对应的时间，终凝时间为终凝针沉入试体深度 0.5 mm 对应的时间；初凝、终凝时间计算起点为水泥全部加入水中的时间
1			1			
2			2			
3			3			
4			4			
5			5			
6			6			
7			7			
试验结果	初凝时间： min		终凝时间： min			结论：□合格 □不合格

安定性实验原始记录

试验方法：雷氏夹法(标准法)				试验方法：试饼法(代用法)	
试件号	尖端距离 A(mm)，精确至 0.5 mm	尖端距离 C(mm)，精确至 0.5 mm	$F = C - A$	$F_t = C - A$ 平均值	试件号	观察情况
1					1	裂缝：□ 弯曲：□
2					2	裂缝：□ 弯曲：□
备注：$F_t \leqslant 5.0$ mm 为合格，当两个试件的 $(C-A)$ 值相差超过 4 mm 时，应用同一样品重做一次试验，再如此，则认为安定性不合格					安定性结论：□合格 □不合格	
水泥安定性结果有争议时，以标准法为准						

5. 检测相关

（1）水泥标准稠度用水量测定有标准法和代用法两种，代用法中又有不变用水量法和调整用水量法。工程中，一般多采用代用法的不变用水量法，根据公式计算得到标准稠度用水量，然后再以此标准稠度用水量作为调整用水量法的试验用水量，或作为标准法的试验用水量，拌制水泥净浆来验证。整个试验过程可能需要连续几次才能找到标准稠度用水量。

（2）水泥标准稠度用水量测定代用法中当调整用水量和不变用水量测试结果有冲突时，以调整用水量结果为准。

（3）硅酸盐水泥初凝时间不小于 45 min，终凝时间不大于 390 min；普通硅酸盐水泥、矿渣硅酸盐水泥、火山灰质硅酸盐水泥、粉煤灰硅酸盐水泥、复合硅酸盐水泥初凝时间不小于 45 min，终凝时间不大于 600 min。

（4）水泥凝结时间、安定性是水泥质量检验的必检项目，有一项不合格则该水泥为不合格品。

（5）水泥体积安定性测定的标准法（雷氏夹）和代用法（试饼法）主要用于由游离氧化钙引起的体积安定性检验，对水泥由于游离氧化镁引起的体积安定性检验常用压蒸法。

（6）粉煤灰安定性实验也按此方法进行。

1.2.6 水泥胶砂强度——ISO法

1.基本概念

(1)水泥强度是水泥的主要技术指标,是划分水泥强度等级的依据,是进行混凝土配合比设计的重要参数。

(2)水泥强度以水泥胶砂试件单位面积上所能承受的最大外力来表示。主要分为抗压强度和抗折强度,实际建筑工程中主要是利用水泥抗压强度较高的特点。

(3)影响水泥强度的因素主要有:熟料的矿物组成及细度、水泥浆水灰比、石膏掺量、环境温湿度、龄期等。

2.实验仪器设备、耗材、实验室环境条件

(1)行星式水泥胶砂搅拌机(由搅拌锅、搅拌叶片、传动装置和控制系统组成);

(2)胶砂振实台(仪器应水平安装于固定的基座上,符合JC/T682的要求);

(3)三联试模:40 mm×40 mm×160 mm;

(4)抗折试验机及夹具:精度1%,量程:0~5 kN(建议0~10 kN),加荷速度具有50±5 N/s的能力;

(5)抗压试验机及夹具:精度1%,量程:0~300 kN(两个或以上荷载范围),加荷速度具有2400±200 N/s的能力;

(6)天平或电子秤:精度1 g,量程≥500 g;

(7)量筒:精度±1 mL;

(8)ISO标准砂:各国生产的ISO标准砂都可以采用,我国常用以各粒级配合的1350±5 g包装的标准砂;

(9)实验室环境条件:

试体成型实验室、强度实验室环境:温度20±2℃,相对湿度不低于50%;

试体带模养护的养护箱或雾室:温度20±1℃,相对湿度不低于90%;

试体养护池水温度20±1℃;

(10)其他:大、小拨料器,刮平器,小勺,脱模机油,湿抹布,钢直尺,编号笔,塑料锤或橡皮榔头(脱模用)等。

3.实验步骤

(1)按水泥取样方法取样,过0.9 mm方孔筛,使水泥、标准砂、水、试模等材料与实验室温度相同。

(2)将胶砂搅拌锅、叶片等用湿抹布擦湿、覆盖,三联试模擦净、紧密装配、内壁和底面涂脱模机油。

(3)称取每成型三条试件用水泥试样450±2 g,ISO标准砂一袋倒入搅拌机装砂漏斗。

(4)按水泥类型量取用水量:

硅酸盐水泥、未掺火山灰质混合材的普通硅酸盐水泥、矿渣硅酸盐水泥用水量按水灰比为0.50来确定用水量,量取225±1 mL;

掺火山灰质混合材的普通硅酸盐水泥、火山灰质硅酸盐水泥、粉煤灰硅酸盐水泥、复合硅酸盐水泥用水量按水灰比为0.50和胶砂流动度不小于180 mm共同确定。故先按0.50水灰比量取 225 ±1 mL 做胶砂流动度试验,当流动度小于 180 mm 时,以 0.01 的整数倍递增的方法调整水灰比至胶砂流动度不小于 180 mm。再按此确定的水灰比量取用水量。

(5)将水倒入搅拌锅内,再把称好的水泥倒入搅拌锅内,同时记录此时的时刻(因为养护龄期、强度试件龄期是从水泥加水搅拌时开始算起),把锅放在固定架上,上升至固定位置。然后立即开动搅拌机,低速搅拌 30 s 后,在第二个 30 s 开始的同时均匀地将砂加入。把机器转至高速再拌 30 s。停拌 90 s,在停拌的第一个 15 s 内用一胶皮刮具将叶片和锅壁上的胶砂刮入锅中间。在高速下继续搅拌 60 s 后,停机取下搅拌锅,将粘在叶片上的胶砂刮下。各个搅拌阶段,时间误差应在 ±1 s 内。(现实验室胶砂搅拌机均带有自动控制装置,时间由系统自动控制,不需人工调整)

(6)胶砂制备后立即进行成型。将空试模和模套固定在振实台上,用一适当勺子直接从搅拌锅中将胶砂分两层装入试模,装第一层时,试模每个槽内约放 300 g 胶砂,用大拨料器垂直架在模套顶部沿每个模槽来回一次将料层拨平,接着振实 60 次。再装入第二层胶砂,用小拨料器拨平,再振实 60 次。移走套模,从振实台上取下试模,用刮尺以近似 90°的角度架在试模顶的一端,然后沿试模长度方向以横向锯割动作慢慢移向另一端,一次将超过试模部分的胶砂刮去,并用同一直尺在近乎水平的情况下将试体表面抹平。

(7)在试模上做标记或加字条表明试件的编号和试件相对于振实台的位置。注意两个龄期及以上的试件,编号时应将同一试模中的三条试件分在两个以上的龄期内。

(8)带模养护:编号后,立即将试模放入养护箱或雾室的水平筚板上养护。

(9)脱模养护:对于龄期为 24 h 的,在破型试验前 20 min 内脱模(脱模后直接试验);对于 24 h 以上龄期的,应在成型后 20 ~24 h 内脱模。用塑料锤或橡皮榔头小心地脱模,防止试件损失。脱模后立即将试件放入水槽中养护,试件之间间隙和试件上表面水深不得小于 5 mm。

(10)强度试验:

①在试验前 15 min 从水中取出一组三条试件,抹去表面水分和沉积物,用湿布覆盖,准备试验;

②抗折试验:

清除抗折试验机夹具上圆柱表面粘着的杂物,将试件侧面放入抗折夹具内的支撑圆柱上,试件刮平面朝外;

采用杠杆式抗折试验机试验时,试件放入前应使杠杆成平衡状态,试件放入后必须调整夹具圆盘,使杠杆抬起到一定高度(依经验确定,一般抬起至杠杆式抗折试验机竖向标尺刻度为 5 左右的位置),以使试件折断时,杠杆尽可能接近平衡位置,然后开动试验机,以 50 ±5 N/s 加荷速度至试件破坏;

采用自动恒加载控制试验机则试件放入夹具后,开动试验机,系统自动以 50 ±5 N/s 的速度加载至试件破坏;

③抗压试验:

将抗折试验折断的六个试块,分别放在压力机的夹具内,使试块的受压面为试件成型的两个侧面,面积为 40 mm ×40 mm,使夹具对准压力机压板中心,开动试验机,以 2400 ±200 N/s 的速度加载至试块破坏。

(11)计算及结果确定:

①抗折强度按下式计算(精确到 0.01 MPa):

$$f_t = 3FL/2bh^2 = 0.00234F$$

式中：f_t——抗折强度（MPa）；

  F——破坏荷载（N）；

  L——支撑圆柱中心距离（mm），取为 100 mm；

  b——试件断面宽（mm），取为 40 mm；

  h——试件断面高（mm），取为 40 mm。

  抗折强度的结果确定：以三块试件抗折强度的算术平均值确定，准确至 0.1 MPa，若三个强度值中有一个超过平均值的 ±10% 时，应予剔除，以其余两个数值的算术平均值为抗折强度的测定结果。当三个强度值中有两个值超过平均值的 ±10% 时，则该组试验结果作废。

  ②抗压强度按下式计算（精确到 0.01 MPa）：

$$f_c = F/A = 0.000625F$$

式中：f_c——抗压强度（MPa）；

  F——破坏荷载（N）；

  A——受压面积（mm^2），取为 40 mm × 40 mm。

  抗压强度的结果确定：由 6 个试块的抗压强度算术平均值确定，准确至 0.1 MPa。若 6 个强度值中有一个超出该平均值的 ±10%，则删除此值，以其余 5 个值的算术平均值作为测定结果。若 5 个试件的抗压强度测定值中还有超出这 5 个值的算术平均值的 ±10% 的情况出现，则该组试验结果作废。

4. 记录及结果计算

表 1-2-8 ISO 法实验记录表

实验项目	水泥强度 实验	样品名称、 型号		样品编号 生产厂家	
实验方法			实验规程		
主要仪器 设备名称、型号			实验室 环境条件	试体成型温度： ℃ 湿度： （≥50%） 强度试验温度： ℃	
材料用量	水泥： 标准砂： 水：			湿度： （≥50%） 带模养护温度： ℃	
水泥加水 搅拌时刻	年 月 日 时			湿度： （≥90%） 养护池水温度： ℃	
实验人员			指导老师		
记录人员			实验日期		
实验原始记录					

续上表

试件编号	试验龄期		破型时间	抗折破坏荷载 $F(N)$		抗折强度（MPa） $f_t = 0.00234F$		抗折强度平均值 （MPa）（精确到 0.01 MPa）	
				3d	28d	3d	28d	3d	28d
	3d	28d							

试件编号	试验龄期		破型时间	抗压破坏荷载 $F(N)$		抗压强度（MPa） $f_c = 0.00625F$		抗压强度平均值 （MPa）（精确到 0.01 MPa）	
				3d	28d	3d	28d	3d	28d
	3d	28d							

5. 检测相关

（1）水泥强度试验用抗折、抗压试验机，目前采用恒应力抗折抗压一体机，满足规范对加载速度要求。

（2）水泥胶砂强度实验对实验室环境要求较高，要求在试体成型和强度试验时，实验室温度、湿度、养护池水温在工作期间（即试验时）每天至少记录一次；养护箱或雾室温度、相对湿度至少每4小时记录一次，如为自动控制设备，一天记录两次。

（3）强度试验试件龄期从水泥加水搅拌开始计时。

（4）各龄期强度试验，完成试验的时间如表 1-2-9 所示。

表 1-2-9　各龄期对应的试验时间

龄期	试验时间
24 h	24 h ± 5 min
48 h	48 h ± 0 min
72 h	72 h ± 5 min
7d	7d ± 2 h
28d	28d ± 8 h

（5）水泥强度试验是水泥质量检验的必检项目，强度不合格则该水泥为不合格品。将试

验和计算所得到的各种水泥在不同的标准龄期抗折、抗压强度值，与《通用硅酸盐水泥》（GB175—2007）进行对照。

（6）水泥必检项目中物理性能指标有：凝结时间、安定性、胶砂强度；化学性能指标有：不溶物、烧失量、三氧化硫、氧化镁、氯离子含量；任一指标不合格则可评定为不合格品。

（7）配制混凝土时，一般水泥强度等级宜为混凝土强度等级的 1.3 ~ 1.7 倍，例如：配制 C30 强度等级的混凝土，水泥胶砂试件 28d 抗压强度宜在 39 ~ 51 MPa，故宜选用 42.5 级水泥。

1.2.7 水泥胶砂流动度

1. 基本概念

水泥胶砂流动性是指通过一定配比的水泥胶砂在规定振动状态下的扩展范围来衡量其流动性。

2. 实验仪器设备、实验室环境条件

（1）同水泥强度实验胶砂制备中所用仪器设备和实验室环境条件；

（2）水泥胶砂流动度测定仪（跳桌）；

（3）截锥圆模和模套配套捣棒；

（4）卡尺：量程不小于 300 mm，分度值不大于 0.5 mm；

（5）小刀：长度大于 80 mm，刀口平直；

（6）秒表：分度值 1s；

（7）其他：湿棉布等。

3. 实验步骤

（1）按实验 1.2.6"水泥胶砂强度——ISO 法"方法和材料用量，制备水泥胶砂浆体。

（2）如跳桌在 24 h 内未使用，则空跳一个周期 25 次。

（3）在制备浆体同时，用湿棉布擦拭跳桌台面、试模内壁、捣棒、小刀等与胶砂浆体接触的用具，然后将试模安放到台面中央，用湿棉布覆盖。

（4）将拌好的胶砂用小勺迅速装入圆模，分两层装，第一层装至圆模高度的 2/3，用手扶着试模，然后用小刀在相互垂直的方向各划 5 次，用捣棒由圆模边缘至中心均匀捣压 15 次，捣压深度为胶砂高度的 1/2；然后装第二层胶砂，装至高出圆模 20 mm，已进入模套内。用小刀在相互垂直的方向各划 5 次，用捣棒由圆模边缘至中心均匀捣压 10 次，捣压深度不超过已捣实的第一层的表面。

（5）取下模套，用小刀从中间向边缘分两次以近乎水平的角度抹平高出圆模的胶砂，然后用抹布擦去落在台面的胶砂。

（6）两手握住圆模边，将圆模垂直向上提起，使胶砂脱模，然后立即开动跳桌，以每秒 1 次的频率完成 25 次跳动。

（7）流动度测试：跳动完成后，用卡尺测量胶砂底面相互垂直方向的直径，计算平均值（取整数）作为该水量下水泥胶砂的流动度。

4.记录及结果计算

表 1 – 2 – 10　水泥胶砂流动度实验记录表

实验项目		样品名称、型号		样品编号生产厂家		
实验方法		实验规程				
主要仪器设备名称、型号		实验室环境条件		试体成型温度：　　℃ 湿度：　　（≥50%） 跳桌试验温度：　　℃ 湿度：　　（≥50%）		
实验人员		指导老师				
记录人员		实验日期				
实验原始记录						
试验次数	材料用量		水泥加水搅拌时刻	某方向直径(mm)	垂直方向直径(mm)	直径平均值(mm)(取整)	跳桌试验完成时刻
1	水泥：　标准砂：　水：						
2	水泥：　标准砂：　水：						
3	水泥：　标准砂：　水：						
4	水泥：　标准砂：　水：						

5.检测相关

（1）在水泥胶砂强度实验过程中，对掺火山灰质混合材的普通硅酸盐水泥、火山灰质硅酸盐水泥、粉煤灰硅酸盐水泥、复合硅酸盐水泥等，要通过水泥胶砂流动性实验来确定胶砂拌合物的用水量；

（2）在粉煤灰需水量比、矿粉流动度比实验过程中，需要对所制备的胶砂测定其流动度来调整用水量；

（3）道路硅酸盐水泥（P·R）干缩实验中，需要对所制备的胶砂测定其流动度来确定其用水量。

1.2.8　水泥胶砂耐磨实验

1.基本概念

水泥胶砂耐磨性试验是评定水泥耐磨性能的重要手段，是评价道路硅酸盐水泥的指标之一。

2.实验仪器设备、实验室环境条件

（1）水泥胶砂耐磨试验机；

（2）水泥胶砂耐磨试验用试模及模套，模腔有效容积 150 mm × 150 mm × 30 mm；

（3）电热鼓风干燥箱：能控制温度 60 ± 5℃；

（4）行星式水泥胶砂搅拌机（由搅拌锅、搅拌叶片、传动装置和控制系统组成）；

（5）天平：称量不小于 2000 g，分度值不大于 1 g；

（6）胶砂振动台：符合《水泥胶砂强度检验方法（ISO）》（GB/T17671—1999）中 11.7 中代用振实台的要求；

（7）ISO 标准砂：粒度范围 0.5 mm～1.0 mm；

（8）量筒：精度 ±1 mL；

（9）实验室环境条件：

试体成型实验室环境：温度 20 ±2℃，相对湿度不低于 50%；

试体带模养护的养护箱或雾室：温度 20 ±1℃，相对湿度不低于 90%；

试体养护池水温度 20 ±1℃；

（10）其他：秒表（记录振实时间）、刮平器、小勺、小刀、脱模机油、湿抹布、编号笔、塑料锤或橡皮榔头（脱模用）等。

3. 实验步骤

（1）按水泥取样方法取样，过 0.9 mm 方孔筛，使水泥、标准砂、水、试模等材料与实验室温度相同（试验前一天放入满足试验环境要求的实验室）。

（2）将胶砂搅拌锅、叶片等用湿抹布擦湿、覆盖，试模擦净、紧密装配、内壁和底面涂脱模机油。

（3）称取每成型一块试件用水泥试样 400 g，ISO 标准砂 1000 g，把 ISO 标准砂倒入搅拌机装砂漏斗（满足灰砂比为 1:2.5）。

（4）按水泥类型量取用水量：

硅酸盐水泥、普通硅酸盐水泥、矿渣硅酸盐水泥用水量，按水灰比为 0.44 来确定用水量，量取 176 ±1 mL；

火山灰质硅酸盐水泥、粉煤灰硅酸盐水泥用水量按水灰比为 0.46 来确定用水量，量取 184 ±1 mL。

（5）将水倒入搅拌锅内，再把称好的水泥倒入搅拌锅内，同时记录此时的时刻（因为养护龄期、强度试件龄期是从水泥加水搅拌时开始算起），把锅放在固定架上，上升至固定位置。然后立即开动搅拌机，低速搅拌 30 s 后，在第二个 30 s 开始的同时均匀地将砂加入。把机器转至高速再拌 30 s。停拌 90 s，在停拌的第一个 15 s 内用一胶皮刮具将叶片和锅壁上的胶砂刮入锅中间。在高速下继续搅拌 60 s 后，停机取下搅拌锅，将粘在叶片上的胶砂刮下。各个搅拌阶段，时间误差应在 ±1 s 内。（现实验室胶砂搅拌机均带有自动控制装置，时间由系统自动控制，不需人工调整）

（6）在胶砂搅拌的同时，将空试模和模套固定在振实台面中心位置，将拌好的全部胶砂均匀装入试模内，开动振实台，大约 10 s 时，开始用小刀插刮胶砂，横划 14 次，竖划 14 次，然后在试件四个角分别用小刀插 10 次，整个划、插工作在 90 s 内完成，整个振动时间为 120 ±5 s。

（7）振毕，取下试模，去掉模套，用刮尺以近似 90°的角度架在试模顶的一端，然后沿试模长度方向一次刮平，在试模上做标记或加字条表明试件的编号。

（8）带模养护：编号后，立即将试模放入养护箱或雾室的水平篦板上养护 24 ±25 h（从加水开始算起），取出用塑料锤或橡皮榔头小心地脱模，防止试件损失。

（9）脱模养护：将试件立即放入 20 ±1℃水槽中养护，试件之间应留有间隙，试件上表面水深不得小于 20 mm，养护水每两周更换一次，养护至 27d 时将试件取出，擦干立放，在空气中自然干燥 24 h，然后在 60 ±5℃烘箱中烘干 4 h 取出，冷却至室温。

（10）将试件放置在耐磨试验机的水平转盘上，刮平面朝下，做好定位标记（以使预磨后再安装时在同一位置）用夹具轻轻夹紧，将压头负荷设定为 300 N（不加砝码），电器控制箱上转数设定为 30 转,并将吸尘装置调整至试件上方,然后开机预磨(预磨是为改善试件与磨头的接触情况,去掉表层净浆,预磨转数可就试件强度及表面平整度改变)。

(11)磨毕,取下试件,扫净粉粒,称量,该质量作为试件原始质量 m_1。

(12)清除水平转盘上残留颗粒及粉尘,将预磨过的试件再次放回水平转盘上原安装位置,放平,固紧。按试验要求决定压头负荷,再开机磨 40 转,取下试件,扫除粉尘,称重 m_2。

(13)磨损量计算与结果确定:

$$G = \frac{m_1 - m_2}{0.0125}$$

式中:G——单位面积磨损量(kg/m²),准确至 0.001 kg/m²;

　　　m_1——试件的原始质量(kg);

　　　m_2——试件磨损后的质量(kg);

　　　0.0125——磨损面积(m²)。

取三块试件结果的平均值作为试件的磨损量,准确至 0.001 kg/m²,若三个值中有一个超过平均值的 15%,则剔除该超过值,以剩下的两个试件结果的平均值作为试件的磨损量,若仍有超过该平均值的 15%,则该组试验结果无效。

4.记录及结果计算

表 1 - 2 - 11　水泥胶砂耐磨实验记录表

实验项目		样品名称、型号		样品编号生产厂家		
实验方法		实验规程				
主要仪器设备名称、型号		实验室环境条件		试体成型温度:　　　℃		
				湿度:　　　(≥50%)		
				强度试验温度:　　　℃		
材料用量	水泥:　　标准砂:　　水:			湿度:　　　(≥50%)		
水泥加水搅拌时刻	年　　月　　日　　时			带模养护温度:　　　℃		
				湿度:　　　(≥90%)		
实验人员		指导老师		养护池水温度:　　　℃		
记录人员		成型日期			试验日期	

实验原始记录

试件编号	试件预磨后原始质量 m_1(kg)	试件耐磨后质量 m_2(kg)	磨损量 $G = \dfrac{m_1 - m_2}{0.0125}$ 准确至 0.001 kg/m²	磨损量平均值,准确至 0.001 kg/m²	试件龄期(d)

5. 检测相关

(1)耐磨试验要成型三块试件,每个试件材料用量:水泥 400 g,标准砂 1000 g,用水量按水泥品种依水灰比为 0.44 或 0.46 定;

(2)对于道路硅酸盐水泥,胶砂耐磨性是非常重要的指标,在试件养护 27d 取出后,一般在 60 ±5℃烘箱中烘干延长至 24 h,耐磨试验结果重复性更好;

(3)耐磨试验机磨头沿着试件表面环形轨迹磨削,会使试件表面产生一个内径约为 30 mm,外径约为 130 mm 的磨损面;

(4)道路硅酸盐水泥要求水泥 28d 磨耗量不大于 3.00 kg/m^2;

(5)水泥胶砂耐磨试验更详细操作,请参考《水泥胶砂耐磨性试验方法》(JC/T421—2004)、《公路工程水泥及水泥混凝土试验规程》(JTG E30—2005)。

1.2.9 水泥胶砂干缩实验

1. 基本概念

通过采用两端装有球形钉头的 25 mm ×25 mm ×280 mm、灰砂比为 1:2 的胶砂试件,在一定温度、一定湿度的空气中养护后,用比长仪测量不同龄期试件的长度变化来确定水泥胶砂的干缩性能。

2. 实验仪器设备、实验室环境条件

(1)行星式水泥胶砂搅拌机(由搅拌锅、搅拌叶片、传动装置和控制系统组成);

(2)流动度测定仪(包括:截锥圆模、模套、圆柱捣棒、游标卡尺);

(3)三联试模(每联内壁尺寸为 25 mm ×25 mm ×280 mm);

(4)测量钉头(不锈钢或铜制);

(5)方捣棒和缺口捣棒;

(6)水泥胶砂干缩养护湿度控制箱(含控制相对湿度的药品,如硫氰酸钾固体);

(7)比长仪(由千分表、支架及校正杆组成,千分表分度值为 0.001 mm);

(8)实验室环境条件:

试体成型实验室环境:温度 20 ±2℃,相对湿度不低于 50%;

试体带模养护的养护箱或雾室:温度 20 ±1℃,相对湿度不低于 90%;

试体养护池水温度 20 ±1℃;

试体干缩养护温度 20 ±3℃,相对湿度 50% ±4%;

试体干缩测量室温度 17℃ ~25℃;

(9)ISO 标准砂:粒度范围 0.5 mm ~1.0 mm;

(10)天平:称量不小于 2000 g,分度值不大于 2 g;

(11)其他:刮砂板、脱模机油、湿抹布、编号笔、塑料锤或橡皮榔头(脱模用)、三棱刮刀等。

3. 实验步骤

(1)按水泥取样方法取样,过 0.9 mm 方孔筛,使水泥、标准砂、水、试模等材料与实验室温度相同(试验前一天放入满足试验环境要求的实验室)。

(2)将胶砂搅拌锅、叶片等用湿抹布擦湿、覆盖,试模擦净、紧密装配、内壁和底面涂脱

模机油；将钉头擦净，在钉头的圆头端沾上少许黄油，将钉头嵌入试模孔中，并在孔内左右转动，使钉头与孔准确配合。

（3）称取每成型一个三联试体用水泥试样 500 g，ISO 标准砂 1000 g，把 ISO 标准砂倒入搅拌机装砂漏斗（满足灰砂比为 1∶2）。

（4）按胶砂流动度确定用水量：按水泥胶砂流动度和确定的水泥（500 g）、标准砂（1000 g）以流动度达到 130～140 mm 来确定用水量。

（5）将水倒入搅拌锅内，再把称好的水泥倒入搅拌锅内，同时记录此时的时刻（因为养护龄期是从水泥加水搅拌时开始算起），把锅放在固定架上，上升至固定位置。然后立即开动搅拌机，低速搅拌 30 s 后，在第二个 30 s 开始的同时均匀地将砂加入。把机器转至高速再拌 30 s。停拌 90 s，在停拌的第一个 15 s 内用一胶皮刮具将叶片和锅壁上的胶砂刮入锅中间。在高速下继续搅拌 60 s 后，停机取下搅拌锅，将粘在叶片上的胶砂刮下。各个搅拌阶段，时间误差应在 ±1 s 内。（现实验室胶砂搅拌机均带有自动控制装置，时间由系统自动控制，不需人工调整）

（6）将拌好的全部胶砂，分两层均匀装入试模内。第一层胶砂装入试模后，用小刀来回划实，钉头两侧可多划几次，再用刮砂板刮去多于试模高度 3/4 的胶砂，然后用方捣棒从钉头内侧开始，从一端向另一端顺序地捣 10 次、返回捣 10 次，共捣压 20 次，再用缺口捣棒在钉头两侧各捣压 2 次，然后将余下胶砂装入模内，同样用小刀划匀，刀划之深度应透过第一层胶砂表面，再用方捣棒从一端开始顺序地捣压 12 次，往返捣压 24 次（每次捣压时，先将捣棒接触胶砂表面再用力捣压。捣压应均匀稳定，不得冲压），捣压完毕，用小刀将试模边缘的胶砂拨回试模内，并用三棱刮刀将高出试模的胶砂断成几部分，沿试模长度方向刮去多余部分，在试模上做标记或加字条表明试件的编号。

（7）带模养护：编号后，放入温度为 20±1℃，相对湿度为 90% 以上的养护箱内养护 24±25 h（从加水开始算起），取出用塑料锤或橡皮榔头小心地脱模，防止试件损失。

（8）脱模养护：将试件立即放入 20±1℃水槽中养护 2d 后，由水中取出。

（9）测初始值：将比长仪事先放入规定的测量实验室恒温（17～25℃），试件从水中取出后，用湿布擦去表面水分和钉头上的污垢，用比长仪测定初始读数（比长仪使用前应用校正杆进行校准，确认其零点位置，此后比长仪测定的试件的长度都是相对于零点位置的长度），所有试件测完初始读数后，再用校正杆重新检查零点，若零点变动超过 0.01 mm，则整批试件应重新测定。

（10）龄期养护：测完初始值后，将试件移入干缩养护湿度控制箱的蓖条上养护，养护试体之间应留有间隙，同一批出水试件可以放在一个养护单元里，最多可以放置两组同时出水的试件，药品盘上按每组 0.5 kg 放置控制相对湿度的药品。关紧单元门栓使其密闭与外部隔绝。箱体周围环境温度控制在 20±3℃。此时药品应能使单元内相对湿度为 50%±4%。

（11）龄期测长：从试件放入箱中时算起，在放置 4d、11d、18d、25d 时（即从成型时算起为 7d、14d、21d、28d 时），分别取出测量其长度。

（12）干缩值计算和确定：

$$S_t = \frac{L_0 - L_r}{250} \times 100$$

式中：S_t——某龄期干缩率（%），准确至 0.001%；

L_0——初始测量读数(mm)(只是读数，而不是试件的长度)；

L_r——某龄期测量读数(mm)；

250——试件有效长度。

以三个试件计算的干缩率的平均值作为该试样的干缩结果，准确至0.001%，如有一个试件干缩率超过中间值15%，取中间值作为试样的干缩结果；如有两个试件干缩结果超过中间值15%时，应重做试验。

4. 记录及结果计算

表 1 – 2 – 12 水泥胶砂干缩实验记录表

实验项目		样品名称、型号		样品编号生产厂家			
实验方法			实验规程				
主要仪器设备名称、型号					试体成型温度：　　℃湿度：　　（≥50%）		
材料用量	水泥：　　标准砂：胶砂流动度为130 mm～140 mm时的用水量：			实验室环境条件	强度试验温度：　　℃湿度：　　（≥50%）带模养护温度：　　℃湿度：　　（≥90%）		
水泥加水搅拌时刻	年　月　日　时				养护池水温度：　　℃试体干缩测量室温度：		
实验人员			指导老师				
记录人员			成型日期				

实验原始记录

试件编号	初始测长		各龄期测长(从成型时算起)							
	读数(mm)	测试日期	7d读数(mm)	测试日期	14d读数(mm)	测试日期	21d读数(mm)	测试日期	28d读数(mm)	测试日期
1										
平均值										
该试件各龄期干缩率										
2										
平均值										
该试件各龄期干缩率										
3										
平均值										
该试件各龄期干缩率										
龄期干缩率确定										

5. 检测相关

（1）比长仪使用前用校正杆进行校准，目的是确认其初始位置，此后比长仪测定的长度都是相对于该校正杆的初始位置长度。现比长仪上多配备电子式百分比或千分表，可以进行归零操作。在用比长仪校正杆校正初始位置时，可以将百分表或千分表读数归零，也可以不归零。因为干缩值最终是与试件初始长度的差值，若不归零，则必须记录表上的初始读数。无论何种操作，初始测试时，将百分表或千分表测杆给一定的预压是必需的。

（2）比长仪测量试件长度时，每个试件在比长仪中的上、下位置和试件表面朝向在每次测量时都应相同。测量读数时应稍微左右旋转试体，使试体钉头和比长仪杆凹槽正确接触，指针摆动不得大于 0.02 mm。读数应记录至 0.001 mm。

每次测量结束后，应用校正杆校准零点，当零点变动超过 0.01 mm，整批试体应重新测量。

（3）试体干缩养护湿度控制箱相对湿度为 50%，是考虑水泥在此湿度下收缩明显，这与水泥混凝土收缩试验时采用 60% 的相对湿度是不同的。

（4）道路硅酸盐水泥要求水泥 28d 干缩率不大于 0.10%。

（5）水泥胶砂干缩试验更详细操作，请参考《水泥胶砂干缩试验方法》（JC/T603—2004）、《公路工程水泥及水泥混凝土试验规程》（JTG E30—2005）。

1.2.10　水泥浆体流动度

1. 基本概念

水泥浆体流动度试验是测定水泥浆体的流动度，评价浆体的流动性。常见测定方法有倒锥法和筒球法两种，倒锥法适合于公称最大粒径小于 2.36 mm，浆体流出倒锥时间小于 35 s 的水泥浆体流动度测定；筒球法则无此要求。

2. 实验仪器设备、实验室环境条件

（1）倒锥及支架（倒锥法）：倒锥材料可以是玻璃、不锈钢、铝等；

（2）流动度筒及玻璃球（筒球法）：材料为透明有机玻璃，玻璃球直径 25.6 mm，共 160 个；

（3）容器：容积不小于 2000 mL；

（4）胶砂搅拌机；

（5）秒表：分度值不大于 0.2 s；

（6）实验室环境条件：温度 20±2℃；

（7）其他：水平尺、水准仪（检查倒锥是否水平放置）、湿抹布等。

3. 实验步骤

1）水泥浆体流动度——倒锥法

（1）倒锥标定：借助水准仪校正倒锥垂直，加水入倒锥，并用手指堵住倒锥出口，防止水流出倒锥，调整指示器位置，使容积为 1725±5 mL，松开堵住倒锥出口的手同时，另一只手按下秒表计时，观察倒锥中的水流至流出的水流变得间断的同时，再次按下秒表。若水流时间为 8.0±0.2 s，则此倒锥可用。

（2）以水泥、水、外加剂、矿物掺合料或专用压浆剂等，按相关规范要求，配制大约 2000 mL 水泥浆，经胶砂搅拌机搅拌（可按水泥胶砂程序搅拌）。

（3）试验前 1 min 用水润湿倒锥，用手或塞子堵住倒锥出料口，将拌好的浆体徐徐倒入倒锥内，接近指针时放慢速度，直至浆体表面刚好接触指针针尖，此时容积恰好为 1725 ±5 mL。

（4）松开出料口手指或塞子的同时按下秒表，开始计时，在流出的浆体变得间断（一般认为从锥体上往下观察，到出料口见光时）的同时按下秒表结束计时。

（5）观察出料口，如出料口通亮，则倒锥法可行；否则，倒锥法不可用。

（6）结果计算：应该以两次以上试验结果的平均值为试验结果，平均值修约到最近的 0.2 s 上，每次试验结果应在该平均值（包含本次试验结果）的 ±1.8 s 内，否则本次试验结果无效。

2）水泥浆体流动度——筒球法

（1）借助水准仪校正流动度筒垂直，将穿孔板装入筒体，水润湿筒体和玻璃球。

（2）以水泥、水、外加剂、矿物掺合料或专用压浆剂等，按相关规范要求，配制 2000 mL 水泥浆，经胶砂搅拌机搅拌（可按水泥胶砂程序搅拌）。

（3）将拌好的浆体快速倒入筒内，同时按下秒表开始计时，当灌入浆体中部出现明显分层时，按下秒表停止计时，此时间为浆体流动度。

（4）结果计算：应该以两次以上试验结果的平均值为试验结果，平均值修约到最近的 0.2 s 上，每次试验结果应在该平均值（包含本次试验结果）的 ±2 s 内，否则本次试验结果无效。

4. 记录及结果计算

表 1 – 2 – 13　水泥浆体流动度实验记录表

实验项目		样品名称、型号			样品编号生产厂家			
实验方法			实验规程					
主要仪器设备名称、型号				实验室环境条件		温度：　　　℃湿度：　　（≥50%）		
材料配比								
实验人员				指导老师				
记录人员				实验日期				
实验原始记录								
倒锥法				筒球法				
试验次数	1	2	3	4	试验次数	1	2	3	4
流出时间(s)准确至 0.2 s					分层时间(s)准确至 0.2 s				
平均值(s)准确至 0.2 s					平均值(s)准确至 0.2 s				

5. 检测相关

（1）水泥浆体流动度测定——倒锥法适用于水泥混凝土路面脱空封堵时浆体流动性的评价、贯入式路面结构水泥浆体流动性评价、后张法预应力孔道压浆评价等。

(2)振动灌浆砂浆流动度以 16 ~ 20 s 为宜;压力灌浆浆体流动度以 18 ~ 25 s 为宜;水泥混凝土路面脱空封堵时浆体倒锥法流动度以 16 ~ 25 s 为宜;后张法预应力构件孔道压浆流动度评价:试验温度 25℃,初始流动度 10 ~ 17 s;30 min 流动度 10 ~ 20 s,60 min 流动度 10 ~ 25 s)。

(3)倒锥和圆筒尺寸、具体试验方法参考《公路工程水泥及水泥混凝土试验规程》(JTG E30—2005)、《公路桥涵施工技术规范》(JTG/T F50—2011)附录 C3。

(4)倒锥法和筒球法试验应该在浆体搅拌结束后的 1 min 内完成,同一种材料的浆体至少要进行两次试验,且浆体不得重复试验使用。

1.2.11　水泥压浆液自由泌水率和自由膨胀率

1. 基本概念

(1)浆体中的水大部分被颗粒吸附在其孔隙内及颗粒表面,仅少部分析出后构成润滑层,浆体泌水率是指该润滑层水体积与管道中所有水的体积之比。

(2)浆体膨胀率是指浆体膨胀体积与原始体积之比。

(3)压浆液自由泌水率和自由膨胀率指标是后张法预应力孔道压浆中对压浆料的技术要求。

2. 实验仪器设备、实验室环境条件

(1)试验容器:材料多为透明有机玻璃,带密封盖,高 120 mm,如图 1 – 2 – 1 所示。

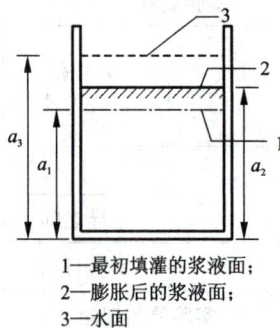

1—最初填灌的浆液面;
2—膨胀后的浆液面;
3—水面

图 1 – 2 – 1　试验容器

(2)实验室环境条件:温度 20 ± 2℃。

(3)其他:钢直尺(分度值 1 mm)、抹布等。

3. 实验步骤

(1)以水泥、水、外加剂、矿物掺合料或专用压浆剂等,按相关规范要求,配制浆液,经胶砂搅拌机搅拌(可按水泥胶砂程序搅拌)。

(2)用抹布将容器内表面擦净,往容器内填灌浆液 100 mm 深,测其填灌高度,并记录,然后盖严容器。

(3)放置 3 h 和 24 h 测离析水面高度和膨胀浆液面高度,并记录。

(4)计算:

$$泌水率 = \frac{a_3 - a_2}{a_1} \times 100\%$$

$$膨胀率 = \frac{a_2 - a_1}{a_1} \times 100\%$$

式中：a_1——最初浆液面高(mm)；

a_2——膨胀后浆液面高(mm)；

a_3——离析水面高。

4. 记录及结果计算

表 1-2-14　泌水率和膨胀率实验结果记录表

实验项目			样品名称、型号			样品编号生产厂家			
实验方法				实验规程					
主要仪器设备名称、型号					实验室环境条件		温度：　　℃ 湿度：		
材料配比									
实验人员					指导老师				
记录人员					实验日期				

实验原始记录

试验次数	最初浆液面高 a_1 (100 mm)	3 h 离析水面高 a_3 (mm)	24 h 离析水面高 a_3 (mm)	3 h 膨胀后浆液面高 a_2 (mm)	24 h 膨胀后浆液面高 a_2 (mm)	泌水率(%)		膨胀率(%)	
						3 h	24 h	3 h	24 h
1									
2									
3									
4									

5. 检测相关

水泥压浆液自由泌水率和自由膨胀率测试更详细操作参考《公路桥涵施工技术规范》(JTG/T F50—2011)中附录 C4 的要求进行，技术指标为：3 h 自由膨胀率 0～2%，24 h 自由膨胀率 0～3%，24 h 自由泌水率为 0。

6. 作业题

(1)工程中常用水泥的品种和强度等级有哪些？

(2)水泥合格评定需要检测的指标主要有哪些？

实验 1.3　粗、细集料实验

【**实验目的**】　测定砂、石材料表观密度、堆积密度、筛分、洁净程度等性能,判断砂、石质量指标是否合格,为混凝土配合比设计提供依据。

【**预习思考**】

(1)如何计算砂、石的分计筛余百分率,累计筛余百分率,细度模数?

(2)砂的整体粗细和石子的整体粗细各用什么来表示?

(3)水泥混凝土中粗细集料和沥青混凝土中粗细集料是否有区别?

(4)标准砂、石筛的尺寸有哪些?

1.3.1　骨料取样和缩分

1. 基本概念

(1)粗集料和细集料的划分,按国家规范以骨料粒径来划分:

在水泥混凝土中细集料是指粒径小于 4.75 mm 的天然砂、人工砂等,粗集料是指粒径大于 4.75 mm 的碎石、卵石、砾石等;在沥青混合料中,细集料是指粒径小于 2.36 mm 的天然砂、人工砂(包括机制砂)、石屑等,粗集料是指粒径大于 2.36 mm 的碎石、破碎砾石、筛选砾石和矿渣等。

(2)天然砂:在自然条件下形成的,经人工开采和筛分的,包括河砂、山砂、湖砂、淡化海砂等。

(3)人工砂:岩石经除土开采、机械破碎、筛分而成的岩石颗粒,从广义而言,机制砂属于人工砂。(机制砂主要是指由碎石及砾石等经制砂机反复破碎加工而成的)

(4)石屑:采石场加工碎石时,通过最小筛孔(2.36 mm 或 4.75 mm)的筛下部分。

(5)混合砂:由天然砂、人工砂、石屑等按一定比例组合而成的砂。

(6)集料的最大粒径和集料公称最大粒径:

公称粒径和最大粒径并不是指集料自身的粒径,而是指标准筛的筛孔尺寸,但它是以集料通过该筛的通过性来区分的。

集料最大粒径是指集料能 100% 通过的最小标准筛筛孔尺寸;

集料公称最大粒径是指集料能 90% 以上通过的最小标准筛筛孔尺寸。

一般而言,集料公称最大粒径与集料最大粒径相差一个粒级。

(7)标准筛:正方形方孔筛,方孔筛筛孔尺寸(公称粒径)为: 0.075 mm(0.08 mm)、

0.15 mm(0.16 mm)、0.3 mm(0.315 mm)、0.6 mm(0.630 mm)、1.18 mm(1.25 mm)、2.36 mm(2.50 mm)、4.75 mm(5.00 mm)、9.5 mm(10.0 mm)、13.2 mm(沥青混合料中存在该尺寸筛)、16.0 mm(16.0 mm)、19.0 mm(20.0 mm)、26.5 mm(25.0 mm)、31.5 mm(31.5 mm)、37.5 mm(40.0 mm)、53.0 mm(50.0 mm)、63.0 mm(63.0 mm)、75.0 mm(80.0 mm)，90.0 mm(100.0 mm)；一套共17只。

2. 实验仪器设备、实验室环境条件

分料器、铲子、装料桶、瓷盆、小勺、接料器、包装袋等；

实验室环境条件：温度 20±5℃。

3. 实验步骤（取样方法）

1）取样方法

（1）从料堆上取样时，取样部位应均匀分布（也即料堆的顶部、中部和底部）。取样前应先将取样部位表层铲除，然后由各部位抽取样品量大致相等的砂8份，石子16份（GB/T14685—2011为15份），组成各自一组样品，装入装料桶或容器中。

（2）从皮带运输机上取样时，应从机尾的出料处用与皮带等宽的接料器定时抽取（间隔3次以上），砂为4份，石子为8份，分别组成一组样品，装入装料桶或容器中。

（3）从火车汽车货船上取样时，应从不同部位和深度抽取大致相等的砂和石子，砂为8份，石子为16份，分别组成一组样品，装入装料桶或容器中。

（4）从沥青拌合楼的热料仓中取样时，在放料口的全断面上取样，通常从拌和料的第5锅以后开始取样，从热料仓放出至装载机上，倒在水泥地上，适当人工拌和，从3处以上位置取样，再将取得的样拌和均匀。

注：每份数量：天然砂每份11 kg以上，人工砂每份26 kg以上，石子每份数量根据粒径和实验项目定，一般每份大约20 kg以上，然后再缩分用于实验。

2）样品缩分

（1）细集料（砂）的缩分

用分料器缩分：将样品在潮湿状态下拌和均匀，进入分料器后出料分成两份，将其中一份保留不用，另一份再次通过分料器，分成两份。重复上述操作，每分成两份，均保留一份不用，直至样品缩分到所需的试验用量。

用人工四分法缩分：将所取每组样品置于平板上，在潮湿状态下拌和均匀，堆成厚度约为20 mm的圆饼，沿互相垂直的两条直径把圆饼分成大致相等四份，取其对角的两份重新拌匀，再堆成圆饼。重复上述过程，直至缩分后的材料量略多于进行试验所必需的量为止。

（2）粗集料（石子）的缩分

将每组样品置于平板上，在自然状态下拌和均匀，并堆成锥体，然后沿互相垂直的两条直径把锥体分成大致相等的四份，取其对角的两份重新拌匀，再堆成锥体，重复上述过程，直至缩分的材料量略多于试验所必需的量为止。

含水率、堆积密度、紧密密度检验所用的试样，不经缩分，拌匀后直接进行试验。

4.取样记录

表1-3-1　取样记录表

<table>
<tr><td colspan="5" style="text-align:right">_____样品取样单</td></tr>
<tr><td>取样日期</td><td></td><td>取样方式</td><td colspan="2"></td></tr>
<tr><td>检验项目</td><td colspan="4"></td></tr>
<tr><td>样品编号</td><td>样品名称</td><td>代表数量</td><td>取样量</td><td>产地</td></tr>
<tr><td></td><td></td><td></td><td></td><td></td></tr>
<tr><td></td><td></td><td></td><td></td><td></td></tr>
</table>

5.检测相关

(1)对于长期处于潮湿的重要混凝土结构的砂、石要进行碱活性检验。

(2)粗、细集料实验主要参考《公路工程集料试验规程》(JTG E42—2005)、《建设用砂》(GB/T14684—2011)、《建设用碎石、卵石》(GB/T14685—2011)、《普通混凝土用砂、石质量及检验方法标准》(JGJ52—2006)。

(3)若粗、细集料检验不合格时,除筛分外(筛分不合格直接在原样上再取样重新试验,不加倍取样),其他检测项目(如颗粒级配、含泥量、泥块含量、有害物质、坚固性等)要加倍取样对不合格的项目进行复验,若该项指标还不能满足标准要求,应按不合格处理。

(4)工程中粗、细集料取样批量、取样数量:

大型工具(如火车、货车或汽车)运输的,应以400 m³或600 t为一验收批;小型工具运输的(如拖拉机等)应以200 m³或300 t为一验收批。不足此量的也为一验收批;对于每一验收批取样一组,缩分后每组数量大致为:天然砂22 kg,人工砂52 kg,石子40 kg(最大粒径≤20 mm)或80 kg(最大粒径≤40 mm)。(具体还要根据检测项目确定,当可以确保样品经一项试验后不会影响其他检测项目的试验结果时,样品可以重复使用)

每一单项检验项目所需样品最小数量参考值如表1-3-2、表1-3-3所示。

表1-3-2　每一单项检验项目所需样品最小数量参考值(1)

细集料(砂) 检验项目	缩分前取样量或送样量(不少于) (g)(A)	四分法缩分后样品量或送样量(不少于)(g) (A/4)	从堆场取样时每个部位取样量(不少于)(g) (A/8)
筛分析(细度模数与粗细程度)	4400	1100	550
含泥量	4400	1100	550
泥块含量	20000	5000	2500
紧密密度和堆积密度	5000	1250	625
表观密度	2600	650	325
含水率	1000	250	125
云母含量	600	150	75
石粉含量	1600	400	200

续上表

细集料(砂)检验项目		缩分前取样量或送样量(不少于)(g)(A)	四分法缩分后样品量或送样量(不少于)(g)(A/4)	从堆场取样时每个部位取样量(不少于)(g)(A/8)
有机物含量		2000	500	250
轻物质含量		3200	800	400
人工砂压碎指标	公称粒级 5.00~2.50 mm	1000	125	250
	公称粒级 2.50~1.25 mm	1000	125	250
	公称粒级 1.25~0.63 mm	1000	125	250
	公称粒级 0.63~0.315 mm	1000	125	250
	公称粒级 0.315~0.16 mm	1000	125	250
坚固性	天然砂	8000	1000	2000
	人工砂	20000	2500	5000
碱活性		20000	5000	2500

表 1 – 3 – 3　每一单项检验项目所需样品最小数量参考值(2)

粗集料(石)检验项目	以最大公称粒径确定(mm)							
	10.0	16.0	20.0	25.0	31.5	40.0	63.0	80.0
	缩分前最少取样量或送样量 A(kg)							
筛分析	8	15	16	20	25	32	50	64
含泥量	8	8	24	24	40	40	80	80
泥块含量	8	8	24	24	40	40	80	80
紧密密度、堆积密度	40	40	40	40	80	80	120	120
表观密度	8	8	8	8	12	16	24	24
含水率	2	2	2	2	3	3	4	6
吸水率	8	8	16	16	16	24	24	32
针、片状含量	1.2	4	8	12	20	40	—	—
碱活性	20	20	20	20	20	20	20	20
从堆场取样时每个部位取样量	不少于 A/16(kg)							
四分法缩分后样品量或送样量	不少于 A/4(kg)							

（5）必试项目

天然砂：颗粒级配、细度模数、松散堆积密度、含泥量、泥块含量、云母含量；

人工砂：颗粒级配、细度模数、松散堆积密度、石粉含量（含亚甲蓝试验）、泥块含量、压碎指标；

粗集料（石）：颗粒级配、含泥量、泥块含量、针片状颗粒含量。

（6）砂按质量指标分为三类：Ⅰ类宜用于强度等级大于 C60 的混凝土；Ⅱ类宜用于 C30 ~ C60 及抗渗、抗冻混凝土；Ⅲ类宜用于小于 C30 的混凝土及建筑砂浆。

石按质量指标分为三类：Ⅰ类宜用于强度等级大于 C60 的混凝土；Ⅱ类宜用于 C30 ~ C60 及抗渗、抗冻混凝土；Ⅲ类宜用于小于 C30 的混凝土。

（7）细骨料中，氯离子含量，对钢筋混凝土，按干砂质量百分率计算不得大于 0.06%，对预应力混凝土不得大于 0.02%。

1.3.2　细集料（砂）筛分

1. 基本概念

（1）通过筛分试验确定集料颗粒级配和粗细程度。颗粒级配是指各种粒径颗粒的搭配情况，通常用级配曲线表示；粗细程度是指不同粒径混合后总体粗细程度，通常用细度模数来表示。

（2）通过筛分试验，测定试样在各筛上的筛余质量，计算出分计筛余百分率、累计筛余百分率和通过率，从而计算出其细度模数。

①分计筛余百分率：某号筛的筛余质量与试样总量之比

$$a_i(\%) = \frac{m_i}{M} \times 100 = \frac{m_i}{\sum m_i + m_d} \times 100$$

式中：m_i——某号筛的筛余质量（g）；

m_d——试验筛底盘上的砂质量（g）；

M——试样总质量（g）；

a_i——某号筛的分计筛余百分率，准确至 0.1%；

$i = 1，2，3，\cdots，6$（分别对应试验筛公称粒径为：5.00 mm、2.50 mm、1.25 mm、0.63 mm、0.315 mm、0.16 mm）。

②累计筛余百分率：为某号筛的分计筛余和比该号筛筛孔尺寸大的各筛的分计筛余百分率之和

$$A_i(\%) = a_1 + a_2 + \cdots + a_i$$

式中：A_i——某号筛的累计筛余，准确至 0.1%。

③细度模数：根据各筛累计筛余百分率，按下式求细度模数

$$M_X = \frac{(A_2 + A_3 + A_4 + A_5 + A_6) - 5A_1}{100 - A_1}$$

式中：M_X——细度模数，准确至 0.1。

④通过百分率：通过某号筛的质量占试样总质量的百分率，即某号筛的质量通过百分率。

$$P_i(\%) = 100 - A_i$$

式中：P_i——某号筛的质量通过百分率，准确至 0.1%。

2. 实验仪器设备、实验室环境条件

（1）标准筛：公称粒径（筛孔尺寸）为 10.0 mm（9.5）、5.00 mm（4.75）、2.50 mm（2.36）、1.25 mm（1.18）、0.63 mm（0.6）、0.315 mm（0.3）、0.16 mm（0.15）的筛和底盘；水筛法增加筛孔尺寸为 0.075 mm 的筛。

（2）摇筛机；

（3）天平：称量 1000 g，感量 1 g；（《公路工程集料试验规程》（JTG E42—2005）中天平感量为 0.5 g）；

（4）烘箱：能控制温度 105±5℃；

（5）其他：搪瓷盘、小勺、直边刀（缩分用）、毛刷、搅棒（水筛法）等；

（6）实验室环境条件：温度 20±5℃。

3. 实验步骤

（1）按砂取样方法取样，将来样先通过公称粒径为 10.0 mm 的方孔筛，在搪瓷盘中人工将其缩分至大约 1100 g。

（2）将缩分后的试样，用天平称取两份，每份 550 g，准确至 1 g，分装于两个浅盘，放入 105±5℃烘箱中烘干至恒重（通常不少于 6 h），冷却至室温备用。

（3）干筛法：

①按孔径由大到小组成从上到下的套筛，用天平称取烘干试样 $M_0 = 500$ g，准确至 1 g，置于套筛的最上层筛上（筛孔尺寸 4.75 mm），加盖后，安装于摇筛机上，并固紧，开动摇筛机，摇筛 10 min；

②取下套筛，按孔径从大至小，在洁净的浅盘上逐个用手工干筛，直至每分钟的筛出量不超过试样总量的 0.1% 时，停止该筛的手工筛析。将进入浅盘的颗粒，并入下一号筛内，并和下一号筛中的试样一起过筛，直至所有筛全部筛完为止；

③称量各号筛的筛余量 m_i，筛底质量 m_d，填入记录表中；

④重复步骤①~③，完成另一份试样的干筛试验。

（4）水筛法：

①用天平称取烘干试样 $M_1 = 500$ g，准确至 0.5 g，置于洁净的容器中，加入足量的洁净水，将集料全部淹没；

②用搅棒充分搅动集料，洗涤干净集料表面，使细粉悬浮在水中，但不得有集料从水中溅出；

③用筛孔尺寸为 1.18 mm 和 0.075 mm 的筛组成套筛，仔细将容器中混有细粉的悬浮液徐徐倒出，穿过套筛，流入另一容器中；

④重复上述操作，直至倒出的水洁净且小于 0.075 mm 的颗粒全部倒出为止；

⑤将装有集料的容器中的集料倒入搪瓷盘中，然后用少量的水冲洗容器，使容器上黏附的集料颗粒全部进入搪瓷盘中，将③中的套筛反扣，用少量水冲洗筛，使筛上的集料也冲入搪瓷盘中，操作过程中，不得有集料散失；

⑥将带集料的搪瓷盘放入 105±5℃烘箱中烘干至恒重，称取干燥后的总质量 M_2，准确至 0.1%，$M_1 - M_2$ 即为通过 0.075 mm 筛的部分。

⑦按孔径由大到小组成从上到下的套筛(与干筛法套筛相同,不含筛孔尺寸为 0.075 mm 的筛),将 M_2 的质量置于套筛的最上层筛上(筛孔尺寸为 4.75 mm),加盖后,安装于摇筛机上,并固紧,开动摇筛机,摇筛 10 min;

⑧同干筛法步骤②、③;

⑨重复步骤①~⑧,完成另一份试样的水筛试验。

(5)计算与结果确定:

①分计筛余百分率,准确至 0.1%

$$a_i(\%) = \frac{m_i}{M} \times 100 = \frac{m_i}{\sum m_i + m_d} \times 100$$

对于沥青路面细集料而言,增加 0.075 mm 筛的筛余分析,此时筛孔尺寸为 0.15 mm 以下部分的质量,即套筛的底盘上的质量实际是 0.075 mm 筛的筛余量,$M_1 - M_2$ 为筛孔尺寸 0.075 mm 以下部分的质量,才是真正的筛底质量。

②累计筛余百分率,准确至 0.1%

$$A_i(\%) = a_1 + a_2 + \cdots + a_i$$

③细度模数,准确至 0.1

$$M_X = \frac{(A_{0.15} + A_{0.3} + A_{0.6} + A_{1.18} + A_{2.36}) - 5A_{4.75}}{100 - A_{4.75}}$$

④通过百分率,准确至 0.1%

$$P_i(\%) = 100 - A_i$$

⑤根据各筛的累计筛余百分率或通过百分率,绘制级配曲线(累计筛余百分率为纵坐标,筛孔尺寸为横坐标)。

累计筛余百分率取两次试验结果的算术平均值确定,准确至 1%;细度模数由两次试验的算术平均值确定,准确至 0.1,若两次所得的细度模数之差大于 0.2,则应重新进行试验。

4. 记录及结果计算

表 1 - 3 - 4　细集料(砂)筛分实验记录表

实验项目		样品名称		样品编号 生产厂家	
实验方法			实验规程		
主要仪器 设备名称、 型号			实验室 环境条件	温度:　　℃ 湿度:	
实验人员			指导老师		
记录人员			实验日期		
实验原始记录					
烘干试样用质量 M_0(g)		第 1 次			
		第 2 次			

续上表

筛孔尺寸 (mm)	分计筛余量(g)		分计筛余 百分率(%)		分计筛余 百分率 平均值(%)	累计筛余 百分率 平均值(%)	通过率 (%)	Ⅱ区级 配范围	细度 模数
	第1次	第2次	第1次	第2次					
9.50	0	0	0	0	0	0	0	0	
4.75								0 – 10	
2.30								0 – 25	
1.18								10 – 50	
0.60								41 – 70	
0.30								70 – 92	
0.15								90 – 100	
筛底 m_d									
$\sum m_i + m_d$									
损失									

5. 检测相关

(1) 对混凝土用砂可采用干筛法，对沥青混合料及基层用细集料必须用水筛法(因为对沥青混合料而言，矿料级配中，0.075 mm 以下部分的含量影响较大，对石屑等粉尘含量大的材料影响更大)。

(2) 配制混凝土时，应优先采用Ⅱ区中砂，采用Ⅰ区砂时，要适当提高砂率，采用Ⅲ区砂时，要适当降低砂率；泵送混凝土宜采用中砂，且 0.30 mm 筛孔的颗粒通过量不宜少于 15%。

(3) 砂粗细程度用细度模数(反映砂平均颗粒大小)表示，分成粗、中、细、特细四个等级，相应的细度模数范围：

粗砂：$M_X = 3.7 \sim 3.1$

中砂：$M_X = 3.0 \sim 2.3$

细砂：$M_X = 2.2 \sim 1.6$

特细砂：$M_X = 1.5 \sim 0.7$

高强混凝土用砂，细度模数宜控制在 2.6 ~ 3.0 范围内，不宜单独采用特细砂作为细骨料配制混凝土；

(4) 筛分时，烘干砂样称取 500 g，对于特细砂可以称取 250 g(干筛法)，或 100 g(水筛法)。

(5) 各筛的分计筛余量与底盘剩余量的总质量与筛分前试验的质量的差值不得超过筛分前质量的 1%，即 $\dfrac{M_0 - (\sum m_i + m_d)}{M_0} \times 100 \leqslant 1\%$，这时 $M_0 - (\sum m_i + m_d)$ 可认为是筛孔尺寸为 0.075 mm 以下的部分。

（6）判断砂级配是否合格原则：各筛上的累计筛余百分率应完全符合规范级配区中的某一区（对人工砂 0.15 mm 的累计筛余可以适当放宽，Ⅰ 区可为 100 ~ 85，Ⅱ 区可为 100 ~ 80，Ⅲ 区可为 100 ~ 75）；除 4.75 mm 和 0.60 mm 筛号外，其他筛号允许有少量超出，但超出总量不超过 5%；对于砂浆用砂，4.75 mm 筛号的累计筛余量应为 0。

1.3.3　细集料(砂)表观密度、表观相对密度

1. 基本概念

密度的有关概念参见"实验 1.1　材料的基本性质实验"。

2. 实验仪器设备、实验室环境条件

（1）天平：称量 1000 g，感量 1 g；

（2）烘箱：能控制温度 105 ±5℃；

（3）容量瓶：容积 500 mL（标准法用）；

（4）李氏瓶：容量 250 mL（简易法用）；

（5）其他：干燥器、浅盘、铝制料勺、温度计、冷开水、滴管、滤纸、抹布、毛刷等；

（6）实验室环境条件：温度 20 ±5℃。

3. 实验步骤

1）标准法实验步骤

（1）按砂取样方法取样，将来样先通过公称粒径为 10.0 mm 的方孔筛，在搪瓷盘中人工将其缩分至大约 650 g，准确至 1 g；

（2）将缩分后的试样，分成两份，分别装入浅盘，在 105 ±5℃烘箱中烘干至恒重（通常不少于 6 h），冷却至室温备用；

（3）向容量瓶中注入半瓶冷开水，称取烘干的试样 m_0 = 300 g，将试样装入盛水的容量瓶中，同时记录水温；

（4）摇转容量瓶，使试样在水中充分搅动以排除气泡，塞紧瓶塞，静置 24 h，然后用滴管加水至水面与瓶颈刻度线平齐，再塞紧瓶塞，擦干瓶外壁水分，称其重量 m_1，同时记录水温；

（5）倒出瓶中的水和试样，将瓶的内外表面洗净，再向瓶内注入与第（4）步操作时的水温相差不超过 2℃ 的冷开水至瓶颈刻度线。塞紧瓶塞，擦干瓶外壁水分，称其重量 m_2，同时记录水温；

（6）重复上述操作，完成另一份试样的测试；

（7）计算及结果确定：

$$\rho = \left(\frac{m_0}{m_0 + m_2 - m_1} - \alpha_\mathrm{T} \right) \times 1000$$

其中：表观相对密度：$\gamma_\mathrm{a} = \dfrac{m_0}{m_0 + m_2 - m_1}$

式中：ρ——表观密度(kg/m³)，准确至 10 kg/m³；

　　　γ_a——表观相对密度(g/cm³)；

　　　m_0——试样烘干质量(g)；

　　　m_1——试样、水、容量瓶总质量(g)；

m_2——水及容量瓶总质量(g);

α_{T}——水温对砂的表观密度影响的修正系数(表 1-3-5)。

表 1-3-5　水温对砂的表观密度影响的修正系数

水温(℃)	15	16	17	18	19	20
α_{T}	0.002	0.003	0.003	0.004	0.004	0.005
水温(℃)	21	22	23	24	25	—
α_{T}	0.005	0.006	0.006	0.007	0.008	—

结果确定:以两次试验结果的算术平均值作为测定值,当两次结果之差大于 20 kg/m³,应重新进行试验。

2)简易法实验步骤

(1)按砂取样方法取样,将来样先通过公称粒径为 10.0 mm 的方孔筛,在搪瓷盘中人工将其缩分至不少于 120 g,准确至 1 g;

(2)将缩分后的试样,分成两份,分别装入浅盘,在 105±5℃烘箱中烘干至恒重(通常不少于 6 h),冷却至室温备用;

(3)向李氏瓶中注入冷开水到某一刻度线,用滤纸擦干瓶颈内壁附着水,记录水的体积 V_1;

(4)称取烘干的试样 $m_0=50$ g,全部徐徐加入盛水的李氏瓶中,同时记录水温;

(5)用李氏瓶内的水将黏附在瓶颈和瓶壁的试样洗入水中,摇转李氏瓶,使试样在水中充分搅动以排除气泡,塞紧瓶塞,静置 24 h,记录此时的体积 V_2,同时记录水温;

(6)重复上述操作,完成另一份试样的测试;

(7)计算及结果确定:

$$\rho = \left(\frac{m_0}{V_2 - V_1} - \alpha_{\text{T}} \right) \times 1000$$

式中:ρ——表观密度(kg/m³),准确至 10 kg/m³;

m_0——试样烘干质量(g);

V_1——水的体积(mL);

V_2——水和试样的体积(mL);

α_{T}——水温对砂的表观密度影响的修正系数。

结果确定:以两次试验结果的算术平均值作为测定值,当两次结果之差大于 20 kg/m³,应重新进行试验。

4. 记录及结果计算

表 1 – 3 – 6　砂表观密度实验记录表

实验项目	砂表观密度	样品名称		样品编号 生产厂家	
实验方法	□标准法□简易法		实验规程		
主要仪器 设备名称、 型号			实验室 环境条件	温度：　　℃ 湿度：	
实验人员			指导老师		
记录人员			实验日期		

实验原始记录

烘干试样用质量 m_0(g)		第 1 次	
		第 2 次	

	实验 次数	试样 + 水 + 容量瓶 m_1	m_1 时对 应水温	水 + 容量 瓶 m_2	m_2 时对 应水温	水温修 正 α_T	表观密度 计算值 ρ	表观密度 平均值
标准法	1							
	2							
	实验 次数	水初始 体积 V_1	V_1 时对应 水温	水 + 试样 体积 V_2	V_2 时 对应水温	水温修 正 α_T	表观密度 计算值 ρ	表观密度 平均值
简易法	1							
	2							

5. 检测相关

(1)在砂的表观密度试验过程中应测量并控制水的温度,试验的各项称量可以在 15 ~ 25℃的温度范围内进行。从试样加水静置的最后 2 h 起直至试验结束,其温度相差不应超过2℃;

(2)砂的表观密度不小于 2500 kg/m³。

1.3.4　细集料密度及饱和面干吸水率——坍落筒法(《公路工程集料试验规程》JTG E42—2005)

1. 基本概念

坍落筒法可以测定细集料的表观密度、表干(绝干)毛体积密度和吸水率。密度的有关概念参见"实验 1.1　材料的基本性质实验"。

2. 实验仪器设备、实验室环境条件

(1)天平:称量 1000 g,感量 1 g;

(2)烘箱:能控制温度 105 ± 5℃;

(3)饱和面干试模及捣棒:试模为上口径 40 ± 3 mm,下口径为 90 ± 3 mm,高为 75 ± 3 mm 的坍落筒,捣棒直径为 25 ± 3 mm,质量为 340 ± 15 g 的金属棒;

(4)烧杯:500 mL;

(5)容量瓶:容积 500 mL(测毛体积密度);

(6)其他:干燥器、吹风机、浅盘、铝制料勺、温度计、玻璃棒、吸管、加盖容器、冷开水、滴管、抹布、毛刷等;

(7)实验室环境条件:温度 20 ± 5℃。

3. 实验步骤

(1)按砂取样方法取样,将来样先通过公称粒径为 10.0 mm 的方孔筛,在潮湿状态下用四分法缩分至 1000 g,拌匀后均分两份,分别装入浅盘或其他合适容器中。

(2)向浅盘注入冷开水,使水面高出试样表面 20 mm 左右,同时测量水温,并使水温能控制在 23 ± 1.7℃(**注**:JGJ52—2006 控制水温为 20 ± 5℃),用玻璃棒连续搅拌 5 min,以排除气泡,静置 24 h。

(3)倒去试样上部的水,但不得将细粉部分倒走,用吸管吸去余水,然后用小勺将试样在盘中摊开,用手提吹风机开低挡缓缓吹入暖风,并用勺不断翻拌试样,使集料表面的水在各部位均匀蒸发,达到估计的饱和面干状态。(**注意**:吹风过程中不得使细粉损失)

(4)然后将试样松散地一次性装入坍落筒中,用捣棒轻捣 25 次(轻捣方式:捣棒端面距试样表面距离不超过 10 mm,让其自由落下),捣完后刮平模口,如留有空隙也不必再添加试样。(**注**:GB/T14684—2011 是将试样分两层装入坍落筒中,第一层装入筒高度一半,捣棒轻捣 13 次,第二层装满,捣棒轻捣 13 次)

(5)饱和面干状态确定:从垂直方向徐徐提起试模,如试样保留锥形没有坍落,则说明集料中尚含有表面水,应继续按上述方法用暖风干燥、试验,直至试模提起后试样开始出现坍落为止。如试模提起后试样坍落过多,则说明试样已干燥过分,此时应将试样均匀洒水约 5 mL,经充分拌匀,并静置于加盖容器中 30 min 后,再按上述方法进行试验,至达到饱和面干状态为止。(判断饱和面干状态的标准,对天然砂,宜以"在试样中心部分上部成为 2/3 左右的圆锥体,即大致坍塌 1/3 左右"作为标准状态;对机制砂和石屑,宜以"当移去坍落筒第一次出现坍落时的含水率即最大含水率作为试样的饱和面干状态"。)

表1-3-7 各种状态判别标准

	人工砂	天然砂	
未坍落状态(过湿)	饱和面干状态		坍落过多状态(过干)

(6)立即称取饱和面干试样 $m_3 = 300$ g,将试样迅速放入容量瓶中,勿使水分蒸发和集料粒散失,加冷开水至约 450 mL 刻度处,转动容量瓶排除气泡后,再用滴管加水至 500 mL 刻度处,塞紧瓶塞,擦干瓶外水分,称其总质量 m_1,同时记录水温。

(7)倒出瓶中的水和试样,将容量瓶的内外表面洗净,再向瓶内注入冷开水(与前面操作水温相差不超过2℃)至 500 mL 刻度处。塞紧瓶塞,擦干瓶外壁水分,称其质量 m_2,同时记录水温。

(8)将倒出的试样装入烧杯中,置于 105 ±5℃ 的烘箱中烘干至恒重,在干燥器内冷却至室温后,分别称出烧杯和烘干试样的总质量和烧杯的质量,得到烘干试样的质量 m_0。

(9)再将上述烘干试样放入装有半瓶冷开水的容量瓶中,同时记录水温。

(10)摇转容量瓶,使试样在水中充分搅动以排除气泡,塞紧瓶塞,静置 24 h,然后用滴管加水至水面与瓶颈刻度线平齐,再塞紧瓶塞,擦干瓶外壁水分,称其质量 m'_1,同时记录水温。

(11)重复上述操作,完成另一份试样的测试。

(12)计算及结果确定:

$$表观密度:\rho_a = \frac{m_0}{m_0 + m_2 - m'_1} - \alpha_T$$

$$表干毛体积密度:\rho_s = \frac{m_3}{m_3 + m_2 - m_1} - \alpha_T$$

$$绝干毛体积密度:\rho_b = \frac{m_0}{m_3 + m_2 - m_1} - \alpha_T$$

$$吸水率:\omega_x = \frac{m_3 - m_0}{m_0} \times 100$$

式中:ρ_a——表观密度(g/cm^3),准确至 0.01 g/cm^3;

ρ_s——表干毛体积密度,准确至 0.01 g/cm^3;

ρ_b——绝干毛体积密度,准确至 0.01 g/cm^3;

m_0——烘干后质量(g);

m_1——饱和面干试样、水、容量瓶总质量(g);

m'_1——烘干试样、水、容量瓶总质量(g);

m_2——水、容量瓶总质量(g);

m_3——饱和面干试样质量(g);

ω_x——吸水率(%),准确至0.01%。

　　结果确定：表观密度、表干毛体积密度、绝干毛体积密度以两次平行试验结果的算术平均值为测定值，如两次结果与平均值之差大于 0.01 g/cm^3 时，应重新取样进行试验。

　　吸水率以两次平行试验结果的算术平均值作为测定值，如两次结果与平均值之差大于 0.02%，应重新取样进行试验。

4. 记录及结果计算

表 1 - 3 - 8　坍落筒法实验记录表

实验项目		样品名称		样品编号 生产厂家	
实验方法		实验规程			
主要仪器 设备名称、 型号			实验室 环境条件	温度：　　℃ 湿度：	
实验人员			指导老师		
记录人员			实验日期		

实验原始记录

饱和面干试样用质量 m_3		第 1 次	
		第 2 次	

实验 次数	饱和面干 试样 + 水 + 容量瓶 m_1	m_1 时对 应水温	水 + 容 量瓶 m_2	m_2 时 对应水温	水温修正 α_T	烧杯质量 + 烘干试 样质量	烧杯 质量
1							
2							

实验 次数	烘干试样 质量 m_0	烘干试 样 + 水 + 容量瓶 m'_1	m'_1 时对 应水温	表观密度 计算值 ρ_a	表干毛 体积密度 计算值 ρ_s	绝干毛体 积密度计算 值 ρ_b	吸水率 计算值 ω_x
1							
2							

结果确定	表观密度 平均值	表干毛 体积密度 平均值	绝干毛 体积密度 平均值	吸水率 平均值

5. 检测相关

（1）坍落筒法适用于粒径小于 2.36 mm 以下的细集料，实验可以得出烘干状态（绝干）的毛体积密度（或毛体积相对密度）和饱和面干状态（表干）的毛体积密度。绝干毛体积密度常用于热拌沥青混合料体积指标的计算，表干毛体积密度常用于水泥混凝土用量的计算。

（2）《建设用砂》（GB/T14684—2011）和《普通混凝土用砂、石质量及检验方法标准》（JGJ52—2006）中实验只是测出砂的饱和面干状态下的吸水率，而《公路工程集料试验规程》（JTG E42—2005）中，在测定饱和面干状态下的吸水率同时，利用饱和面干的质量、烘干质量和容量瓶法测密度的原理，同时测得了表观密度、表干毛体积密度和绝干毛体积密度。

（3）《地下工程防水技术规程》（GB50108—2008）规定：防水混凝土砂、石吸水率不应大于 1.5%。

1.3.5　细集料（砂）堆积密度、紧密密度和空隙率

1. 基本概念

测定细集料（砂）自然状态下堆积密度、紧密密度及空隙率。

2. 实验仪器设备、实验室环境条件

（1）台秤：称量 5 kg，感量 5 g；

（2）烘箱：能控制温度 105 ±5℃；

（3）容量筒：金属筒，圆筒形，内径 108 mm，净高 109 mm，筒壁厚 2 mm，筒底厚约 5 mm，容积约为 1 L；

（4）标准漏斗或铝制料勺；

（5）其他：浅盘、直尺、温度计、冷开水（饮用水）、玻璃板、抹布、毛刷、直径为 10 mm 钢筋等；

（6）实验室环境条件：温度 20 ±5℃。

3. 实验步骤

（1）试样制备：用浅盘装来样约 5 kg，在温度为 105 ±5℃的烘箱中烘干至恒重，取出并冷却至室温，分成大致相等的两份备用；（试样烘干后如有结块，应捏碎）

（2）将容量筒擦拭干净，称取容量筒质量 m_0（kg）；

（3）容量筒容积的校正：将空容量筒擦拭干净，盖上玻璃板，用台秤称 m_1，然后将温度为（20±2）℃的饮用水装满容量筒，用玻璃板沿筒口滑移，使其紧贴水面，玻璃板与水面之间不得有空隙，擦干筒外壁水分，然后称其质量 m_2，计算筒容积 V：

$$V = (m_2 - m_1)/\rho_水$$

式中：V——容量筒容积（L）；

　　　m_2——容量筒、水、玻璃板总质量（kg）；

　　　m_1——容量筒、玻璃板总质量（kg）；

　　　$\rho_水$——水密度，取 $\rho_水 = 1 \times 10^3 kg/m^3$。

（4）堆积密度：取试样一份，将试样装入标准漏斗中，将容量筒置于标准漏斗出料口正下方，打开漏斗出料口底部阀门，将砂流入容量筒中，也可以直接用料勺向容量筒中装试样

（漏斗出料口或料勺距容量筒筒口应不超过 50 mm），用直尺将多余的试样沿筒口中心线向两个相反方向刮平，称取质量 $m_3(\text{kg})$；

（5）紧密密度：取试样一份，分两层装入容量筒。装完一层后，在筒底垫放一根直径为 10 mm 的钢筋，双手抓住筒的两侧，将筒按住，左右交替向地面颠击各 25 下（左 25 下，右 25 下），然后再装满第二层，用同样方法颠实（但筒底所垫钢筋的方向应与第一层放置方向垂直）。两层装完并颠实后，添加试样超出容量筒筒口，然后用直尺将多余的试样沿筒口中心线向两个相反方向刮平，称其质量 $m_4(\text{kg})$；

（6）重复上述操作，完成两次平行试验；

（7）计算及结果确定：

堆积密度：
$$\rho_\text{L} = \frac{m_3 - m_0}{V} \times 1000$$

紧密密度：
$$\rho_\text{c} = \frac{m_4 - m_0}{V} \times 1000$$

堆积密度空隙率：
$$v_\text{L} = \left(1 - \frac{\rho_\text{L}}{\rho}\right) \times 100\%$$

紧密密度空隙率：
$$v_\text{c} = \left(1 - \frac{\rho_\text{c}}{\rho}\right) \times 100\%$$

式中：ρ_L——堆积密度(kg/m^3)，准确至 $10\ \text{kg/m}^3$；

ρ_c——紧密密度(kg/m^3)，准确至 $10\ \text{kg/m}^3$；

ρ——表观密度(kg/m^3)；

v_L——堆积密度空隙率$(\%)$，准确至 1%；

v_c——紧密密度空隙率$(\%)$，准确至 1%；

m_0——容量筒质量(kg)；

m_3——容量筒和堆积砂总质量(kg)；

m_4——容量筒和紧密砂总质量(kg)。

结果确定：以两次试验结果的算术平均值作为测定值。

4.记录及结果计算

表 1 – 3 – 9 砂堆积密度、紧密密度和空隙率实验记录表

实验项目		样品名称		样品编号 生产厂家	
实验方法		实验规程			
主要仪器 设备名称、 型号		实验室 环境条件		温度：　℃ 湿度：	
实验人员		指导老师			
记录人员		实验日期			

续上表

实验项目			样品名称	
样品编号 生产厂家			砂表观密度 （kg/m³）	

实验原始记录

实验 次数	容量筒 质量 m_0 （kg）	m_0 平均值 （kg）	容量筒 +玻璃 板质量 m_1（kg）	m_1 平均值 （kg）	容量筒+ 玻璃板+ 水质量 m_2（kg）	m_2 平均值 （kg）	容量筒体积平均值 V（L）
1							
2							

实验 次数	容量筒+ 堆积砂 质量 m_3 （kg）	容量筒 +紧密 砂质量 m_4（kg）	堆积密度 ρ_L kg/m³	ρ_L 平均值	紧密密度 ρ_s （kg/m³）	ρ_s 平均值	堆积/紧密 密度空 隙率（%） v_L/v_c	v_L/v_c 平均值
1								
2								

5.检测相关

（1）含水率、堆积密度、紧密密度检验所用的试样，不经缩分，拌匀后直接进行试验；

（2）松散堆积密度不小于 1400 kg/m³，空隙率不大于 44%。

1.3.6　细集料（砂）含水率

1.基本概念

细集料含水率指试样含水量占试样烘干状态下质量的百分比，集料含水率在混凝土配合比设计中是一个重要的指标。

2.实验仪器设备、实验室环境条件

（1）天平：称量 1000 g，感量 0.1 g；

（2）烘箱：能控制温度 105 ±5℃；

（3）其他：浅盘、毛刷等；

（4）实验室环境条件：温度 20 ±5℃。

3.实验步骤

（1）称取浅盘的质量 m_1。

（2）按砂取样方法取样，将样品在自然潮湿状态下用四分法缩分至两份，每份约 500 g，分别放入浅盘中，称试样和浅盘总质量 m_2。

（3）将试样连同浅盘放入温度 105 ±5℃ 的烘箱中烘干至恒重，称烘干试样和浅盘总质量 m_3。

（4）计算及结果确定：

$$\omega_w = \frac{m_2 - m_3}{m_3 - m_1} \times 100\%$$

式中：ω_w——砂含水率（%），准确至 0.1%；

m_1——浅盘质量（g）；

m_2——未烘干试样和浅盘总质量（g）；

m_3——烘干试样和浅盘总质量（g）。

(5)重复上述操作，完成另一份试样的测试。

结果确定：以两次试验的算术平均值作为测定值。

4. 记录及结果计算

表 1 – 3 – 10 砂含水率实验记录表

实验项目		样品名称		样品编号 生产厂家	
实验方法		实验规程			
主要仪器 设备名称、 型号		实验室 环境条件		温度： ℃ 湿度：	
实验人员		指导老师			
记录人员		实验日期			
实验原始记录					
实验 次数	浅盘质量 m_1(g)	未烘干试样＋浅 盘质量 m_2(g)	烘干试样＋浅盘 质量 m_3(g)	砂含水率 ω_w （%）	ω_w 平均值
1					
2					

5. 检测相关

混凝土配合比设计中，要求所采用的细骨料含水率应小于 0.5%。（认为是干燥状态）

1.3.7 细集料(砂)含泥量

1. 基本概念

(1)含泥量是指天然砂中粒径小于 0.075 mm 的颗粒含量，对于人工砂中粒径小于 0.075 mm 的颗粒含量是指石粉含量，用亚甲蓝 MB 值确定；

(2)细集料中含泥量较高，会妨碍水泥浆与细集料的黏结，降低混凝土的强度和抗渗、抗冻性能，增大混凝土的收缩等。

2. 实验仪器设备、实验室环境条件

(1)天平：称量 1000 g，感量 1 g；

（2）烘箱：能控制温度 105 ±5℃；

（3）试验筛：筛孔直径为 0.075 mm 及 1.18 mm 的方孔筛；

（4）虹吸管法用仪器：虹吸管、玻璃容器或其他容器（高度不小于 300 mm，直径不小于 200 mm）、搅棒、闸板、计时器等；

（5）其他：洗砂容器、浅盘、毛刷、饮用水等；

（6）实验室环境条件：温度 20 ±5℃。

3. 实验步骤

1）标准法（适用于粗、中、细砂）

（1）将来样用四分法缩分至 1100 g，称取试验用浅盘质量，将试样装入浅盘，放入温度 105 ±5℃的烘箱中烘干至恒重，冷却至室温后，称取各为约 400 g(m_0)的试样两份备用。

（2）取烘干的试样一份置于容器中，注入饮用水，使水面高出砂面约 150 mm，充分拌混均匀后，浸泡 2 h。然后，用手在水中淘洗试样，使尘屑、淤泥和黏土与砂粒分离，并使之悬浮或溶于水中。

（3）将 1.18 mm 及 0.075 mm 的筛组成套筛，1.18 mm 筛放置上面，将筛子的两面用水润湿。

（4）缓缓地将浑浊液倒入试验筛中，滤去小于 0.075 mm 的颗粒，在整个试验过程中要注意避免砂粒丢失。

（5）再次加水于容器中，重复上述过程，直到洗出的水清澈为止。

（6）用水冲洗剩留在筛上的细粒，并将 0.075 mm 筛放在水中（使水面略高出筛中砂粒的上表面）来回摇动，以充分洗去小于 0.075 mm 的颗粒。

（7）将两只筛上剩留的颗粒和容器中已经洗净的试样一并装入浅盘，置于温度为 105 ± 5℃的烘箱中烘干至恒重，冷却至室温后，称试样的质量 m_1。

2）虹吸管法（适用于特细砂）

（1）称取烘干的试样约 500 g(m_0)，置于容器中，并注入饮用水，使水面高出砂面约 150 mm，浸泡 2 h，浸泡过程中每隔一段时间搅拌一次，使尘屑、淤泥和黏土与砂分离。

（2）用搅棒搅拌约 1 min（单方向旋转），以适当宽度和高度的闸板闸水，使水停止旋转。经 20 ~25 s 后取出闸板。

（3）从上到下用虹吸管细心地将浑浊液吸出，虹吸管吸口的最低位置应距离砂面不小于 30 mm。

（4）再倒入清水，重复上述过程，直到吸出的水与清水的颜色基本一致为止。

（5）将容器中的清水吸出，把洗净的试样倒入浅盘并在 105 ±5℃的烘箱中烘干至恒重，取出，冷却至室温后称试样质量(m_1)。

（6）计算及结果确定：

$$w_c = \frac{m_0 - m_1}{m_0} \times 100\%$$

式中：w_c——砂含泥量（%），准确至 0.1%；

　　　m_0——试验前烘干试样质量（g）；

　　　m_1——试验后烘干试样质量（g）。

结果确定：以两次试验的算术平均值作为测定值，两次结果之差大于 0.5%，则重新取样试验。

4. 记录及结果计算

表 1 – 3 – 11　砂含泥量实验记录表

实验项目		样品名称		样品编号生产厂家	
实验方法		实验规程			
主要仪器设备名称、型号		实验室环境条件		温度：　　℃湿度：	
实验人员		指导老师			
记录人员		实验日期			

实验原始记录

实验次数	浅盘质量(g)	试验前烘干试样 + 浅盘质量(g)	试验前烘干试样质量 m_0(g)	试验后烘干试样 + 浅盘质量	试验后烘干试样质量 m_1(g)	砂含泥量 w_c(%)	w_c 平均值(%)
1							
2							

注：若去皮称取，则无需称取浅盘质量

5. 检测相关

(1)《公路工程集料试验规程》(JTG E42—2005)中认为：将通过 0.075 mm 的部分都当作泥是不合理的，因为有少量的细砂或石粉颗粒的粒径也小于 0.075 mm，为了将粒径小于 0.075 mm 的细砂、矿粉与泥加以区别，通常采用砂当量法实验。《公路沥青路面施工技术规范》(JTG F40—2004)中规定：天然砂以小于 0.075 mm 含量的百分数表示细集料的洁净程度，石屑和机制砂以砂当量(0 ~ 4.75 mm)或亚甲蓝值(0 ~ 2.36 或 0 ~ 0.15 mm)表示。

(2)《普通混凝土用砂、石质量及检验方法标准》(JGJ52—2006)中对天然砂的含泥量试验采用标准法测定粗、中、细砂的含泥量，采用虹吸管法测定特细砂的含泥量，采用亚甲蓝法测定人工砂或混合砂的石粉含量，以反映砂的洁净程度。

(3)标准法试验是将天然砂放入水中淘洗，让砂沉淀，悬浮液倒走，然后用 0.075 mm 过滤的方法区分砂和泥，所以试验时，不得将试样直接放在 0.075 mm 筛上用水冲洗，或者将试样直接放在 0.075 mm 筛上在水中淘洗，以免将小于 0.075 mm 的砂颗粒也被当作泥冲走。

(4)《建设用砂》(GB/T14684—2011)中要求：Ⅰ类砂要求含泥量≤1.0%，Ⅱ类砂≤3.0%，Ⅲ类砂≤5.0%；《普通混凝土用砂、石质量及检验方法标准》(JGJ52—2006)中要求：混凝土强度等级≥C60，含泥量≤2.0%；混凝土强度等级 C55～C30 时，含泥量≤3.0%；混凝土强度等级≤C25 时，含泥量≤5.0%。

(5)对于有抗冻、抗渗、抗腐蚀等特殊要求的混凝土，其细骨料中的含泥量不应大于3.0%。

1.3.8　细集料(砂)泥块含量

1. 基本概念

泥块含量是指砂中粒径大于 1.18 mm，经水洗、手捏后变成粒径小于 0.60 mm 的颗粒含量。

2. 实验仪器设备、实验室环境条件

(1)天平：称量 1000 g，感量 1 g；称量 5000 g，感量 5 g；

(2)烘箱：能控制温度 105 ±5℃；

(3)试验筛：筛孔直径为 0.60 mm 及 1.18 mm 的方孔筛；

(4)其他：洗砂容器、浅盘、饮用水、毛刷、小勺等；

(5)实验室环境条件：温度 20 ±5℃。

3. 实验步骤

(1)将来样用四分法缩分至 5000 g，将试样装入浅盘，放入温度为 105 ±5℃的烘箱中烘干至恒重，冷却至室温后，用 1.18 mm 方孔筛进行筛分，取筛上的试样，称取约 400 g 的试样分成两份备用。

(2)称取试样 200 g(m_1)置于容器中，注入饮用水(使水面高出砂面约 150 mm)，充分拌匀后，浸泡 24 h。

(3)用手在水中碾碎泥块，然后把试样倒入 0.60 mm 筛上，用水淘洗(接自来水冲洗)，直至水池中的水清澈为止。

(4)保留下来的试样应小心地从筛里取出，装入浅盘后，置于温度为 105 ±5℃的烘箱中烘干至恒重，冷却后称重(m_2)。

(5)计算及结果确定：

$$w_{cL} = \frac{m_1 - m_2}{m_1} \times 100\%$$

式中：w_{cL}——砂泥块含量(%)，准确至 0.1%；

　　　m_1——试验前烘干试样质量(g)；

　　　m_2——试验后烘干试样质量(g)。

(6)重复上述操作，完成另一份试样测试。

结果确定：以两次试验的算术平均值作为测定值。

4. 记录及结果计算

表1－3－12　砂泥块含量实验记录表

实验项目		样品名称		样品编号 生产厂家	
实验方法		实验规程			
主要仪器设备 名称、型号		实验室 环境条件		温度：　　℃ 湿度：	
实验人员		指导老师			
记录人员		实验日期			

			实验原始记录				
实验 次数	浅盘质量 (g)	试验前烘干 试样＋浅盘 质量(g)	试验前烘干 试样质量 m_1(g)	试验后烘干 试样＋浅盘 质量	试验后烘干 试样质量 m_2(g)	砂泥块 含量 w_{cL}(%)	w_{cL}平均值 (%)
1							
2							

注：若去皮称取，则无需称取浅盘质量

5. 检测相关

(1)《建设用砂》(GB/T14684—2011)中要求：Ⅰ类砂要求泥块含量为0%，Ⅱ类砂 ≤1.0%，Ⅲ类砂≤2.0%；《普通混凝土用砂、石质量及检验方法标准》(JGJ52—2006)中要 求：混凝土强度等级≥C60，泥块含量≤0.5%；混凝土强度等级C55~C30时，泥块含量 ≤1.0%；混凝土强度等级≤C25时，泥块含量≤2.0%。

(2)对于有抗冻、抗渗、抗腐蚀等特殊要求的混凝土，其细骨料中的泥块含量不应大于 1.0%。

1.3.9　人工砂压碎指标

1. 基本概念

人工砂压碎指标是衡量人工砂在逐渐增加的荷载下抵抗压碎的能力，压碎指标实验适用 于测定公称粒径为0.315~5.0 mm的人工砂压碎指标。

2. 实验仪器设备、实验室环境条件

(1)压力试验机：荷载300 kN，精度1%；

(2)天平：称量1000 g，感量1 g；

(3)受压专用钢模：由圆筒、底盘和加压块组成(承压桶内径：ϕ77 mm，压头直径： ϕ75 mm，承压桶高度：70 mm)；

(4)试验筛：筛孔公称直径 5.00 mm, 2.50 mm, 1.25 mm, 0.63 mm, 0.315 mm, 0.16 mm, 0.08 mm 的方孔筛;

(5)烘箱：能控制温度 105±5℃;

(6)其他：瓷盘 10 个、小勺 2 把等;

(7)实验室环境条件：温度 20±5℃。

3. 实验步骤

(1)筛分试验，将来样按细集料筛分试验方法进行筛分，求得分计筛余量。

(2)试样制备：将来样用四分法缩分，放入温度 105±5℃ 的烘箱中烘干至恒重，冷却至室温，按筛分试验方法进行筛分，分成 5.00～2.50 mm(2.50 mm 筛上的)、2.50～1.25 mm(1.25 mm 筛上的)、1.25～0.63 mm(0.63 mm 筛上的)、0.63～0.315 mm(0.315 mm 筛上的)四个粒级，每个粒级试样质量不少于 1000 g，分别装入不同的瓷盘中(每个单粒级要准备三份试样，即每个单级总量不少于 3000 g)。

(3)将受压钢模的圆筒装入底盘中，称取单粒级试样 300 g(m_0)(JTG E42—2005 为称取 330 g)，准确至 1 g，装入筒内，使试样距底盘面的高度约为 50 mm，整平钢模内试样表面，将加压头放在钢模内，转动一周，使加压头与试样充分接触。

(4)压力试验：将装有试样的受压钢模置于试验机的受压板上，对准压板中心，开动压力试验机，以 500 N/s 的速度加载，加载至 25 kN 时，持续 5 s，然后再以 500 N/s 的速度卸载。

(5)从压力机上取下受压钢模，除去加压块，倒出试样，称其质量 m_0，然后以该粒级的下限筛孔进行筛分试验(如对粒级为 5.00～2.50 mm 的试样，则以 2.50 mm 标准筛过筛)，称取试样的筛余量(m_1)和计算通过量(m_2)，准确至 1 g。

(6)计算及结果确定：

$$第\ i\ 单级的压碎指标：\delta_i = \frac{m_0 - m_1}{m_0} \times 100\%$$

式中：δ_i——第 i 单级压碎指标(%)，准确至 0.1%;

m_0——第 i 单级试样质量(g);

m_1——第 i 单级试样压碎试验后该粒级下限筛上的筛余质量(g)。

以每个单级三份试样试验结果的平均值作为该单粒级的压碎值的测定值。

四级砂样总的压碎指标值：

$$\delta_{总} = \frac{\alpha_{2.5} \cdot \delta_{2.5} + \alpha_{1.25} \cdot \delta_{1.25} + \alpha_{0.63} \cdot \delta_{0.63} + \alpha_{0.315} \cdot \delta_{0.315}}{\alpha_{2.5} + \alpha_{1.25} + \alpha_{0.63} + \alpha_{0.315}} \times 100\%$$

式中：$\delta_{总}$——总压碎指标值(%)，准确至 0.1%;

$\alpha_{2.5}$, $\alpha_{1.25}$, $\alpha_{0.63}$, $\alpha_{0.315}$——公称直径分别为 2.50 mm, 1.25 mm, 0.63 mm, 0.315 mm 的分计筛余量(%);

$\delta_{2.5}$, $\delta_{1.25}$, $\delta_{0.63}$, $\delta_{0.315}$——公称直径分别为 5.00～2.50 mm、2.50～1.25 mm、1.25～0.63 mm、0.63～0.315mm 粒级的压碎指标值(%)。

4. 记录及结果计算

表1-3-13　人工砂压碎指标实验记录表

实验项目		样品名称		样品编号 生产厂家	
实验方法			实验规程		
主要仪器设备 名称、型号			实验室 环境条件	温度：　　℃ 湿度：	
实验人员			指导老师		
记录人员			实验日期		
实验原始记录					

粒级	压碎前试 样质量 m_0	压碎后筛余 质量 m_1	压碎指 标 δ_i	压碎指标 δ_i 平均值	分计筛 余量值	总的压碎 指标值
5.00~2.50 mm					$\alpha_{2.5}=$	
2.50~1.25 mm					$\alpha_{1.25}=$	
1.25~0.63 mm					$\alpha_{0.63}=$	
0.63~0.315 mm					$\alpha_{0.315}=$	

备注：砂筛分试验填写筛分试验原始记录表，此表的分计筛余量值从砂筛分试验原始记录表中读得

5. 检测相关

(1)《普通混凝土用砂、石质量及检验方法标准》(JGJ52—2006)中人工砂压碎指标是按四级筛的总的压碎指标公式计算得到压碎指标值；《公路工程集料试验规程》(JTG E42—2005)和《建设用砂》(GB/T14684—2011)中都是以四个粒级中的最大单粒级压碎指标为其压碎指标值；两者有一定差别，具体以哪个为评定标准，应根据工程性质和评定的规范而定。

(2)《普通混凝土用砂、石质量及检验方法标准》(JGJ52—2006)中关于人工砂质量指标中规定：总压碎指标小于30%；《建设用砂》(GB/T14684—2011)中规定：每个单级的最大压碎指标Ⅰ类砂不超过20%，Ⅱ类砂不超过25%，Ⅲ类砂不超过30%。

（3）《建设用砂》（GB/T14684—2011）中规定在进行粒级划分时，筛除大于 5.00 mm 及小于 0.315 mm 的颗粒，《普通混凝土用砂、石质量及检验方法标准》（JGJ52—2006）中未作此规定，《公路工程集料试验规程》（JTG E42—2005）中只规定筛除大于 5.00 mm 的颗粒。

1.3.10 粗集料（卵石、碎石等）筛分

1. 基本概念

（1）通过筛分试验测定粗集料的颗粒级配；

（2）通过筛分试验，测定试样在各筛上的筛余质量，计算出分计筛余百分率、累计筛余百分率和通过率：

①分计筛余百分率：某号筛的筛余质量与试样总量之比

$$a_i(\%) = \frac{m_i}{M} \times 100 = \frac{m_i}{\sum m_i + m_d} \times 100$$

式中：m_i——某号筛的筛余质量（g）；

m_d——试验筛底盘上的质量（g）；

M——试样总质量（g）；

a_i——某号筛的分计筛余百分率，准确至 0.1%；

$i = 1, 2, 3, \cdots$（分别对应试验筛公称粒径为：100 mm、80 mm、63 mm、50 mm、40 mm、31.5 mm、25 mm、20 mm、16 mm、10 mm、5.00 mm、2.50 mm）

②累计筛余百分率：为某号筛的分计筛余和比该号筛筛孔尺寸大的各筛的分计筛余百分率之和

$$A_i(\%) = a_1 + a_2 + \cdots + a_i$$

式中：A_i——某号筛的累计筛余，准确至 0.1%。

③通过百分率：通过某号筛的质量占试样总质量的百分率，即某号筛的质量通过百分率。

$$P_i(\%) = 100 - A_i$$

式中：P_i——某号筛的质量通过百分率，准确至 0.1%。

2. 实验仪器设备、实验室环境条件

（1）标准筛：公称粒径（筛孔尺寸）为 100 mm（90 mm）、80 mm（75 mm）、63 mm（63 mm）、50 mm（53 mm）、40 mm（37.5 mm）、31.5 mm（31.5 mm）、25 mm（26.5 mm）、20 mm（19.0 mm）、16 mm（16.0 mm）、10 mm（9.5 mm）、5.00 mm（4.75 mm）、2.50 mm（1.18 mm）的筛和底盘，具体选择所需筛号，按级配要求确定；

（2）摇筛机；

（3）天平和台秤：天平称量 5 kg，感量 5 g；台秤：20 kg，感量 20 g；

（4）烘箱：能控制温度 105 ±5℃；

（5）其他：搪瓷盘、小勺、毛刷、搅棒（水筛法）等；

（6）实验室环境条件：温度 20 ±5℃。

3. 实验步骤

试验用量：将来样用四分法或分料器缩分至表 1 - 3 - 14 所需要的最少试验用量。（实际试验时要约大于表中规定值）

表 1 - 3 - 14　试验所需最少试验用量

最大公称粒径(mm)	10.0	16.0	20.0	25.0	31.5	40.0	63.0	80.0
最少量(kg)	2.0	3.2	4.0	5.0	6.3	8.0	12.6	16.0

1）干筛法（粗集料）

（1）根据试样最大公称粒径，按表 1 - 3 - 14 要求，取试样两份，装入浅盘中，放入 105 ± 5℃烘箱中烘干至恒重（通常不少于 6 h），冷却至室温。

（2）按孔径由大到小组成从上到下的套筛，用天平称取烘干试样一份质量 M_0，准确至 1 g，置于套筛的最上层筛上，加盖后，安装于摇筛机上，并固紧，开动摇筛机，摇筛 10 min。

（3）取下套筛，按孔径从大至小，在洁净的浅盘上逐个用手工干筛，直至每分钟的筛出量不超过试样总量的 0.1% 时，停止该筛的手工筛析。将进入浅盘的颗粒并入下一号筛内，并和下一号筛中的试样一起过筛，直至所有筛全部筛完为止。当筛余颗粒的粒径大于 19.0 mm 时，在筛分过程中可以用手拨动颗粒。（如采用人工筛分，需使集料在筛面上同时有水平方向和上下方向的不停的运动，使小于筛孔的集料通过筛孔）

（4）称出各号筛的筛余量 m_i，筛底质量 m_d，填入记录表中。

（5）重复上述操作，完成另一份试样的干筛试验。

（6）计算与结果确定：

①分计筛余百分率，准确至 0.1%

$$a_i(\%) = \frac{m_i}{M} \times 100 = \frac{m_i}{\sum m_i + m_d} \times 100$$

②累计筛余百分率，准确至 0.1%

$$A_i(\%) = a_1 + a_2 + \cdots + a_i$$

③通过百分率，准确至 0.1%

$$P_i(\%) = 100 - A_i$$

结果确定：累计筛余百分率取两次试验结果的算术平均值确定，准确至 1%。

2）水筛法（集料混合料）

（1）根据试样最大公称粒径，按表 1 - 3 - 14 要求，取试样两份，装入浅盘中，放入 105 ± 5℃烘箱中烘干至恒重（通常不少于 6 h），冷却至室温。

（2）用天平称取一份烘干试样 M_1，准确至 1 g，置于洁净的容器中，加入足量的洁净水，将集料全部淹没。

（3）用搅棒充分搅动集料，洗涤干净集料表面，使细粉悬浮在水中，但不得有集料从水中溅出。

（4）根据集料粒径大小选择组成一组套筛，底部为筛孔尺寸为 0.075 mm 的标准筛，上部为筛孔尺寸 2.36 mm 或 4.75 mm 的筛。仔细将容器中混有细粉的悬浮液倒出,经过套筛流入另一容器中,尽量不要将粗集料倒出,损坏标准筛筛面。

(5)重复上述操作,直至倒出的水洁净且小于 0.075 mm 的颗粒全部倒出为止。

(6)将装有集料的容器中的集料倒入瓷盘中,将套筛的每个筛子上的集料也一并倒入该瓷盘中,小心泌去搪瓷盘中的积水。

(7)将带集料的搪瓷盘放入 105 ± 5℃ 烘箱中烘干至恒重,称取干燥后的总质量 M_2,准确至 0.1% , $M_1 - M_2$ 即为通过 0.075 mm 筛的部分。

(8)按孔径由大到小组成从上到下的套筛(与干筛法套筛相同,不含筛孔尺寸为 0.075 mm 的筛),将 M_2 的质量置于套筛的最上层筛上,加盖后,安装于摇筛机上,并固紧,开动摇筛机,摇筛 10 min。

(9)同干筛法步骤(3)、(4)。

(10)重复步骤(1)~(9),完成另一份试样的水筛试验。

(11)计算与结果确定:

①分计筛余百分率,准确至 0.1%

$$a_i(\%) = \frac{m_i}{M} \times 100 = \frac{m_i}{\sum m_i + m_d} \times 100$$

②累计筛余百分率,准确至 0.1%

$$A_i(\%) = a_1 + a_2 + \cdots + a_i$$

③通过百分率,准确至 0.1%

$$P_i(\%) = 100 - A_i$$

结果确定:累计筛余百分率取两次试验结果的算术平均值确定,准确至 1%。

4. 记录及结果计算

表 1 – 3 – 15　粗集料筛分实验记录表

实验项目		样品名称		样品编号 生产厂家	
实验方法			实验规程		
主要仪器 设备名称、 型号			实验室环境条件	温度:　　　℃ 湿度:	
实验人员			指导老师		
记录人员			实验日期		
实验原始记录					
烘干试样用质量 M_0(g)		第 1 次			
		第 2 次			

续上表

筛孔尺寸（mm）	分计筛余量（g）		分计筛余百分率(%)		分计筛余百分率平均值（%）	累计筛余百分率平均值（%）	通过率（%）		
	第1次	第2次	第1次	第2次					
90.0	0	0	0	0	0	0	0		
75.0									
63.0									
53.0									
37.5									
31.5									
26.5									
19.0									
16.0									
9.5									
4.75									
2.36									
1.18									
0.60									
0.30									
筛底 m_d									
$\sum m_i + m_d$									
损失									

5. 检测相关

（1）对于水泥混凝土用粗集料可以采用干筛法，对于沥青混合料及基层用粗集料必须用水筛法，水筛法主要测定集料中小于 0.075 mm 的细粉部分质量；

（2）各筛的分计筛余量与底盘剩余量的总质量与筛分前试验的质量的差值不得超过筛分前质量的 1%，即 $\dfrac{M_0 - (\sum m_i + m_d)}{M_0} \times 100 \leqslant 1\%$；

（3）石子存在连续粒级和单粒级，连续粒级要求颗粒尺寸由大到小连续分级，每一级骨料都占有一定的比例，混凝土用石应该采用连续粒级，这样制成的混凝土拌合物和易性较好，不易发生分层和离析现象；

（4）根据粗集料的筛分实验，确定各级筛的累计筛余百分率，从而根据《普通混凝土用砂、石质量及检验方法标准》(JGJ52—2006)中 3.2 节有关石的质量要求和《建设用碎石、卵石》(GB/T14685—2011)中 6.1 节表 1 的要求，确定所试验样品属于单粒级或连续粒级的哪

个公称粒径范围;

(5)对于混凝土结构,粗骨料的最大公称粒径不得大于构件截面最小尺寸的1/4,且不得大于钢筋最小净间距的3/4;对混凝土实心板,骨料的最大公称粒径不宜大于板厚的1/3,且不得大于40 mm;对于大体积混凝土,粗骨料的最大公称粒径不宜小于31.5 mm。

1.3.11　粗集料(石)表观密度、表干密度、毛体积密度、吸水率

1.基本概念

密度的有关概念参见"实验1.1　材料的基本性质实验"。

2.实验仪器设备、实验室环境条件

(1)液体天平(浸水天平):称量5 kg,感量5 g;(带吊篮、砝码、溢流水槽等)

(2)烘箱:能控制温度105 ±5℃;

(3)试验筛:筛孔公称直径5.00 mm;

(4)温度计:0 ~ 100℃;

(5)广口瓶(简易法用):容积1000 mL,磨口,带玻璃片;

(6)秤:称量20 kg,感量20 g(简易法用);

(7)其他:带盖容器、浅盘、搪瓷盘、毛刷、勺子、纯棉毛巾、饮用水等;

(8)实验室环境条件:温度20 ±5℃。

3.实验步骤

1)标准法实验步骤

(1)将来样先通过公称粒径为5.0 mm的方孔筛,筛去其中的细集料,用四分法或分料器将其缩分至试验所需最少样品质量(根据集料最大公称粒径确定,见表1 - 3 - 14)。

(2)称取一份试样,装入搪瓷盘中,将试样浸泡在水中,用手适当搅动,洗去附在集料表面的尘土和石粉,多次漂洗干净至洗出的水清澈为止。

(3)然后再往搪瓷盘中注入洁净的水,水面高出试样20 mm左右,轻轻搅动试样,使附着在其上的气泡完全逸出,在室温下保持浸水24 h。(以保证开口孔隙完全充满水)

(4)将吊篮挂在天平的吊钩上(吊篮的网孔要保证装集料后,不会从网孔流失,必要时可以在吊篮的底面放一浅盘),浸入溢流水槽中,向溢流水槽中注水,水面高度至水槽的溢流孔,将天平调零(或者直接读天平的数值,称取吊篮在水中的重量 m_1),测定此时水温并记录下来。(保持水温在20 ±5℃范围内)

(5)将试样移入已挂在天平上的吊篮中,以上下升降吊篮的方式排除气泡(升降时注意试样不露出水面),溢流水槽中的水面高度由水槽的溢流孔控制,称取集料的水中质量 m_w(若天平初始未调零,则此时天平读数为试样和吊篮在水中的质量 m_2,则 $m_w = m_2 - m_1$),测定此时水温并记录下来。

(6)提起吊蓝,稍稍滴水后,将试样直接倒在拧干的湿毛巾上,以吸出集料表面吸附水。然后用拧干的湿毛巾轻轻擦干集料颗粒的表面水,至表面看不到发亮的水迹(即饱和面干状态),立即将试样放入事先称出质量的浅盘中(或将浅盘放在天平或台秤中调零,再将试样放在浅盘中称取),称取试样表干质量 m_A。

注意:当粗集料尺寸较大时,宜逐颗擦干,注意对较粗的粗集料,拧湿毛巾时不要太用

劲，防止拧得太干，对较细的含水较多的粗集料，毛巾可拧得稍干些，擦颗粒的表面水时，既要将表面水擦掉，又千万不能将颗粒内部的水吸出，整个过程中不得有集料丢失，且已擦干的集料不得继续在空气中放置，以防止集料干燥。

（7）将试样连同浅盘，一起放入 $105 \pm 5 ℃$ 的烘箱中烘干至恒重。取出试样，放在带盖的容器中冷却至室温，称取试样的烘干质量 m_0。

（8）重复上述操作，完成另一份试样的测试。

（9）计算及结果确定：

表观密度：

$$\rho = \left(\frac{m_0}{m_0 - (m_2 - m_1)} - \alpha_T \right) \times 1000$$

其中：表观相对密度：

$$\gamma_a = \frac{m_0}{m_0 - (m_2 - m_1)}$$

表干毛体积密度：

$$\rho_s = \left(\frac{m_A}{m_A - (m_2 - m_1)} - \alpha_T \right) \times 1000$$

表干相对密度：

$$\gamma_s = \frac{m_A}{m_A - (m_2 - m_1)}$$

绝干毛体积密度：

$$\rho_b = \left(\frac{m_0}{m_A - (m_2 - m_1)} - \alpha_T \right) \times 1000$$

绝干相对密度：

$$\gamma_b = \frac{m_0}{m_A - (m_2 - m_1)}$$

吸水率：

$$\omega_x = \frac{m_A - m_0}{m_0} \times 100$$

式中：ρ——表观密度（kg/m^3），准确至 $10\ kg/m^3$；

　　ρ_s——表干毛体积密度，准确至 $10\ kg/m^3$；

　　ρ_b——绝干毛体积密度，准确至 $10\ kg/m^3$；

　　γ_a——表观相对密度；

　　γ_s——表干相对密度；

　　γ_b——绝干相对密度；

　　m_0——试样烘干质量（g）；

　　m_1——吊篮在水中质量（g）；

　　m_2——试样和吊篮在水中质量（g）；

　　m_w——试样在水中质量（g），$m_w = m_2 - m_1$；

　　m_A——试样表干质量（g）；

　　ω_x——吸水率（%），准确至 0.01%；

　　α_T——水温对表观密度影响的修正系数（见表 $1-3-5$）。

结果确定：表观密度、表干毛体积密度、绝干毛体积密度以两次平行试验结果的算术平均值为测定值，如两次结果与平均值之差大于 $20\ kg/m^3$ 时，应重新取样进行试验。

吸水率以两次平行试验结果的算术平均值作为测定值，如两次结果与平均值之差大于 0.2%，应重新取样进行试验。

2）简易法实验步骤

简易法不适用于最大公称粒径超过 40 mm 的粗集料。

（1）将来样先通过公称粒径为 5.0 mm 的方孔筛，筛去其中的细集料，用四分法或分料器将其缩分至试验所需最少样品质量（根据集料最大公称粒径确定，如表 1－3－14 所示）。

（2）称取一份试样，装入搪瓷盘中，将试样浸泡在水中，用手适当搅动，洗去附在集料表面的尘土和石粉，多次漂洗干净至洗出的水清澈为止。

（3）然后再往搪瓷盘中注入洁净的水，水面高出试样 20 mm 左右，轻轻搅动试样，使附着在其上的气泡完全逸出，在室温下保持浸水 24 h。（以保证开口孔隙完全充满水）

（4）将试样装入广口瓶中，注入饮用水，覆盖住试样，然后将玻璃片盖在广口瓶上，上下左右晃动广口瓶，以排除气泡。

（5）取下玻璃片，向瓶中继续注入饮用水至水面凸出瓶口边缘，用玻璃片贴紧瓶口，并沿瓶口迅速滑行，用毛巾擦干瓶外水分，称取瓶、水、试样的总质量 M_2，同时测量水温并记录下来。

（6）将瓶中试样倒入浅盘中，将试样连同浅盘一起放入 105 ±5℃ 的烘箱中烘干至恒重。取出试样，放在带盖的容器中冷却至室温，称取试样的烘干质量 M_0。

（7）将瓶洗干净，注入饮用水至水面凸出瓶口边缘，用玻璃片贴紧瓶口，并沿瓶口迅速滑行，用毛巾擦干瓶外水分，称取瓶、水总质量 M_1。

（8）重复上述操作，完成另一份试样的测试。

（9）计算及结果确定：

$$表观密度：\rho = \left(\frac{M_0}{M_0 - (M_2 - M_1)} - \alpha_T \right) \times 1000$$

式中：ρ——表观密度（kg/m³），准确至 10 kg/m³；

　　　M_0——试样的烘干质量（g）；

　　　M_1——广口瓶、水质量（g）；

　　　M_2——广口瓶、水、试样的总质量（g）；

　　　α_T——水温对表观密度影响的修正系数。

结果确定：以两次试验结果的算术平均值作为测定值，当两次结果之差大于 20 kg/m³，应重新进行试验。

4. 记录及结果计算

表 1－3－16　标准法或简易法实验记录表

实验项目		样品名称		样品编号 生产厂家	
实验方法	□标准法□简易法		实验规程		
主要仪器 设备名称、 型号			实验室 环境条件	温度：　　℃ 湿度：	
实验人员			指导老师		
记录人员			实验日期		

续上表

实验项目		样品名称		样品编号 生产厂家	

实验原始记录

烘干试样用质量 m_0（或 M_0）(g)		第 1 次	
		第 2 次	

	实验次数	试样水中质量 m_w	m_w 时对应水温	试样表干质量 m_A	m_A 时对应水温	水温修正 α_T	表观密度计算值 ρ	表观密度平均值	吸水率 ω_x	吸水率平均值
标准法	1									
	2									

	实验次数	瓶+水+试样质 M_2	M_2 时对应水温	瓶+水质量 M_1	M_1 时对应水温	水温修正 α_T	表观密度计算值 ρ	表观密度平均值		
简易法	1									
	2									

5. 检测相关

(1)在表观密度试验过程中应测量并控制水的温度，试验的各项称量可以在 15～25℃ 的温度范围内进行。从试样加水静置的最后 2 h 起直至试验结束，其温度相差不应超过 2℃；

(2)石的表观密度不小于 2600 kg/m³。

1.3.12　粗集料(石)堆积密度、紧密密度和空隙率

1. 基本概念

测定粗集料(石)自然状态下堆积密度、紧密密度及空隙率。

2. 实验仪器设备、实验室环境条件

(1)台秤：称量 100 kg，感量 100 g；

(2)烘箱：能控制温度 105±5℃；

(3)容量筒：金属筒，容积根据骨料最大公称粒径有 10 L(最大公称粒径 10 mm，16 mm，20 mm，25 mm)、20 L(31.5 mm，40 mm)、30 L(63.0 mm，80 mm)；

(4)其他：平整干净的地板、平头铁锹、浅盘、温度计、冷开水(饮用水)、玻璃板、抹布、毛刷、直径为 25 mm 的钢筋等；

(5)实验室环境条件：温度 20±5℃。

3. 实验步骤

(1)试样制备：按粗集料堆积密度试验所需量取样(见"骨料取样与缩分"实验)，在温度为 105±5℃ 的烘箱中烘干(或平整地面自然风干)，分成大致相等的两份备用。

(2)将容量筒擦拭干净，称取容量筒质量 m_0(kg)。

（3）容量筒容积的校正：将空容量筒擦拭干净，盖上玻璃板，用台秤称 m_1，然后将温度为 (20 ± 2)℃的饮用水装满容量筒，用玻璃板沿筒口滑移，使其紧贴水面，玻璃板与水面之间不得有空隙，擦干筒外壁水分，然后称其质量 m_2，计算筒容积 V。

$$V = (m_2 - m_1)/\rho_水$$

式中：V——容量筒容积（L）；

m_2——容量筒、水、玻璃板总质量（kg）；

m_1——容量筒、玻璃板总质量（kg）；

$\rho_水$——水密度，一般取 $1\times10^3 kg/m^3$。

（4）堆积密度：取试样一份，置于平整干净的水泥地（或铁板）上，用平头铁锹铲起试样，使石子自由落入容量筒内。此时，从铁锹的齐口至容量筒上口的距离应保持为 50 mm 左右，装满容量筒并除去凸出筒口表面的颗粒，并在试样里寻找到合适的颗粒填入凹陷空隙，使表面稍凸起部分和凹陷部分的体积大致相等，称取试样和容量筒总质量 m_3（kg）。

（5）紧密密度：取试样一份，分三层装入容量筒。装完一层后，在筒底垫放一根直径为 25 mm 的钢筋，双手抓住筒的两侧，将筒按住，左右交替向地面颠击各 25 下（左 25 下，右 25 下）。然后再装满第二层，用同样方法颠实（但筒底所垫钢筋的方向应与第一层放置方向垂直）。然后再装满第三层，用同样的方法颠实（筒底所垫钢筋的方向应与第二层放置方向垂直），完毕后，再加料填到试样超出容量筒口，用颠实用的钢筋沿筒口边缘滚转，刮下高出筒口的颗粒，在试样里寻找合适的颗粒填平凹处，使表面稍凸起部分和凹陷部分的体积大致相等，称取试样和容量筒总质量 m_4（kg）。

（6）重复上述操作，完成两次平行试验。

（7）计算及结果确定：

堆积密度：$$\rho_L = \frac{m_3 - m_0}{V} \times 1000$$

紧密密度：$$\rho_c = \frac{m_4 - m_0}{V} \times 1000$$

堆积密度空隙率：$$v_L = \left(1 - \frac{\rho_L}{\rho}\right) \times 100\%$$

紧密密度空隙率：$$v_c = \left(1 - \frac{\rho_c}{\rho}\right) \times 100\%$$

式中：ρ_L——堆积密度（kg/m^3），准确至 10 kg/m^3；

ρ_c——紧密密度（kg/m^3），准确至 10 kg/m^3；

ρ——表观密度（kg/m^3）；

v_L——堆积密度空隙率（%），准确至 1%；

v_c——紧密密度空隙率（%），准确至 1%；

m_0——容量筒质量（kg）；

m_3——容量筒和堆积试样总质量（kg）；

m_4——容量筒和紧密试样总质量（kg）。

结果确定：以两次试验结果的算术平均值作为测定值。

4. 记录及结果计算

表 1 – 3 – 17　石堆积密度、紧密密度和空隙率实验记录表

实验项目			样品名称			样品编号 生产厂家		
实验方法				实验规程				
主要仪器 设备名称、 型号				实验室环境条件		温度：　　℃ 湿度：		
实验人员				指导老师				
记录人员				实验日期				
实验原始记录				石表观密度 （kg/m³）				

实验 次数	容量筒 质量 m_0 （kg）	m_0 平均 值（kg）	容量筒 +玻璃板 质量 m_1（kg）	m_1 平均值 （kg）	容量筒 + 玻璃板 + 水质量 m_2（kg）	m_2 平均 值（kg）	容量筒体积 平均值 V（L）	
1								
2								

实验 次数	容量筒 + 堆积石 质量 m_3（kg）	容量筒 +紧密 石质量 m_4（kg）	堆积 密度 ρ_L kg/m³	ρ_L 平均值	紧密密度 ρ_c （kg/m³）	ρ_c 平均值	堆积/紧密 密度空隙率 （%）v_L/v_c	v_L/v_c 平均值
1								
2								

5. 检测相关

（1）含水率、堆积密度、紧密密度检验所用的试样，可以不经缩分，拌匀后直接进行试验；

（2）空隙率：Ⅰ类石不大于43%，Ⅱ类不大于45%，Ⅲ类不大于47%。

1.3.13 粗集料(石)含水率

1. 基本概念

粗集料含水率指试样含水量占试样烘干状态下质量的百分比,集料含水率在混凝土配合比设计中是一个很重要的指标。

2. 实验仪器设备、实验室环境条件

(1)天平:称量 20 kg,感量 20 g;

(2)烘箱:能控制温度 105 ±5℃;

(3)其他:浅盘、毛刷等;

(4)实验室环境条件:温度 20 ±5℃。

3. 实验步骤

(1)称取浅盘的质量 m_1;

(2)按粗集料取样方法取样,将样品在自然潮湿状态下用四分法缩分至两份,每份约 2 kg,分别放入浅盘中,称试样和浅盘总质量 m_2;

(3)将试样连同浅盘放入温度为 105 ±5℃的烘箱中烘干至恒重,称烘干试样和浅盘总质量 m_3;

(4)计算及结果确定:

$$\omega_w = \frac{m_2 - m_3}{m_3 - m_1} \times 100\%$$

式中:ω_w——石含水率(%),准确至 0.1%;

m_1——浅盘质量(g);

m_2——未烘干试样和浅盘总质量(g);

m_3——烘干试样和浅盘总质量(g)。

(5)重复上述操作,完成另一份试样的测试。

结果确定:以两次试验的算术平均值作为测定值。

4. 记录及结果计算

表 1 - 3 - 18　石含水率实验记录表

实验项目		样品名称		样品编号 生产厂家	
实验方法			实验规程		
主要仪器设备 名称、型号			实验室环境条件	温度:　　℃ 湿度:	
实验人员			指导老师		

续上表

记录人员		实验日期	

实验原始记录

实验次数	浅盘质量 $m_1(g)$	未烘干试样＋浅盘质量 $m_2(g)$	烘干试样＋浅盘质量 $m_3(g)$	石含水率 $\omega_w(\%)$	ω_w 平均值
1					
2					

5. 检测相关

混凝土配合比设计中，要求所采用的粗集料含水率应小于 0.2%（认为是干燥状态）。

1.3.14　粗集料(石)含泥量

1. 基本概念

(1)含泥量是指卵石或碎石等粗集料中粒径小于 0.075 mm 的颗粒含量；

(2)粗集料中含泥量较高，会妨碍水泥浆与集料的黏结，降低混凝土的强度和抗渗、抗冻性能，增大混凝土的收缩等。

2. 实验仪器设备、实验室环境条件

(1)秤：称量 20 kg，感量 20 g；

(2)烘箱：能控制温度 105 ±5℃；

(3)试验筛：筛孔直径为 0.075 mm 及 1.18 mm 的方孔筛；

(4)其他：容器(大约 10 L)、浅盘、毛刷、饮用水等；

(5)实验室环境条件：温度 20 ±5℃。

3. 实验步骤

(1)将来样用四分法或分料器法缩分至试验所需要的量(根据集料最大公称粒径确定，如表 1 – 3 – 14 所示)，称取试验用浅盘质量。将试样装入浅盘，放入温度 105 ±5℃ 的烘箱中烘干至恒重，冷却至室温后，称取大致相同的两份备用。

(2)称取烘干的试样一份 m_0，置于容器中摊平，注入饮用水，使水面高出石子面约 150 mm，充分拌混均匀后浸泡 2 h。然后，用手在水中淘洗试样，使尘屑、淤泥和黏土与砂粒分离，并使之悬浮或溶于水中。

(3)将 1.18 mm 及 0.075 mm 的筛组成套筛，1.18 mm 筛放置上面，将筛子的两面用水润湿。

(4)缓缓地将浑浊液倒入试验筛中，滤去小于 0.075 mm 的颗粒，在整个试验过程中要注意。避免颗粒丢失。

(5)再次加水于容器中，重复上述过程，直到洗出的水清澈为止。

(6)用水冲洗剩留在筛上的细粒，并将 0.075 mm 筛放在水中(使水面略高出筛中颗粒的上表面)来回摇动，以充分洗去小于 0.075 mm 的颗粒。

(7)将两只筛上剩留的颗粒和容器中已经洗净的试样一并装入浅盘，置于温度为 105 ± 5℃的烘箱中烘干至恒重，冷却至室温后，称试样的质量 m_1。

(8)重复上述操作，完成另一份试样的测试。

(9)计算及结果确定：

$$w_c = \frac{m_0 - m_1}{m_0} \times 100\%$$

式中：w_c——石含泥量(%)，准确至 0.1%；

　　　m_0——试验前烘干试样质量(g)；

　　　m_1——试验后烘干试样质量(g)。

结果确定：以两次试验的算术平均值作为测定值，两次结果之差大于 0.2%，则重新取样试验。

4.记录及结果计算

表 1-3-19　石含泥量实验记录表

实验项目		样品名称		样品编号生产厂家		
实验方法			实验规程			
主要仪器设备名称、型号			实验室环境条件	温度：　　℃湿度：		
实验人员			指导老师			
记录人员			实验日期			
实验原始记录						

实验次数	浅盘质量(g)	试验前烘干试样+浅盘质量(g)	试验前烘干试样质量 m_0(g)	试验后烘干试样+浅盘质量	试验后烘干试样质量 m_1(g)	石含泥量 w_c(%)	w_c平均值(%)
1							
2							

注：若去皮称取，则无需称取浅盘质量

5.检测相关

(1)《建设用碎石、卵石》(GB/T14685—2011)中要求：Ⅰ类石要求含泥量≤0.5%，Ⅱ类石≤1.0%，Ⅲ类石≤1.5%；《普通混凝土用砂、石质量及检验方法标准》(JGJ52—2006)中要求：混凝土强度等级≥C60，含泥量≤0.5%；混凝土强度等级 C55～C30 时，含泥量

≤1.0%；混凝土强度等级≤C25 时，含泥量≤2.0%。

（2）对于有抗冻、抗渗、抗腐蚀等特殊要求的混凝土，其粗骨料中的含泥量不应大于1.0%。

1.3.15　粗集料（石）泥块含量

1. 基本概念

泥块含量是指石中粒径大于 4.75 mm，经水洗、手捏后变成粒径小于 2.50 mm 的颗粒含量。

2. 实验仪器设备、实验室环境条件

（1）天平：称量 20 kg，感量 20 g；

（2）烘箱：能控制温度 105 ±5℃；

（3）试验筛：筛孔直径为 4.75 mm 及 2.36 mm 的方孔筛；

（4）其他：洗石容器、浅盘、饮用水、毛刷、小勺等；

（5）实验室环境条件：温度 20 ±5℃。

3. 实验步骤

（1）将来样用四分法或分料器法缩分至试验所需要的量（根据集料最大公称粒径确定，如表 1 –3 –14 所示），称取试验用浅盘质量。将试样装入浅盘，放入温度为 105 ±5℃的烘箱中烘干至恒重，冷却至室温后，用 4.75 mm 筛进行筛分，取筛上的试样，分成大致相同的两份备用。

（2）称取一份试样 m_1，置于容器中摊平，注入饮用水（使水面高出试样表面约 150 mm），充分拌匀后，浸泡 24 h 后，倒掉水。

（3）用手碾碎泥块，然后把试样倒入 2.36 mm 筛上，用水淘洗（接自来水冲洗），直至水池中的水清澈为止。

（4）保留下来的试样应小心地从筛里取出，装入浅盘后，置于温度为 105 ±5℃烘箱中烘干至恒重，冷却后称重（m_2）。

（5）计算及结果确定

$$w_{cL} = \frac{m_1 - m_2}{m_1} \times 100\%$$

式中：w_{cL}——石泥块含量（%），准确至 0.1%；

　　　m_1——试验前烘干试样质量（g）；

　　　m_2——试验后烘干试样质量（g）。

（6）重复上述操作，完成另一份试样测试。

结果确定：以两次试验的算术平均值作为测定值。

4.记录及结果计算

表1-3-20　石泥块含量实验记录表

实验项目		样品名称		样品编号生产厂家	
实验方法			实验规程		
主要仪器设备名称、型号			实验室环境条件	温度：　℃湿度：	
实验人员			指导老师		
记录人员			实验日期		
实验原始记录					

实验次数	浅盘质量(g)	试验前烘干试样＋浅盘质量(g)	试验前烘干试样质量 m_1(g)	试验后烘干试样＋浅盘质量	试验后烘干试样质量 m_2(g)	石泥块含量 w_{cL}(%)	w_{cL}平均值(%)
1							
2							

注：若去皮称取，则无需称取浅盘质量

5.检测相关

（1）《建设用碎石、卵石》（GB/T14685—2011）中要求：Ⅰ类石要求泥块含量为0%，Ⅱ类石≤0.2%，Ⅲ类石≤0.5%；《普通混凝土用砂、石质量及检验方法标准》（JGJ52—2006）中要求：混凝土强度等级≥C60，泥块含量≤0.2%；混凝土强度等级C55～C30时，泥块含量≤0.5%；混凝土强度等级≤C25时，泥块含量≤0.7%。

（2）对于有抗冻、抗渗、抗腐蚀等特殊要求的混凝土，其粗骨料中的泥块含量不应大于0.5%。

1.3.16　粗集料(石)针、片状颗粒总含量

1.基本概念

（1）水泥混凝土中针状颗粒指颗粒长度大于该颗粒所属粒级的平均粒径（粒级上、下限粒径平均值）的2.4倍；片状颗粒指颗粒厚度小于平均粒径0.4倍，水泥混凝土中针、片状颗粒用规准仪测定；沥青混凝土中，针、片状颗粒是指用游标卡尺测定的粗集料颗粒的最大长度（或宽度）方向与最小厚度（或直径）方向的尺寸之比大于3的颗粒，沥青混凝土中，针、片状颗粒用游标卡尺测定；

（2）混凝土用粗集料以接近球体或立方体的浑圆状和多棱角状颗粒为好，细长和扁平的针状和片状颗粒对水泥混凝土和沥青混凝土的和易性、强度和稳定性等性能有不良影响。

2.实验仪器设备、实验室环境条件

（1）针状规准仪、片状规准仪；

（2）游标卡尺；

（3）天平：称量 2 kg，感量 2 g；

（4）秤：称量 20 kg，感量 20 g；

（5）标准筛：孔径为 4.75 mm、9.5 mm、16 mm、19 mm、26.5 mm、31.5 mm、37.5 mm 方孔筛、筛底、筛盖，根据需要选用；

（6）其他：浅盘、毛刷、小勺、平头铲等；

（7）实验室环境条件：温度 20 ±5℃。

3. 实验步骤

（1）将样品在室内风干至表面干燥，拌混均匀，根据集料最大公称粒径要求（如表 1 - 3 - 21），用四分法或分料器法将集料缩分到所需要的试样用量（实际试验过程中比表中数量稍多），称取其质量 m_0。

表 1 - 3 - 21　集料最大公称粒径对应试验用量

最大公称粒径(mm)	10.0	16.0	20.0	25.0	31.5	40.0	63.0	80.0
最少量(kg)	0.3	1.0	2.0	3.0	5	10	10	10

（2）按粗集料筛分试验方法对所取试样进行筛分，筛分成如表 1 - 3 - 22 规定的粒级进行备用。

表 1 - 3 - 22　针、片状颗粒总含量试验的粒级划分及其相应的规准仪孔宽或间距表

公称粒径(mm)	5.00 ~ 10.0	10.0 ~ 16.0	16.0 ~ 20.0	20.0 ~ 25.0	25.0 ~ 31.5	31.5 ~ 40.0
片状规准仪上相应的孔宽(mm)	2.8	5.1	7.0	9.1	11.6	13.8
针状规准仪上相应的间距(mm)	17.1	30.6	42.0	54.6	69.6	82.8

（3）按上表规定的粒级，用手拿取颗粒，逐粒对试样用规准仪进行鉴定，凡颗粒长度超过相应的规准仪上规定的间距的为针状颗粒，凡厚度小于相应的规准仪上规定的孔宽的为片状颗粒。

（4）对公称粒径大于 40 mm 的颗粒，可用游标卡尺鉴定其针片状颗粒，游标卡尺卡口的设定宽度如表 1 - 3 - 23 所示。

表 1 - 3 - 23　公称粒径卡口对应设定宽度

公称粒径(mm)	40.0 ~ 63.0	63.0 ~ 80.0
片状颗粒卡口宽度(mm)	18.1	27.6
针状颗粒卡口宽度(mm)	108.6	165.6

（5）称取各个粒级挑出的针、片状颗粒的总质量 m_1。

（6）计算：

针、片状颗粒的总含量：　　　　$\omega_p = \dfrac{m_1}{m_0} \times 100\%$

式中：ω_p——针、片状颗粒的总含量(%)，准确至1%；

m_1——针、片状颗粒的总质量(g)；

m_0——试样总质量(g)。

4. 记录及结果计算

表 1-3-24 石针、片状颗粒含量实验记录表

实验项目		样品名称		样品编号 生产厂家	
实验方法		实验规程			
主要仪器 设备名称、 型号		实验室 环境条件		温度：　　℃ 湿度：	
实验人员		指导老师			
记录人员		实验日期			
实验原始记录					
实验 次数	试样总质量 m_0		针、片状颗粒 的总质量	针、片状颗粒的总含量	
1					

5. 检测相关

(1)《建设用碎石、卵石》(GB/T14685—2011)中要求：Ⅰ类石要求针、片状颗粒的总含量≤5%，Ⅱ类石≤10%，Ⅲ类石≤15%；《普通混凝土用砂、石质量及检验方法标准》(JGJ52—2006)中要求：混凝土强度等级≥C60，针、片状颗粒的总含量≤8%；混凝土强度等级 C55～C30 时，针、片状颗粒的总含量≤15%；混凝土强度等级≤C25 时，针、片状颗粒的总含量≤25%；

(2)如有需要，也可以分别测定针状颗粒和片状颗粒含量百分数；

(3)采用规准仪进行颗粒形状判别时，首先一定要通过标准筛将粗集料进行分级，不同粒径的颗粒要对应于规准仪上相应的孔宽或间距，且不可错位；

(4)对于高强混凝土，针片状颗粒含量不宜大于5%，且不应大于8%。

1.3.17 粗集料(石)压碎指标

1. 基本概念

粗集料压碎指标是衡量粗集料在逐渐增加的荷载下抵抗压碎的能力，压碎指标实验可以间接推测石料的强度。

2. 实验仪器设备、实验室环境条件

(1)压力试验机：荷载 300 kN，精度 1%；

(2)秤：称量 5 kg，感量 5 g；

(3)压碎指标测定仪：由圆筒、底盘和加压块组成(承压桶内径：$\phi152$ mm，压头直径：

φ150 mm，承压桶高度：125 ~ 128 mm)；

(4)试验筛：筛孔公称直径 10.0 mm，20.0 mm，2.5 mm 的方孔筛；公称粒径为 13.2 mm，16 mm 的标准筛(沥青混凝土用粗集料试验用)；

(5)钢筋：直径 10 mm；长度大约 200 mm；

(6)金属棒：直径 10 mm，长 45 ~60 mm，一端加工成半球形(沥青混凝土用粗集料试验用)；

(7)天平：称量 2 ~3 kg，感量不大于 1 g(沥青混凝土用粗集料试验用)；

(8)圆柱形金属筒：内径 112.0 mm，高 179.4 mm(沥青混凝土用粗集料确定试样量用)

(9)实验室环境条件：温度 20 ±5℃。

3. 实验步骤

1)水泥混凝土用粗集料压碎指标值

(1)试样制备：将来样用四分法或分料器法缩分，风干，然后进行筛分，筛除公称粒径 10 mm 以下和 20 mm 以上的颗粒，再将颗粒通过针片状规准仪剔除针片状颗粒；

(2)称取试样三份，每份 3 kg 备用；

(3)将压碎指标仪圆筒置于底盘上，取试样一份，分两层装入筒内，每装完一层试样后，在底盘正面垫放一直径为 10 mm 的金属棒，用手将筒边按住，左右交替颠击地面各 25 下(左 25 下，右 25 下)，第二层颠实后，试样表面距离盘底的高度应控制在 100 mm 左右；

(4)整平筒内试样表面，把加压块装好(加压块保持平正)，将整个压碎仪安装到压力试验机中心，在 3 ~5 min 内均匀地加荷到 200 kN，稳定 5 s，然后卸荷，取出测定筒，倒出筒中的试样称其质量(m_0)，用公称直径为 2.5 mm 的筛筛去被压碎的细粒，称量剩留在筛上的试样质量(m_1)；

(5)计算：粗集料压碎指标：

$$\delta_0 = \frac{m_0 - m_1}{m_0} \times 100\%$$

式中：δ_0——压碎指标(%)，准确至 0.1%；

m_0——试样质量(g)，准确至 1 g；

m_1——试验后筛余的试样质量(g)，准确至 1 g；

结果确定：以三次试验结果的算术平均值作为压碎指标的测定值。

2)沥青混凝土用粗集料压碎指标值

(1)试样制备：将来样用四分法或分料器法缩分，风干，然后用公称粒径为 13.2 mm 和 16 mm 的标准筛进行筛分，筛去公称粒径为 13.2 mm 以下和 16 mm 以上的颗粒；

(2)称取粒径为 13.2 ~16 mm 的试样 3 kg 备用；

(3)确定单次压碎值实验用试样量：将石料分三层倒入金属筒中(每层数量大致相同)，每层都用金属棒的半球面端从石料表面上约 50 mm 的高度处自由下落均匀夯击 25 次，最后用金属棒作为直刮刀将表面刮平。称取金属筒中试样质量 m_0，每次压碎值试验所用量皆为此确定的量 m_0；

(4)将压碎值测定仪的圆筒安放在底盘上，从备用试样里称取质量 m_0，分三次(每次数量相同)倒入筒中，并用金属棒按确定试验用量相同的方式进行夯击，最上层表面应整平；

(5)将压板放入试筒内石料面上，并将其摆平，勿楔挤筒壁；

(6)将装有试样的试筒连同压板装到压力机加荷中心，开动试验机，均匀地施加荷载，

在 10 min 时达到总荷载 400 kN 后,稳压 5 s,再卸载至零;

（7）将试筒从压力机上取下,倒出试筒里的试样至 2.36 mm 的筛上进行筛分;

（8）称取通过 2.36 mm 筛孔的全部石料质量(m_1);

（9）计算:粗集料压碎指标:

$$\delta_0 = \frac{m_1}{m_0} \times 100\%$$

式中:δ_0——压碎指标(%),准确至 0.1%;

　　m_0——试验前试样质量(g),准确至 1 g;

　　m_1——试验后通过 2.36 mm 筛孔的试样质量(g),准确至 1g;

结果确定:以两次平行试验结果的算术平均值作为压碎指标的测定值。

4. 记录及结果计算

表 1 - 3 - 25　石压碎指标实验记录表

实验项目		样品名称		样品编号 生产厂家	
实验方法		实验规程			
主要仪器设备 名称、型号		实验室 环境条件		温度:　　℃ 湿度:	
实验人员		指导老师			
记录人员		实验日期			
实验原始记录					
实验 次数	试样总质量 m_0(g)	压碎后筛下质量(g)	压碎值 δ_0(%)		压碎值 平均值
1					
2					
3					

5. 检测相关

（1）对于由多种岩石组成的砾石,应对 20 mm 以下和 20 mm 以上的标准粒级(10 ~ 20 mm)分别进行检验,即将 20 mm 以上的颗粒经人工破碎后,筛取 10 ~ 20 mm 标准粒级进行压碎指标试验。20 mm 以下的颗粒直接筛取 10 ~ 20 mm 标准粒级进行压碎指标试验。然后再计算总的压碎指标值,其计算公式为:

$$\delta_n = \frac{\alpha_1 \cdot \delta_{01} + \alpha_2 \cdot \delta_{02}}{\alpha_1 + \alpha_2} \times 100\%$$

式中:δ_n——总的压碎指标(%),准确至 0.1%;

　　α_1、α_2——公称粒径 20 mm 以下和 20 mm 以上两粒级的颗粒含量百分率;

$$\alpha_1 = \frac{m_{<20}}{m_0} \times 100\%$$

$$\alpha_2 = \frac{m_{\geq 20}}{m_0} \times 100\%$$

式中：m_0——试样质量(g)；

　　　$m_{<20}$——公称粒径 20 mm 以下的试样质量(g)；

　　　$m_{\geqslant20}$——公称粒径 20 mm 以上的试样质量(g)；

　　　δ_{01}——公称粒径 20 mm 以上颗粒的压碎指标(%)；

　　　δ_{02}——公称粒径 20 mm 以下颗粒的压碎指标(%)。

(2)《建设用碎石、卵石》(GB/T14685—2011)中要求：Ⅰ类碎石压碎指标≤10%，Ⅱ类碎石≤20%，Ⅲ类碎石≤30%；Ⅰ类卵石压碎指标≤12%，Ⅱ类卵石≤14%，Ⅲ类卵石≤16%；《普通混凝土用砂、石质量及检验方法标准》(JGJ52—2006)中要求：混凝土强度等级 C605~C40 时，卵石压碎指标≤12%；混凝土强度等级≤C35 时，卵石压碎指标≤16%，碎石则由岩石类型和混凝土强度等级共同确定(具体参见规范规定)。

1.3.18　粗集料(石料)抗压强度

1. 基本概念

石料单轴抗压强度是指碎石的原始岩石在吸水饱和后，在单向受压状态下，破坏时的极限强度。

2. 实验仪器设备、实验室环境条件

(1)压力试验机：荷载 1000 kN，精度 1%；

(2)岩石取芯机、岩石切割机、岩石磨光机；

(3)游标卡尺、钢直尺；

(4)其他：活动扳手、毛巾、毛刷、角尺、盛水容器等。

3. 实验步骤

(1)选取有代表性的来样用岩石切割机切割成边长为 50 mm 的立方体试样(试样必须规整，不可缺角)，然后用岩石磨光机磨光与压力试验机接触的两个表面。磨光过程中，随时停机，用角尺检查两磨光表面，校正试样，以保证磨光的两表面平行。或用岩石取芯机先钻取直径为 50 mm 的圆柱体试样，再进一步切割成高度为 50 mm 的试样(实际切割高度略高于50 mm，再用岩石磨光机磨光表面至高度刚好为 50 mm)。

(2)用上述方法制取 6 个有效的试样(对于有明显层理的岩石，则至少制取 12 个有效试样，分成两组，每组 6 个，分别测试垂直和平行于层理方向的岩石强度值)。

(3)用游标卡尺测量试样尺寸，准确至 0.1 mm。对圆柱形试样，在顶面和底面分别量取相互垂直方向的直径，以其算术平均值分别作为顶面和底面的直径，计算底面和顶面的面积，再以顶面和底面面积平均值作为该个试样的横截面面积；对立方体试样，则在顶面和底面上各量取其边长，以各个面上相互平行的边长的平均值分别作为试样的长和宽，计算横截面面积。

(4)将盛水容器中装满水，将试样放入容器浸水 48 h，水面至少高出试样顶面 20 mm。

(5)逐个取出试样，用毛巾擦干试样表面，将试样置于压力机加载中心，关闭压力机防护网，开动压力机，以 0.5~1.0 MPa/s 的加载速度压至试样破坏。

(6)计算及结果确定：

单个试样抗压强度：

$$f = \frac{F}{A}$$

式中：f——岩石抗压强度(MPa)，准确至 0.1MPa；

$\quad\quad F$——极限破坏荷载(N)；

$\quad\quad A$——受压面积(mm^2)。

结果确定：取六个试件的算术平均值作为测试结果。如其中任意两个的强度平均值与其余四个的强度平均值相差 3 倍以上，则取强度相近的 4 个试件的算术平均值作为该岩石抗压强度确定值。

对具有显著层理的岩石，取垂直和平行层理方向抗压强度的平均值作为该岩石抗压强度确定值。

4.记录及结果计算

表 1 –3 –26　石料抗压强度实验记录表

实验项目		样品名称		样品状态 生产厂家		层理
实验方法		实验规程				
主要仪器 设备名称、 型号			实验室 环境条件		温度：　℃ 湿度：	
实验人员			指导老师			
记录人员			实验日期			

实验原始记录

样品编号	层理方向 （平行或垂直）	样品测量尺寸准确至 0.1 mm				样品截面计算面积 （mm^2）	样品破坏荷载（N）	样品抗压强度 （MPa）	样品抗压强度平均值 （MPa）
		顶面边长 1 或顶面直径 1	顶面边长 2 或顶面直径 2	底面边长 1 或底面直径 1	底面边长 2 或底面直径 2				

5. 检测相关

(1)碎石的强度可以用原始岩石的抗压强度和压碎指标来表示，岩石的抗压强度应该比所配制的混凝土强度至少高 20%，对高强混凝土至少高 30%；当混凝土强度等级 ≥C60 时，应进行岩石抗压强度试验确定所用碎石是否能满足要求。

(2)仲裁试验时，以直径和高度均为 50 mm 的圆柱体试样抗压强度结果为该岩石抗压强度结果。

(3)在水饱和状态下，岩石抗压强度：对火成岩 ≥80 MPa，变质岩 ≥60 MPa，水成岩 ≥30 MPa。

1.3.19　粗集料(石料)磨耗——洛杉矶磨耗

1. 基本概念

(1)石料抵抗摩擦、撞击和边缘剪切等联合作用的性能称为石料抗磨耗性，石料的磨耗主要以标准条件下(标准磨耗机，磨耗一定的次数)，石料的磨耗损失(%)来表示。一般而言，磨耗损失小的集料坚硬、耐磨，耐久性好。

(2)粗集料的洛杉矶磨耗损失对沥青混合料和基层集料影响较大，它与沥青路面的抗车辙能力、耐磨性、耐久性密切相关。

2. 实验仪器设备、实验室环境条件

(1)洛杉矶磨耗试验机：圆筒内径 710 ±5 mm，内侧长 510 ±5 mm，两端封闭，投料口的钢盖通过紧固螺栓和橡胶垫与钢筒紧闭密封，钢筒的回转速率为 30 r/min ~ 33 r/min；

(2)钢球：直径约 4.68 mm，质量为 390 ~ 445 g，大小稍有不同，以便按要求组成符合要求的总质量；

(3)台秤：感量 5 g；

(4)标准筛：符合要求的标准筛系列，以及筛孔为 1.7 mm 的方孔筛；

(5)烘箱：能控制温度 105 ±5℃；

(6)其他：搪瓷盘、平板、饮用水、手套、浅盘、毛刷、扳手等；

(7)实验室环境条件：温度 20 ±5℃。

3. 实验步骤

(1)将不同规格的集料放在平板上，先用水冲洗干净，然后装入搪瓷盘中，置于温度为 105 ±5℃的烘箱中，烘干至恒重，冷却至室温备用；

(2)实验条件和试样质量确定：根据表 1 - 3 - 27 确定与实际情况最接近的实验条件，按确定的粒级备料、筛分。对水泥混凝土和未筛碎石混合料，宜采用 A 级粒度；对沥青路面、各种基层、底基层用粗集料，表 1 - 3 - 27 中 16.0 mm 的筛孔可以用 13.2 mm 筛孔代替；

表 1 - 3 - 27   粗集料洛杉矶实验条件

粒度类别	粒级组成 (mm)	试样质量 (g)	试样总质量(g)	钢球个数 (个)	钢球总质量(g)	转动次数 (转)	适用的粗集料 规格	适用的粗集料 公称粒径 (mm)
A	26.5 ~ 37.5	1250 ± 25	5000 ± 10	12	5000 ± 25	500		
	19.0 ~ 26.5	1250 ± 25						
	16.0 ~ 19.0	1250 ± 10						
	9.5 ~ 16.0	1250 ± 10						
B	19.0 ~ 26.5	2500 ± 10	5000 ± 10	11	4850 ± 25	500	S6 S7 S8	15 ~ 30 10 ~ 30 10 ~ 25
	16.0 ~ 19.0	2500 ± 10						
C	9.5 ~ 16.0	2500 ± 10	5000 ± 10	8	3320 ± 20	500	S9 S10 S11 S12	10 ~ 20 10 ~ 15 5 ~ 15 5 ~ 10
	4.75 ~ 9.5	2500 ± 10						
D	2.36 ~ 4.75	5000 ± 10	5000 ± 10	6	2500 ± 15	500	S13 S14	3 ~ 10 3 ~ 5
E	63 ~ 75	2500 ± 50	10000 ± 100	12	5000 ± 25	1000	S1 S2	40 ~ 75 40 ~ 60
	53 ~ 63	2500 ± 50						
	37.5 ~ 53	5000 ± 50						
F	37.5 ~ 53	5000 ± 50	10000 ± 75	12	5000 ± 25	1000	S3 S4	30 ~ 60 25 ~ 50
	26.5 ~ 37.5	5000 ± 25						
G	26.5 ~ 37.5	5000 ± 25	10000 ± 50	12	5000 ± 25	1000	S5	20 ~ 40
	19 ~ 26.5	5000 ± 25						
备注	C 级中 S12 可全部用 4.75 ~ 9.5 mm 颗粒 5000 g；S9 和 S10 可全部用 9.5 ~ 16.0 mm 颗粒 5000 g； E 级中 S2 中缺 63 ~ 75 mm 颗粒可用 53 ~ 63 mm 颗粒代替							

(3)分级称量备用集料，准确至 5 g，称取总质量 m_1；

(4)开启磨耗机转筒的筒盖，清理转筒，将称好的试样置于转筒内；

(5)按上表要求，将选好的钢球加入转筒中，盖好筒盖，紧固密封；

(6)调整磨耗机计数器至零，设定要求的回转次数(对水泥混凝土为 500 次，对沥青混合料按上表要求选用次数)，开动磨耗机，使圆筒以 30 ~ 33 r/min 的速度旋转；

(7)打开筒盖，用毛刷刷净筒盖，取出钢球，将磨耗后的试样倒入搪瓷盘中；

(8)将磨耗后的试样用 1.7 mm 的方孔筛过筛，筛掉磨耗时被撞击磨碎的细屑；

(9)用水冲洗筛上的集料，装入浅盘中，置于温度为 105 ± 5℃的烘箱中，烘干至恒重，冷却至室温，称其质量 m_2；

(10)计算及结果确定：

$$磨耗损失：Q = \frac{m_1 - m_2}{m_1} \times 100$$

式中：Q——洛杉矶磨耗损失(%)，准确至 0.1%；

　　　m_1——试样质量(g)；

　　　m_2——磨耗后，过 1.7 mm 筛后的筛上烘干质量(g)。

结果确定：粗集料磨耗损失取两次平行试验结果的算术平均值为测定值，两次试验差值不得大于 2%，否则重新试验。

4. 记录及结果计算

表 1 - 3 - 28　洛杉矶磨耗实验记录表

实验项目		样品名称			样品编号 生产厂家		
实验方法			实验规程				
主要仪器 设备名称、 型号				实验室 环境条件		温度：　　℃ 湿度：	
实验人员				指导老师			
记录人员				实验日期			

实验原始记录

实验 次数	集料 类型	粒度 类别	所选钢球 个数 (个)	磨耗 次数 (转)	试样 总质量 m_1(g)	过筛烘干 质量 m_2(g)	磨耗 损失 Q(%)	Q 平均值 (%)
	□水泥混凝土 □沥青混合料							
	□水泥混凝土 □沥青混合料							
	□水泥混凝土 □沥青混合料							
	□水泥混凝土 □沥青混合料							

5. 检测相关

沥青混合料用粗集料对洛杉矶磨耗损失要求：对高速公路及一级公路的表面层洛杉矶磨耗损失 ≤28%，其他层次 ≤30%；其他等级公路洛杉矶磨耗损失 ≤35%。

1.3.20　粗集料(石料)磨耗——道瑞磨耗

1.基本概念

道瑞磨耗试验是评定公路路面抗滑表层所用粗集料抵抗车轮撞击及磨耗的能力,主要以磨耗值表示,磨耗值越小,表示抗磨耗性能好。

2.实验仪器设备、实验室环境条件

(1)道瑞磨耗试验机:技术参数:研磨圆平板水平转速:29±1 r/min;溜砂器溜砂量:800±100 g/min;试模(2个):内部尺寸91.5 mm×53.5 mm×16 mm,底部平垫板尺寸115 mm×75 mm,用于制备试件;试件固定装置:金属托盘(2个),内部尺寸92.0 mm×54.0 mm×8.0 mm;圆底配重(2个);

(2)标准筛及振筛机(沥青混合料用筛):方孔筛13.2 mm、9.5 mm、1.18 mm、0.9 mm、0.6 mm、0.45 mm、0.3 mm;

(3)烘箱:能控制温度105±5℃;

(4)天平:感量不大于0.1 g;

(5)磨料:石英砂,粒径0.3~0.9 mm,其中0.45~0.6 mm的含量不少于75%;(应干燥而且未使用过,每块试件约需用石英砂3 kg)

(6)胶结料:环氧树脂(6010)和固化剂(793)(在保证同等黏结性能的条件下可用其他型号代替);

(7)作为脱模剂的肥皂水和作为清洁剂的丙酮;

(8)细砂:0.1~0.3 mm、0.1~0.45 mm;

(9)其他:医用洗耳球、调剂匙、镊子、油灰刀、小毛刷、橡皮锤、量筒(20 mL)、烧杯(100 mL)、电炉、小号医用托盘或其他容器、平头铲、小勺、浅盘、抹布、扳手、捣棒等;

(10)实验室环境条件:温度20±5℃。

3.实验步骤

(1)按粗集料取样方法取样,将来样用四分法或分料器法进行缩分,将缩分后的试样进行标准筛分试验,取9.5~13.2 mm的集料(9.5 mm以上,13.2 mm以下),用水清洗干净,装入浅盘,置于烘箱中加热至表面干燥即可(加热温度不超过110℃,加热时间不得超过4 h),冷却至室温备用。

(2)按集料表干密度实验方法,称取所需要的量,进行集料表干密度试验,得出集料的表干密度ρ_s。

(3)试件制作:

①用抹布和丙酮清洁试模,然后拧紧端板螺钉;用细毛刷在试模内表面涂刷少量肥皂水,将试模放在烘箱内烘干。

②排料:用镊子夹起具有代表性的粒料,单层排放在试模内(尽量将集料较平的面放在模底),试模中应排放尽可能多的粒料,在任何情况下集料颗粒都不得少于24粒。

③吹砂:集料颗粒之间的空隙要用细砂(0.1~0.3 mm)充填,充填高度约为集料颗粒高度的3/4,充填时先用调剂匙均匀撒布,然后再用洗耳球吹实找平,并吹去多余的砂。

④制环氧树脂砂浆:先将环氧树脂和固化剂用捣棒搅匀,然后加入0.1~0.45 mm干砂

再拌匀(砂浆按环氧树脂:固化剂:细砂 = 1 g:0.25 mL:3.8 g 的比例配制,2 块试件约需环氧树脂 30 g,固化剂 7.5 mL,干细砂 114 g)。

⑤填模成型:将拌制好的环氧树脂砂浆填入试模,尽量填充密实,但注意不可碰动排好的集料,然后用在电炉上烧热的油灰刀在试模表面来回刮抹,使砂浆表面平整。

⑥养生:在垫板的一面涂上肥皂水,然后将填好砂浆的模子倒放在垫板上(以防砂浆渗到集料表面),常温下养生 24 h。

⑦拆模:拧松端板螺钉,卸下 2 个端板,用橡皮锤轻敲将试件取出,用刮刀或砂纸去除多余的砂浆,用细毛刷清除松散的砂。

(4)分别称出 2 块试件的质量(m_1),准确至 0.1 g。

(5)开动磨耗机,让其在溜砂状态下空转一圈,以便在转盘上留有一层砂。

(6)将 2 块试件分别放入 2 个托盘内,调整使试件与托盘之间紧密配合。称取试件、托盘和配重质量,并使合计质量调整为 2 kg ± 10 g。

(7)将试件连同托盘放入磨耗机内,使其径向相对,试件中心到研磨转盘中心的距离为 260 mm,集料裸露面朝向转盘;然后将相应的配重放在试件上。

(8)以 28 ~ 30 r/min 的转速转动转盘 100 圈,同时将符合要求的研磨石英砂装入料斗,使其连续不断地溜在试件前面的转盘上。(溜砂宽度要能覆盖整个试件的宽度,溜砂速率为 700 ~ 900 g/min,料斗溜砂缝隙约为 1.3 mm)

(9)用橡胶刮片将砂清除出转盘。(刮片的安装要使得橡胶边轻轻地立在转盘上,刮片宽度应与研磨转盘的外缘环部宽度相等)

(10)将集料斗中回收的砂过 1.18 mm 的筛,重复使用数次,直至整个试验完成时废弃。

(11)取出试件,检查有无异常情况。

(12)重复上述步骤,再磨 400 圈。(可分 4 个 100 圈重复 4 次磨完,也可连续 1 次磨完,在连续磨时必须经常掀起磨耗机的盖子观察溜砂情况是否正常)

(13)转完 500 转后,从磨耗机内取出试件,打开托盘,用毛刷清除残留的砂,分别称出 2 块试件的质量(m_2),准确至 0.1 g。

如果由于集料易磨耗而磨到砂浆衬时要中断试验,记录转数;相反,有些非常硬的集料可能会划伤研磨盘,在这种情况下应对研磨转盘进行刨削处理。

(14)计算及结果确定:

$$每块试件的集料磨耗值:AAV = \frac{3(m_1 - m_2)}{\rho_s}$$

式中:AAV——集料的道瑞磨耗值;

　　　m_1——磨耗前试件的质量(g);

　　　m_2——磨耗后试件的质量(g);

　　　ρ_s——集料的表干密度(g/cm³)。

结果确定:两块试件试验结果的平均值作为集料磨耗值,如果单块试件磨耗值与平均值之差大于平均值的 10%,则重做试验,重做试验则必须做 4 块试件,以 4 块试件的平均值作为集料磨耗值的试验结果。

4. 记录及结果计算

表 1 - 3 - 29　道瑞磨耗实验记录表

实验项目		样品名称		样品编号 生产厂家	
实验方法			实验规程		
主要仪器 设备名称、 型号			实验室环境条件	温度:　　℃ 湿度:	
实验人员			指导老师		
记录人员			实验日期		

实验原始记录

实验 次数	集料表干 密度(g/cm³)	试样总质量 m_1 (g),准确至0.1g	磨耗后试件质量 m_2 (g),准确至0.1 g	道瑞磨耗值 AAV	AAV 平均值

1.3.21　粗集料(石料)磨光

1. 基本概念

(1)粗集料的磨光值是指利用加速磨光机磨光集料(模拟汽车轮胎对公路路面的磨光作用),用摆式摩擦系数测定仪测定集料磨光后的摩擦系数值。

(2)磨光值反映集料的耐磨光性能,以满足长期使用时高速行驶车辆对路面的抗滑要求,磨光值越高,抗滑性能越好。

(3)集料磨光是关系到一种集料能否用于沥青路面抗滑磨耗层的重要决定性指标。

2. 实验仪器设备、实验室环境条件

(1)加速磨光试验机:技术指标:道路轮:外径406 mm,用于安装14块试件,转速320 ± 5 r/min;橡胶轮:直径200 mm,宽44 mm,分为磨细金刚砂的橡胶轮(标记 X)、磨粗金刚砂的橡胶轮(标记 C),轮胎初期硬度69 ±3IRHD;

试模:8 副;其他:磨料供给系统、供水系统、配重系统、荷载调整系统、溜砂系统(用于存贮磨料和控制溜砂)等;

(2)摆式摩擦系数测定仪:由底座、立柱、悬臂、释放开关、摆动轴心、摆头及橡胶片(31.75 mm ×25.4 mm ×6.35 mm)、求数系统(求摆值)等组成;(或电脑摆式摩擦系数测定仪)

(3)磨光试件测试平台:固定试件及摆式摩擦系数测定仪用;

(4)天平：感量不大于0.1 g；

(5)烘箱：装有温度控制器；

(6)黏结剂：常用环氧树脂6101及固化剂（能使集料与砂、试模牢固黏结，确保在试验过程中不致发生试件摇动或脱落）；

(7)丙酮；

(8)砂：粒径<0.3 mm，洁净、干燥；

(9)金刚砂：30号（棕刚玉粗砂）、280号（绿碳化硅细砂），用作磨料，只允许一次性使用，不得重复使用；

(10)橡胶石棉板：厚1 mm；

(11)标准集料试样：由指定的集料产地生产的符合规格要求的集料，每轮两块，只允许使用一次，不得重复使用；

(12)其他：油灰刀、电炉、洗耳球、肥皂水、浅盘、镊子、扳手、小勺、编号笔、橡胶锤、捣棒、计时器、喷水壶等；

(13)实验室环境条件：温度20±5℃（试件的加速磨光应在室温20±5℃的房间内进行），20±2℃（细砂磨光试验时）。

3. 实验步骤

(1)按粗集料取样方法取样，将来样用四分法或分料器法进行缩分，将缩分后的试样进行标准筛分、针片状颗粒实验，剔除针片状颗粒，取9.5 mm~13.2 mm的集料（9.5 mm以上，13.2 mm以下）（根据需要，也可采用4.75 mm~9.5 mm的粗集料进行磨光值试验），用水清洗干净，装入浅盘，置于温度为105±5℃的烘箱中烘干，冷却至室温备用。

(2)用抹布和丙酮清洁试模，然后拧紧端板螺钉（注意使端板与模体齐平，弧线平滑），用细毛刷在试模内表面涂刷少量肥皂水，将试模放在烘箱内烘干。

(3)将小于0.3 mm的砂装入浅盘等容器，用清水淘洗，去掉浮于表面的悬浮物，置于105±5℃的烘箱中烘干成为干砂。

(4)预磨新橡胶轮：将新橡胶轮在安装好试件的道路轮上进行预磨，C轮用粗金刚砂预磨6 h，X轮用细金刚砂预磨6 h。（新橡胶轮正式使用前要进行预磨）

(5)试件制备：

①排料：每种集料宜制备6~10块试件，从中挑选4块试件，供两次平行试验用。用镊子夹起具有代表性的粒料，尽量紧密地排列于试模中（大面、平面向下）。

②吹砂：用小勺将制得的干砂填入已排妥的集料间隙中，并用洗耳球轻轻吹动干砂，使之填充密实，然后再吹去多余的砂，使砂与试模台阶大致齐平，但台阶上不得有砂。（用洗耳球吹动干砂时不得碰动集料，且不使集料试样表面附有砂粒）

③配制环氧树脂砂浆：将固化剂与环氧树脂按一定比例（如使用6101环氧树脂时为1:4）配料、用捣棒拌匀制成黏结剂，再与干砂按1:4~1:4.5的质量比拌匀制成环氧树脂砂浆。（一块试模中的环氧树脂砂浆各组成材料的用量通常为：环氧树脂9.0 g、固化剂2.4 g、干砂48 g）

④填充：用小油灰刀将拌好的环氧树脂砂浆填入试模中，并尽量填充密实，但不得碰动集料，然后用事先在电炉上加热的热油灰刀在试模上刮去多余的填料，并将表面反复抹平，使填充的环氧树脂砂浆与试模顶部齐平。

⑤养护：在40℃烘箱中养护3 h，再自然冷却9 h拆模；如在室温下养护，时间应更长，使试件达到足够强度。（有集料颗粒松动脱落，或有环氧树脂砂浆渗出表面时，试件应予废弃）

（6）磨光试验：

①试件分组：每轮一次磨14块试件，每种集料为2块试件，则每轮一次包括6种试验用集料和1种标准集料。

②试件编号：在试件的环氧树脂砂浆衬背和弧形侧边上用记号笔对6种集料编号为1～12，1种集料赋以相邻两个编号，标准试件为13、14号。

③试件安装：按表1-3-30将试件排列在道路轮上，其中1号位和8号位为标准试件。试件应将有标记的一侧统一朝外（靠活动盖板一侧），每两块试件间加垫一片或数片1 mm厚的橡胶石棉板垫片，垫片与试件端部断面相仿，但略低于试件高度2～3 mm。然后盖上道路轮外侧板，边拧螺钉边用橡胶锤敲打外侧板，确保试件与道路轮紧密配合，以避免磨光过程中试件断裂或松动。随后将道路轮安装到轮轴上。

表1-3-30   试件号及对应位置编号

位置号	1	2	3	4	5	6	7	8	9	10	11	12	13	14
试件号	13	9	3	7	5	1	11	14	10	4	8	6	2	12

④粗砂磨光：

a. 把标记C的橡胶轮安装在调整臂上，盖上道路轮罩，下面置一积砂盘，给贮水支架上的贮水罐加满水，调节流量阀，使水流暂时中断；

b. 准备好30号金刚砂粗砂，装入专用贮砂斗，将贮砂斗安装在橡胶轮侧上方的位置上并接上微型电机电源。转动荷载调整手轮，使凸轮转动放下橡胶轮，将橡胶轮的轮辐完全压着道路轮上的集料试件表面；

c. 调节溜砂量：用专用接料斗在出料口接住溜出的金刚砂，同时开始计时，1 min后移出料斗，用天平称出溜砂量，使流量为27±7 g/min，如不满足要求，应用调速按钮或调节贮料斗控制闸板的方法调整；

d. 在控制面板上设定转数为57600转，按下电源开关启动磨光机开始运转，同时按动粗砂调速按钮，打开贮砂斗控制闸板，使金刚砂溜砂量控制为27±7 g/min。此时立即调节流量计，使水的流量达60 mL/min；

e. 在试验进行1 h和2 h时磨光机自动停机（注意不要按下面板上复零按钮和电源开关），用毛刷和小铲清除箱体上和沉在机器底部积砂盘中的金刚砂，检查并拧紧道路轮上有可能松动的螺母，再启动磨光机，至转数显示屏上显示57600转时磨光机自动停止，所需的磨光时间约为3 h；

f. 转动荷载调整手轮使凸轮托起调整臂，清洗道路轮和试件，除去所有残留的金刚砂。

⑤细砂磨光：

a. 卸下C标记橡胶轮，更换为X标记橡胶轮按上述方法安装；

b. 准备好280号金刚砂细砂，按粗砂磨光时同样方法装入专用贮砂斗；

c. 重复④中 c 步，调节溜砂量使流量为 3±1 g/min；

d. 按④中 d 步骤设定转数为 57600 转，开始磨光操作，控制金刚砂溜砂量为 3±1 g/min，水的流量达 60 mL/min；

e. 将试件磨 2h 后停机作适当清洁，按④中 e 步骤中方法检查并拧紧道路轮螺母，然后再起动磨光机至 57600 转时自动停机；

f. 按④中 f 步骤中方法清理试件及磨光机。

(7)磨光值测定：

①在试验前 2 h 和试验过程中，应控制室温为 20±2℃。

②将试件从道路轮上卸下并清洗试件，用毛刷清洗集料颗粒的间隙，去除所有残留的金刚砂。

③将试件表面向下，放在 18~20℃ 的水中 2 h，然后取出试件，按下列步骤用摆式摩擦系数测定仪测定磨光值。

a. 调零：将摆式仪固定在测试平台上，松开固定把手，转动升降把手使摆升高并能自由摆动，然后锁紧固定把手，转动调平旋钮，使水准泡居中，当摆从右边水平位置落下并拨动指针后，指针应指零。若指针不指零，应拧紧或放松指针调节螺母，直至空摆时指针指零。（电脑摆式摩擦系数测定仪，按调零按钮直接调零）

b. 固定试件：将试件放在测试平台的固定槽内，使摆可在其上面摆过，并使滑溜块居于试件轮迹中心。（应使摆式仪摆头滑溜块在试件上的滑动方向与试件在磨光机上橡胶轮的运行方向一致，即测试时试件上作标记的弧形边背向测试者）

c. 测试：反复调节摆的高度，使滑溜块在试件上的滑动长度为 76 mm，用喷水壶喷洒清水润湿试件表面（注意：在试验中的任何时刻，试件都应保持湿润），将摆向右提起挂在悬臂上，同时用左手拨动指针使之与摆杆轴线平行。按下释放开关使摆回落向左运动，当摆达到最高位最后下落时，用左手将摆杆接住，读取指针所指（小度盘）位置上的值，记录测试结果，准确到 0.1。

注意：摆式仪使用新橡胶片时应该预磨使之达到稳定状态，预磨的方法是用新橡胶片在干燥的试块上（不用磨光后的试件）摆动 10 次，然后在湿润的试块上摆动 20 次。另外，橡胶片不得被油类污染。

d. 一块试件重复测试 5 次，5 次读数的最大值和最小值之差不得大于 3，否则重新测试，取有效的 5 次读数平均值作为该试件的磨光值（PSV_r）。

e. 以同样的方法对标准试件进行磨光测试，磨光值读数用 PSV_{br} 表示。

f. 重复磨光测试，完成该集料另一块试件和标准试件的测试。（每种集料两块试件，每块试件磨光测试 5 次，每块试件的磨光测试亦同时对标准集料试件进行磨光测试）

(8)计算及结果确定：

①每种集料要进行两次平行试验，一次要用两块试件，两次平行试验共 4 块试件。

$$PSV_{ra} = \frac{\sum PSV_{ri}}{4}$$

式中：PSV_{ri}——每块试件的磨光值读数（$i=1~4$）；（但 4 块试件的磨光值读数（PSV_r）的最大
　　　　　值与最小值之差不得大于 4.7，否则试验作废，应重新试验）；

　　　　PSV_{ra}——该集料磨光值平均值，精确到 0.1。

②每种标准试件要进行两次平行试验，一次要用两块试件，两次平行试验共4块试件。

$$PSV_{bra} = \frac{\sum PSV_{bri}}{4}$$

式中：PSV_{bri}——每块标准试件的磨光值读数($i=1~4$)；（但4块标准试件的磨光值平均值（PSV_{bra})在46~52之间，否则试验作废，应重新试验）；

PSV_{bra}——标准试件磨光值平均值，精确到0.1。

③集料磨光值：

$$PSV = PSV_{ra} - PSV_{bra} + 49$$

式中：PSV——集料磨光值，取整数。

结果确定：实验报告必须报告集料的磨光值PSV、两次平行试验的试样磨光值读数平均值PSV_{ra}、标准试件磨光值读数平均值PSV_{bra}。

4. 记录及结果计算

表1-3-31　石料磨光实验记录表

实验项目		样品名称			样品编号生产厂家	
实验方法			实验规程			
主要仪器设备名称、型号				实验室环境条件	温度：　℃	
					湿度：	
实验人员				指导老师		
记录人员				实验日期		

实验原始记录

集料种类	试件编号	摩擦系数测定摆值						磨光值平均值（精确到0.1）	集料磨光值确定值PSV（取整数）
		1	2	3	4	5	平均值		
	1								
	2								
	3								
	4								
	5								
	6								
	7								
	8								

续上表

标准试件								
	9							
	10							
	11							
	12							
	13							
	14							

实验 1.4　水泥混凝土实验

【实验目的】　通过实验，加深理解混凝土拌合物和易性概念。掌握砼拌合物坍落度的调整和砼力学性能和混凝土耐久性能等的测定方法。

【预习思考】

(1)混凝土拌合物和易性包括哪些内容？

(2)何谓混凝土强度等级？

(3)混凝土耐久性主要考虑哪些方面？

1.4.1　混凝土拌合物制备和取样

1.基本概念

(1)水泥混凝土是指由水、粗细集料和水按适当比例配合，必要时掺加适宜的外加剂、掺合料等配制而成；混凝土拌合物指的是由混凝土组成材料拌和而成、尚未硬化的混合料；

(2)普通混凝土指干密度为 2000~2800 kg/m³ 的混凝土；干硬性混凝土指混凝土拌合物的坍落度小于 10 mm 且须用维勃稠度(s)表示其稠度的混凝土；塑性混凝土指混凝土拌合物坍落度为 10~90 mm 的混凝土；流动性混凝土指混凝土拌合物坍落度为 100~150 mm 的混凝土；大流动性混凝土指混凝土拌合物坍落度≥160 mm 的混凝土；泵送混凝土指混凝土拌合物坍落度≥100 mm，并用泵送施工的混凝土；抗渗混凝土指抗渗等级≥P6 级的混凝土；抗冻混凝土指抗冻等级≥F50 级的混凝土；高强混凝土指强度等级≥C60 级的混凝土；

(3)混凝土拌合物的性能主要是指其工作性能(和易性)，包括流动性、黏聚性和保水性能。

2.实验仪器设备、实验室环境条件

(1)混凝土搅拌机：自由式或强制式；

(2)振动台：标准振动台，符合《混凝土试验用振动台》JG/T245 的要求；

(3)磅秤(台秤)：感量为称量总量的 1%；

(4)天平：感量为称量总量的 0.5%；

(5)其他：铁板、铁铲、抹刀等；

(6)实验室环境条件：温度 20±5℃。

3.实验步骤

1)混凝土拌和制备

(1)按相关规范取样方法，对原材料取样缩分，所用原材料主要应符合《普通混凝土配合比设计规程》(JGJ55—2011)、《混凝土质量控制标准》(GB50164—2011)、《混凝土结构工程施工规范》(GB50666—2011)、《混凝土结构工程施工验收规范》(GB50204—2015)等规程以

及相关原材料规范要求,将符合要求的原材料放置于实验室内,保持材料与实验条件相同的温度。

(2)为防止粗集料的离析,可将集料按不同的粒径分开,使用时再按一定比例混合。试样从抽取至试验完毕过程中,不要风吹日晒,必要时应采取保护措施。

(3)按含水率试验方法,测定粗细集料含水率,如集料含水率较高,则应对粗细集料烘干至干燥状态。(粗集料含水率小于 0.2%,细集料含水率小于 0.5% 的状态)

(4)按配合比和相关试验用量要求,称取和量取拌合物用原材料质量,称取总量至少应比所需量高 20% 以上(计算用水量时扣除粗集料、细集料、液体外加剂等的含水量)。用搅拌机拌和时,拌和量宜为搅拌机公称容量 1/4 ~ 3/4 之间,拌制混凝土的材料用量应以质量计,称量的精确度:集料为 ±1%,水、水泥、掺合料和外加剂为 ±0.5%。

(5)将拌制混凝土所用各种用具,如铁板、铁铲、抹刀等预先用水润湿。

(6)混凝土拌和:

①搅拌机拌和

将拌和用搅拌机先用少量砂浆进行涮膛,再刮出涮膛砂浆,以避免正式拌和混凝土时水泥砂浆黏附筒壁的损失。涮膛砂浆的水灰比及砂灰比,应与正式的混凝土配合比相同。

按规定称好原材料,往搅拌机内按顺序加入粗集料、细集料、水泥(施工手册投料顺序为:石、水泥、砂),开动搅拌机,将材料拌和均匀,在拌和过程中徐徐加水,全部加料时间不宜超过 2 min。水全部加入后,继续拌和约 2 min,而后将拌合物倾出在铁板上,再经人工用铁锹翻拌 1 ~ 2 min(来回拌和不少于三次),使拌合物均匀一致(搅拌匀质性是指混凝土中砂浆密度两次测定值的相对误差不大于 0.8%,混凝土稠度两次测定值的差值不大于《混凝土质量控制标准》(GB50164—2011)中表 3.1.2 - 4 规定的稠度允许偏差的绝对值)。

对于掺加外加剂的混凝土拌合物,外加剂的加入顺序应根据外加剂的类型确定:对于不溶于水或难溶于水且不含潮解型盐类,应先和一部分水泥拌和,以保证充分分散;对于不溶于水或难溶于水但潮解型盐类,应先和细集料拌和;对于水溶性或液体,应先和水拌和;其他特殊外加剂,应遵守有关规定。

②人工拌和

将称好的砂和水泥在铁板上拌匀,加入粗集料,再混合搅拌均匀。而后将此拌合物堆成长堆,中心扒成长槽,将称好的水倒入约一半,将其与拌合物仔细拌匀,再将材料堆成长堆,扒成长槽,倒入剩余的水,继续进行拌和,来回翻拌至少 6 遍。

2)混凝土取样规定

(1)混凝土拌合物试验取样:凡由搅拌机、漏斗、运输小车等取样时,从同一盘混凝土或同一车混凝土中取样,采用多次采样方法,从三处以上的不同部位(一般在同一盘混凝土或同一车混凝土中大约 1/4 处、1/2 处、3/4 处之间分别取样),抽取大致相同分量的代表性样品(不要抽取已经离析的混凝土),从第一次取样到最后一次取样不宜超过 15 min,取回的拌合物应汇集在一起,用铁铲人工翻拌均匀,而后立即进行拌合物的试验。(拌合物取样量应多于试验所需数量的 1.5 倍,其体积不小于 20 L;从试样取样完毕到开始做各项性能试验不宜超过 5 min)

(2)混凝土强度试验取样:从混凝土的浇筑地点随机抽取,取样规定:每拌制 100 盘且不超过 100 m³ 的同配合比的混凝土,取样不得少于一次;每工作班拌制的同一配合比的混凝土不足 100 盘时，取样不得少于一次；当一次连续浇筑超过 1000 m^3 时同一配合比的混凝土，每 200 m^3 取样不得少于一次；每一楼层、同一配合比的混凝土，取样不得少于一次；每次取样至少需留置一组标准养护试件，同条件养护试件的留置组数应根据实际需要确定；（按《混凝土结构工程施工质量验收规范》（GB50204—2015）中规定：结构实体强度检验时，同一强度等级的同条件养护试件的留置不宜少于 10 组，不应少于 3 组，每楼层不应少于 1 组；同条件养护试件的强度代表值应根据强度试验结果按《混凝土强度检验评定标准》（GB/T50107—2010）规定确定后除以 0.88 后使用）

（3）混凝土耐久性能取样：《混凝土耐久性能检验评定标准》（JGJ/T193—2009）中规定：取样应该在施工现场进行，随机从同一车（盘）中取样，且不宜在首车（盘）中取样，从车中取样时，应将混凝土搅拌均匀在卸料的 1/4 ~ 3/4 之间取样，取样数量应按《普通混凝土长期性能和耐久性能试验方法标准》（GB/T50082）中计算规定的试验用量的 1.5 倍确定；《混凝土结构工程施工质量验收规范》（GB50204—2015）中规定：同一工程、同一配合比的混凝土，取样不应少于 1 次。

4. 记录及结果计算

表 1 - 4 - 1　混凝土拌合物制备和取样实验记录

实验项目		样品名称			生产厂家	
混凝土类型		混凝土强度等级			搅拌方式	
水泥强度等级、厂家	粗骨料类型、厂家	细骨料类型、厂家	掺合料类型、厂家		外加剂类型、厂家	水
实验方法		实验规程				
主要仪器设备名称、型号			实验室环境条件		温度：　　℃	
					湿度：	
实验人员		指导老师				
记录人员		实验日期				
实验原始记录						
1m³ 混凝土材料用量（kg）	水泥	砂		石	掺合料	
	外加剂	水				
配制混凝土用量：　（L）	水泥　　kg；粗骨料：　　kg；细骨料：　　kg；掺合料：　　kg；外加剂：　kg；水：　　kg；粗骨料含水率：　　细骨料含水率：					
混凝土拌合物试验取样单						
取样日期、时间		工程名称			结构部位	
取样地点		试样编号			试样数量	
取样方法		取样人员			混凝土强度等级	

5. 检测相关

(1) 混凝土拌和时，有关投料顺序和拌和时间规定：

①《混凝土结构工程施工规范》(GB5066—2011) 中规定，采用分次投料搅拌方法时，应通过试验确定投料顺序、数量及分段搅拌的时间等工艺参数；掺合料宜与水泥同步投料，液体外加剂宜滞后于水泥和水投料，粉状外加剂宜溶解后再投料。

混凝土搅拌的最短时间(全部材料投入搅拌筒至开始卸料止)如表 1 - 4 - 2 所示。

表 1 - 4 - 2　混凝土搅拌最短时间(s)

坍落度(mm)	搅拌机类型	搅拌机出料量(L)		
		<250	250 ~ 500	>500
≤40	强制式	60	90	120
>40 且 <100	强制式	60	60	90
≥100	强制式	60		
备注	当采用自落式搅拌机时，搅拌时间宜延长 30 s；当掺有外加剂与矿物掺合料时，搅拌时间应适当延长			

②《混凝土质量控制标准》GB50164—2011 中规定原材料投料方式应满足混凝土搅拌技术要求和混凝土拌合物质量要求；搅拌时间同上表；对于冬季施工搅拌混凝土时，应先投入骨料和热水进行搅拌，然后再投入胶凝材料等共同搅拌。

③机械搅拌混凝土的投料顺序有一次投料法和二次投料法：

一次投料法是指先在料斗中加入石子，再加水泥和砂。对于自落式搅拌机，需先在筒内加部分水，然后陆续加水；对于强制式的搅拌机，因下料口在下部，不能先加水，应在投放干料的同时，缓慢、均匀分散地加水。

二次投料法又分预拌水泥砂浆法、预拌水泥净浆法和水泥裹砂法，投料顺序分别为：预拌水泥砂浆法：水泥 + 砂、水投入搅拌，再加入石子；水泥净浆法：水泥、水投入搅拌，再加入砂、石；水泥裹砂法：全部石子、砂和 70% 水投入搅拌 10 ~ 20 s，再加入全部水泥搅拌 30 s，最后加入剩下的 30% 水搅拌 60 s。

(2) 对预拌混凝土取样和检验频率：

①预拌混凝土交货检验取样及坍落度试验应在混凝土运到交货地点时开始算起，20 min 内完成，试件制作应在混凝土运到交货地点时开始算起，40 min 内完成。

②混凝土强度检验取样频率：对出厂检验：每拌制 100 盘相同配合比的混凝土，取样不得少于一次，每工作班拌制的同一配合比的混凝土不足 100 盘时，取样不得少于一次，每次取样至少进行一组试验；对交货检验：取样频率按《混凝土质量控制标准》(GB50164—2011) 要求进行。

③混凝土坍落度检验取样频率与强度检验取样频率相同。

④混凝土拌合物中水溶性氯离子含量检验应至少取样检验一次。

⑤混凝土耐久性能检验取样频率按《混凝土耐久性检验评定标准》(JGJ/T193—2009) 中规定要求(同一检验批，设计要求的各个检验项目应至少完成一组试验)。

（3）《地下防水工程质量验收规范》（GB50208—2011）中要求：抗渗试件应在浇筑地点随机取样后制作，连续浇筑混凝土量每 500 m³，应留置一组（6 个）抗渗试件，且每项工程不少于两组。采用预拌混凝土的抗渗试件，应视结构的规模和要求定留置组数。

1.4.2 混凝土拌合物稠度实验

1. 基本概念

（1）混凝土拌合物稠度常采用坍落度仪法和维勃稠度仪法来衡量，坍落度仪法适用于坍落度大于 10 mm、集料公称最大粒径不大于 31.5 mm 的混凝土；维勃稠度仪法（简称 VC 法）适用于集料公称最大粒径不大于 31.5 mm、维勃时间在 5～30 s 之间的干稠性混凝土的稠度测定；坍落度不大于 50 mm 的混凝土或干硬性混凝土及维勃稠度大于 30 s 的特干硬性混凝土拌合物的稠度用增实因数法确定；

（2）坍落度法可以认为是测定水泥混凝土在自重作用下的抗剪性能。

2. 实验仪器设备、实验室环境条件

（1）坍落筒：符合《水泥混凝土坍落度仪》（JG/T248）中有关技术要求；上底直径 100 mm，下底直径 200 mm，高 300 mm 的圆锥形筒；

（2）捣棒：符合《水泥混凝土坍落度仪》（JG/T248）中有关技术要求，为直径 16 mm，长约 600 mm 并具有半球形端头的钢质圆棒；

（3）维勃稠度仪（维勃稠度法）：符合《维勃稠度仪》（JG3043）中有关技术要求，包括金属容器、坍落度筒、振动台（频率 50 Hz，空载振幅 0.5 mm）、圆盘、装料漏斗等；

（4）改进维勃稠度仪（适用于碾压混凝土稠度测试）：在维勃稠度仪 10（砝码位置）增加两块配重，共8700 g，如图 1-4-1 所示；

（5）秒表：分度值 0.5 s；

（6）其他：小铲、木尺、小钢尺、镘刀、钢平板、扳手、抹布等；

（7）实验室环境条件：温度 20±5℃。

3. 实验步骤

1）坍落度仪法

（1）按拌合物制备方法，制备水泥混凝土拌合物或现场取样方法取混凝土拌合物。

（2）润湿坍落筒内壁、捣棒、底板（内壁和底平板无明水），将坍落度筒放置在底板中心，用脚踩住两边的脚踏板，使坍落度筒固定不动。

（3）将按要求取得的混凝土拌合物用小铲分三层均匀装入筒内，每层装入高度大于筒高的 1/3，每装完一层后用捣棒由表面向内部、沿螺旋线由边缘至中心均匀插捣 25 次，插捣深

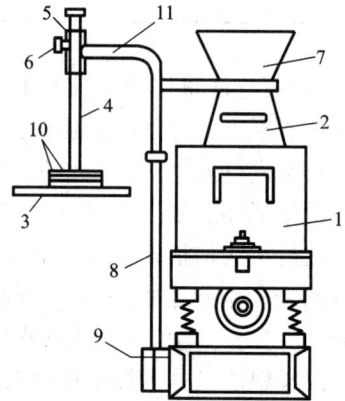

图 1-4-1 维勃仪

1—容器；2—坍落度筒；3—圆盘；4—滑杆；
5—套筒；6—螺钉；7—漏斗；8—支柱；
9—定位螺丝；10—荷重块；11—旋转架

度：底层插至底部，其他两层，插透本层并插入下层约20 mm～30 mm，插捣须垂直压下（边缘部分除外），不得冲击。在装第三层拌合物时，装入的混凝土应高出坍落筒口，随插捣过程随时添加拌合物。

（4）当顶层插捣完毕后，将捣棒用锯和滚的动作，清除掉多余的混凝土，用镘刀抹平筒口，刮净筒底周围的拌合物。

（5）立即人工垂直地、在5～10 s内提起坍落筒，并使混凝土不受横向及扭力作用。从开始装料到提出坍落筒整个过程应在150 s内完成。

（6）将提起的坍落筒放在坍落的锥体混凝土试样旁边，在筒顶平放木尺，用小钢尺量出木尺底面至锥体试样顶面最高点的垂直距离，即为该混凝土拌合物的坍落度，准确至1 mm。（当坍落过程中，拌合物向一侧发生崩坍或一边剪切破坏，则应重新取样另测。如果第二次仍发生上述情况，则表示该混凝土和易性不好，应记录）

（7）若测得的坍落度大于220 mm时，用钢尺测量混凝土扩展后最终的最大直径和最小直径，在这两个直径之差小于50 mm的条件下，用其算术平均值作为坍落扩展度值；否则，扩展度测试无效。

（8）计算及结果确定：

①黏聚性评定：用捣棒在已坍落的锥体试样侧面轻轻敲打，如锥体在轻打后逐渐下沉，表示黏聚性良好；如锥体突然倒坍、部分崩裂或发生石子离析现象，即表示黏聚性不好。

②保水性评定：若提起坍落筒后，有较多稀浆从底部析出，锥体部分的混凝土骨料外露，则拌合物保水性能不好；若提起坍落筒后，无稀浆或少量稀浆从底部析出，则拌合物保水性能良好。

③混凝土拌合物坍落度和坍落扩展度值以毫米（mm）为单位，测量准确至1 mm，结果修约至最接近的5 mm。

④坍落度经时损失测试（《混凝土质量控制标准》(GB50164—2011)：

坍落度试验后，将代表该试验的拌合物立即装入不吸水的容器中，密闭搁置1h，再将拌合物倒入搅拌机中搅拌20 s，卸出搅拌机中的拌合物，取样再做坍落度试验，测试其坍落度值；

前后两次坍落度差值即为坍落度经时损失值，准确至5 mm。

2）维勃仪法

（1）按拌合物制备方法，制备水泥混凝土拌合物或现场取样方法取混凝土拌合物。

（2）将稠度仪的容器1用螺母固定在振动台上，并一起放到坚实的水平地面上，用湿布把容器1、坍落度筒2、喂料漏斗7内壁及其他用具湿润。

（3）将坍落度筒置于容器内，将喂料漏斗7转到坍落度筒口，拧紧螺丝9，使漏斗对准坍落度筒上方。

（4）按坍落度筒试验步骤，分三层经喂料漏斗装入拌合物，每装完一层，则转动开漏斗，用捣棒均匀插捣25次，待第三层插捣完毕后，拧松螺丝9，将喂料漏斗转回到原先位置，将筒模顶上的混凝土用镘刀抹平，轻轻提起筒模。（如提起后，试体坍边或剪坏，则试样作废并另取试样重做，如连续两次都发生这些现象，则所取混凝土不能做这项试验）

(5)放松螺丝6，使透明圆盘3可以定向向下滑动，转动圆盘到混凝土上方，与混凝土轻轻接触，检查圆盘是否可以顺利滑向容器，拧紧定位螺丝9。

(6)开动振动台同时按动秒表开始计时，通过透明圆盘观察混凝土的振实情况，当圆盘底面刚为水泥浆布满时，按停秒表停止计时，同时关闭振动台，记录秒表计时时间，准确至1 s。

(7)重复上述操作，完成两次平行实验。

(8)计算及结果确定：

秒表确定的时间即为该次稠度试验的维勃时间，准确至1 s，以两次试验结果的平均值作为该混凝土拌合物稠度的维勃时间。

3)改进维勃仪法(简称：改进VC法，适用于碾压混凝土等超干硬性混凝土稠度)

(1)按拌合物制备方法，制备水泥混凝土拌合物或现场取样方法取混凝土拌合物。

(2)用湿布把容器1内壁，透明圆盘3上、下表面及其他用具湿润。

(3)用台秤称取具有代表性的拌合物质量25 kg，用小铲等工具将拌合物分两层装入容器1中，第一层应超过筒高的1/2，每装完一层后用捣棒由筒边缘向中心螺旋形均匀插捣25次；插捣深度：第一层捣棒贯穿整个深度，但不触及筒底，第二层插捣进入第一层表面以下10~20 mm；每插捣一层后，用橡皮锤均匀轻轻敲击容器1外壁10次，装完毕后，用镘刀刮平高出容器筒口试样，抹平表面。

(4)将装有试样的容器1安装在固定振动台上，拧紧螺丝，将透明圆盘3连同荷重块10及配重块按维勃稠度仪法相同的操作方法加到拌合物表面。

(5)开动振动台同时按动秒表开始计时，通过透明圆盘观察混凝土的振实情况，当圆盘底面为半面积出水泥浆时，按停秒表停止计时，但不关闭振动台，记录秒表计时时间，准确至1 s，此时间即为该碾压混凝土维勃稠度时间。

(6)计时后，让振动台继续振动60 s再停机，提出圆盘和配重块，观察拌合物表面平整度和出浆情况。按平整出浆很好、平整出浆较好、平整基本出浆、有缺陷出浆不足、不平整且无浆五种情况做好记录。

(7)重复上述操作，完成两次平行实验。

(8)计算及结果确定：

秒表确定的时间即为该次稠度试验的维勃时间，准确至1 s，以两次试验结果的平均值作为该混凝土拌合物稠度的维勃时间。如两次测定值与平均值的误差均超过20%，试验结果无效。

4.记录及结果计算

表1-4-3 混凝土拌合物实验记录表

实验项目		样品名称		生产厂家	
混凝土类型		混凝土强度等级		搅拌方式	
水泥强度等级、厂家	粗骨料类型、厂家	细骨料类型、厂家	掺合料类型、厂家	外加剂类型、厂家	水

续上表

实验方法		实验规程		
主要仪器设备名称、型号		实验室环境条件	温度： ℃	
			湿度：	
实验人员		指导老师		
记录人员		实验日期		

<table>
<tr><td colspan="5" align="center">实验原始记录</td></tr>
<tr><td rowspan="2">1 m³ 混凝土材料用量（kg）</td><td>水泥</td><td>砂</td><td>石</td><td>掺合料</td></tr>
<tr><td>外加剂</td><td colspan="3">水</td></tr>
<tr><td>配制混凝土用量： L</td><td colspan="4">水泥 kg；粗骨料： kg；细骨料： kg；掺合料： kg；
外加剂： kg；水： kg；粗骨料含水率： 细骨料含水率：</td></tr>
</table>

			坍落度仪法		
实验次数	坍落度测量值（mm）	坍落度值（mm）	扩展度测定值（mm）	扩展度值（mm）	黏聚性评定	保水性评定
1					良好 不好	良好 不好
2					良好 不好	良好 不好

	维勃仪法		改进维勃仪法（适用于碾压混凝土）		
实验次数	维勃时间（s）	维勃时间平均值（s）	实验次数	维勃时间（s）	维勃时间平均值（s）	表面情况
1						
2						

5. 检测相关

（1）《公路工程水泥及水泥混凝土试验规程》（JTGE30—2005）中以坍落度和维勃稠度为指标的水泥混凝土稠度分级如表 1-4-4 所示。

表 1-4-4 以坍落度和维勃稠度为指标的稠度分级

级别	坍落度（mm）	级别	坍落度（mm）
特干硬	—	低塑	50~90
很干稠		塑性	100~150

续上表

级别	坍落度（mm）	级别	坍落度（mm）
干稠	10～40	流态	>160

级别	稠度（s）	级别	稠度（s）
特干硬	≥31	低塑	5～10
很干稠	21～30	塑性	≤4
干稠	11～20	流态	—

（2）《预拌混凝土》（GB/T14902—2012）、《混凝土质量控制标准》（GB50164—2011）中水泥混凝土拌合物以坍落度、扩展度、稠度为指标的分级如表1-4-5所示。

表1-4-5　以坍落度、扩展度、稠度为指标的分级

级别	坍落度（mm）	级别	扩展度（mm）	级别	稠度（s）
S1	10～40	F1	≤340	V0	≥31
S2	50～90	F2	350～410	V1	30～21
S3	100～150	F3	420～480	V2	20～11
S4	160～210	F4	490～550	V3	10～6
S5	≥220	F5	560～620	V4	5～3
—	—	F6	≥630	—	—

（3）混凝土拌合物工作性能主要检测拌合物的坍落度、扩展度或维勃稠度，其检测的允许偏差如表1-4-6；常规的泵送混凝土坍落度控制目标值不宜大于180 mm，坍落度经时损失不宜大于30 mm/h；《地下工程防水技术规程》（GB50108—2008）中规定：地下防水混凝土采用预拌混凝土时，入泵坍落度宜控制在120～160 mm，坍落度每小时损失值不应大于20 mm，坍落度总损失值不应大于40 mm。

表1-4-6　坍落度、扩展度或维勃稠度检测的允许偏差

坍落度（mm）			
目标控制值（mm）	≤40	50～90	≥100
允许偏差（mm）	±10	±20	±30
维勃稠度（s）			
目标控制值（s）	≥11	10～6	≤5
允许偏差（s）	±3	±2	±1
扩展度（mm）			
目标控制值（mm）	≥350	允许偏差（mm）	±30

（4）混凝土稠度的增实因素法参考《普通混凝土拌合物性能试验方法标准》（GB/T50080—2002）附录 A 以及铁道标准《混凝土拌合物稠度试验方法　跳桌增实法》（TB/T2181—1990）。

1.4.3　混凝土拌合物表观密度

1. 基本概念

混凝土拌合物表观密度指混凝土拌合物捣实后单位体积质量，该指标可以用于修正、核实混凝土配合比计算中的材料用量；当已知所用原材料的密度时，还可以算出拌合物近似含气量。

2. 实验仪器设备、实验室环境条件

（1）容量筒：金属筒，两侧带有把手，筒壁坚固且不漏水。对骨料最大公称粒径不大于 31.5 mm 的拌合物，选 5L 容量筒即可；对骨料最大公称粒径大于 31.5 mm 的拌合物，要求容量筒的内径与高度均大于骨料公称最大粒径的 4 倍；

（2）台秤：称量 50 kg，感量 50 g；

（3）振动台：符合《混凝土实验室用振动台》JG/T245 中技术要求；

（4）捣棒：符合《水泥混凝土坍落度仪》（JG/T248）中有关技术要求，为直径 16 mm，长约 600 mm 并具有半球形端头的钢质圆棒；

（5）其他：小铲、镘刀、钢平板、抹布、橡皮锤、玻璃板等；

（6）实验室环境条件：温度 20 ±5℃。

3. 实验步骤

（1）用湿布将容量筒内壁擦拭干净，称取容量筒质量 M_0（kg），准确至 50 g。

（2）容量筒容积的标定：将空容量筒擦拭干净，盖上玻璃板，用台秤称 m_1，然后将温度为（20 ±2）℃的饮用水装满容量筒，用玻璃板沿筒口滑移，使其紧贴水面，玻璃板与水面之间不得有空隙，擦干筒外壁水分，然后称其质量 m_2，计算筒容积 V。

$$V = m_2 - m_1$$

式中：V——容量筒容积（L）；

　　m_2——容量筒、水、玻璃板总质量（kg）；

　　m_1——容量筒、玻璃板总质量（kg）。

（3）按拌合物制备方法，制备水泥混凝土拌合物。

（4）装拌合物于容量筒：以坍落度大小和容量筒的容积确定装料方式和振捣方式。

①振捣方式：坍落度大于 70 mm 时宜用捣棒，坍落度不大于 70 mm 时宜用振动台；

②装料方式：a. 采用捣棒捣实时，根据容量筒的容积决定分层与捣实次数：用 5 L 容量筒时，拌合物应分两层装入，每层插捣 25 次；用大于 5 L 的容量筒时，每层混凝土的高度不应大于 100 mm，每层插捣次数应按容量筒截面面积为每 10000 mm² 不小于 12 次计算。各次插捣应由边缘向中心均匀地插捣，插捣底层时捣棒应贯穿整个深度，插捣第二层时，捣棒应插透本层至下一层的表面；每一层捣完后用橡皮锤轻轻沿容器外壁四周敲打 5～10 次，进行振实，直至拌合物表面插捣孔消失并不见大气泡为止。

b. 采用振动台振实时，应一次将混凝土拌合物灌到高出容量筒口。装料时可用捣棒稍加插捣，振动过程中如混凝土低于筒口，应随时添加混凝土，振动直至表面出浆为止。

(5)用刮尺将筒口多余的混凝土拌合物刮去,表面如有凹陷应填平;将容量筒外壁擦净,称出混凝土试样与容量筒总质量 M_1,准确至 50 g。

(6)重复上述操作,完成另一份试样的平行测试。

注意: 做完一次试验的试样不得重复使用。

(7)计算及结果确定:

$$\rho_h = \frac{M_1 - M_0}{V} \times 1000$$

式中:ρ_h——混凝土拌合物表观密度(kg/m³),准确至 10 kg/m³;

M_1——容量筒质量(kg);

M_2——容量筒和试样总质量(kg);

V——容量筒容积(L)。

结果确定:以两次试验结果的算术平均值作为确定值,准确至 10 kg/m³。

4.记录及结果计算

表1-4-7 混凝土拌合物表观密度实验记录表

实验项目		样品名称			生产厂家	
混凝土类型		混凝土强度等级			搅拌方式	
水泥强度等级、厂家	粗骨料类型、厂家	细骨料类型、厂家		掺合料类型、厂家	外加剂类型、厂家	水
实验方法			实验规程			
主要仪器设备名称、型号				实验室环境条件	温度: ℃ 湿度:	
实验人员				指导老师		
记录人员				实验日期		
实验原始记录						
1 m³ 混凝土材料用量(kg)	水泥		砂		石	掺合料
	外加剂		水			
配制混凝土用量: L	水泥 kg;粗骨料: kg;细骨料: kg;掺合料: kg; 外加剂: kg;水: kg;粗骨料含水率: 细骨料含水率:					
容量筒容积(L)	空容量筒+玻璃板质量(kg)		容量筒+玻璃板+水总质量(kg)		容量筒标定容积(L)	
试验次数	空容量筒质量(kg)	容量筒+试样总质量(kg)	表观密度(kg/m³)		表观密度平均值(kg/m³)	振捣方式
1						
2						

5.检测相关

(1)水泥混凝土拌合物表观密度是在压实条件下的密度,其本质是毛体积密度;

(2)混凝土强度等级不同,拌合物表观密度略有不同,参考的表观密度如表1-4-8。

表1-4-8　混凝土强度等级对应的表观密度

混凝土强度等级	≤C15	C20~C30	C35~C40	>C40
表观密度(kg/m³)	2300~2350	2350~2400	2400~2450	2450

1.4.4　混凝土拌合物含气量实验

1.基本概念

测定集料公称最大粒径不超过31.5 mm,含气量不大于10%且有坍落度的水泥混凝土的含气量。

2.实验仪器设备、实验室环境条件

(1)含气量测定仪(图1-4-2):由容器(7 L)、盖体(气室1、盖体2、卡扣3、进水阀4、排水阀5(排容器内的水或气))、微调阀6、排气阀7(排气室内的气)、压力表8(量程0~0.25 MPa,精度0.01 MPa)、加气手泵9、压力平衡阀10(将气室内的气充入容器)、容器12等组成;

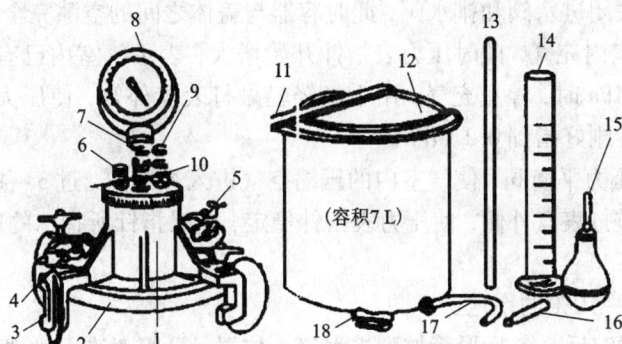

图1-4-2　含气量测定仪

(2)捣棒:符合《水泥混凝土坍落度仪》(JG/T248)中有关技术要求,为直径16 mm,长约600 mm并具有半球形端头的钢质圆棒;

(3)振动台:符合《混凝土实验室用振动台》(JG/T245)中技术要求;

(4)台秤:称量50 kg,感量50g;

(5)橡皮锤:质量250 g的橡皮锤;

(6)其他:量筒14、注水器15、铝管16、U形管17、水平尺18、刮尺11、浅盘、小勺、抹布等;

(7)实验室环境条件:温度20±5℃。

3. 实验步骤

1)含气量测定仪体积标定

(1)将含气量测定仪容器内、外壁擦拭干净,安装好上盖,铝管16拧至进水口4位置,固定好卡扣,用台秤称 m_1,准确至50 g;

(2)取开盖体,往容器内注水至上缘,安装好盖体,固定好卡扣,关闭微调阀和排气阀,打开排水阀和进水阀,用水平尺调整好仪器的水平,用注水器通过进水阀,继续向容器内注水,当排水阀排出的水不含气泡时,在继续注水的状态下,同时关闭进水阀和排水阀;用台秤称其总质量 m_2,准确至50 g;

(3)计算含气量测定仪容器体积 V:

$$V = \frac{m_2 - m_1}{\rho_w} \times 1000$$

式中: V——容器容积(L),准确至0.01 L;

　　　m_2——含气量测定仪与水总质量(kg);

　　　m_1——含气量测定仪质量(kg);

　　　ρ_w——该温度下水的密度(kg/m³)。

2)含气量测定仪率定

(1)含气量0%的率定:

①按含气量体积标定的方法,将铝管16拧至进水口4位置,取开盖体,往容器内注水至上缘,安装好盖体,固定好卡扣,打开进水阀和排水阀,用水平尺调节仪器放置水平;

②用注水器通过进水阀,继续向容器内注水,当排水阀排出的水不含气泡时,在继续注水的状态下,同时关闭进水阀和排水阀,此时容器与盖体之间的空隙完全被水充满;

③用手泵向气室内充气,此时压力表指针开始增大,表示气室内已有气体压力,当压力表压力稍大于0.1 MPa时,停止充气,用手指轻轻敲打表盘外侧,使压力表指针稳定,然后调节微调阀,使指针刚好指到0.1 MPa;

④平稳地按下压力平衡阀,使气室内的压缩空气进入容器内,过3~4 s再次按下压力平衡阀,用手指轻轻敲打表盘外侧,使压力表指针稳定,此时指针所指示的压力读数 P_0 对应含气量为0%。

(2)含气量1%~10%的率定:

①含气量0%率定后,将U形管拧到进水口4位置,量筒对准U形管口准备接水,慢慢打开进水阀,此时容器内的水通过U形管流入量筒中,当量筒中的水为容器容积的1%时,迅速关闭进水阀;

②打开排水阀,使容器内的压力与大气压平衡时,再关闭排水阀,打开排气阀,使气室内空气排空,指针压回零,再关闭排气阀(有的含气量测定仪是通过微调阀排空气室内空气);

③用手泵重新充气入气室,当压力表压力稍大于0.1 MPa时,停止充气,用手指轻轻敲打表盘外侧,使压力表指针稳定,然后调节微调阀,使指针刚好指到0.1 MPa;

④平稳地按下压力平衡阀,使气室内的压缩空气进入容器内,过3~4 s再次按下压力平衡阀,用手指轻轻敲打表盘外侧,使压力表指针稳定,此时指针所指示的压力读数 P_1 对应含气量为1%;

⑤如此继续，分别测定含气量为 2% ~ 10% 的含气量。

（3）以上含气量率定均应进行两次，各次所测压力均准确至 0.01 MPa，各次对应点的相对误差均应小于 0.2%，否则重新率定。

（4）以压力表读数为横坐标，含气量为纵坐标，绘制其关系曲线，必要时进行线性拟合。

3）拌合物含气量测定

（1）集料含气量测定：

①按混凝土配合比中粗、细骨料质量计算确定骨料含气量试验所需的粗、细骨料质量，并称量

$$m_g = \frac{V}{1000} \cdot m_g'$$

$$m_s = \frac{V}{1000} \cdot m_s'$$

式中：m_g——每个试样所需粗骨料质量（kg）；

　　　m_g'——每立方米混凝土拌合物中粗骨料质量（kg）；

　　　m_s——每个试样所需细骨料质量（kg）；

　　　m_s'——每立方米混凝土拌合物中细骨料质量（kg）；

　　　V——含气量测定仪容器校正容积（L）。

②在含气量测定仪容器中注入 1/3 高度的水，将称好的粗细骨料倒入浅盘，用小勺拌匀，然后分层次慢慢倒入容器中（容器中水面每升高 25 mm，轻轻用捣棒插捣 10 次，并略微搅动以排除夹杂进去的空气，加料过程应始终保持水面高于骨料顶面），骨料全部加入后，水中浸泡约 5 min，然后用橡皮锤沿容器外壁四周均匀轻敲，以排净气泡，加水至容器满，盖上盖体，固定好卡扣；

③关闭微调阀和排气阀，打开进水阀和排水阀，用水平尺调节仪器放置水平，用注水器通过进水阀，继续向容器内注水，当排水阀排出的水不含气泡时，在继续注水的状态下，同时关闭进水阀和排水阀；

④用气泵向气室内充气，使压力表读数大于 0.1 MPa 时停止充气，用手指轻轻敲打表盘外侧，使压力表指针稳定，然后调节微调阀，使指针刚好指到 0.1 MPa；

⑤平稳地按下压力平衡阀，使气室内的压缩空气进入容器内，过 3 ~ 4 s 再次按下压力平衡阀，用手指轻轻敲打表盘外侧，使压力表指针稳定，记下指针所指示的压力读数 P_{g1}；

⑥打开排气阀，排除气室内空气，压力表回零，再关闭排气阀，重复④、⑤步，记下压力表读数 P_{g2}；

⑦若 P_{g1} 和 P_{g2} 相对误差小于 0.2%，取其算术平均值；若不满足，则继续进行第三次试验，测得压力表读数 P_{g3}。当 P_{g3} 与 P_{g1}、P_{g2} 中较接近的一个值相对误差不大于 0.2% 时，取此两值的算术平均值作为压力值，否则此次试验无效，重做试验；

⑧以测定的压力值，查压力和含气量关系曲线，得到含气量，记为 A_g。

（2）拌合物含气量测定：

①按拌合物制备方法，制备水泥混凝土拌合物；搅拌混凝土的同时，将含气量测定仪容器内、外壁，盖体等擦拭干净，置于坚实水平地面上；

②将制得的拌合物按振捣方式的不同，用小铲装入容器内；

振捣方式:坍落度大于 70 mm 时宜用捣棒,坍落度不大于 70 mm 时宜用振动台;

装料方式:采用捣棒捣实时,拌合物分三层装入,每层由边缘向中心均匀地插捣 25 次;捣棒应插透本层高度,每 层捣完后用橡皮锤沿容器外壁四周重敲 10~13 次,直至拌合物表面插捣孔消失并不见大气泡为止;

采用振动台振实时,应一次将混凝土拌合物灌到高出容器口。装料时可用捣棒稍加插捣,振动过程中如混凝土低于筒口,应随时添加混凝土,振动直至表面出浆为止(一般 15~30 s)。

③将含气量仪调水平,用刮尺将筒口多余的混凝土拌合物刮去,表面如有凹陷应填平,保证表面光滑无气泡,盖上盖体,固定好卡扣,将容器外壁、盖体擦净;如要测拌合物的表观密度,此时可以称量容器体质量;

④关闭微调阀和排气阀,打开进水阀和排水阀,用水平尺调节仪器放置水平,用注水器通过进水阀,继续向容器内注水,当排水阀排出的水不含气泡时,在继续注水的状态下,同时关闭进水阀和排水阀;

⑤用气泵向气室内充气,使压力表读数大于 0.1 MPa 时停止充气,用手指轻轻敲打表盘外侧,使压力表指针稳定,然后调节微调阀,使指针刚好指到 0.1 MPa;

⑥平稳地按下压力平衡阀,使气室内的压缩空气进入容器内,过 3~4 s 再次按下压力平衡阀,用手指轻轻敲打表盘外侧,使压力表指针稳定,记下指针所指示的压力读数 P_{01};

⑦打开排气阀,排除气室内空气,压力表回零,再关闭排气阀,重复⑤、⑥步,记下压力表读数 P_{02};

⑧若 P_{01} 和 P_{02} 相对误差小于 0.2% ,取其算术平均值;若不满足,则继续进行第三次试验,测得压力表读数 P_{03},当 P_{03} 与 P_{01}、P_{02} 中较接近的一个值相对误差不大于 0.2% 时,取此两值的算术平均值作为压力值,否则此次试验无效,重做试验;

⑨以测定的压力值,查压力和含气量关系曲线,得到拌合物含气量,记为 A_0。

(3)计算及结果确定:

拌合物含气量计算公式:

$$A = A_0 - A_g$$

式中:A——拌合物含气量(%),准确至 0.1%;

A_0——两次测定含气量平均值(%);

A_g——骨料含气量(%)。

4. 记录及结果计算

表 1-4-9 混凝土拌合物含气量实验记录表

实验项目		样品名称		生产厂家	
混凝土类型		混凝土强度等级		搅拌方式	
水泥强度等级、厂家	粗骨料类型、厂家	细骨料类型、厂家	掺合料类型、厂家	外加剂类型、厂家	水
实验方法		实验规程			

续上表

主要仪器设备名称、型号		实验室环境条件	温度：　　℃
			湿度：
实验人员		指导老师	
记录人员		实验日期	

实验原始记录

1m³ 混凝土材料用量(kg)	水泥		砂		石	
	外加剂		水		掺合料	

配制混凝土用量：　L	水泥　　kg；粗骨料：　　kg；细骨料：　　kg；掺合料：　　kg；外加剂：　　kg；水：　　kg；粗骨料含水率：　　细骨料含水率：

含气量测定仪容积标定

理论容积(L)	7	含气量测定仪质量(kg)		含气量测定仪 + 水总质量(kg)		容量筒标定容积 V (L)	
						水密度(kg/m³)	

含气量测定仪率定（压强 – 含气量关系曲线）

含气量	压强测试值(MPa)	压强平均值(MPa)	含气量	压强测试值(MPa)	压强平均值(MPa)	含气量	压强测试值(MPa)	压强平均值(MPa)
0%	$P_{01}=$	$P_0=$	4%	$P_{41}=$	$P_4=$	8%	$P_{81}=$	$P_8=$
	$P_{02}=$			$P_{42}=$			$P_{82}=$	
1%	$P_{11}=$	$P_1=$	5%	$P_{51}=$	$P_5=$	9%	$P_{91}=$	$P_9=$
	$P_{12}=$			$P_{52}=$			$P_{92}=$	
2%	$P_{21}=$	$P_2=$	6%	$P_{61}=$	$P_6=$	10%	$P_{101}=$	$P_{10}=$
	$P_{22}=$			$P_{62}=$			$P_{102}=$	
3%	$P_{31}=$	$P_3=$	7%	$P_{71}=$	$P_7=$			
	$P_{32}=$			$P_{72}=$				

拌合物含气量

骨料含气量测试压强(MPa)				骨料含气量 A_g	拌合物含气量测试压强(MPa)				拌合物含气量平均值 A_0	拌合物含气量 A
P_{g1}	P_{g2}	P_{g3}	P_g		P_{01}	P_{02}	P_{03}	P_0		

5. 检测相关

(1)在测试混凝土拌合物含气量时,可以将含气量测定仪的容器当作容量筒,同时测出拌合物的表观密度。

(2)直读式含气量测定仪(如美国 LA – 316 型)将压力和含气量的曲线关系直接标定并内置于读数仪上,可以直接从读数仪中读出含气量,无需建立关系查表,更方便直观,该仪器将容器的排水和排气阀合二为一,气室内的排气依靠微调阀来控制。

(3)预拌混凝土含气量实测值不宜大于7%。

(4)掺引气剂或引气型外加剂混凝土拌合物含气量符合表 1 – 4 – 10 规定。

表 1 – 4 – 10 掺引气剂或引气型外加剂混凝土拌合物含气量规定

粗骨料最大公称粒径(mm)	混凝土含气量(%)
10	≤7.0
15	≤6.0
20	≤5.5
25	≤5.0
40	≤4.5

(5)《混凝土结构工程施工质量验收规范》(GB50204—2015)中要求对有抗冻要求的混凝土,应在施工现场检查混凝土含气量。

1.4.5 混凝土拌合物凝结时间实验

1. 基本概念

(1)通过从混凝土拌合物中筛出砂浆用贯入阻力法来确定坍落度值不为零的混凝土拌合物凝结时间;

(2)以贯入阻力达到 3.5 MPa 和 28 MPa 的时间分别为新拌混凝土的初凝和终凝时间。

2. 实验仪器设备、实验室环境条件

(1)贯入阻力仪:由加荷装置(最大测量值应≥1000 N,精度为 ±10 N)、测针(承压面积为 100 mm²、50 mm² 和 20 mm² 三种)、砂浆试样筒(上口径 160 mm,下口径 150 mm,净高 150 mm);

(2)标准筛:筛孔尺寸为 4.75 mm;

(3)捣棒:符合《水泥混凝土坍落度仪》(JG/T248)中有关技术要求,为直径 16 mm,长约 600 mm 并具有半球形端头的钢质圆棒;

(4)振动台:符合《混凝土实验室用振动台》(JG/T245)中技术要求;

(5)橡皮锤:质量 250 g 的橡皮锤;

(6)其他:铁制拌和板、吸液管、玻璃片、编号笔、计时器、小铲、镘刀、20 mm 厚垫板等;

(7)实验室环境条件:温度 20 ±2℃。

3. 实验步骤

（1）按拌合物制备方法，制备水泥混凝土拌合物，同时记录水泥与水接触时的时间，作为凝结时间的起点。将拌合物置于 4.75 mm 筛上，尽快筛出砂浆，置于拌和板上，用小铲人工翻拌匀。

（2）将拌匀后的砂浆用小铲一次装入三个试样筒，一次试验做三个试样。

（3）振实：坍落度大于 70 mm 时宜用捣棒，坍落度不大于 70 mm 时宜用振动台振实；采用捣棒捣实时，由边缘向中心螺旋方向均匀地插捣 25 次，然后用橡皮锤沿试样筒外壁四周轻敲数次，直至砂浆表面插捣孔消失；采用振动台振实时，振至表面出浆为止。人工插捣或机械振实后，砂浆表面应低于试样筒口约 10 mm，无需再添加砂浆，立即加盖（在整个测试过程中，除在吸取泌水或进行贯入试验外，试样筒应始终加盖）。

（4）将试样编号，置于温度 20±2℃ 环境中或现场同条件下待测试。

（5）测试时间确定：普通混凝土 3 h 后开始初次测定，每次间隔为 0.5 h；早强混凝土或气温较高的情况下，则宜在 2h 后开始初次测定，每次间隔为 0.5 h；缓凝混凝土或低温情况下，可在 5 h 后开始初次测定，每次间隔为 2 h。在临近初、终凝时间时可增加测定次数。（测试时间从水泥与水接触时开始算起）

（6）每次临近测试前 2 min，用一片 20 mm 厚的垫块垫入砂浆筒底部，使其倾斜，用吸管吸取表面的泌水，吸水后平稳地复原。（第一次吸取可以在从水泥与水接触 1h 后进行）

（7）将试样筒置于贯入阻力仪底座上，去掉盖板，选择合适的测针装入阻力仪上，测针端部与砂浆表面接触，然后在 10±2 s 内均匀地使测针贯入砂浆 25±2 mm 深度（每次都贯入此深度不变），记录贯入压力（一般测两个点），准确至 10 N；记录测试时间，准确至 1 min；记录环境温度，准确至 0.5℃。

表 1-4-11　测针选用参考表

单位面积贯入阻力（MPa）	0.2～3.5	3.5～20.0	20.0～28.0
平头测针圆面积（mm²）	100	50	20
对应阻力（N）	20～350	175～1000	400～560

（8）依同样的方法完成另外两个试样的测试，每个试样做贯入阻力测试时，有效阻力应该在 0.2～28 MPa 之间，并应至少进行 6 次（即时间与阻力曲线至少有六个点进行拟合），最后一次的单位面积贯入阻力应不低于 28 MPa。测试过程中应根据砂浆凝结状况，适时更换测针。

（9）计算及结果确定：

① 贯入阻力计算：

$$f_{PR} = \frac{P}{A}$$

式中：f_{PR}——单位面积贯入阻力（MPa），准确至 0.1 MPa；

　　　P——贯入压力（N）；

　　　A——平头测针圆面积（mm²）。

②每次做贯入阻力测试,每个试样测两个点,以其平均值作为该试样该时间的贯入阻力值。

③混凝土凝结时间确定:

a. 利用阻力 - 时间关系曲线确定:对每个试样以单位面积贯入阻力为纵坐标、测试时间为横坐标(准确至 1 min),绘制关系曲线(至少六个点)。经过 3.5 MPa 和 28 MPa 画两条与横坐标平行的直线,该直线与关系曲线的交点对应的横坐标分别为该试样混凝土初凝和终凝时间;然后以三个试样的平均值作为该混凝土凝结时间确定值(无论是初凝还是终凝时间),准确至 5 min;当一个试样试验值(即最大值或最小值)与中间值之差超过中间值的 10% 时,取中间值作为试验结果;如果三个试样中,两个试样的试验值与中间值之差(即最大值与中间值之差、最小值与中间值之差)均超过中间值的 10%,则试验无效。

b. 线性回归方法确定:将每个试样试验得到的 f_{PR} 和对应的时间 t 分别取 $\ln(f_{PR})$ 和 $\ln(t)$,进行线性回归($\ln(f_{PR})$ 为自变量,$\ln(t)$ 为因变量)得回归方程为:

$$\ln(t) = A \cdot \ln(f_{PR}) + B$$

式中:A、B——线性回归系数。

则 3.5 MPa 和 28 MPa 对应的初凝、终凝时间分别为:

$$初凝时间:t_s = e^{(A \cdot \ln(3.5) + B)}$$

$$终凝时间:t_e = e^{(A \cdot \ln(28) + B)}$$

然后以三个试样的平均值作为该混凝土凝结时间确定值(无论是初凝还是终凝时间),准确至 5 min;当一个试样试验值(即最大值或最小值)与中间值之差超过中间值的 10% 时,取中间值作为试验结果;如果三个试样中,两个试样的试验值与中间值之差(即最大值与中间值之差、最小值与中间值之差)均超过中间值的 10%,则试验无效。

4. 记录及结果计算

表 1 - 4 - 12　　混凝土拌合物凝结时间实验记录表

实验项目		样品名称		生产厂家	
混凝土类型		混凝土强度等级		搅拌方式	
水泥强度等级、厂家	粗骨料类型、厂家	细骨料类型、厂家	掺合料类型、厂家	外加剂类型、厂家	水
实验方法		实验规程			
主要仪器设备名称、型号				实验室环境条件	温度:　　℃ 湿度:
实验人员				指导老师	
记录人员				实验日期	
实验原始记录					

续上表

1m³ 混凝土材料用量（kg）	水泥		砂		石		
	外加剂		水		掺合料		
配制混凝土用量：　L	水泥　kg；粗骨料：　kg；细骨料：　kg；掺合料：　kg；外加剂：　kg；水：　kg；粗骨料含水率：　细骨料含水率：						

凝结时间试验　　　　　　　　　　水泥加入水中时刻

试样编号：1　　　　　　　　　　　　　试验温度

测试时刻	测针	压力值	压力平均值	贯入阻力	对应时间	测试时刻	测针	压力值	压力平均值	贯入阻力	对应时间

试样编号：2　　　　　　　　　　　　　试验温度

测试时刻	测针	压力值	压力平均值	贯入阻力	对应时间	测试时刻	测针	压力值	压力平均值	贯入阻力	对应时间

试样编号：3　　　　　　　　　　　　　试验温度

续上表

测试时刻	测针	压力值	压力平均值	贯入阻力	对应时间	测试时刻	测针	压力值	压力平均值	贯入阻力	对应时间

5. 检测相关

（1）初凝时间大概相当于混凝土拌合物不再适应于正常浇灌的时间，终凝时间接近于硬化开始的时间；混凝土凝结时间基本上是由水泥中的 C_3S 水化控制的，但混凝土的凝结时间与水泥的凝结时间并不一致，还与水灰比、温度等因素有关，所以规范未对混凝土凝结时间具体规定，只是要求初凝时间不宜太短，终凝时间不宜过长；《地下工程防水技术规程》（GB50108—2008）中提出防水混凝土采用预拌混凝土时，初凝时间宜为 6~8 h；

（2）以贯入阻力达到 3.5 MPa 和 28 MPa 时对应的时间作为初凝和终凝时间，这是从实际应用的角度来划分的。事实上，阻力达到 3.5 MPa 时，混凝土还基本没有抗压强度，初凝时间表示的是新拌混凝土正常地搅拌、浇注和捣实的一种极限情况，终凝时间表示混凝土力学强度开始发展，此时 28 MPa 的贯入阻力大概对于的混凝土立方体抗压强度为 0.7 MPa 左右。

1.4.6　混凝土力学性能实验

1. 基本概念

（1）混凝土力学性能主要指混凝土立方体抗压强度、棱柱体轴心抗压强度、劈裂抗拉强度、抗折强度等。

（2）立方体抗压强度、立方体抗压强度代表值和立方体抗压强度标准值：

立方体抗压强度（f_{cu}）是指按照标准方法制作的边长为 150 mm 的立方体试件，在标准养护条件下（20±2℃，相对湿度≥95%），养护到 28d 龄期，按照标准方法测得的极限破坏荷载求得的混凝土的强度，单位 MPa；

抗压强度代表值是指以三个试件为一组，分别测得其立方体抗压强度 f_{cu}，取三个抗压强度算术平均值作为该组混凝土抗压强度代表值；（如最大值或最小值与中值之差超过中值的

15%，则取中值作为该组混凝土抗压强度代表值，如最大值与最小值与中值之差均超过中值的 15%，则该组试验结果无效）

立方体抗压强度标准值($f_{cu,k}$)是指按照标准方法制作的边长为 150 mm 的立方体试件，在标准养护条件下(20 ±2℃，相对湿度≥95%)，养护到 28d 龄期，按照标准方法测定的抗压强度总体分布中的一个值，强度低于该值的概率为 5%（具有 95%保证率的立方体抗压强度）；混凝土强度等级是按立方体抗压强度标准值来划分的。例如：C30 就表示该批混凝土立方体抗压强度标准值是 30 MPa（即 $f_{cu,k}$ =30 MPa），是指以边长 150 mm 的混凝土立方体试件，在 20 ±2℃，相对湿度为 95%以上的标准养护室中养护，或在温度在 20 ±2℃的不流动的 $Ca(OH)_2$ 饱和溶液中养护 28 天，以组为单位，测得的若干组混凝土抗压强度代表值（总体），通过数理统计方法，以 95%概率保证，计算出来的一个值。

$$f_{cu,k} = f_{cu,m} - 1.645\sigma$$

式中：$f_{cu,m}$——抗压强度代表值的平均值；

σ——抗压强度代表值的标准差。

（3）标准试件：立方体抗压强度标准试件为：150 mm×150 mm×150 mm，圆柱体抗压强度标准试件：ϕ150 mm×300 mm；棱柱体抗压强度标准试件：150 mm×150 mm×300 mm。

2. 实验仪器设备、实验室环境条件

（1）试件制作仪器、设备：

①混凝土搅拌机：自由式或强制式；

②振动台：符合《混凝土实验室用振动台》(JG/T245)中技术要求；

③试模：符合《混凝土试模》(JG237)中要求，并对试模每三个月进行自检；

④捣棒：符合《水泥混凝土坍落度仪》(JG/T248)中有关技术要求，为直径 16 mm，长约 600 mm 并具有半球形端头的钢质圆棒；

⑤压板：厚度为 6 mm 以上的毛玻璃，主要用于圆柱形试件的端面处理，直径比圆柱形试模直径大 25 mm 以上；

⑥其他：橡皮锤、脱模机油、小铲、馒刀、抹布、钢直尺、游标卡尺、薄膜（覆盖成型后的试件）等；

⑦实验室环境条件：温度 20 ±5℃，相对湿度不低于 50%；标准养护室条件：温度 20 ±2℃，相对湿度不低于 95%。

（2）试件力学性能仪器、设备：

①压力试验机、万能试验机（拉弯强度试验）：测量精度 ±1%，符合《液压式万能试验机》(GB/T3159)及《试验机通用技术要求》(GB/T2611)规定，当混凝土强度等级≥C60 时，应该具有防崩裂网罩（试验破坏荷载应该在试验机量程 20% ~80%范围内）；

②其他：钢尺、毛刷、抹布、游标卡尺（分度值 0.02 mm）等。

3. 实验步骤

1）试件制作与养护

（1）制作准备和规定：检查试模尺寸是否符合《混凝土试模》(JG237)的要求，内表面涂抹一层矿物油或其他类型脱模剂；在实验室拌和时，材料用量以质量计，拌合物的总量至少应比所需要的量多 20%以上，称量精度：水泥、掺合料、水、外加剂为 ±0.5%，骨料 ±1%；

取样或实验室拌和的混凝土应尽可能短的时间内成型,不宜超过 15 min;注意记录好搅拌加水的时间(因为养护龄期从搅拌加水时算起);

(2)试件制作:

按混凝土拌合物制备方法或现场取样方法,将获得的拌合物倒入平板上,用铁锹至少翻拌三次,取少量拌合物在 5 min 内完成坍落度或稠度试验,合格后方进行试件制作,按坍落度大小采用不同方式装模;

①非圆柱体试件制作。

a. 当坍落度小于 25 mm 时,用直径为 25 mm 插入式振捣棒成型,用小铲将拌合物一次装入试模,装料同时用镘刀沿各试模壁插捣,装料高度应高于试模,用直径 25 mm 的插入式振捣棒振捣,振捣时捣棒距离试模底板 10~20 mm,不得触及底板,振捣次数以表面出浆为止(一般振捣时间为 20 s),振捣完毕后缓慢拔出,用金属直尺沿试模边缘刮去多余混凝土,用镘刀将表面抹平,临近初凝时,再次用镘刀抹平,试件表面与试模边缘的高差不超过0.5 mm。

b. 当坍落度大于 25 mm 且小于 70 mm 时,用振动台振实,用小铲将拌合物一次装入试模并稍有富余,将试模放置在振动台上并夹牢,防止振动时试模跳动,开启振动台振动至表面出浆为止,同时记录振动时间(一般为维勃稠度时间的 2~3 倍,不超过 90 s 为宜),振动过程中随时添加拌合物使试模常满。振动完毕后,用金属直尺沿试模边缘刮去多余混凝土,用镘刀将表面抹平,待试件收浆后,再次用镘刀将表面抹平,试件表面与试模边缘的高差不超过 0.5 mm。

c. 当坍落度大于 70 mm 时,用人工成型,用小铲将拌合物分两层装入试模并稍有富余,用捣棒以螺旋方向由边缘至四周插捣,插捣过程中,始终保持捣棒垂直,用力压下,不得冲击。每次插捣次数按截面积每 100 cm^2 不少于 12 次,插捣第一层时,捣棒插至试模底板,插捣第二层时,捣棒插入到下层 20~30 mm,捣完一层后,用橡皮锤沿试模外壁四周轻轻敲打10~15 下,以填平捣棒插捣时留下的空洞;插捣完毕,用镘刀将表面抹平。

②圆柱体试件制作(常用直径 100 mm、150 mm、200 mm 三种,直径应大于粗骨料最大粒径 4 倍,高度宜为直径 2 倍)。

a. 当坍落度小于 25 mm 时,用直径 25 mm 的插入式振捣棒成型,用小铲将拌合物分两层装入试模,每层分三次插入,以试模纵向为对称轴,按对称方式填料,振捣底层时,捣棒距离试模底板 10~20 mm,不得触及底板;振捣上层时,捣棒插入该层下 15 mm 深;捣完一层后,用橡皮锤沿试模外壁四周轻轻敲打 10~15 下,以填平捣棒插捣时留下的空洞;振捣次数以表面出浆为止(一般振捣时间为 20 s),振捣完毕后缓慢拔出;用金属直尺沿试模边缘刮去多余混凝土,用镘刀将表面抹平,临近初凝时,再次用镘刀抹平,试件表面与试模边缘的高差不超过 1 mm。

b. 当坍落度大于 25 mm 且小于 70 mm 时,用振动台振实,用小铲将拌合物一次装入试模并稍有富余,将试模放置在振动台上并夹牢,防止振动时试模跳动,开启振动台振动至表面出浆为止,同时记录振动时间(一般为维勃稠度时间的 2~3 倍,不超过 90 s 为宜),振动过程中随时添加拌合物使试模常满。振动完毕后,用金属直尺沿试模边缘刮去多余混凝土,用镘刀将表面抹平,待试件收浆后,再次用镘刀将表面抹平,试件表面与试模边缘的高差不超过 1 mm。

c. 当坍落度大于 70 mm 时，用人工成型；

试件直径为 100 mm 或 150 mm 时，用小铲将拌合物分两层装入试模，用捣棒以螺旋方向由边缘至四周插捣，插捣过程中，始终保持捣棒垂直，用力压下，不得冲击；直径为 100 mm 的试件每层插捣 8 下，直径为 150 mm 的试件每层插捣 15 下；插捣第一层时，捣棒插至试模底板，插捣第二层时，捣棒透过本层插入到下层 15 mm 深；插捣完毕，用镘刀将表面抹平。

试件直径为 200 mm 时，用小铲将拌合物分三层装入试模，每层插捣 25 下，插捣底层时，捣棒插至试模底板，插捣上层时，捣棒透过本层插入到下层 20 ~ 30 mm 深；插捣完毕，用镘刀将表面抹平。

d. 当混凝土具有一定强度后(还未拆模)，将试件端面用水冲洗，去掉表面浮浆，用干抹布吸干表面水分，抹上事先制备好的干硬性水泥净浆，然后在净浆表面盖一层薄纸(防止水泥浆与压板黏结)，再用压板均匀盖在顶部。(对于硬化后的端面整平处理，可以用硬石膏或石膏与水泥的混合物加水后平铺在端面，再用压板整平，然后用湿布覆盖端面)

(3)试件养护：

①带模养护：试件成型后立即用不透水的薄膜或湿布覆盖(以保持其湿度)，移入温度为 20 ±5℃，相对湿度不低于 50% 的环境中，静放 1 ~ 2 昼夜。

②拆模：用编号笔在试件表面进行编号，用橡皮锤、扳手等工具拆模，观察试件表面完整情况，对有缺陷的试件应补平或废弃不用。

③脱模养护：将完整的试件放入标准养护室养护(温度 20 ±2℃，相对湿度不低于 95%)，或在温度在 20 ±2℃ 的不流动的 Ca(OH)₂ 饱和溶液中养护(该养护条件下的试件称为标准养护试件)，试件放置在不锈钢或木架上，间距 10 ~ 20 mm，试件养护过程中，避免用水直接冲淋。

④养护时间：标准养护试件的龄期为 28d(从搅拌加水开始计时)

同条件养护试件的标准龄期(等效 28d 标准的龄期)：

$$t_T = \sum_{i=1}^{n}(\alpha_T \cdot \Delta t_i)$$

式中：t_T——同条件养护试件的标准龄期(d)，不宜超过 30d；

α_T——第 i 个温度对应的修正系数，可以查《混凝土结构工程施工质量验收规范》(GB50204——2015)；

Δt_i——第 i 个温度对应的天数(d)；

同条件养护试件对应龄期(对应设计规定的龄期)：

$$t'_T = k \cdot t_T$$

式中：t'_T——同条件养护试件对应龄期(d)，不宜超过 $k \cdot 30$(d)；

k——设计规定龄期与 28d 龄期比值。

2)试件力学性能试验

(1)立方体抗压强度试验：

①试件从养护地点取出后，立即将试件表面和压力机上、下承压板面用抹布等擦干净。

②检查试件尺寸及形状，对应两面应该平行，以成型的侧面为上下受压面(即试件的承压面与成型的顶面垂直)，将试件安放在压力机的下压板上，试件几何中心与下压板中心对准。

③调整上压板与试件上受压面高度至上压板将近接触而未接触试件受压面时停止。

④启动试验机，以一定速度均匀加载至试件破坏，停止加载，记录破坏荷载 F。加载速度为：混凝土强度等级 < C30 时，加载速度 $0.3 \sim 0.5$ MPa/s；混凝土强度等级≥C30 且 < C60 时，加载速度 $0.5 \sim 0.8$ MPa/s；混凝土强度等级 > C60 时，加载速度 $0.8 \sim 1.0$ MPa/s。

⑤重复上述操作，完成一组三个试件的抗压强度试验。

⑥计算及结果确定：

$$f_{cu} = \frac{F}{A}$$

式中：f_{cu}——混凝土立方体抗压强度(MPa)，准确至 0.1 MPa；

　　　F——极限荷载(N)；

　　　A——受压面积(mm^2)。

结果确定：三个抗压强度算术平均值作为该组混凝土抗压强度代表值，如最大值或最小值与中值之差超过中值的15%，则取中值作为该组混凝土抗压强度代表值；如最大值和最小值与中值之差均超过中值的15%，则该组试验结果无效；

混凝土强度等级 < C60 时，如采用非标准试件(非 150 mm 立方体试件)，则强度代表值还必须在试验值的基础上乘以尺寸换算系数：对 200 mm 立方体试件尺寸系数为 1.05；对 100 mm 的立方体试件尺寸系数为 0.95；混凝土强度等级≥C60 时，宜采用标准试件。

(2)圆柱体抗压强度试验：

①试件从养护地点取出后，立即将试件表面和压力机上、下承压板面用抹布等擦干净。(试验前，端面必须整平)

②检查试件尺寸及形状，用游标卡尺测量试件沿高度方向中部相互垂直方向的直径，记作：d_1，d_2，准确至 0.02 mm；测量试件相互垂直两个方向直径端点的四个高度。

③将试件安放在压力机的下压板上，试件几何中心与下压板中心对准；调整上压板与试件上受压面高度至上压板将近接触而未接触试件受压面时停止。

④启动试验机，以一定速度均匀加载至试件破坏，停止加载，记录破坏荷载 F，加载速度为：混凝土强度等级 < C30 时，加载速度 $0.3 \sim 0.5$ MPa/s；混凝土强度等级≥C30 且 < C60 时，加载速度 $0.5 \sim 0.8$ MPa/s；混凝土强度等级 > C60 时，加载速度 $0.8 \sim 1.0$ MPa/s。

⑤重复上述操作，完成一组三个试件的抗压强度试验。

⑥计算及结果确定：

$$d = \frac{d_1 + d_2}{2}$$

$$f_{cc} = \frac{4F}{\pi d^2}$$

式中：d_1，d_2——试件中部两个垂直方向的直径测量值；

　　　d——试件计算直径(mm)，准确至 0.1 mm；

　　　f_{cc}——圆柱体抗压强度(MPa)，准确至 0.1 MPa；

　　　F——极限荷载(N)；

　　　A——受压面积(mm^2)。

结果确定：三个抗压强度算术平均值作为该组混凝土抗压强度代表值，如最大值或最小值与中值之差超过中值的 15%，则取中值作为该组混凝土抗压强度代表值；如最大值和最小值与中值之差均超过中值的 15%，则该组试验结果无效。

混凝土强度等级 < C60 时，如采用非标准试件（非 $\phi150$ mm $\times 300$ mm 试件），则强度代表值还必须在试验值的基础上乘以尺寸换算系数：对 $\phi200$ mm $\times 400$ mm 圆柱体试件尺寸系数为 1.05；对 $\phi100$ mm $\times 200$ mm 圆柱体试件尺寸系数为 0.95；混凝土强度等级 $\geq$ C60 时，宜采用标准试件。

（3）棱柱体轴心抗压强度试验：

①试件从养护地点取出后，立即将试件表面和压力机上、下承压板面用抹布等擦干净。

②检查试件形状，用钢尺测量试件相互垂直方向四个高度和中部两个方向宽度，将试件立放在压力机的下压板上，试件几何中心与下压板中心对准。

③调整上压板与试件上受压面高度至上压板将近接触而未接触试件受压面时停止。

④启动试验机，以一定速度均匀加载至试件破坏，停止加载，记录破坏荷载 F。加载速度为：混凝土强度等级 < C30 时，加载速度 0.3~0.5 MPa/s；混凝土强度等级 $\geq$ C30 且 < C60 时，加载速度 0.5~0.8 MPa/s；混凝土强度等级 > C60 时，加载速度 0.8~1.0 MPa/s。

⑤重复上述操作，完成一组三个试件的抗压强度试验。

⑥计算及结果确定：

$$f_{cp} = \frac{F}{A}$$

式中：f_{cp}——混凝土棱柱体轴心抗压强度（MPa），准确至 0.1 MPa；

　　　F——极限荷载（N）；

　　　A——受压面积（mm^2）。

结果确定：三个抗压强度算术平均值作为该组混凝土抗压强度测定值，如最大值或最小值与中值之差超过中值的 15%，则取中值作为该组混凝土抗压强度测定值；如最大值和最小值与中值之差均超过中值的 15%，则该组试验结果无效。

混凝土强度等级 < C60 时，如采用非标准试件（非 150 mm $\times 150$ mm $\times 300$ mm 试件），则强度测定值还必须在试验值的基础上乘以尺寸换算系数：对 100 mm $\times 100$ mm $\times 300$ mm 的试件尺寸系数为 0.95；对 200 mm $\times 200$ mm $\times 400$ mm 的试件尺寸系数为 1.05；混凝土强度等级 $\geq$ C60 时，宜采用标准试件。

（4）混凝土抗折强度（抗弯拉强度）试验：

①试件从养护地点取出后，立即将试件表面和试验机支座承压端用抹布等擦干净；检查试件外观，在长方向中部 1/3 区段内不得有表面直径超过 5 mm，深度超过 2 mm 的孔洞。

②在试件中部量出试件的宽度和高度（即截面尺寸），准确至 1 mm。

③调整试验机台座上两个可动支座位置，将试件安放在支座上，使加荷头的两个加载点刚好位于试件三分点处，安放位置如图 1-4-3 所示，安装尺寸偏差不得大于 1 mm（试件的支座和加荷头材料为采用直径 20~40 mm，长度比试件宽度略大 10 mm 的硬钢圆柱，支座立脚点为固定铰支座，其他为滚动支座），安放时使劈裂承压面和劈裂面与试件成型顶面垂直。

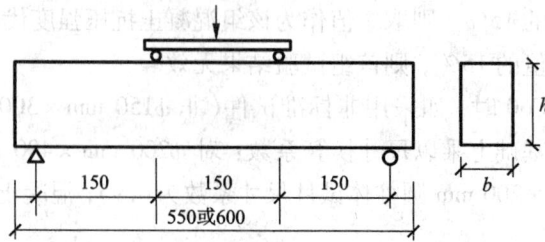

图 1 - 4 - 3　试件三分点安放位置

④开动试验机,调整加荷头与试件上受压面高度至其将近接触而未接触试件受压面时停止。

⑤启动试验机,以一定速度均匀加载至试件破坏,停止加载,记录破坏荷载 F 和试件下边缘断裂位置。加载速度为:混凝土强度等级 < C30 时,加载速度 0.02 ~ 0.05 MPa/s;混凝土强度等级 ≥C30 且 < C60 时,加载速度 0.05 ~ 0.08 MPa/s;混凝土强度等级 > C60 时,加载速度 0.08 ~ 0.10 MPa/s。

⑥重复上述操作,完成一组三个试件的抗折强度试验。

⑦计算及结果确定:

当试件断裂面处于两个集中力之间时,抗折强度为:

$$f_f = \frac{FL}{bh^2}$$

式中: f_f——混凝土抗折强度(MPa),准确至 0.1MPa;

　　　F——试件破坏荷载(N);

　　　L——支座间距离(mm);

　　　b——试件宽度(mm);

　　　h——试件高度(mm)。

结果确定:三个抗折强度算术平均值作为该组混凝土抗折强度测定值,如最大值或最小值与中值之差超过中值的 15%,则取中值作为该组混凝土抗折强度测定值;如最大值和最小值与中值之差均超过中值的 15%,则该组试验结果无效。

三个试件中如有一个试件断裂面位于两个集中力外侧时,则抗折强度测定值以另外两个试件的试验结果来决定:若这两个试验值的差值不大于这两个试验值中较小值的 15% 时,则抗折强度测定值以这两个试验值的平均值确定,否则该组试验结果无效;三个试件中如有两个试件断裂面位于两个集中力外侧时,该组试验结果无效。

混凝土强度等级 < C60 时,如采用非标准试件(非 150 mm × 150 mm × 550 mm 或 150 mm × 150 mm × 600 mm 试件),则强度测定值还必须在试验值的基础上乘以尺寸换算系数:对 100 mm × 100 mm × 400 mm 试件尺寸系数为 0.85;混凝土强度等级 ≥C60 时,宜采用标准试件。

(5)混凝土立方体劈裂抗拉试验:

①试件从养护地点取出后,立即将试件表面用抹布等擦干净并覆盖,避免湿度变化。

②检查试件形状,在试件劈裂加载面(劈裂加载面为与试件成型时的顶面垂直的面)中部

用铅笔划出劈裂面位置细线。

③将试件安置在试验机下压板上，并几何对中，安放好下部钢垫条和垫层，调整试验机上压板球支座与试件上受压面高度，安放好试件上部钢垫条和垫层，刚好能稳定好试件为准，如图 1-4-4 所示。

④启动试验机，以一定速度均匀加载至试件破坏，停止加载，记录破坏荷载 F。加载速度为：混凝土强度等级 < C30 时，加载速度 0.02 ~ 0.05MPa/s；混凝土强度等级 ≥ C30 且 < C60时，加载速度 0.05 ~ 0.08 MPa/s；混凝土强度等级 > C60 时，加载速度 0.08 ~ 0.10 MPa/s。

⑤重复上述操作，完成一组三个试件的抗压强度试验。

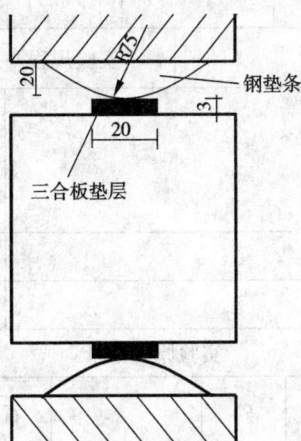

图 1-4-4　试件安装示意图

⑥计算及结果确定：

混凝土立方体劈裂抗拉强度：

$$f_{ts} = \frac{2F}{\pi A} = 0.637 \frac{F}{A}$$

式中：f_{ts}——混凝土立方体劈裂抗拉强度(MPa)，准确至 0.1 MPa；

　　　F——试件破坏荷载(N)；

　　　A——试件劈裂面面积(mm^2)，为试件横截面面积。

结果确定：三个试件试验值的算术平均值作为该组混凝土立方体劈裂抗拉强度测定值，如最大值或最小值与中值之差超过中值的 15%，则取中值作为该组混凝土立方体劈裂抗拉强度测定值，如最大值和最小值与中值之差均超过中值的 15%，则该组试验结果无效。

混凝土强度等级 < C60 时，如采用非标准试件(非 150 mm × 150 mm × 150 mm 试件)，则强度测定值还必须在试验值的基础上乘以尺寸换算系数：对 100 mm × 100 mm × 100 mm 试件尺寸系数为 0.85；混凝土强度等级 ≥ C60 时，宜采用标准试件。

4. 记录及结果计算

表 1-4-13 立方体抗压强度实验记录表

实验项目			样品名称		生产厂家	
混凝土类型			混凝土强度等级		搅拌方式	
水泥强度等级、厂家	粗骨料类型、厂家	细骨料类型、厂家		掺合料类型、厂家	外加剂类型、厂家	水
实验方法			实验规程			
主要仪器设备名称、型号				实验室环境条件	温度: ℃	
					湿度:	
实验人员				指导老师		
记录人员				实验日期		

实验原始记录

1 m³ 混凝土材料用量（kg）	水泥		砂		石	
	外加剂		水		掺合料	

配制混凝土用量: L	水泥 kg；粗骨料: kg；细骨料: kg；掺合料: kg；外加剂: kg；水: kg；粗骨料含水率: 细骨料含水率:

混凝土立方体抗压强度						水泥加入水中时刻		
试件编号	试件尺寸（mm）	换算系数	龄期	破坏荷载(N)	受压面积（mm²）	抗压强度计算值（MPa）	抗压强度测定值（MPa）	加荷速度

表 1 – 4 – 14　圆柱体抗压强度实验记录表

实验项目		样品名称		生产厂家	
混凝土类型		混凝土强度等级		搅拌方式	
水泥强度等级、厂家	粗骨料类型、厂家	细骨料类型、厂家	掺合料类型、厂家	外加剂类型、厂家	水
实验方法		实验规程			
主要仪器设备名称、型号			实验室环境条件	温度：　　℃	
				湿度：	
实验人员		指导老师			
记录人员		实验日期			

实验原始记录

1m³ 混凝土材料用量（kg）	水泥		砂		石	
	外加剂		水		掺合料	

配制混凝土用量：　　L　　水泥　　kg；粗骨料：　　kg；细骨料：　　kg；掺合料：　　kg；外加剂：　　kg；水：　　kg；粗骨料含水率：　　细骨料含水率：

混凝土圆柱体抗压强度				水泥加入水中时刻		
试件编号	直径(mm)	修正系数	龄期	破坏荷载(N)	受压面积（mm²）	抗压强度计算值（MPa）	抗压强度测定值（MPa）	加载速度

试件编号	直径(mm)	修正系数	龄期	破坏荷载(N)	受压面积（mm²）	抗压强度计算值（MPa）	抗压强度测定值（MPa）	加载速度

表 1 - 4 - 15　棱柱体抗压强度实验记录表

实验项目		样品名称		生产厂家	
混凝土类型		混凝土 强度等级		搅拌方式	
水泥强度 等级、厂家	粗骨料 类型、厂家	细骨料 类型、厂家	掺合料 类型、厂家	外加剂 类型、厂家	水
实验方法			实验规程		
主要仪器设备 名称、型号			实验室 环境条件	温度：　　　℃ 湿度：	
实验人员			指导老师		
记录人员			实验日期		

实验原始记录

$1m^3$ 混凝土 材料用量(kg)	水泥		砂		石	
	外加剂		水		掺合料	

配制混凝土用量：　　　L　水泥　　　kg；粗骨料：　　　kg；细骨料：　　　kg；掺合料：　　　kg；
外加剂：　　　kg；水：　　　kg；粗骨料含水率：　　　细骨料含水率：

混凝土棱柱体抗压强度			水泥加入水中 时刻		

试件编号	试件尺寸 （mm）	换算 系数	龄期	破坏荷载 （N）	受压面积 （mm²）	抗压强度 计算值 （MPa）	抗压强度 测定值 （MPa）	加荷 速度

表 1 – 4 – 16 混凝土抗折强度实验记录表

实验项目		样品名称		生产厂家	
混凝土类型		混凝土 强度等级		搅拌方式	
水泥强度 等级、厂家	粗骨料 类型、厂家	细骨料 类型、厂家	掺合料 类型、厂家	外加剂 类型、厂家	水
实验方法		实验规程			
主要仪器设备 名称、型号			实验室 环境条件	温度: ℃ 湿度:	
实验人员			指导老师		
记录人员			实验日期		

实验原始记录

1 m³ 混凝土 材料用量(kg)	水泥		砂		石	
	外加剂		水		掺合料	

配制混凝土用量: 水泥   kg;粗骨料: kg;细骨料: kg;掺合料: kg;
L   外加剂: kg;水: kg;粗骨料含水率: 细骨料含水率:

混凝土抗折强度	水泥加入水中 时刻	

试件编号	试件尺寸 (mm)	换算 系数	龄期	破坏荷载 (N)	$b \times h$ (mm²)	抗折强度 计算值 (MPa)	抗折强度 测定值 (MPa)	加荷 速度

断裂位置说明:

表 1 - 4 - 17　立方体劈裂抗拉强度实验记录表

实验项目		样品名称		生产厂家	
混凝土类型		混凝土强度等级		搅拌方式	
水泥强度等级、厂家	粗骨料类型、厂家	细骨料类型、厂家	掺合料类型、厂家	外加剂类型、厂家	水
实验方法			实验规程		
主要仪器设备名称、型号			实验室环境条件	温度：　　℃ 湿度：	
实验人员			指导老师		
记录人员			实验日期		

实验原始记录

| $1m^3$ 混凝土材料用量(kg) | 水泥 | | 砂 | | 石 | |
| | 外加剂 | | 水 | | 掺合料 | |

配制混凝土用量：　　L　　水泥　　kg；粗骨料：　　kg；细骨料：　　kg；掺合料：　　kg；
外加剂：　　kg；水：　　kg；粗骨料含水率：　　细骨料含水率：

混凝土立方体劈裂抗拉强度	水泥加入水中时刻	

试件编号	试件尺寸(mm)	换算系数	龄期	破坏荷载(N)	截面面积 $b \times h$ (mm²)	抗拉强度计算值(MPa)	抗拉强度测定值(MPa)	加荷速度

5. 检测相关

（1）《混凝土强度等级评定》（GB/T50107—2010）中对等级评定规定：混凝土强度检验评定有统计方法和非统计方法，少于 10 组的用非统计法。

①统计方法：

a. 连续生产的混凝土，生产条件在较长时间内保持一致，且同品种、同强度等级混凝土强度变异性保持稳定时（即标准差 σ_0 已知），一个检验批样本容量为连续的三组试件，强度同时满足下式：

$$m_{fcu} \geqslant f_{cu,k} + 0.7\sigma_0$$
$$f_{cu,min} \geqslant f_{cu,k} - 0.7\sigma_0$$
$$f_{cu,min} \geqslant 0.85 f_{cu,k}（混凝土等级 \leqslant C20 时）$$
$$f_{cu,min} \geqslant 0.90 f_{cu,k}（混凝土等级 > C20 时）$$

$$\sigma_0 = \sqrt{\frac{\sum_{i=1}^{n} f_{cu,i}^2 - n \cdot m_{fcu}^2}{n-1}}$$

b. 生产连续性较差，生产周期较短，混凝土强度变异性无法确定（标准差 σ_0 未知），这时只能根据每一个检验批的实际抽样强度数据确定，样本容量不少于 10 组时，同时满足下列各式：

$$m_{fcu} \geqslant f_{cu,k} + \lambda_1 \cdot S_{fcu}$$
$$f_{cu,min} \geqslant \lambda_2 \cdot f_{cu,k}$$

$$S_{fcu} = \sqrt{\frac{\sum_{i=1}^{n} f_{cu,i}^2 - n \cdot m_{fcu}^2}{n-1}}$$

②非统计方法：

强度同时满足下列各式：

$$m_{fcu} \geqslant \lambda_3 \cdot f_{cu,k}$$
$$f_{cu,min} \geqslant \lambda_4 \cdot f_{cu,k}$$

式中：m_{fcu}——同一检验批抗压强度代表值的平均值，准确至 0.1 MPa；

$f_{cu,k}$——混凝土立方体抗压强度标准值，即设计强度等级（MPa）；

$f_{cu,min}$——同一检验批抗压强度代表值的最小值，准确至 0.1 MPa；

$f_{cu,i}$——检验期内同品种、同强度等级的第 i 组混凝土试件立方体抗压强度代表值（MPa）；

σ_0——前一期检验批立方体抗压强度代表值的标准差，准确至 0.01 MPa，当计算值小于 2.5 时，取 2.5；为同类混凝土，生产周期不少于 60d 且不宜超过 90d，样本容量不少于 45 组的强度数据统计计算确定。

S_{fcu}——同一检验批立方体抗压强度代表值的标准差，准确至 0.01 MPa；

n——样本容量（以组为单位，而非以试件个数为单位），求 σ_0 时，为前一检验期内样本容量，求 S_{fcu} 时，为本检验期内样本容量；

λ_1，λ_2，λ_3，λ_4——合格评定系数（表 1-4-17）。

表 1 - 4 - 18　合格评定系数

试件组数	10 ~ 14	15 ~ 19	≥20
λ_1	1.15	1.05	0.95
λ_2	0.90	0.85	0.85
混凝土强度等级	< C60	≥ C60	—
λ_3	1.15	1.10	—
λ_4	0.95	0.95	—

（2）标准圆柱体 φ150 mm ×300 mm 试件抗压强度试验一般只在公路工程中采用较多，一般不作为水泥混凝土强度等级评定的依据；大量试验表明：标准 150 mm 立方体试件的抗压强度比标准圆柱体 φ150 mm ×300 mm 试件抗压强度高 1.25 倍左右。

（3）混凝土抗折试验后的折断试件亦可以进行抗压强度试验，只要有相应的上下压板即可，但是得出的抗压强度不能作为混凝土强度等级评定，仅仅作为抗压强度的参考。

（4）混凝土其他性能实验，如：混凝土轴向拉伸、压缩徐变实验，混凝土热学性能（导热、导温、比热、线膨胀系数、绝热温升）实验，混凝土与钢筋握裹力实验，混凝土黏结强度实验等参考《水工混凝土试验规程》（SL352—2006）。

1.4.7　混凝土耐久性能实验

1. 基本概念

（1）混凝土耐久性是指混凝土在使用环境下抵抗各种物理和化学作用破坏的能力。耐久性直接影响结构物的安全性和使用性能，耐久性包括抗渗、抗冻、抗化学侵蚀（抗氯离子、抗硫酸盐等）、抗碳化等。

（2）抗渗性是指混凝土抵抗水、油等液体在压力作用下渗透性能。抗渗性对混凝土的耐久性起重要作用；混凝土的抗渗性用抗渗等级或渗透系数来表示，抗渗等级是以 28d 龄期的标准试件，按标准试验方法进行试验时所承受的最大水压力来确定的；抗渗等级分为 P4，P6，P8，P10，P12 等五个等级。

（3）抗冻性是指混凝土在饱水状态下，经受多次冻融循环作用，能保持强度和外观完整性的能力，抗冻性能用抗冻等级和抗冻标号表示。

抗冻标号是以 28d 龄期的标准试件（100 mm ×100 mm ×100 mm 的立方体试件），按标准试验方法（慢冻法：气冻水融）进行反复冻融循环试验，强度损失率不超过 25% 或质量损失率不超过 5% 所能承受的最大冻融循环次数表示，抗冻标号分为 D50，D100，D150，D200，> D200 五个标号；

抗冻等级是以 28d 龄期的标准试件（100 mm ×100 mm ×400 mm 的棱柱体试件），按标准试验方法（快冻法：水冻水融）进行反复冻融循环试验，相对动弹性模量下降不低于 60% 或质量损失率不超过 5% 的最大冻融循环次数表示，抗冻等级分为 F50，F100，F150，F200，F250，F300，F350，F400，> F400 等九个等级。

（4）抗碳化性是指在一定浓度的二氧化碳气体介质中混凝土试件的碳化深度，以评定混凝土的抗碳化能力,依据碳化深度分为 T－Ⅰ～T－Ⅴ共五级。

2. 实验仪器设备、实验室环境条件

(1)抗渗实验用仪器设备:

①混凝土抗渗仪:符合《混凝土抗渗仪》(JG/T249)规定;

②试模:抗渗试模上口直径 175 mm,下口直径 185 mm,高 150 mm 的圆锥形试模;

③梯形板:画有十条等间距的垂直于上下端的直线的透明板或玻璃板,渗水高度法采用;

④钢直尺:分度值 1 mm;

⑤压力试验机:测量精度 ±1%,符合《液压式万能试验机》(GB/T3159)及《试验机通用技术要求》(GB/T2611)规定;

⑥其他:石蜡(内掺 2% 松香)、螺旋加压器、脱模器、烘箱、电炉、浅盘、铁锅、钢丝刷、扳手、计时装置、抹布等。

(2)抗冻实验用仪器设备(含快冻、慢冻试验设备):

①冻融试验箱或自动冻融试验箱:冷冻温度 －20 ～ －18℃,融化温度 18 ～20℃,冷冻液温度 －25℃ ～20℃,箱内各点温度极差不超过 2℃;自动冻融试验箱具有自动控制、数据曲线实时动态显示与保存、断电记忆、数据自动保存等功能;

②压力试验机:测量精度 ±1%,符合《液压式万能试验机》(GB/T3159)及《试验机通用技术要求》(GB/T2611)规定;

③温度传感器:范围:－20 ～20℃,精度:±0.5℃;

④动弹模测定仪:频率 100 ～1000 Hz;

⑤其他:不锈钢试件架、试模、橡胶试件盒、台秤(称量 10 kg,感量 5 g)、恒温水槽(20 ±2℃)、20 mm 厚泡沫塑料垫或聚苯板(动弹模测定用)等。

(3)抗碳化实验用仪器设备:

①碳化试验箱:符合《混凝土碳化试验箱》(JG/T247)要求;

②压力试验机:测量精度 ±1%,符合《液压式万能试验机》(GB/T3159)及《试验机通用技术要求》(GB/T2611)规定;

③其他:气瓶及二氧化碳气体(浓度大于 80%)、气体分析仪(准确至 ±1%)、压力表、流量计、石蜡、烘箱、电炉、酚酞酒精溶液、铅笔、钢直尺等。

3. 实验步骤

1)试件制作与养护

(1)制作准备和规定:检查试模尺寸是否符合《混凝土试模》(JG237)要求,内表面涂抹一层脱模剂(不得采用憎水性脱模剂);在实验室拌和时,材料用量以质量计,拌合物的总量至少应比所需要的量多 20% 以上,称量精度:水泥、掺合料、水、外加剂为 ±0.5%,骨料 ±1%;取样或实验室拌和的混凝土应尽可能短的时间内成型,不宜超过 15 min;注意记录好搅拌加水的时间(因为养护龄期从搅拌加水时算起)。

(2)试件制作:

按混凝土拌合物制备方法或现场取样方法,将获得的拌合物倒入平板上,用铁锹至少翻拌三次,取少量拌合物在 5 min 内完成坍落度或稠度试验,合格后方进行试件制作;在制作长期性和耐久性试件时,宜同时制作与相应耐久性能试验龄期相对应的混凝土立方体抗压强度用试件。

（3）试件养护：按《普通混凝土力学性能试验方法》（GB/T50081）中规定执行。（即混凝土力学性能实验中的试件养护方法进行）

2）抗渗实验（渗水高度法）步骤

（1）按混凝土拌合物制备方法或现场取样方法，制作和养护试件到规定的龄期，抗渗试件以6个为一组。

（2）将试件拆模（拆模困难时，可采用加压的方式），用钢丝刷刷掉试件两端面的水泥浆膜，立即放入标准养护室养护。

（3）达到试验的前一天（抗渗试验龄期宜为28d）从养护室取出试件，将试件各面擦拭干净，将试件放入实验室正常环境中晾干。

（4）在试件晾干的过程中，将抗渗试验用试模放入烘箱或电炉上进行预热处理（预热温度以石蜡接触试模刚好缓慢熔化，但不流淌为宜，一般为40℃左右），同时将试验用石蜡和少量的松香装入浅盘中，放入烘箱或电炉中熔化。

（5）将晾干后的试件侧面放入已熔化石蜡的浅盘中，采用滚涂的方式，使试件侧面裹涂一层熔化的石蜡以密封试件表面（注意试件两端面严禁涂有密封材料）。

（6）从烘箱里或电炉上取出试验用试模，立即用螺旋加压器或借助实验室的压力试验机等将试件压入试模中，待试模冷却后解除压力。

（7）启动抗渗仪，打开6个试位下的阀门，使水从6个孔中渗出，充满试位坑后，关闭阀门，关闭抗渗仪。

（8）将带模试件安装在抗渗仪上，对称均匀地拧紧螺丝固定好试件，启动抗渗仪，立即开通6个试位下的阀门，使水压在24 h内恒定控制在1.2 ±0.05 MPa（《公路水泥及水泥混凝土试验规程》（JTG E30—2005）中压力为0.8 ±0.05 MPa、《水工混凝土试验规程》（SL352—2006）中压力为0.8 MPa），压力稳定后开始计时。

（9）稳压过程中，随时观察试件端面和周边渗水情况，当有一个试件端面渗水时，应停止该试件试验，记录时间并以该试件自身的高度作为该试件的渗水高度（即150 mm）；当试件端面均未渗水时，则稳压24 h后停止试验，并及时取出试件，用脱模器拆模；当试件周边渗水，则取出试件，重新密封处理，再进行试验。

（10）将脱模后的试件，置于压力机上，在其上下端面中心位置各放一直径为6 mm的钢垫条，调节试验机的上压板，使其接触到试件，开启试验机加压，使试件劈裂成两半，用编号笔描绘出有明显水痕迹半边的劈裂面的浸水痕迹。

（11）将半边试件置于试验台上，用透明梯形板立放在试件劈裂面上，用钢尺沿水痕等间距量测10个测点的渗水高度，读数准确至1 mm，如图1-4-5所示。

（12）试验结束，切断电源，打开放水卸压阀，使系统压力降至零，取下试模，从试模中压出试件，清洗试模、模座，涂上防锈油，以备再用。

（13）计算及结果确定：

单个试件渗水高度：
$$h_i = \frac{1}{10}\sum_{j=1}^{10} h_j$$

一组试件的平均渗水高度：
$$h = \frac{1}{6}\sum_{i=1}^{6} h_i$$

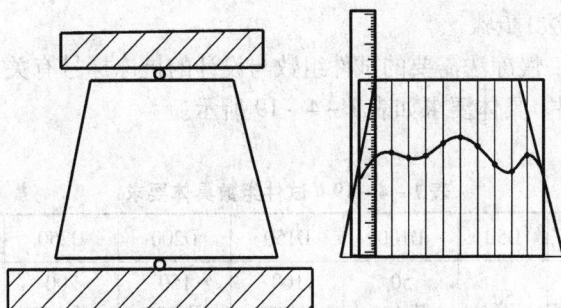

图 1 – 4 – 5   渗水高度法实验装置及测量方法示意图

相对渗透系数：
$$K_r = \frac{a \cdot D_m^2}{2 \cdot T \cdot H}$$

式中：K_r——相对渗透系数（mm/h）；

a——混凝土吸水率，一般取 0.03；

D_m——平均渗水高度（cm）；

T——恒压经历的时间（h）；

H——水压力，以水柱高度表示（cm），1 MPa 水压力相当于水柱高度为 10200 cm。

3）抗渗实验（逐级加压法）步骤

（1）先按渗水高度法（1）~（7）步将试件密封和安装固定在抗渗仪上。

（2）接通抗渗仪电源，红色信号灯亮，将压力表上限指针调至 0.1 MPa，下限指针与之靠近但不能同时接触（约小于上限指针 0.05 MPa），然后启动电源，此时水泵开始工作，压力表指针随水压上升而顺时针转动，注意观察压力上升是否正常，系统有无渗漏水现象，如有异常则应排除后才能进入试验。

（3）开启 6 个试位下的阀门，即向相应的试件送入水压，注意观察试模底部有无水渗出，如有渗出则需拧紧相应部位的压紧螺帽或更换密封圈重新试验。

（4）进入正常试验后，每隔 8 小时增加工作压力 0.1 MPa，随时观察试件端面有无渗水情况，如有渗水，则关闭相应的控制阀。

（5）当 6 个试件中第 3 个试件的端面刚好有压力水渗出时，或加压至规定的压力时（比设计要求抗渗等级高 1 级，例如设计要求 P8，即抗渗试验按 P10 确定，加压到 1.1 MPa），在 8 h 内仍未出现第三个试件顶面渗水，即可停止试验，记下此时的水压作为计算依据。

（6）试验结束，切断电源，打开放水卸压阀，使系统压力降至零，取下试模，从试模中压出试件，清洗试模、模座，涂上防锈油，以备再用。

（7）计算及结果确定：

混凝土抗渗等级以每组 6 个试件中 4 个未出现渗水时的最大水压力（当第三个试件顶面开始出现渗水时的水压力）确定，其计算式为：
$$P = 10 \cdot H - 1$$

式中：H——第三个试件顶面开始有渗水时的水压力（MPa）。

如压力加至 1.2 MPa 经过 8 小时，第三个试件仍然未出现渗水，则可停止试验，混凝土抗渗等级表示为 P12。

4)抗冻实验(慢冻法)步骤

(1)确定试件组数:慢冻法需要的试件组数与设计的抗冻标号有关,D25～D50 为三组试件,≥D100 为五组试件;具体要求如表 1 - 4 - 19 所示。

表 1 - 4 - 19　　试件组数具体要求

设计抗冻标号	D25	D50	D100	D150	D200	D250	D300	D300 以上
强度检验冻融次数	25	50	50 及 100	100 及 150	150 及 200	200 及 250	250 及 300	300 及 设计次数
28d 龄期强度 试验组数	1	1	1	1	1	1	1	1
冻融试件组数	1	1	2	2	2	2	2	2
对比试验组数	1	1	2	2	2	2	2	2
总计试验组数	3	3	5	5	5	5	5	5

(2)按混凝土拌合物制备方法或现场取样方法,制作和养护试件到 24d 时,取出试件放入 20 ± 2℃的恒温水槽中浸泡 4d,浸泡时水面高出试件顶面 20～30 mm(若试件始终在水中养护,则可直接养护 28d 进行试验);对比试验用试件则继续养护,直至冻融循环试件结束后,与冻融试件同时进行抗压强度试验。

(3)取出试件,用抹布擦干试件表面水分,称取试件重量,并编号,然后将试件按编号顺序将其放入试验箱的栅格形试架上,使试件底面与试件架的接触面积不超过试件底面面积的 1/5 为宜,试件与箱体内壁距离不少于 20 mm,试件与试件之间至少保持 30 mm 的距离。

(4)在 1～2 h 内,迅速使冻融箱内的温度降低到 -18℃,从 -18℃ 开始计时,冷冻时间为 4 h,冷冻时,箱内温度必须稳定在 -20～ -18℃ 之间。

(5)冷冻时间结束后,立即在 10 min 内加入 18～20℃ 的水,水面高出试件表面 20 mm,使试验转为融化状态试验,计时从水温稳定在 18～20℃ 时开始(一般加水后 30 min 内,控制系统能使水温稳定),融化时间为 4h,完成一次冻融循环。

(6)每完成 25 次冻融循环时,检查试件外观,若试件表面破坏(开裂、缺角、掉渣等),称重记录,当一组试件的平均质量损失超过 5%,则停止试验。

(7)停止冻融试验条件:

达到设计规定的冻融循环次数后,停止试验,检查试件外观,称重记录,若试件表面破损严重,则称重后,用高强石膏找平,再进行抗压强度试验;

冻融循环检查过程中出现抗压强度损失率已达到 25% 或质量损失率已达到 5%。

(8)计算及结果确定:

一组试件的强度损失率:

$$\Delta f = \frac{f_0 - f_n}{f_0} \times 100$$

单个试件的质量损失率:

$$\Delta m_i = \frac{m_{0i} - m_{ni}}{m_{0i}} \times 100$$

一组试件的平均质量损失率：
$$\Delta m = \frac{\sum_{i=1}^{3} \Delta m_i}{3} \times 100$$

式中：Δf——冻融循环结束后，单组试件强度损失率(%)，准确至 0.1%；

　　　　f_0——对比用一组混凝土抗压强度代表值，准确至 0.1 MPa，取三个试件试验值的算术平均值作为该组混凝土强度代表值，如最大值或最小值与中值之差超过中值的 15%，则剔除该值，取余下两个平均值作为该组混凝土强度代表值，如最大值和最小值与中值之差均超过中值的 15%，则取中值作为代表值；

　　　　f_n——冻融循环结束后，试验用一组混凝土抗压强度代表值，准确至 0.1 MPa，取三个试件试验值的算术平均值作为该组混凝土强度代表值，若最大值或最小值与中值之差超过中值的 15%，则剔除该值，取余下两个平均值作为该组混凝土强度代表值，若最大值和最小值与中值之差均超过中值的 15%，则取中值作为代表值；

　　　　m_{0i}——冻融循环试验前，一组试件中第 i 个试件的质量(g)；

　　　　m_{ni}——冻融循环试验结束后，一组试件中第 i 个试件的质量(g)；

　　　　Δm_i——冻融循环试验结束后，一组试件中第 i 个试件的质量损失率(%)，准确至 0.01；

　　　　Δm——冻融循环试验结束后，一组试件的平均质量损失率(%)，准确至 0.1，取三个试件的质量损失率的平均值作为测定值，若 Δm_i 出现负值，则取 $\Delta m_i = 0$，然后再取平均值；若最大值或最小值与中值之差超过 1%，则剔除该值，取余下两个平均值作为该组测定值，若最大值和最小值与中值之差均超过 1%，则取中值作为测定值。

结果确定：抗冻标号以强度损失率达到 25% 或质量损失率达到 5% 的最大冻融循环次数确定；若冻融到设计规定的冻融循环次数后，强度损失率不低于 25% 或质量损失率不超过 5%，则抗冻性满足要求。

5)抗冻实验(快冻法)步骤

(1)确定试件组数：快冻法试件为一组(3 块)尺寸为 100 mm × 100 mm × 400 mm 棱柱体试件。

(2)按混凝土拌合物制备方法或现场取样方法，制作和养护试件，试件成型时不得使用憎水性脱模剂，除制作快冻试件外，还同时制作中心埋有温度传感器的、以防冻液为冻融介质的、抗冻性能高于快冻试件的测温试件；温度传感器不得采用钻孔后埋方式植入。

(3)养护试件到 24d 时，取出试件放入 20 ± 2℃ 的恒温水槽中浸泡 4d，浸泡时水面高出试件顶面 20 ~ 30 mm(若试件始终在水中养护，则可直接养护 28d 进行试验)。

(4)取出试件，用抹布擦干试件表面水分，称取试件重量(准确至 5 g)，测量试件尺寸(准确至 1 mm)，并编号，测其基频，求动弹性模量，方法为：

①将试件放置于动弹模测定仪台架中心位置，其下垫 20 mm 厚泡沫塑料板或聚苯板，试件成型面向上。

②在试件与动弹仪换能器接触面事先涂一层黄油作为耦合剂，然后将发射和接收换能器的测杆轻轻压在试件接触面上，接触位置如图 1 - 4 - 6 所示。

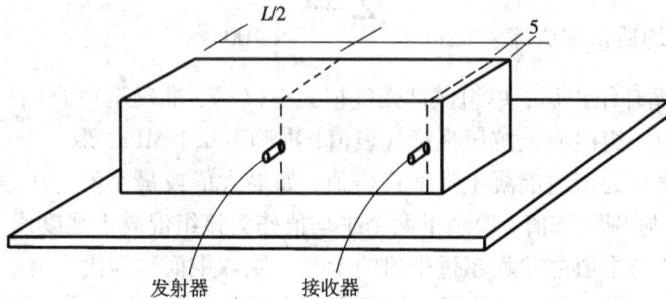

图 1 - 4 - 6　发射器与接收器接触试件位置

③调整激振器的激振功率和接收增益到适当位置,调整激振频率(扫频),观察指针到最大位置时,此时达到共振状态,其频率为共振频率,作为基频。必须重复测读两次,当两次连续测量值偏差不超过算术平均值的 0.5% 时,取这两次算术平均值作为基频值。

④重复上述步骤,完成一组三个试件的基频测试。

⑤动弹模的计算和结果确定:$E_{d} = 13.244 \times 10^{-4} \times m \cdot L^{3} \cdot f^{2}/a^{4}$

式中:E_{d}——混凝土动弹性模量(MPa);

　　　m——试件质量(kg),准确至 0.01 kg;

　　　L——试件长度(mm);

　　　f——试件基频(Hz);

　　　a——试件截面边长(mm)。

结果确定:以三个试件的动弹模计算值的算术平均值作为该组混凝土的动弹模值,计算准确至 100 MPa。

(5)基频测试完毕后,将所有试件(含测温试件)装入橡胶试件盒中,放入冻融试验箱的不锈钢试件架上(测温试件放置在冻融试验箱的中心位置),并向试件盒中注满清水,水面高出试件表面 5 mm 左右。

(6)开启冻融试验机开始冻融,每次冻融循环在 2 ~ 4 h 内完成,融化时间不得少于整个冻融循环时间的 1/4;冻融循环过程中试件中心最低和最高温度分别控制在 -18 ±2℃ 和 5 ±2℃,任意时刻试件中心温度不得高于 7℃,不得低于 -20℃;每个试件从 3℃ 降至 -16℃ 所用的时间不得少于冷冻时间的 1/2,从 -16℃ 升至 3℃ 的时间不得少于融化时间的 1/2,试件内外温差不宜超过 28℃。

(7)每完成 25 次冻融循环,取出试件,擦干表面,检查试件外观,称重记录,测试试件基频,完成后,就试件调头重新放置在橡胶试件盒内,重新注入清水,继续冻融循环试验。

若试件表面破坏(开裂、缺角、掉渣等),当一组试件的平均质量损失超过 5% 时,则停止试验。

(8)停止冻融试验条件:

①达到设计规定的冻融循环次数后,停止试验,检查试件外观,称重记录,测试基频。

②试件相对动弹性模量下降到 60%。

③试件的质量损失率已达到 5%。

　　当某个试件停止冻融循环试验后，必须用另外的试件来填充空位；当试件在冷冻状态下因故中断时，试件应保持在冷冻状态，直至恢复冻融试验为止；试件在非冷冻状态下发生故障的时间不宜超过两个冻融循环时间，而且在整个试验过程中，超过两个冻融循环时间的中断故障次数不得超过两次。

　　（9）计算及结果确定：

单个试件相对动弹性模量：

$$E_i = \frac{f_{ni}^2}{f_{0i}^2} \times 100$$

一组试件相对动弹性模量：

$$E = \frac{1}{3} \sum_{i=0}^{3} E_i$$

单个试件的质量损失率：

$$\Delta m_i = \frac{m_{0i} - m_{ni}}{m_{0i}} \times 100$$

一组试件的平均质量损失率：

$$\Delta m = \frac{\sum_{i=1}^{3} \Delta m_i}{3} \times 100$$

一组试件的相对耐久性指数：

$$K_n = \frac{E \cdot N}{300}$$

式中：E_i——冻融循环试验结束后，单个试件相对动弹性模量（%），准确至 0.1；

　　　　f_{ni}——冻融循环试验结束后，第 i 个试件的基频（Hz）；

　　　　f_{0i}——冻融循环试验前，第 i 个试件的基频；

　　　　E——单组试件相对动弹性模量（%），准确至 0.1，取三个试件试验结果的算术平均值作为测定值，若最大值或最小值与中值之差超过中值的 15%，则剔除该值，取余下两个平均值作为该组测定值，若最大值和最小值与中值之差均超过中值的 15%，则取中值作为测定值；

　　　　m_{0i}——冻融循环试验前，一组试件中第 i 个试件的质量（g）；

　　　　m_{ni}——冻融循环试验结束后，一组试件中第 i 个试件的质量（g）；

　　　　Δm_i——冻融循环试验结束后，一组试件中第 i 个试件的质量损失率（%），准确至 0.01；

　　　　Δm——冻融循环试验结束后，一组试件的平均质量损失率（%），准确至 0.1，取三个试件的质量损失率的平均值作为测定值，若 Δm_i 出现负值，则取 $\Delta m_i = 0$，然后再取平均值；若最大值或最小值与中值之差超过 1%，则剔除该值，取余下两个平均值作为该组测定值，若最大值和最小值与中值之差均超过 1%，则取中值作为测定值；

　　　　K_n——单组试件相对耐久性指数（%）；

　　　　N——冻融循环次数。

　　结果确定：抗冻等级以相对动弹性模量下降至 60% 或质量损失率达到 5% 的最大冻融循环次数确定；若冻融到设计规定的冻融循环次数后，相对动弹性模量下降不低于 60% 或质量损失率不超过 5%，则抗冻性满足要求。

　　6）碳化实验步骤

　　（1）确定试件形状和尺寸：采用棱柱体试件，以 3 块为一组，棱柱体的长宽比不宜小于

3，无棱柱试件时，也可用立方体试件代替，同样以 3 块试件为一组，不少于 4 组。

（2）按混凝土拌合物制备方法或现场取样方法，制作和标准养护试件到 26d 时，取出试件放入 60℃ 的烘箱中烘干 48 h。

（3）从烘箱中取出试件，编号，同时将试验用石蜡装入浅盘中，放入烘箱或电炉中熔化；将烘干处理后的试件，除留下一个或相对的两个侧面外，其余表面应用加热的石蜡予以密封，在未密封的侧面上顺长度方向用铅笔以 10 mm 间距画出平行线，以预定碳化深度的测量点。

（4）将经过处理的试件放入碳化箱内的铁架上，各试件经受碳化的表面之间的间距不少于 50 mm，将碳化箱门盖严、密封（可采用机械办法或油封），设置试验箱内二氧化碳浓度为 20%，相对湿度为 70%，温度为 20℃，启动试验箱、开启气体对流装置，观察仪器通过传感器实时传递在显示屏上的二氧化碳浓度、温度和湿度值，通过逐步调节二氧化碳的流量，使箱内的二氧化碳浓度达到设定值（试验期间保持箱内的相对湿度 70 ±5%，温度 20 ±5℃，二氧化碳浓度 20 ±3%）。

（5）第一、二天每隔 2h 测定一次浓度、温度和湿度，以后每隔 4 h 测定一次，并根据所测的情况随时调节二氧化碳流量，随时注意往加湿器中充水，防止实验环境温湿度不满足要求。

（6）碳化到第 3、7、14 及 28d 时，取出各个试件，将棱柱体试件在压力试验机上用劈裂法从一端开始破型，每次切除的厚度约为试件宽度的一半，用石蜡将破型后试件的切断面封好，再放入箱内继续碳化，直到下一个试验期；对立方体试件，则在试件中部劈开，立方体试件只作一次检验，劈开后不再放回碳化箱重复使用。

（7）将切除所得的试件用小刀刮去断面上残存的粉末，随即喷（或滴）上浓度为 1% 的酚酞酒精溶液（含 20% 的蒸馏水）。经 30 s 后，按原先标划的每 10 mm 一个测量点用钢尺分别测出两侧面各点的碳化深度，准确至 0.5 mm（如果测点处的碳化分界线上刚好嵌有粗骨料颗粒，则可取该颗粒两侧处碳化深度的平均值作为该点的深度值）。

（8）计算及结果确定：

试件各试验龄期的平均碳化深度

$$d_t = \frac{1}{n} \sum_{i=1}^{n} d_i$$

式中：d_i——单个试件碳化第 t 天后，各测点 i 的碳化深度（mm）；

d_t——单个试件碳化第 t 天后，平均碳化深度（mm），准确至 0.1 mm；

i——断面测点数；

n——断面测点总数。

结果确定：

①以在标准条件下（即二氧化碳浓度为 20 ±3%，温度为 20 ±5℃，湿度为 70 ±5%）的 3 个试件碳化 28d 的碳化深度平均值作为该组混凝土的测定值；以此值来对比各种混凝土的抗碳化能力及对钢筋的保护作用；

②以各龄期计算某组混凝土的平均碳化深度绘制碳化时间与碳化深度的关系曲线，以表示在该条件下的混凝土碳化发展规律。

4. 记录及结果计算

表 1 – 4 – 20 抗渗实验记录表

实验项目		样品名称		生产厂家	
混凝土类型		混凝土强度等级		搅拌方式	
水泥强度等级、厂家	粗骨料类型、厂家	细骨料类型、厂家	掺合料类型、厂家	外加剂类型、厂家	水
实验方法		实验规程			
主要仪器设备名称、型号		实验室环境条件	温度:	℃	
			湿度:		
实验人员		指导老师			
记录人员		实验日期			

实验原始记录

1 m³ 混凝土材料用量（kg）	水泥	砂	石
	外加剂	水	掺合料

配制混凝土用量：   L   水泥   kg；粗骨料：   kg；细骨料：   kg；掺合料：   kg；外加剂：   kg；水：   kg；粗骨料含水率：   细骨料含水率：

现场取样时

代表部位		取样人员		样品数量、尺寸	组
混凝土抗渗试验		设计抗渗等级		水泥加入水中时刻	

试件编号	加压时间 压力/MPa	0.1	0.2	0.3	0.4	0.5	0.6	0.7	0.8	0.9	1.0	1.1	1.2
1	加压渗水情况											计算渗水高度的压力：时间：	
	渗水高度(mm)	(1)	(2)	(3)	(4)	(5)	(6)	(7)	(8)	(9)	(10)		
2	加压渗水情况											计算渗水高度的压力：时间：	
	渗水高度(mm)	(1)	(2)	(3)	(4)	(5)	(6)	(7)	(8)	(9)	(10)		
3	加压渗水情况											计算渗水高度的压力：时间：	
	渗水高度(mm)	(1)	(2)	(3)	(4)	(5)	(6)	(7)	(8)	(9)	(10)		

续上表

试件编号	加压时间 压力/MPa	0.1	0.2	0.3	0.4	0.5	0.6	0.7	0.8	0.9	1.0	1.1	1.2
4	加压渗水情况											计算渗水高度的压力： 时间：	
	渗水高度(mm)	(1)	(2)	(3)	(4)	(5)	(6)	(7)	(8)	(9)	(10)		
5	加压渗水情况											计算渗水高度的压力： 时间：	
	渗水高度(mm)	(1)	(2)	(3)	(4)	(5)	(6)	(7)	(8)	(9)	(10)		
6	加压渗水情况											计算渗水高度的压力： 时间：	
	渗水高度(mm)	(1)	(2)	(3)	(4)	(5)	(6)	(7)	(8)	(9)	(10)		

抗渗等级：　　　　　渗水高度：　　　　　抗渗系数：

表 1 – 4 – 21　抗冻实验记录表

实验项目		样品名称		生产厂家	
混凝土类型		混凝土 强度等级		搅拌方式	
水泥强度 等级、厂家	粗骨料 类型、厂家	细骨料 类型、厂家	掺合料 类型、厂家	外加剂 类型、厂家	水
实验方法		实验规程			
主要仪器设备 名称、型号			实验室 环境条件	温度：　　℃ 湿度：	
实验人员		指导老师			
记录人员		实验日期			
实验原始记录					
1 m³ 混凝土 材料用量(kg)	水泥	砂	石		
	外加剂	水	掺合料		
配制混凝土用量： 　　　L	水泥　　kg；粗骨料：　　kg；细骨料：　　kg；掺合料：　　kg； 外加剂：　　kg；水：　　kg；粗骨料含水率：　　细骨料含水率：				
现场取样时					
代表部位		取样人员		样品数量、 尺寸	组
混凝土抗冻试验		设计抗冻 等级		水泥加入水中 时刻	

续上表

试件组	试件编号	试件尺寸（mm）	初始质量（g）/基频	冻融后质量(g)/基频	强度试验荷载（MPa）	强度试验值（MPa）	强度测定值（MPa）	损失率（%）
28d 龄期强度试件	1		—					—
	2		—					
	3		—					
冻融试件	4							质量损失率：
	5							
	6							相对动弹性模量：
强度对比试件	7		—	—				
	8		—	—				强度损失率：
	9		—	—				
冻融试件	10							质量损失率：
	11							
	12							相对动弹性模量：
强度对比试件	13		—	—				
	14		—	—				强度损失率：
	15		—	—				

抗冻等级：　　　　　　抗冻标号：

表 1 – 4 – 22 　碳化实验记录表

实验项目			样品名称			生产厂家		
混凝土类型			混凝土强度等级			搅拌方式		
水泥强度等级、厂家	粗骨料类型、厂家		细骨料类型、厂家		掺合料类型、厂家		外加剂类型、厂家	水
实验方法				实验规程				
主要仪器设备名称、型号						实验室环境条件	温度：　　℃	
							湿度：	
实验人员					指导老师			
记录人员					实验日期			
实验原始记录								
1 m³ 混凝土材料用量(kg)	水泥		砂			石		
	外加剂		水			掺合料		

续上表

配制混凝土用量： L	水泥　kg；粗骨料：　kg；细骨料：　kg；掺合料：　kg； 外加剂：　kg；水：　kg；粗骨料含水率：　细骨料含水率：													

现场取样时

代表部位					取样人员			样品数量、尺寸		组

混凝土碳化试验					设计碳化等级			水泥加入水中时刻		

试件编号	龄期(d)	试件尺寸(mm)	测点碳化深度(mm)											平均碳化深度(mm)
			1	2	3	4	5	6	7	8	9	10	11	
	3													
	7													
	14													
	28													
	3													
	7													
	14													
	28													
	3													
	7													
	14													
	28													

该组混凝土碳化深度确定值：	抗碳化等级：

5. 检测相关

（1）《混凝土耐久性检验评定标准》（JGJ/T193—2009）、《混凝土质量控制标准》（GB50164—2011）中对混凝土耐久性等级划分如表 1 – 4 – 23 所示。

表 1 – 4 – 23　混凝土耐久性等级划分

抗冻等级（快冻法）	抗冻标号（慢冻法）	抗硫酸盐等级	抗渗等级	抗碳化等级	
				碳化深度（mm）	等级
F50	F250	D50	KS30	P4	$d \geqslant 30$	T - Ⅰ
F100	F300	D100	KS60	P6	$20 \leqslant d < 30$	T - Ⅱ
F150	F350	D150	KS90	P8	$10 \leqslant d < 20$	T - Ⅲ
F200	F400	D200	KS120	P10	$0.1 \leqslant d < 10$	T - Ⅳ
> F400	> D200	KS150	P12	$d < 0.1$	T - Ⅴ
		> KS150	> P12	—	—

（2）《地下工程防水技术规范》（GB50108—2008）中要求：地下工程防水混凝土配合比应按试验确定，试配抗渗水压值比设计要求提高 0.2 MPa；防水混凝土配合比胶凝材料总量不宜少于 320 kg/m³，水泥用量不宜少于 260 kg/m³，水胶比不大于 0.5，砂率宜为 35% ~ 40%，泵送时可增大到 45%，防水混凝土为预拌混凝土时，入泵坍落度宜控制在 120 ~ 160 mm，坍落度每小时损失不应大于 20 mm，总损失不应大于 40 mm。

（3）《混凝土结构现场检测技术标准》（GB/T50784—2013）中对混凝土长期性和耐久性能现场检测可以采用取样法，通过现场钻取芯样进行混凝土抗渗、抗冻性能、抗氯离子、抗硫酸盐试验。

（4）混凝土耐久性实验中其他实验，如：抗氯离子渗透实验、混凝土中钢筋锈蚀实验、抗硫酸盐实验、碱骨料反应实验、收缩实验、早期开裂实验、抗盐冻剥蚀实验等参考《水工混凝土试验规程》（SL352—2006）和《普通混凝土长期性和耐久性能试验方法标准》（GB/T50082—2009）中有关内容。

实验 1.5　钢材实验

【实验目的】　通过对钢材的屈服强度、极限抗拉强度、伸长率、冷弯性能的测定，进一步加深对钢材力学性能的了解，并根据试验结果判定其力学性能是否符合要求。

【预习思考】

(1)低碳钢拉伸的应力 - 应变图划分为哪几个阶段？各阶段有哪些特点？

(2)土木工程中，主要的钢种有哪些？

1.5.1　钢材取样

1. 基本概念

(1)土木工程中，常见的钢种有：碳素结构钢(Q195、Q215、Q235、Q275)、优质碳素结构钢(08 号、10 号、15 号、20 号、25 号、30 号、35 号、40 号、45 号、50 号、55 号、60 号、65号、70 号、75 号、80 号、85 号的普通含锰钢以及相应牌号的高锰钢)和低合金结构钢(Q345、Q390、Q420、Q460、Q500、Q550、Q620、Q690)等。

碳素结构钢按屈服强度分为：Q195、Q215、Q235、Q275 四个牌号，每个牌号又分成 A(不要求冲击韧性)、B(要求 +20℃冲击韧性)、C(要求 +0℃冲击韧性)、D(要求 -20℃冲击韧性)四个等级；碳素结构钢脱氧方式主要有：沸腾(F)、镇静(Z)、特殊镇静(TZ)等，碳素结构钢表示方法：如 Q235AF，表示屈服强度为 235 N/mm² 的 A 级沸腾钢。碳素结构钢一般以热轧、控轧或正火状态交货；Q195、Q215 强度低，塑性、韧性较好，易于冷弯等加工，常用于制作钢钉、铆钉、螺栓等；Q235 强度较高，塑性、韧性、可焊性较好，在土木工程中应用较广，能满足一般钢结构和钢筋混凝土结构用钢要求；Q275 强度高，塑性、韧性等较差，不易焊接和冷弯加工，多用于轧制钢筋、螺栓配件、机械零件和工具等。

优质碳素结构钢按冶炼质量分为：优质钢、高级优质钢(A)、特级优质钢(E)三种；按加工方法分为：压力加工用钢(UP)、热压力加工用钢(UHP)、顶锻用钢(UF)、冷拔胚料用钢(UCD)、切削加工用钢(UC)；按含锰量分为：普通含锰量(<0.8%)钢、较高含锰量(0.7%~1.2%)钢；脱氧方式主要有：沸腾(F)、半镇静(b)等；优质碳素结构钢表示方法：如 45MnAF，表示平均含碳量 0.45% ，含锰量 0.7% ~1.2% 的高级优质沸腾钢；如 45Eb，表示平均含碳量 0.45% ，含锰量小于 0.8% 的特级优质半镇静钢。优质碳素结构钢一般以热轧、热锻状态交货，也可以以热处理(退火、正火、高温回火)状态交货。优质碳素结构钢成本较高，仅用于重要结构的钢铸件及高强度螺栓等，如 30 号、35 号、40 号、45 号钢常用于做高强度螺栓，45 号钢做预应力钢筋的锚具，60 号、75 号、80 号钢做预应力钢丝(碳素钢丝、刻痕钢丝、钢绞线)。

低合金高强度结构钢按屈服强度分为：Q345、Q390、Q420、Q460、Q500、Q550、Q620、Q690 八个牌号，每个牌号按硫、磷等有害杂质含量又分成 A、B、C、D、E 五个等级；脱氧方式均为镇静，低合金高强度结构钢表示方法：如 Q345A，表示屈服强度为 $345 N/mm^2$ 的 A 级钢，当需要钢板厚度方向性能时，则在牌号后面加上表示厚度方向（Z 向）性能级别（Z15、Z25、Z35）的符号，例如：Q345BZ15，表示屈服强度为 $345 N/mm^2$ 的 B 级钢，厚度方向性能级别为 Z15（厚度方向性能级别参考规范《厚度方向性能钢板》（GB/T5313—2010）中规定，不同厚度方向性能级别钢的硫含量、断面收缩率平均值、断面收缩率单个试样最小值规定不同）。低合金高强度结构钢的综合性能较好，同条件下比碳素结构钢节省用钢量 20% ~ 30%，主要用于轧制各种型钢、钢板、钢管及钢筋，特别适用于重型结构、高层结构、大跨结构、桥梁结构，广泛用于土木工程钢结构和钢筋混凝土结构。例如：《建筑结构用钢板》（GB/T19879—2005）中用钢分为 Q235、Q345、Q390、Q420、Q460 和 B、C、D、E 五个等级，表示方法：如 Q345GJCZ25，表示屈服强度为 $345 N/mm^2$ 的 C 级高性能建筑结构（GJ）用钢，厚度方向性能级别为 Z25。

（2）土木工程中，常用的钢材有：钢结构用型钢、钢板和钢筋混凝土用钢筋、钢丝等。

热轧钢筋分为热轧光圆钢筋和热轧带肋钢筋，热轧光圆钢筋牌号由 HPB + 屈服强度特征值组成，例如：HPB300（Φ）表示热轧光圆钢筋屈服强度特征值为 $300 N/mm^2$，常见热轧光圆钢筋为 HPB300（HPB235 已删除），公称直径范围：6 ~ 22 mm；可按直条或盘条交货。热轧带肋钢筋（横截面为圆形，表面带肋）分为普通热轧带肋钢筋 HRB335（Φ）、HRB400（Φ）、HRB500（Φ），细晶粒热轧带肋钢筋 HRBF335（Φ^F）、HRBF400（Φ^F）、HRBF500（Φ^F），公称直径范围：6 ~ 50 mm；对抗震结构用钢筋在其牌号后面加 E，例如：HRB400E、HRBF400E 等；热轧带肋钢筋表面轧制标志：HRB335、HRB400、HRB500 分别以 3、4、5 表示；HRBF335、HRBF400、HRBF500 分别以 C3、C4、C5 表示。公称直径不大于 10 mm 的表面可以不轧制标志。

余热处理钢筋按屈服强度特征值分为 RRB400（Φ^R）级和 RRB500（Φ^R）级，按用途分为可焊（W）和非可焊；牌号由 RRB + 屈服强度特征值 + 是否可焊性（W）构成，例如：RRB400、RRB500 表示屈服强度特征值分别为 $400 N/mm^2$ 和 $500 N/mm^2$，不具有可焊性；RRB400W（Φ^{RW}）和 RRB500W（Φ^{RW}）表示屈服强度特征值分别为 $400 N/mm^2$ 和 $500 N/mm^2$，具有可焊性；公称直径范围：8 ~ 50 mm（8 mm、10 mm、12 mm、16 mm、20 mm、25 mm、32 mm、40 mm、50 mm）；按余热处理状态交货；余热处理钢筋表面轧制标志：RRB400 以 K4 表示，RRB500 以 K5 表示；RRB400W 以 KW4 表示。公称直径不大于 10 mm 的表面可以不轧制标志。

冷轧带肋钢筋牌号由 CRB + 钢筋抗拉强度最小值组成，常见有：CRB550、CRB650、CRB800、CRB970 四个牌号，其中 CRB550 为普通钢筋混凝土用钢筋，公称直径范围为 4 ~ 12 mm，其他型号为预应力混凝土用钢筋，公称直径范围为 4 mm，5 mm，6 mm；钢筋通常按盘卷交货，CRB550 钢筋也可按直条交货。

冷轧扭钢筋由低碳热轧圆盘条（材料多为 Q215 或 Q235，其中 550 级 Ⅱ 型和 650 级 Ⅲ 型必须采用 Q235 材料）经专用钢筋冷轧扭机调直、冷轧并冷扭（或冷滚）一次成型而成的连续螺旋状钢筋。该种钢筋刚度大，不易变形，与混凝土握裹力大，无需再进行预应力或弯钩等加工就可直接用于混凝土工程。标记由 CTB + 强度级别（550、650）+ 标志代号（∅^{T}）+ 标志直径（加工前原材料的公称直径）+ 一类型代号（Ⅰ 型近似矩形截面、Ⅱ 型近似正方形截面、

Ⅲ型近似圆形截面），例如：CTB550 $\varnothing^T$10—Ⅱ、CTB650 $\varnothing^T$8 – Ⅲ等，常见的标志直径有：CTB550 中Ⅰ、Ⅱ型有 6.5 mm、8 mm、10 mm、12 mm，Ⅲ型有 6.5 mm、8 mm、10 mm，CTB650 中Ⅲ型有：6.5 mm、8 mm、10 mm。550 级Ⅰ～Ⅲ型为直条交货，650 级Ⅲ型为盘条交货。

预应力混凝土钢丝是用优质碳素结构钢经冷拉或冷拉后消除应力处理制成，分成冷拉钢丝（WCD）和消除应力低松弛钢丝（WLR），按外形分为光圆钢丝（P）、螺旋肋钢丝（H）和刻痕钢丝（I）。标记由公称直径 + 抗拉强度 + 代号 + 外形 + 执行标准组成，例如：4.00 – 1670 – WCD – P – GB/T5223 – 2014，表示为公称直径 4.00 mm、抗拉强度 1670 MPa、冷拉光圆钢丝；7.00 – 1570 – WLR – H 表示为公称直径 7.00 mm、抗拉强度 1570 MPa、消除应力低松弛螺旋肋钢丝；常见的公称直径为 4.00 mm、4.80 mm、5.00 mm、6.00 mm、6.25 mm、7.00 mm、7.50 mm、8.00 mm、9.00 mm、9.50 mm、10.00 mm、11.00 mm、12.00 mm 几种；

预应力混凝土钢绞线可以分为冷拉光圆钢丝捻制成的标准型钢绞线、刻痕钢丝捻制成的刻痕钢绞线、捻制后再冷拔型的模拔型钢绞线等；按结构分成八类：由两根钢丝捻成的 1×2，由三根钢丝捻成的 1×3，由三根刻痕钢丝捻成的 1×3I，由七根钢丝捻成的标准型钢绞线 1×7，由六根刻痕钢丝和一根光圆中心钢丝捻成的 1×7I，由七根钢丝捻成后经过模拔成的 1×7C，由十九根钢丝捻成的 1+9+9 西鲁式钢绞线 1×19S，由十九根钢丝捻成的 1+6+6/6 瓦林吞式钢绞线 1×19W。预应力钢绞线标记为结构类型 + 公称直径（钢绞线外接圆直径）+ 抗拉强度 + 执行标准组成，例如：1×7 – 15.20 – 1860 – GB/T5224—2014 表示为公称直径 15.20 mm，强度级别为 1860MPa 的七根钢丝捻成的标准型钢绞线；1×3I – 8.74 – 1670 – GB/T5224—2014 表示为公称直径 8.74 mm，强度级别为 1670MPa 的三根刻痕钢丝捻成的钢绞线；

预应力混凝土螺纹钢筋为热轧成不连续的外螺纹的直条钢筋。该钢筋在任意截面处都可用带有匹配形状的内螺纹的连接器或锚具进行连接或锚固，其公称截面面积为不含螺纹的钢筋截面面积。该钢筋标记为 PSB + 屈服强度最小值，例如：PSB830 表示屈服强度最小值为 830 MPa 的预应力混凝土螺纹钢筋，主要有 PSB785、PSB830、PSB930、PSB1080 四个等级，其公称直径为：18 mm、25 mm、32 mm、40 mm、50 mm。产品按强度级别在端头涂色表示：PSB785 不涂色，PSB830 涂白色，PSB930 涂黄色，PSB1080 涂红色。

低碳钢热轧圆盘条主要由碳素结构钢 Q195、Q215、Q235、Q275 加工而成，抗拉强度分别不大于 410 N/mm²，435 N/mm²，500 N/mm²，540 N/mm²。

冷拔低碳钢丝为低碳钢热轧圆盘条或热轧光圆钢筋经一次或多次冷拔制成的光圆钢丝，钢丝直径常见有 3 mm、4 mm、5 mm、6 mm、7 mm、8 mm 几种，表示为 CDW550，强度标准值为 550 N/mm²。

热轧型钢由《热轧型钢》（GB/T706—2008）中包括的热轧工字钢、热轧槽钢、热轧角钢（等边、不等边）、热轧 L 型钢（与不等边角钢的区别为：L 型钢两边为不等厚，而不等边角钢的两边等厚）和《热轧 H 型钢和剖分 T 型钢》（GB/T11263—2010）中包括的 H 型钢（与工字钢区别：H 型钢翼缘厚度处处相等，且翼缘边缘不起弧度）、剖分 T 型钢组成；H 型钢和剖分 T 型钢均有宽翼缘（Wide）、中翼缘（Middle）和窄翼缘（Narrow）之分，此外还有薄壁 H 型钢（Thin），分别表示为：HW、HM、HN、TW、TM、TN 和 HT；型钢的母材一般为碳素结构钢或低合金高强度结构钢等材料制成，其力学性能应符合 GB/T700 或 GB/T1591 中有关规定，型钢按理论重量以热轧状态交货，理论重量计算时，密度取 7.85 g/cm³，H 型钢和剖分 T 型钢交货长度一般为 12 m；

型钢表示方法如表 1-5-1 所示。

表 1-5-1　型钢表示方法

截面类型	表示方法	说明
热轧工字钢	· 以截面高度厘米数表示型号，如：I10#，I63a#，I63b#，I63c#等，其他尺寸如宽度 b、厚度 t、d 等查型钢表； · 以截面腰高(h)×腰宽(b)×腰厚(d)的毫米数表示，如：I200×100×7 表示 h =200 mm，b =100 mm，d =7 mm	I10#：表示截面高度 h =100 mm，I63#：表示截面高度 h =630 mm，其中 a，b，c 表示同截面高度的工字钢，宽度和厚度不同，以 a，b，c 的顺序宽度和厚度依次增加
热轧槽钢	· 以截面高度厘米数表示型号，如：[5#，[40a#，[40b#，[40c#等，其他尺寸如宽度 b、厚度 t、d 等查型钢表； · 以截面腰高(h)×腿宽(b)×腰厚(d)的毫米数表示，如 [120×53×5，表示 h =120 mm，b =53 mm，d =5 mm	[5#：表示截面高度 h =50 mm，[40#：表示截面高度 h =400 mm，其中 a，b，c 表示同截面高度的槽钢，宽度和厚度不同，以 a，b，c 的顺序宽度和厚度依次增加
热轧等边角钢	· 以截面高度厘米数表示型号，如：∠2#，∠25#等，其他尺寸如厚度 d、半径 r 等查型钢表； · 以截面边宽(b)×边宽(b)×边厚(d)的毫米数表示，如：∠250×250×18，即表示 b =250 mm，d =18 mm 的等边角钢	∠2#：表示截面高度 b =20 mm；∠25#：表示截面高度 b =250 mm
热轧不等边角钢	· 以截面高度/宽度厘米数表示型号，如：∠2.5/1.6#，∠20/12.5#等，其他尺寸如厚度 d、半径 r 等查型钢表； · 以截面长边宽(B)×短边宽(b)×边厚(d)的毫米数表示，如：∠200×125×12，即表示 B =200 mm，b =125 mm，d =12 mm 的不等边角钢	∠2.5/1.6#：表示 B =25 mm，b =16 mm；∠20/12.5#：表示 B =200 mm，b =125 mm
热轧 L 型钢	· 以截面长边宽(B)×短边宽(b)×长边厚(D)×短边厚(d)的毫米数表示，即 $B×b×D×d$，如：L250×90×9×13，L500×120×13.5×35	L250×90×9×13 表示 B =250 mm，b =90 mm，D =9 mm，d =13 mm 的 L 型钢；L500×120×13.5×35 表示 B =500 mm，b =120 mm，D =13.5 mm，d =35 mm 的 L 型钢

续上表

截面类型	表示方法	说明
 热轧 H 型钢	·以截面高度（H）×宽度（B）×腹板厚度（t_1）×翼缘厚度（t_2）的毫米数表示，即 $H \times B \times t_1 \times t_2$，如 HW100×100×6×8，HM148×100×6×9，HN900×300×16×28，HT390×198×6×8 等	HW100×100×6×8 表示 $H=100$ mm，$B=100$ mm，$t_1=6$ mm，$t_2=8$ mm 的宽翼缘 H 型钢
 热轧 T 型钢	·以截面高度（h）×宽度（B）×腹板厚度（t_1）×翼缘厚度（t_2）的毫米数表示，即 $h \times B \times t_1 \times t_2$，如 TW50×100×6×8，HM74×100×6×9，HN450×300×16×28 等	HW50×100×6×8 表示 $h=50$ mm，$B=100$ mm，$t_1=6$ mm，$t_2=8$ mm 的宽翼缘 T 型钢

　　热轧钢板和钢带由《碳素结构钢和低合金结构钢热轧钢带》（GB/T3524—2005）和《碳素结构钢和低合金结构钢热轧厚钢板和钢带》（GB/T3274—2007）中规定，其中钢带的标记为：材质—厚度×宽度—边缘状态（不切边为 EM，切边为 EC），例如：Q235B—3×350—EM—GB/T3524—2005，表示用 Q235B 类钢轧制成厚度 3 mm，宽度 350 mm 的不切边热轧钢带；

　　高耐候结构钢指在钢中加入合金元素（铜、磷、铬、镍），使其在金属表面形成保护层，提高其耐候性能，多是指耐大气腐蚀的热轧、冷轧钢板、钢带和型钢等。若作为焊接结构用钢的厚度，一般不大于 16 mm；牌号由 Q + 屈服强度（N/mm²）+ GNH（高耐候的拼音）组成，如含铬、镍时，在牌号后面增加 L 表示，如 Q345GNHL；热轧高耐候结构钢有：Q295GNH，Q295GNHL，Q345GNH，Q345GNHL，Q390GNH；冷轧高耐候结构钢有：Q295GNH，Q295GNHL，Q345GNHL；

　　桥梁用结构钢指厚度不大于 100 mm 的桥梁用结构钢板、钢带和厚度不大于 40 mm 的桥梁用结构型钢，牌号由 Q + 屈服强度（N/mm²）+ q（桥梁的拼音）+ 质量等级组成，当要求钢板具有耐候性能和厚度方向性能时，在其后面加上耐候的拼音 NH 或厚度方向性能级别即可，如：Q420qDNH 表示屈服强度 420 N/mm² 的桥梁用质量等级为 D 级的耐候结构钢，Q420qDZ15 表示屈服强度 420 N/mm² 的桥梁用质量等级为 D 级的厚度方向性能为 Z15 级的结构钢，Q420qDNH30×350×8000 表示屈服强度 420N/mm² 的桥梁用质量等级为 D 级的耐候结构钢厚度为 30 mm，宽度为 350 mm，长度为 8000 mm 的钢板；常见的有：Q235q、Q345q、Q370q、Q420q、Q460q、Q500q、Q550q、Q620q、Q690q 等；钢材应成批验收，每批由同一牌号、同一炉号、同一规格、同一轧制制度及同一热处理的钢材组成，每批重量不大于 60 t；

　　船舶及海洋工程用结构钢指厚度不大于 150 mm 的钢板、厚度不大于 25.4 mm 的钢带和剪切板或直径不大于 50 mm 的型钢，按强度级别分为：一般强度、高强度和超高强度三类，牌号为：对一般强度分为 A\B\D\E 四种；对高强度分为 AH32\DH32\EH32\FH32，AH36\DH36\EH36\FH36，AH40\DH40\EH40\FH40，对超高强度分为 AH\DH\EH\FH 的 420、460、

500、550、620、690(数字表示屈服强度最小值)，如 AH420、FH690 等，各等级的性能参见《船舶及海洋工程用结构钢》(GB712 - 2011)中规定，如 AH32\DH32\EH32\FH32 的 $R_{eH} \geqslant$ 315MPa，AH36\DH36\EH36\FH36 的 $R_{eH} \geqslant$ 355 MPa，AH40\DH40\EH40\FH40 的 $R_{eH} \geqslant$ 390MPa 等；钢材应成批验收，每批由同一牌号、同一炉号、同一交货状态、厚度差小于 10 mm 的钢材组成，拉伸试验每批重量不大于 50 t；

(3)钢材的冷加工主要有：冷拉、冷拔和冷轧等，钢材的热处理主要有：淬火、回火、退火、正火等。

钢材在常温下进行冷拉、冷拔和冷轧，使其产生塑性变形，从而提高屈服强度，但塑性、韧性及弹性模量降低称为冷加工强化。将冷加工后的钢筋，在常温下存放 15 ~ 20d(自然时效)，或加热至 100 ~ 200℃保持 2 ~ 3 h(人工时效)，其屈服强度进一步提高，且抗拉强度也提高，同时塑性和韧性也进一步降低，弹性模量则基本恢复这个过程称为时效处理。

淬火是将钢加热到一定温度(723 ~ 910℃)后，立即在水中或油中淬冷，淬火后的钢材强度和硬度提高，但塑性和韧性明显降低。将淬火后的钢材在 723℃以下的温度范围内重新加热，保温后按一定速度冷却至室温称回火，回火可消除淬火产生的内应力，恢复塑性和韧性，但硬度下降，回火加热温度越高，硬度降低越多，塑性和韧性恢复越好。将钢加热到一定温度(723 ~ 910℃)后，在退火炉中保温、缓慢冷却的过程，称退火，退火能消除钢筋的内应力，改善钢的显微结构，降低硬度，提高塑性和韧性。将钢加热到一定温度(723℃ ~ 910℃)后，在空气中自然冷却的过程称正火，正火处理的钢材，显微结构较好，强度和硬度提高，但塑性比退火处理得小。

2. 取样方法及规定

(1)钢材取样同一牌号、同一炉号、同一质量等级、同一品种、同一尺寸、同一交货状态为一批，每批重量不大于 60 t。

(2)取样应平行于轧制方向(主加工方向)，例如：碳素结构钢做拉伸和弯曲试验时，型钢、钢棒取纵向试样(纵向为平行于轧制方向)，钢板、钢带取横向试样(横向为平行于轧制方向，窄钢带取横向试样困难时，可以取纵向试样)，冲击试样的纵向轴线应平行于轧制方向。

(3)碳素结构钢拉伸试验(试验方法：GB/T228)和弯曲试验(试验方法：GB/T232)各取样 1 个，冲击试验(试验方法：GB/T229)取样 3 个，取样方法参考 GB/T2975 相关规定；钢材的冲击试验结果不符合要求时，抽样产品应报废，再从该检验批的剩余部分分别取两个抽样产品，在每个抽样产品中选新的一组 3 个试样，这两组试验的冲击试验结果必须合格，否则该批产品不合格。

(4)优质碳素结构钢拉伸试验(试验方法：GB/T228)和冲击试验(试验方法：GB/T229)从不同根钢材中各取样 2 个，取样方法参考 GB/T2975 相关规定。

(5)低合金高强度结构钢、建筑结构用钢板拉伸试验(试验方法：GB/T228)和弯曲试验(试验方法：GB/T232)各取样 1 个，冲击试验(试验方法：GB/T229)取样 3 个，取样方法参考 GB/T2975 相关规定；厚度方向性能取样 3 个(试验方法和取样方法：GB/T5313)。

(6)《钢及钢产品力学性能试验取样位置及试样制备》(GB/T2975—1998)中要求：取样时，应对抽样产品、试料(为制备多个试样，从抽样产品中切取足够量的材料，某些情况下，试料也就是抽样产品)、样坯(为制备试样，经过机械处理或热处理后的试料)和试样(经机加工或未经机加工后的满足试验要求的样坯)做出标记,以保证始终能识别取样的方向和位置;取样时,应防止过热、加工硬化而影响力学性能。

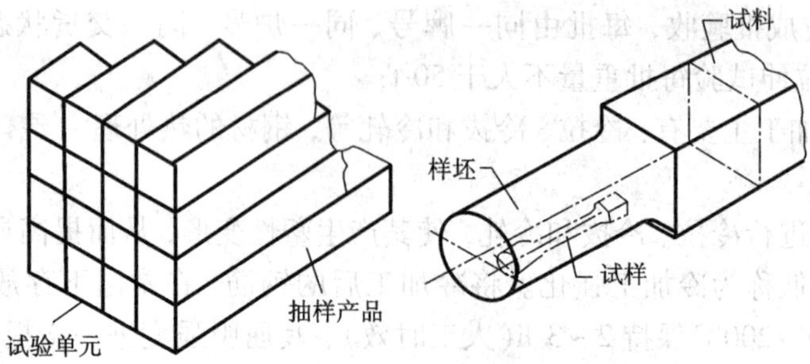

图1-5-1　取样方法

(7)对型钢、钢板、条钢(圆形截面、六角形截面、矩形截面)和钢管(圆环形截面、方形截面)的拉伸、弯曲和冲击试验的取样由《钢及钢产品力学性能试验取样位置及试样制备》(GB/T2975—1998)中规定:

①应在钢产品表面切取弯曲样坯,弯曲试样至少要保留一个表面,当机加工和试验机能力允许时,应制备全截面或全厚度弯曲试样;

②对型钢在其腿部切取样坯,如图1-5-2所示;

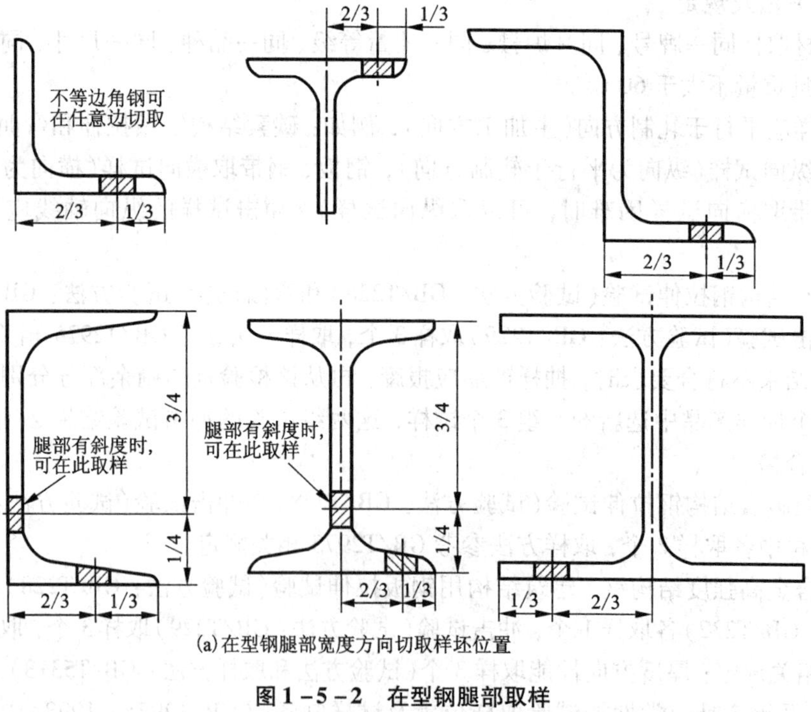

(a)在型钢腿部宽度方向切取样坯位置

图1-5-2　在型钢腿部取样

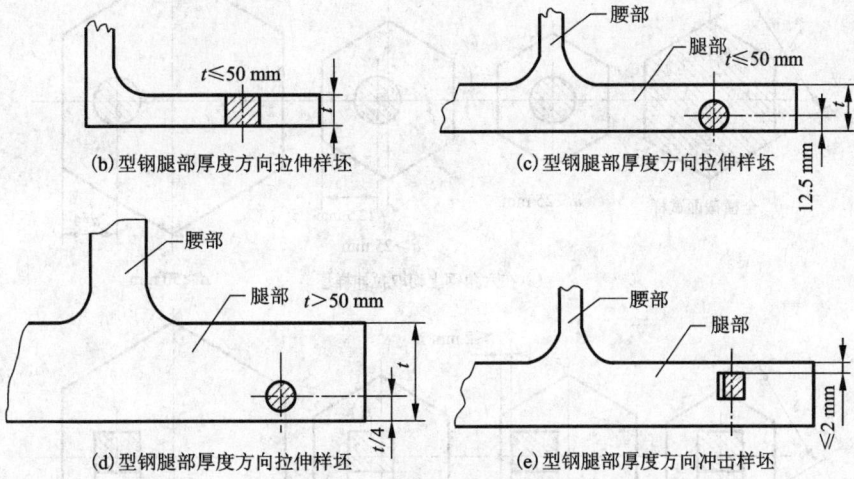

图 1-5-2 在型钢腿部取样(续)

③在圆形截面条钢上切取样坯,如图 1-5-3 所示;

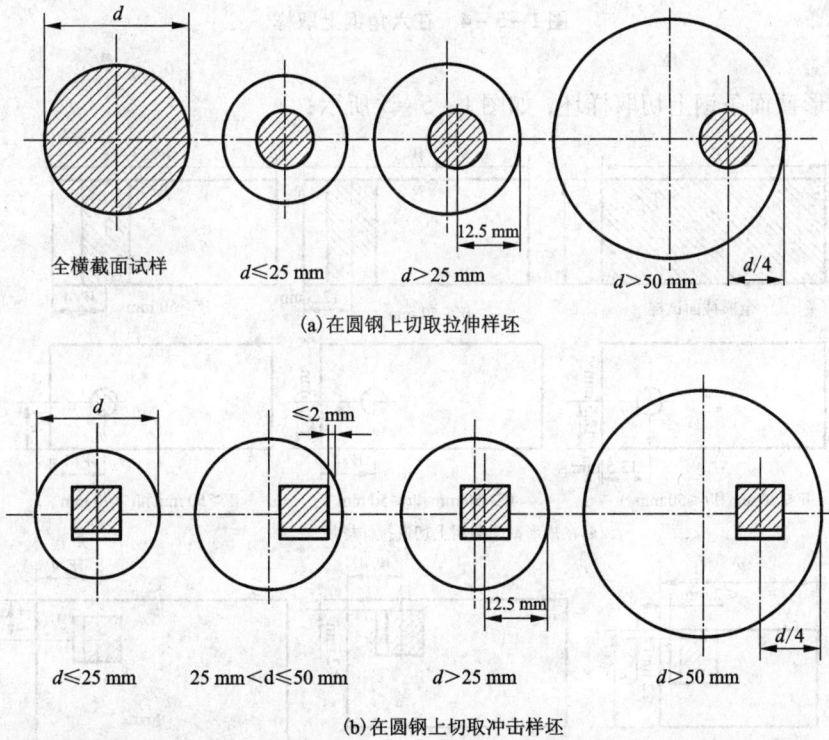

(a)在圆钢上切取拉伸样坯

(b)在圆钢上切取冲击样坯

图 1-5-3 在圆钢上取样

④在六角形截面条钢上切取样坯,如图 1-5-4 所示;

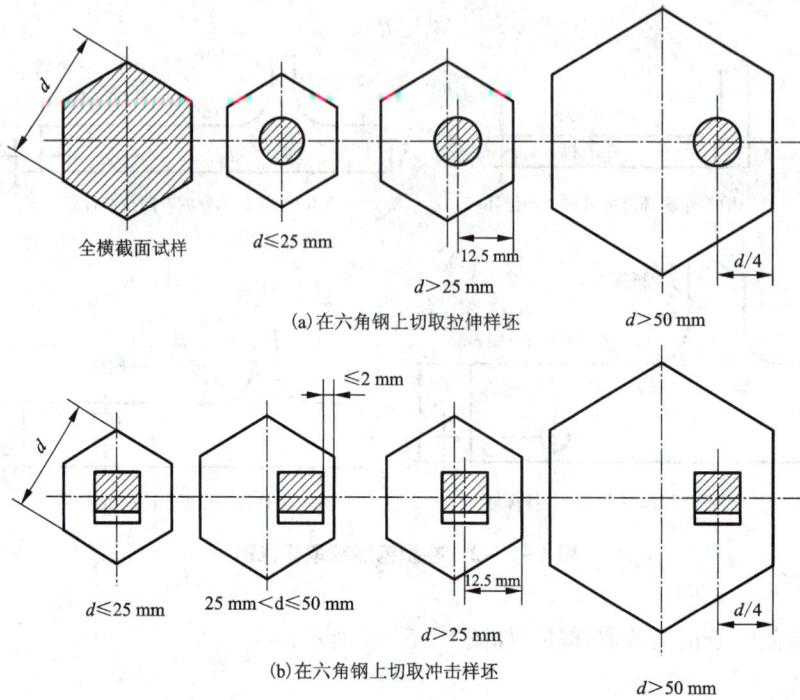

全横截面试样

$d \leqslant 25$ mm

12.5 mm
$d > 25$ mm

$d/4$
$d > 50$ mm

(a)在六角钢上切取拉伸样坯

$\leqslant 2$ mm

$d \leqslant 25$ mm

25 mm$ < d \leqslant 50$ mm

12.5 mm
$d > 25$ mm

$d/4$
$d > 50$ mm

(b)在六角钢上切取冲击样坯

图 1-5-4 在六角钢上取样

⑤在矩形截面条钢上切取样坯,如图 1-5-5 所示;

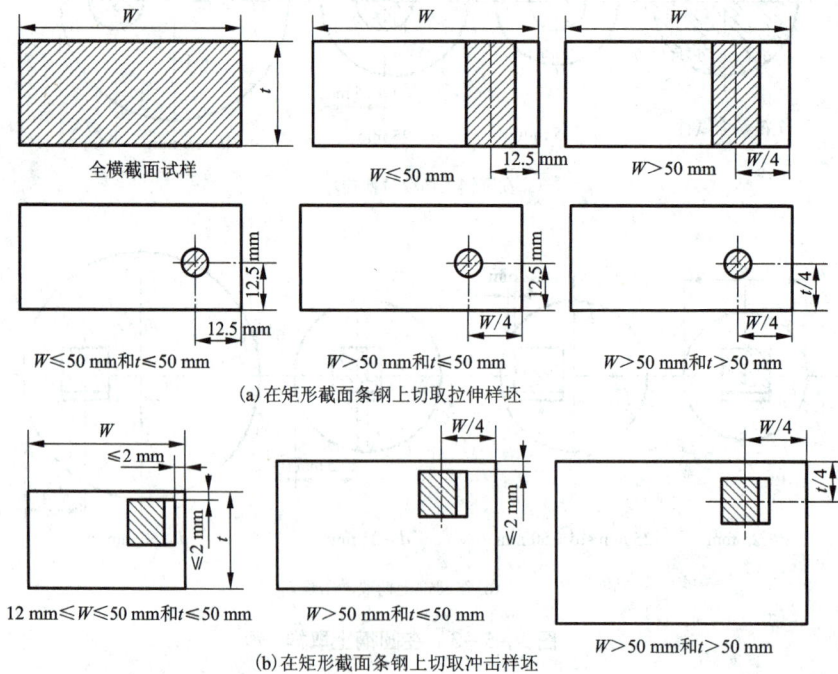

全横截面试样

$W \leqslant 50$ mm
12.5 mm

$W > 50$ mm
$W/4$

$W \leqslant 50$ mm和$t \leqslant 50$ mm
12.5 mm 12.5 mm

$W > 50$ mm和$t \leqslant 50$ mm
12.5 mm $W/4$

$W > 50$ mm和$t > 50$ mm
$W/4$ $t/4$

(a)在矩形截面条钢上切取拉伸样坯

$\leqslant 2$ mm

12 mm$\leqslant W \leqslant 50$ mm和$t \leqslant 50$ mm

$W/4$
$\leqslant 2$ mm
$W > 50$ mm和$t \leqslant 50$ mm

$W/4$
$t/4$
$W > 50$ mm和$t > 50$ mm

(b)在矩形截面条钢上切取冲击样坯

图 1-5-5 在矩形条钢上取样

⑥在钢板上切取样坯，如图1-5-6所示；

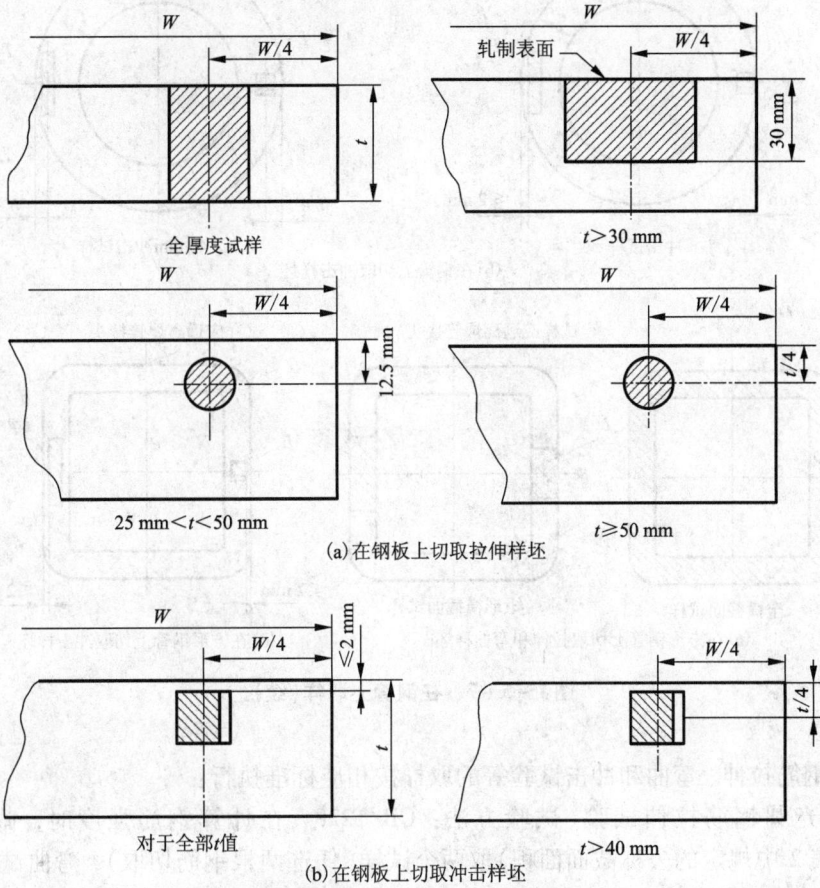

图1-5-6　在钢板上取样

⑦在钢管上切取样坯，如图1-5-7所示。

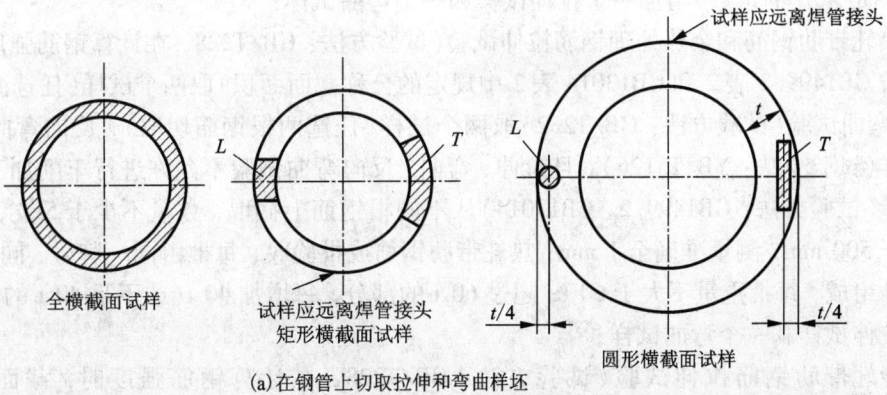

图1-5-7　在钢管上取样

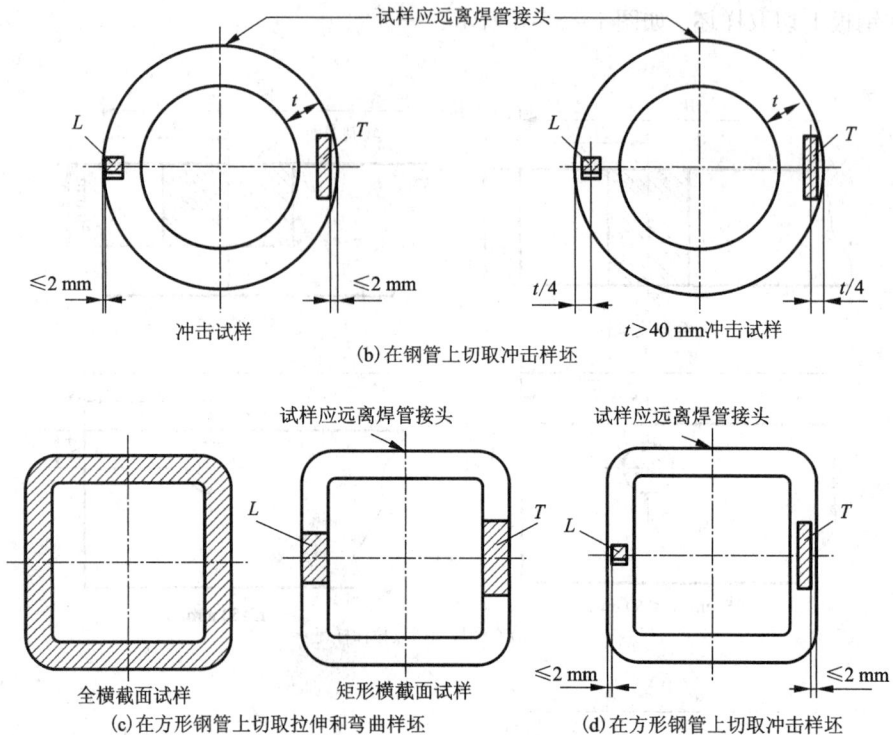

图 1 - 5 - 7　在钢管上取样(续)

(8)对钢筋拉伸、弯曲和冲击试验等的取样按相应标准执行:

①热轧光圆钢筋拉伸试验(试验方法:GB/T228,在计算钢筋强度时,截面面积按GB1499.1 表2 中规定的公称截面面积)取两个试样(任选两根钢筋切取),弯曲试验(试验方法:GB/T232,弯芯直径 $d = a$,a 为钢筋公称直径)取两个试样(任选两根钢筋切取),且拉伸、弯曲试验不允许进行车削加工;重量偏差试验(试验方法:GB1499.1)从不同根钢筋上截取,数量不少于 5 支,每支长度不少于 500 mm,测量准确至 1 mm;热轧光圆钢筋成批验收,每批由同一牌号、同一炉号、同一尺寸组成,每批重量不大于 60 t;超过 60 t 的部分,每增加40 t(或不足 40 t 的余数)增加一个拉伸试样和一个弯曲试样;

②热轧带肋钢筋和余热处理钢筋拉伸试验(试验方法:GB/T228,在计算钢筋强度时,截面面积按 GB1499.2 表2 和 GB13014 表2 中规定的公称截面面积)取两个试样(任选两根钢筋切取),弯曲试验(试验方法:GB/T232)取两个试样(任选两根钢筋切取),反向弯曲试验取一个试样(试验方法:YB/T5126),且拉伸、弯曲、反向弯曲试验不允许进行车削加工,重量偏差试验(试验方法:GB1499.2、GB13014)从不同根钢筋上截取,数量不少于 5 支,每支长度不少于 500 mm,测量准确至 1 mm;热轧带肋钢筋成批验收,每批由同一牌号、同一炉号、同一尺寸组成,每批重量不大于 60 t;超过 60 t 的部分,每增加 40 t(或不足 40 t 的余数)增加一个拉伸试样和一个弯曲试样;

③冷轧带肋钢筋拉伸试验(试验方法:GB/T228,在计算钢筋强度时,截面面积按GB13788 表1 中规定的公称截面面积)每盘随机切取 1 个试样,弯曲试验(试验方法:GB/T232)每批取两个试样,反复弯曲试验(试验方法:GB/T238)每批取两个试样(一般 CRB550

做弯曲试验，不做反复弯曲试验，CRB650、CRB800、CRB970 做反复弯曲试验，不做弯曲试验），重量偏差试验（试验方法：GB13788）每盘取 1 个试样，试样长度不少于 500 mm，测量准确至 1 mm，应力松弛试验（试验方法：GB13788、GB/T10120）定期取样 1 个试样，试样长度不小于 60 倍公称直径，试验时环境温度：20±2℃；冷轧带肋钢筋成批验收，每批由同一牌号、同一外形、同一规格、同一生产工艺和交货状态组成，每批重量不大于 60 t；

④冷轧扭钢筋从钢筋验收批中随机取样，取样部位距离钢筋末端不小于 500 mm，试样长度不小于偶数倍节距，不宜小于 4 倍节距，且不小于 400 mm。拉伸试验、弯曲试验、重量偏差试验中型式检验每批各 3 根；冷轧扭钢筋成批验收，每批由同一型号、同一强度等级、同一规格、同一轧机生产的组成，每批重量不大于 20 t；

⑤预应力混凝土用钢丝从钢筋验收批中随机取样，拉伸试验（试验方法：GB/T21839—2008，计算钢筋强度时，截面面积按 GB/T5223 中规定的公称截面面积）、弯曲试验、重量偏差试验等从每盘中任意一端截取，每批 3 根；应力松弛试验（试验方法：GB/T21839）每批取样 1 个试样，试样长度不小于 60 倍公称直径，试验时环境温度：20±2℃；成批验收，每批由同一牌号、同一规格、同一加工状态组成，每批重量不大于 60 t；

⑥预应力混凝土用钢绞线从钢筋验收批中随机取样，拉伸试验（试验方法：GB/T21839—2008，计算钢筋强度时，截面面积按 GB/T5224 中规定的公称截面面积）、应力松弛试验等从每盘中任意一端截取，每批 3 根；应力松弛试验（试验方法：GB/T21839）每批取样 1 个试样，试样长度不小于 60 倍公称直径，试验时环境温度：20±2℃；成批验收，每批由同一牌号、同一规格、同一加工状态组成，每批重量不大于 60 t。

（9）钢板厚度方向性能试验取样规定参考《厚度方向性能钢板》（GB/T5313—2010）。

（10）预应力混凝土螺纹钢筋从钢筋验收批中随机取样，拉伸试验（试验方法：GB/T228，计算钢筋强度时，截面面积按 GB/T20065 中表 1 规定的公称截面面积，且必须采用全截面尺寸钢筋试样，不允许用机加工减小截面）任选两根钢筋，松弛试验（试验方法：GB/T10120）每 1000 t 任选 1 根钢筋，疲劳试验任选 1 根钢筋，应力松弛试验（试验方法：GB/T,10120）每批取样 1 个试样，试样长度不小于 60 倍公称直径，试验时环境温度：20±2℃；成批验收，每批由同一牌号、同一规格组成，每批重量不大于 60 t，超过 60 t 的部分，每增加 40 t，增加一个拉伸试样。

（11）低碳钢热轧圆盘条从钢筋验收批中随机取样，拉伸试验每批取样 1 个，弯曲试验每批从不同根盘条中取样 2 个。

（12）冷拔低碳钢丝应进行表面质量、直径偏差、拉伸、反复弯曲试验，分批验收，每批由同一原材料、同一直径、同一生产单位组成，每批重量不超过 30 t；每批抽取不少于 5 盘进行直径偏差检验，每盘抽取 1 点量测钢丝直径，该点直径取两个垂直方向的平均值；每批抽取不少于 3 盘进行拉伸和反复弯曲试验，每盘钢丝中任意一端截去 500 mm 以后，再取 2 个试样，一个用于拉伸，另一个用于反复弯曲试验，计算抗拉强度时，取钢丝的公称截面面积。

（13）热轧型钢（工字钢、槽钢、角钢、L 型钢）组批规则按 GB/T700 和 GB/T1591 标准进行，拉伸试验（试验方法：GB/T228）和弯曲试验（试验方法：GB/T232）各取样 1 个，常温和低温冲击试验（试验方法：GB/T229）取样各 3 个，取样方法参考 GB/T2975 相关规定，其中工字钢、槽钢在其腰部取样；热轧 H 型钢和剖分 T 型钢拉伸试验（试验方法：GB/T228）和弯曲试验（试验方法：GB/T232）各取样 1 个，冲击试验（试验方法：GB/T229）取样 3 个，取样方法参考 GB/T2975 相关规定（在翼缘取样）。

（14）热轧钢板和钢带中的热轧钢带应取纵向试样，在钢带宽度中间从钢带卷的外圈距端部 1 m 以上部位截取；测量钢带厚度时，测量点距离钢带边缘的距离：不切边钢带不小于 10 mm，切边钢带不小于 5 mm；钢板和钢带应成批验收，每批由同一牌号、同一炉号、同一质量等级、同一交货状态的钢板和钢带组成，每批重量不大于 60 t，轧制卷重大于 30 t 钢带和连轧板可按两个轧制卷组批。

（15）高耐候结构钢取样按相应的钢种的取样规则进行；成批验收，每批由同一炉号、同一品种、同一尺寸、同一轧制制度和交货状态的钢材组成，不超过 60 t。

（16）桥梁用结构钢的钢材应成批验收，每批由同一牌号、同一炉号、同一规格、同一轧制制度及同一热处理的钢材组成，每批重量不大于 60 t。

（17）船舶及海洋工程用结构钢中拉伸试验试样应从每一批中最厚的钢材中制取，当钢材的厚度不大于 40 mm 时，取全截面矩形试样，试样宽度为 25 mm，当试验机的能力不足时，可在试样的一个轧制面上进行加工，使厚度减薄至 25 mm；当钢材的厚度大于 40 mm 时，取圆截面试样，其轴线距钢材表面应为钢材的 1/4 厚度处或尽量接近此位置，试样直径为 14 mm，也可根据试验机的能力取用全截面试样。

冲击试验试样应从每一批中最厚的钢材中制取，取纵向试样，当钢材的厚度不大于 40 mm 时，试样应为近表面试样，试样边缘距一个轧制面小于 2 mm；当钢材的厚度大于 40 mm 时，试样轴线应位于钢材的 1/4 厚度处或尽量接近此位置，缺口应垂直于原轧制面。

钢材应成批验收，每批由同一牌号、同一炉号、同一交货状态、厚度差小于 10 mm 的钢材组成，拉伸试验每批重量不大于 50 t。

3. 记录及结果计算

表 1 − 5 − 2　钢材取样实验记录表

钢材取样单							
样品编号	样品型号	代表批量	取样方向	取样日期	取样数量	取样地点	取样人
			□纵向 □横向				

4. 检测相关

（1）用碳素结构钢的 Q195 和 Q235B 级沸腾钢（Q235BF）轧制的钢材，其厚度（或直径）不大于 25 mm；

（2）碳素结构钢做拉伸和弯曲试验时，型钢、钢棒取纵向试样（纵向为平行于轧制方向），钢板、钢带取横向试样（横向为平行于轧制方向，窄钢带取横向试样困难时，可以取纵向试样），冲击试样的纵向轴线应平行于轧制方向；

（3）优质碳素结构钢以热轧或热锻交货时，如供方能保证力学性能合格，可以不进行力学性能试验；以热处理（正火）毛坯制成的试样纵向力学性能、以热处理（淬火＋回火）毛坯制成的试样测定 25 号 ~50 号、25Mn ~50Mn 号钢的冲击吸收功（直径小于 16 mm 的圆钢和厚度不大于 12 mm 的方钢、扁钢等不做冲击试验）必须符合《优质碳素结构钢》（GB/T699—1999）

中有关规定；

（4）进行混凝土施工质量验收时，《混凝土结构工程施工质量验收规范》（GB50204—2015）中规定：同一工程、同一类型、同一材料来源、同一组生产设备生产的成型钢筋，检验批量不大于 30 t。

1.5.2　钢筋力学性能实验

1. 基本概念

（1）金属材料力学性能试验中几个基本参数如表 1 - 5 - 3 所示。

表 1 - 5 - 3　金属材料力学性能试验中基本参数

平行长度（L_c）：试样平行缩减部分的长度，即平行部分的长度，对于未进行机加工的试样，平行长度就是试验机两夹头之间的距离；（平行部分指的是如图中 AB 平行于 CD 之间的部分，标距应该在平行长度范围内进行）

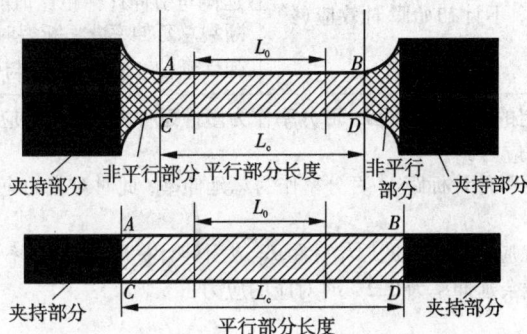

标距（L）：测量伸长用的试样圆柱或棱柱部分的长度	引伸计标距（L_e）：用引伸计测量试件延伸时所使用引伸计起始标距长度（试验前的原始长度）；当测定屈服强度和规定强度性能时，使引伸计尽可能跨越试样平行长度，理想的引伸计标距范围为：$L_0/2 < L_e < 0.9L_c$，这样能保证引伸计测到的是发生在试样上的全部屈服；当测定最大力和最大力后的性能时，一般 $L_e = L_0$
原始标距（L_0）：试验前标距标记间的长度，规定原始标距不小于 15 mm； 试样原始标距的确定： 比例试样（原始标距和试样横截面面积 S_0 有关，若无关系则是非比例试样）：$L_0 = k \cdot \sqrt{S_0}$，国际上 $k = 5.65$，当计算出的 L_0 不满足最小 15 mm 的要求时，可优先采用 $k=11.3$，或采用非比例试样， $$L_0 = 5.65 \cdot \sqrt{S_0} = 5\sqrt{\frac{4}{\pi} \cdot S_0}$$ $$L_0 = 11.3 \cdot \sqrt{S_0} = 10\sqrt{\frac{4}{\pi} \cdot S_0}$$ 所以对圆形截面试样，$L_0 = 5.65 \cdot \sqrt{S_0} = 5\sqrt{\frac{4}{\pi} \cdot S_0} = 5d_0$ $$L_0 = 11.3 \cdot \sqrt{S_0} = 10\sqrt{\frac{4}{\pi} \cdot S_0} = 10d_0$$ d_0—公称直径	
	断后标距（L_u）：室温下把断后的两部分试样紧密地对接在一起，在保证两部分的轴线位于同一直线上，测量试样断裂后的标距长度；（对接在一起

续上表

伸长：指试验期间，任意时刻原始标距的增量：$\Delta L = L - L_0$，该伸长包括弹性伸长和塑性伸长； 伸长率：原始标距的伸长 ΔL 与原始标距 L_0 的比值：$\dfrac{\Delta L}{L_0} \times 100$ 断后伸长率 A：断后标距的残余伸长与原始标距的比值的百分率：$\dfrac{L_u - L_0}{L_0} \times 100$ 残余伸长率：卸除指定的应力后，伸长(塑性伸长)相对于原始标距 L_0 的百分率	延伸：指试验期间，任意给定时刻引伸计标距 L_e 的增量：$\Delta L_e = L - L_e$，该延伸包括弹性延伸和塑性延伸； 延伸率：用引伸计标距 L_e 表示的延伸百分率：$\dfrac{\Delta L_e}{L_e} \times 100$ 残余延伸率：卸除指定应力后引伸计标距的增量与引伸计标距比值的百分率； 屈服点延伸率 A_e：呈现明显屈服(不连续屈服)现象的金属材料，屈服开始至均匀加工硬化开始之间引伸计标距的延伸与引伸计标距比值的百分率；
最大力 F_m：试验期间试样所受的最大力； 抗拉强度 R_m：最大力时对应的应力； 上屈服强度 R_{eH}：试样发生屈服而力首次下降前的最大应力； 下屈服强度 R_{eL}：屈服期间，不计初始瞬时效应(第一个下峰值)时的最小应力	最大力总延伸率 A_{gt}：最大力时原始标距的总延伸(弹性延伸和塑性延伸)与引伸计标距比值的百分率； 最大力塑性延伸率 A_g：最大力时原始标距的塑性延伸与引伸计标距比值的百分率； 断裂总延伸率 A_t：断裂时原始标距的总延伸(包括弹性延伸和塑性延伸)与引伸计标距比值的百分率

规定塑性延伸强度 R_p：规定的引伸计标距 L_e 百分率作为塑性延伸率，此时对应的应力，例如 $R_{p0.2}$ 表示塑性延伸率为 0.2% 时对应的应力；

规定总延伸强度 R_t：规定的引伸计标距 L_e 百分率作为总延伸率，此时对应的应力，例如 $R_{t0.5}$ 表示总延伸率为 0.5% 时对应的应力；

规定残余延伸强度 R_r：卸除应力后规定的原始标距 L_0 或引伸计标距 L_e 百分率作为残余延伸率，此时对应的应力，例如 $R_{r0.2}$ 表示残余延伸率为 0.2% 时对应的应力；

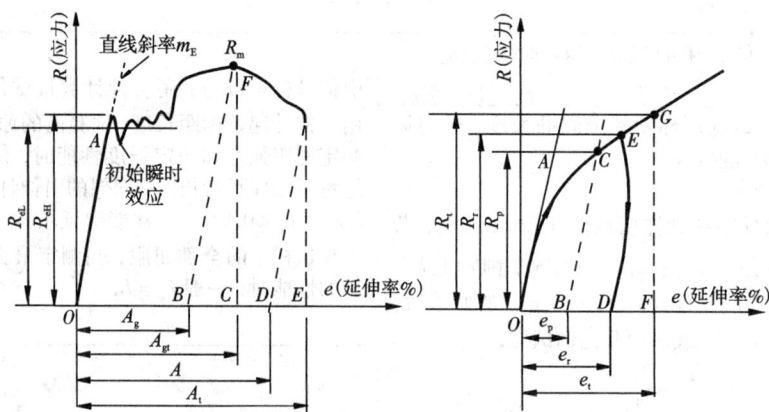

图 1-5-8　$R-e$ 曲线上各参数定义

(2)试样类型与原始标距、平行长度确定：

①对于薄板(带)、板材、扁材，当厚度 a_0，宽度 b 不同时，分为带头和不带头试样：

a.当 0.1 mm $\leqslant a_0 <$ 3 mm，$b >$ 20 mm 时，试料进行机加工成夹持部分比平行部分宽的试样；通过协议，试料也可以加工成不带头的试样；比例试样宽度 b_0 常为 10 mm、12.5 mm、15 mm、20 mm，非比例试样宽度 b_0 常为 12.5 mm、20 mm、25 mm，如图 1-5-9 所示；

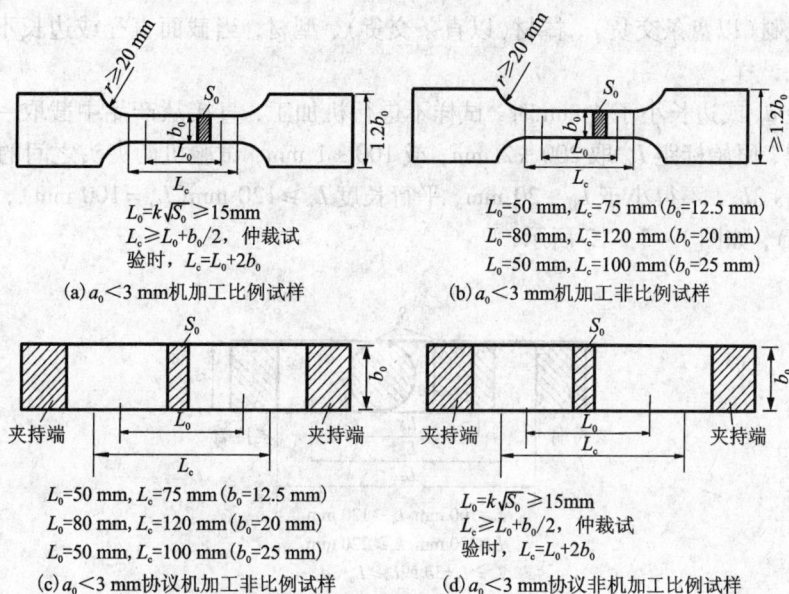

$L_0=k\sqrt{S_0}\geqslant 15\text{mm}$
$L_c\geqslant L_0+b_0/2$, 仲裁试验时, $L_c=L_0+2b_0$

(a) $a_0<3$ mm机加工比例试样

$L_0=50$ mm, $L_c=75$ mm $(b_0=12.5$ mm$)$
$L_0=80$ mm, $L_c=120$ mm $(b_0=20$ mm$)$
$L_0=50$ mm, $L_c=100$ mm $(b_0=25$ mm$)$

(b) $a_0<3$ mm机加工非比例试样

$L_0=50$ mm, $L_c=75$ mm $(b_0=12.5$ mm$)$
$L_0=80$ mm, $L_c=120$ mm $(b_0=20$ mm$)$
$L_0=50$ mm, $L_c=100$ mm $(b_0=25$ mm$)$

(c) $a_0<3$ mm协议机加工非比例试样

$L_0=k\sqrt{S_0}\geqslant 15\text{mm}$
$L_c\geqslant L_0+b_0/2$, 仲裁试验时, $L_c=L_0+2b_0$

(d) $a_0<3$ mm协议非机加工比例试样

图 1 – 5 – 9 $a_0<3$ mm 加工试样

b. 当 0.1 mm $\leqslant a_0<3$ mm, $b\leqslant 20$ mm 时, 试料可以加工成不带头的试样, $b_0=b$, 两夹持端的自由长度 $L_z=L_0+3b_0$, 如图 1 – 5 – 10 所示;

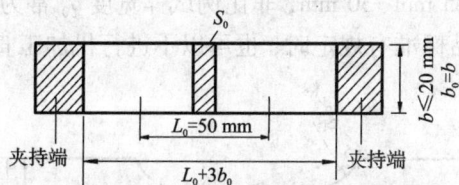

$L_0=50$ mm
L_0+3b_0

图 1 – 5 – 10 $a_0<3$ mm, $b\leqslant 20$ mm 非机加工试样

c. 当 $a_0\geqslant 3$ mm 时, 试料进行机加工成夹持部分比平行部分宽的试样; 比例试样宽度 b_0 常为 12.5 mm、15 mm、20 mm、25 mm、30 mm, 非比例试样宽度 b_0 常为 12.5 mm、20 mm、25 mm、38 mm、40 mm, 如图 1 – 5 – 11 所示;

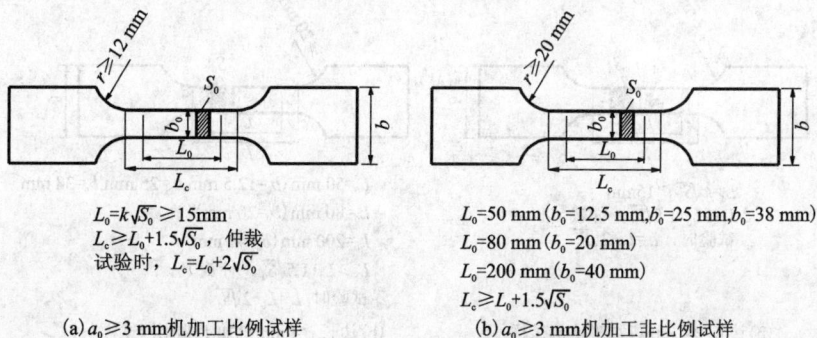

$L_0=k\sqrt{S_0}\geqslant 15\text{mm}$
$L_c\geqslant L_0+1.5\sqrt{S_0}$, 仲裁试验时, $L_c=L_0+2\sqrt{S_0}$

(a) $a_0\geqslant 3$ mm机加工比例试样

$L_0=50$ mm $(b_0=12.5$ mm, $b_0=25$ mm, $b_0=38$ mm$)$
$L_0=80$ mm $(b_0=20$ mm$)$
$L_0=200$ mm $(b_0=40$ mm$)$
$L_c\geqslant L_0+1.5\sqrt{S_0}$

(b) $a_0\geqslant 3$ mm机加工非比例试样

图 1 – 5 – 11 $a_0\geqslant 3$mm 机加工试样

②对于线材(以盘条交货)、棒材(以直条交货)、型材,当截面直径或边长不同时,分为带头和不带头试样:

a. 当直径 d_0 或边长小于 4 mm 时,试样不进行机加工,直接从产品中截取一部分,多采用非比例试样,原始标距 L_0 取 200 ± 2 mm,或 100 ± 1 mm,试验机两夹头之间的试样长度 $\geq L_0 + 3d_0$ 或 $L_0 + 3b_0$,不得小于 $L_0 + 20$ mm,平行长度 $L_c \geq 120$ mm($L_0 = 100$ mm),$L_c \geq 220$ mm($L_0 = 200$ mm),如图 1-5-12 所示;

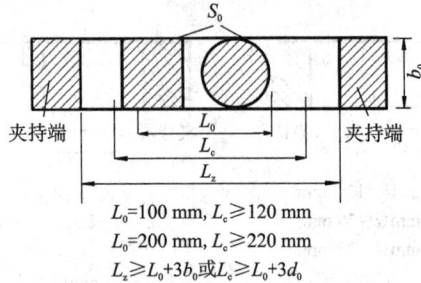

$L_0 = 100$ mm,$L_c \geq 120$ mm
$L_0 = 200$ mm,$L_c \geq 220$ mm
$L_z \geq L_0 + 3b_0$ 或 $L_c \geq L_0 + 3d_0$

图 1-5-12　非机加工非比例试样

b. 当直径 d_0 或边长大于或等于 4 mm 时,通常要进行机加工成夹持部分比平行部分宽的试样,圆形截面一般为比例试样,矩形截面可以有比例试样和非比例试样,比例试样 b_0 常为 12.5 mm、15 mm、20 mm、25 mm、30 mm,非比例试样宽度 b_0 常为 12.5 mm、20 mm、25 mm、38 mm、40 mm;当相关产品标准有规定时,也可以不进行机加工直接在原产品中截取。

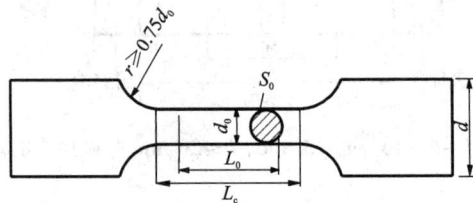

$L_0 = k\sqrt{S_0} = 5d_0$ 或 $10d_0$
$L_c \geq L_0 + d_0/2$,仲裁试
验时,$L_c = L_0 + 2d_0$
(a)机加工圆形截面比例试样

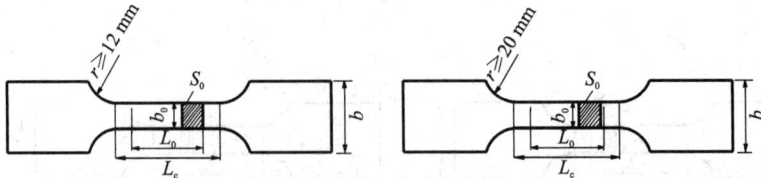

$L_0 = k\sqrt{S_0} \geq 15$mm
$L_c \geq L_0 + 1.5\sqrt{S_0}$,仲裁
试验时,$L_c = L_0 + 2\sqrt{S_0}$
(b)边长 $\geq$ 4 mm 机加工比例试样

$L_0 = 50$ mm($b_0 = 12.5$ mm,$b_0 = 25$ mm,$b_0 = 38$ mm)
$L_0 = 80$ mm($b_0 = 20$ mm)
$L_0 = 200$ mm($b_0 = 40$ mm)
$L_c \geq L_0 + 1.5\sqrt{S_0}$,仲裁
试验时,$L_c = L_0 + 2\sqrt{S_0}$
(b)边长 $\geq$ 4 mm 机加工非比例试样

图 1-5-13　直径或边长 $\geq$ 4 mm 加工比例试样

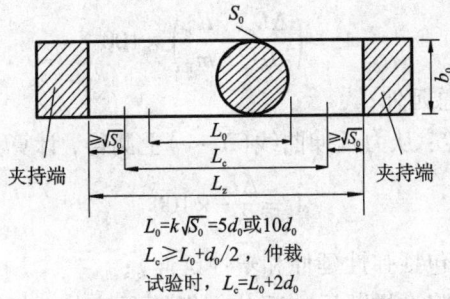

$L_0=k\sqrt{S_0}=5d_0$ 或 $10d_0$

$L_c\geqslant L_0+d_0/2$，仲裁

试验时，$L_c=L_0+2d_0$

(d) 相关产品规定时非机加工圆形截面比例试样

图 1 – 5 – 13　直径或边长 ≥ 4 mm 加工比例试样(续)

（3）各参数测定：

①上屈服强度 R_{eH} 测定：从力延伸曲线（$R–e$）上测得，如图 1 – 5 – 8 中的力首次下降前的最大应力；

②下屈服强度 R_{eL} 测定：从力延伸曲线（$R–e$）上测得，如图 1 – 5 – 8 中所示的不计初始瞬时效应时屈服阶段中的最小应力；

③规定总延伸强度 R_t 测定：从力延伸曲线（$R–e$）上测得，如图 1 – 5 – 8 中所示，截取 $OF=e_t$，FG 垂直于横坐标交曲线于 G，则 $FG=R_t$；

④规定残余延伸强度 R_r 的验证测定：从力延伸曲线（$R–e$）上验证，试样施加相应于规定残余延伸强度的力，保持 10～20 s，然后卸除力后验证残余延伸率未超过规定的百分率 e_r，例如：$R_{r0.5}=750$ MPa 表示试样施加 750 MPa 的应力，产生的残余延伸小于等于 0.5%；

⑤规定塑性延伸强度 R_P 测定：从力延伸曲线（$R–e$）上测得，采用图解法或卸力法或逐步逼近法，图解法和卸力法如图 1 – 5 – 14 所示；

a. 当力延伸曲线（$R–e$）弹性部分明显时，采用图解法，如图 1 – 5 – 14 直线 AB，截取 OC 为规定塑性延伸率 e_P，作 CD 平行 AB 交曲线于 D，则对应的强度为 R_P；

b. 当力延伸曲线（$R–e$）弹性部分不明显时，采用卸力法，试验时加力要超过预期规定的塑性延伸强度，如图加载到 R 后

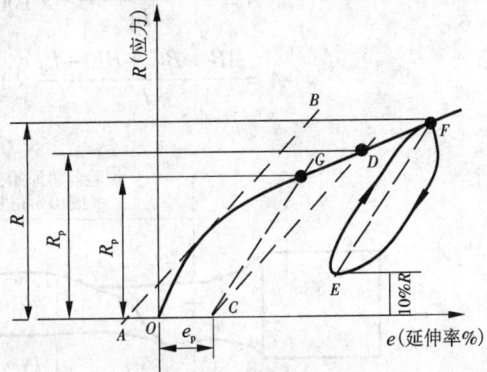

图 1 – 5 – 14　图解法和卸力法

（R 大于预期的 R_P），卸力至 $10\%R$，然后再加载形成滞后环，如图 1 – 5 – 14 所示，连接 FE，截取 OC 为规定塑性延伸率 e_P，作 CG 平行 EF 交曲线于 G，则对应的强度为 R_P；

⑥最大力塑性延伸率 A_g、总延伸率 A_{gt} 测定：从力延伸曲线（$R–e$）上测得，如图 1 – 5 – 8 所示

$$A_g=A_{gt}-BC$$

式中：$A_{gt}=\dfrac{\Delta L_m}{L_e}\times 100$，$BC=\dfrac{R_m}{m_E}\times 100$，所以

$$A_g = \left(\frac{\Delta L_m}{L_e} - \frac{R_m}{m_E} \right) \times 100$$

式中：ΔL_m——最大力下的总延伸；

⑦断裂总延伸率 A_t 测定：从力延伸曲线 $(R-e)$ 上测得，计算为：

$$A_t = \frac{\Delta L_f}{L_e} \times 100$$

式中：ΔL_f——断裂总延伸(包括弹性延伸和塑性延伸)；

⑧断后伸长率 A 测定：将试样断后的部分仔细地配接在一起使其轴线处于同一直线上，测断后标距 L_u，计算

$$A = \frac{L_u - L_0}{L_0} \times 100$$

断裂位置与断后伸长率关系：

a. 当断裂处与最接近标距标记的距离不小于原始标距的三分之一时(即断裂发生在原始标距中间的三分之一范围内)，直接用上述公式计算断后伸长率；

b. 当断裂处与最接近标距标记的距离小于原始标距的三分之一时(即断裂发生在原始标距中间的三分之一范围外)，采用移位法计算断后伸长率；

移位法方法：首先从断裂的短段上数出所含的格数，然后从断裂的长段上从断裂位置起，选取格数等于短段上的格数相等，得到 B 点，设 AB 之间的距离为 n，则长段上剩下的 BD 段格数为偶数时，取 BD 中点得 C 点(即 $(N-n)/2$)，长段上剩下的 BD 段为奇数时，取其减 1 得 C 点(即 $(N-n-1)/2$)，C 点后加 1 格得 E 点，如图 1-5-15 所示，则此时断后伸长率计算：

$$A = \frac{AB + 2BC - L_0}{L_0} \times 100 \ (BD \text{ 段格数为偶数时})$$

$$A = \frac{AB + BC + BE - L_0}{L_0} \times 100 \ (BD \text{ 段格数为奇数时})$$

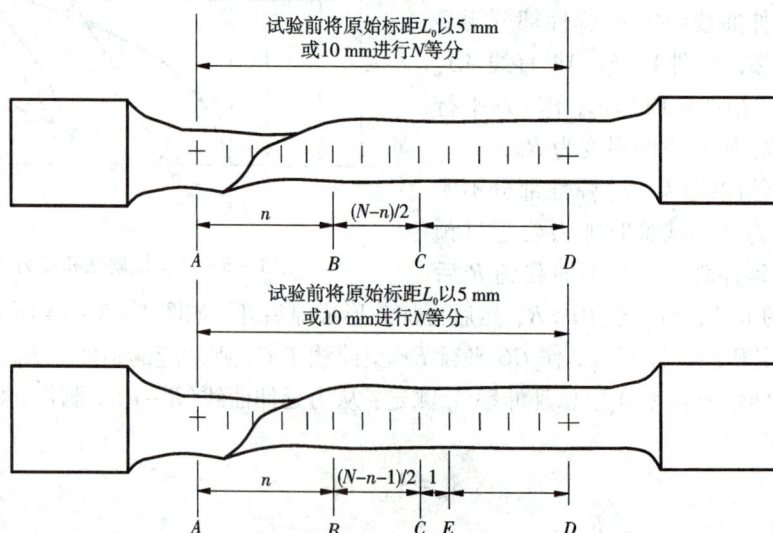

图 1-5-15　移位法计算示意图

c. 当断后伸长率大于或等于规定值时，不管断裂位置为何处测量均为有效，直接用断后伸长率定义式计算；

d. 能用引伸计测定断裂延伸的试验机，引伸计标距即为试样原始标距，则此时无需标出原始标距的标记，以断裂时的总延伸作为伸长测量时，为了得到断后伸长率，应从总延伸中扣除弹性延伸部分；

e. 当规定的最小断后伸长率小于 5% 时，上述计算断后伸长率的方法均不合适，应采取特殊方法进行测定，参见《金属材料拉伸试验第 1 部分：室温试验方法》(GB/T228—2010) 中附录 G 方法执行。

2. 实验仪器设备、实验室环境条件

(1) 万能试验机或计算机控制电液伺服试验机：精度 ±1%；

(2) 游标卡尺：精度 ±0.1 mm；

(3) 钢筋标距仪；

(4) 引伸计(需要时配备，得 $R - e$ 曲线测 R_p、A_g、A_{gt} 等)；

(5) 实验室环境条件：温度 10 ~ 35℃，有严格要求时：23 ±5℃；冷轧带肋钢筋应力松弛试验环境温度为 20 ±2℃。

3. 实验步骤

(1) 按相关产品取样要求和试样要求取样和制备试样；

(2) 将选定的试样固定在钢筋标距仪上按相关产品的标距长度 L_0 要求，进行分格打点标距；

(3) 将试样置于试验机夹具上，升降上下钳口，确认正常后对读数进行调零，开启试验机进行拉伸，试样屈服前速度控制在 6 ~ 60 MPa/s，记录屈服荷载 F_y(N)，屈服后夹头分离速率为不大于 $0.008\ s^{-1}$ 的应变速率，直至试样拉断，记录极限荷载 F_m(N)；

(4) 量取钢筋拉断后的标距长度 L_u(mm)(准确至 ±0.25 mm)；

(5) 计算 R_{eH}、R_{eL}、R_m、A、R_p、A_g、A_{gt} 等参数；

$$R_{eL} = \frac{F_y}{A_0}$$

$$R_m = \frac{F_m}{A_0}$$

式中：A_0——相关产品中规定的试样公称截面面积(mm^2)。

试验结果修约按相关产品标准中规定确定，若相关产品未具体规定，则强度修约至 1 MPa，屈服点延伸率修约至 0.1%，其他延伸率和断后伸长率修约至 0.5%，断面收缩率修约至 1%。

如：碳素结构钢试验结果修约在产品标准中未具体规定；

优质碳素结构钢试验结果修约在产品标准中未具体规定；

低合金高强度结构钢试验结果修约按《冶金技术标准的数值修约与检测数值的判定》(YB/T081)规定；

热轧光圆钢筋试验结果修约按《冶金技术标准的数值修约与检测数值的判定》(YB/T081)规定；

热轧带肋钢筋试验结果修约按《冶金技术标准的数值修约与检测数值的判定》(YB/T081)规定；

余热处理钢筋试验结果修约按《冶金技术标准的数值修约与检测数值的判定》（YB/T081）规定；

冷轧带肋钢筋试验结果修约按《冶金技术标准的数值修约与检测数值的判定》（YB/T081）规定；

冷轧扭钢筋试验结果修约在产品标准中未具体规定；

预应力混凝土用钢丝试验结果修约按《冶金技术标准的数值修约与检测数值的判定》（YB/T081）规定；

预应力混凝土用钢绞线试验结果修约按《冶金技术标准的数值修约与检测数值的判定》（YB/T081）规定；

预应力混凝土用螺纹钢筋试验结果修约在产品标准中未具体规定；

低碳钢热轧圆盘条试验结果修约按《冶金技术标准的数值修约与检测数值的判定》（YB/T081）规定；

冷拔低碳钢丝试验结果修约在产品标准中未具体规定；

船舶及海洋工程用结构钢试验结果修约按《冶金技术标准的数值修约与检测数值的判定》（YB/T081）规定。

4. 记录及结果计算

表1-5-4　钢筋力学性能实验记录表

实验项目		样品名称		生产厂家	
样品类型（牌号）		样品数量		代表批量	
实验方法		实验规程			
主要仪器设备名称、型号		实验室环境条件	温度：　　℃ 湿度：		
实验人员		指导老师			
记录人员		实验日期			

实验原始记录

试样编号	公称直径或厚度（mm）	公称截面面积（mm²）	原始标距 L_0（mm）	屈服荷载 F_y（N）	极限荷载 F_m（N）	断后标距 L_u（mm）
结论	R_{eL}		R_m		A	

5. 检测相关

（1）根据《型钢验收、包装、标志及质量证明书的一般规定》（GB/T2101—2008）以及《钢及钢产品交货一般技术要求》（GB/T 17505—2016）规定可知：当钢筋拉力试验中，如其中一根试样的屈服点、抗拉强度、伸长率三个指标中有一个指标达不到相应产品标准要求时，应取双倍钢筋进行复检，若复检仍达不到要求，则判为不合格；

（2）碳素结构钢中厚度不小于 12 mm 或直径不小于 16 mm 的钢材，低合金高强度结构钢中厚度不小于 6 mm 或直径不小于 12 mm 的钢材，应做冲击韧性试验，试样尺寸为 10 mm × 10 mm × 55 mm，夏比冲击吸收功按一组 3 个试样单值的算术平均值不低于规定值为合格，其中仅允许 1 个试样的单值低于规定值，但不得低于规定值的 70%；如不满足上述要求，可以从同一抽样产品中再抽取 3 个试样进行试验，以 6 个试样的平均值不低于规定值为合格，其中允许有 2 个试样单值低于规定值，但低于规定值 70% 的试样仅允许 1 个出现；

（3）碳素结构钢中，钢材的冲击试验结果不符合要求时，抽样产品应报废，再从该检验批的剩余部分分别取两个抽样产品，在每个抽样产品中选新的一组 3 个试样，这两组试验的冲击试验结果必须合格，否则该批产品不合格；

（4）碳素结构钢中型钢、钢棒、钢板、钢带拉伸试验时，其断后伸长率允许比《碳素结构钢》（GB/T700—2006）中规定值低 2%；

（5）《优质碳素结构钢》（GB/T699—1999）中力学性能规定仅对截面尺寸不大于 80 mm（截面长方向）的钢材，对截面尺寸大于 80 mm 的钢材允许断后伸长率比规定值低 2%，断面收缩率比规定值低 5%；

（6）热轧带肋钢筋和余热处理钢筋中断后伸长率对公称直径 28 ~ 40 mm 的可比规定值低 1%，公称直径大于 40 mm 的可比规定值低 2%；对于没有明显屈服强度的热轧带肋钢筋，屈服强度特征值 R_{eL} 采用规定非比例延伸强度 $R_{P0.2}$；

（7）对抗震结构有要求的热轧带肋钢筋，除了满足热轧带肋钢筋的一般要求外，还必须同时满足：该类钢筋抗拉强度实测值与屈服强度实测值比值不小于 1.25；该类钢筋屈服强度实测值与屈服强度特征值比值不大于 1.30；钢筋最大力总伸长率不小于 9%；

（8）《钢筋混凝土用钢》第 1 部分：热轧光圆钢筋（GB1499.1—2008）中规定：拉伸、弯曲试验不允许进行车削加工；《钢筋混凝土用钢》第 2 部分：热轧带肋钢筋（GB1499.2—2008）中规定：拉伸、弯曲、反向弯曲试验不允许进行车削加工；

（9）冷轧带肋钢筋的强屈比 $R_m/R_{P0.2}$ 比值应不小于 1.03；

（10）冷轧扭钢筋检验项目中若一项或几项不符合产品标准要求，则从同一批钢筋中重新加倍随机取样，对不合格的项目进行复检，若复检后合格则该批钢筋合格，若复检仍有抗拉强度、伸长率、弯曲性能中一项或几项不合格或质量负偏差大于 5%，则判为该批钢筋不合格；若复检后钢筋力学性能和工艺性能合格，但截面控制尺寸小于规定值或节距大于规定值，则判为该批钢筋降直径规格使用；

（11）《预应力混凝土用钢丝》（GB/T5223—2014）规定：对公称直径大于 10 mm 的钢丝进行弯曲试验；压力管道用无涂层冷拉钢丝力学性能中 0.2% 屈服力（$F_{p0.2}$）不应小于最大力特征值（F_m）的 75%（即规定非比例伸长应力 $\sigma_{P0.2}$ 不小于公称抗拉强度的 75%）；消除应力光圆和螺旋肋钢丝力学性能中 0.2% 屈服力（$F_{p0.2}$）不应小于最大力特征值（F_m）的 88%，所有规格的消除应力刻痕钢丝弯曲次数均不小于 3 次；

(12)《预应力混凝土用钢绞线》(GB/T522—2014)中规定:0.2%屈服力($F_{p0.2}$)应为整根钢绞线实际最大力 F_m 的 88% ~ 95%,钢绞线的弹性模量为(195±10)GPa;

(13)《预应力混凝土螺纹钢筋》(GB/T 20065—2006)中规定:钢筋进行拉伸试验时,必须采用全截面尺寸钢筋试样,不允许用机加工减小截面;

(14)《冷拔低碳钢丝应用技术规程》(JGJ19—2010)中规定:冷拔低碳钢丝宜作为构造钢筋使用,不得作为预应力钢筋使用,当作为纵向受力筋使用时,应采用钢丝焊接网;作为箍筋使用时,直径不宜小于 5 mm,间距不应大于 200 mm;冷拔低碳钢丝的混凝土构件,强度等级不应低于 C20,混凝土保护层厚度不应小于 15 mm;

(15)《热轧 H 型钢和剖分 T 型钢》(GB/T11263—2010)中对拉伸及弯曲试验不合格时,复检规定:

①从同件产品上另取双倍试样进行不合格项目的复检,若复检合格则该批产品合格,若复检仍有一个试样不合格,则该件产品报废,此时从同一批产品中另抽取两件产品各取一个试样进行复检,若复检仍有一个试样不合格,则该批产品不合格;

②直接从同一批产品中另抽取双倍试样进行不合格项目的复检,若复检仍有一个试样不合格,则该批产品不合格;

(16)《高耐候结构钢》(GB/T4171—2000)中规定:冲击试验取 3 个试样的平均值确定,允许其中一个低于规定值,但不得低于规定值的 70%;当采用 5 mm×10 mm×55 mm 或 7.5 mm×10 mm×55 mm 小尺寸试样做冲击试验时(厚度为 6 ~ 12 mm 的钢板、钢带及型钢或直径为 12 ~ 16 mm 的钢棒作冲击试验时,应采用小试样),不得低于规定值的 50% 或 75%;当冲击试验结果不符合要求时,应从同一卷(张)或一根钢材上再取 3 个试样进行试验,先后 6 个试样的平均值不得低于规定值,允许其中有两个试样低于规定值,但低于规定值 70% 的试样只允许 1 个;

(17)《桥梁结构用钢》(GB/T714—2015)中规定:厚度不小于 6 mm 或直径不小于 12 mm 的钢材,应做冲击试验,试样尺寸为 10 mm×10 mm×55 mm 的标准试样;当钢材不足以制取标准试样时,应采用 10 mm×7.5 mm×55 mm 或 10 mm×5 mm×55 mm 的小尺寸试样,其吸收功分别不得低于规定值的 75% 或 50%;冲击吸收功按一组 3 个试样单值的算术平均值不低于规定值为合格,其中仅允许 1 个试样的单值低于规定值,但不得低于规定值的 70%;如不满足上述要求,可以从同一抽样产品中再抽取 3 个试样进行试验,以 6 个试样的平均值不低于规定值为合格,其中允许有 2 个试样单值低于规定值,但低于规定值 70% 的试样仅允许 1 个出现;当冲击试验结果不合格时,应从该试验单元的剩余部分再取两个抽样产品,在每个抽样产品上再分别选 3 个试样进行冲击试验,这两组试样的冲击试验结果都必须合格,否则该批产品不合格;

(18)《船舶及海洋工程用结构钢》(GB712—2011)中规定:厚度 6 ~ 12 mm 的钢材,应做冲击试验,可采用 5 mm×10 mm×55 mm 或 7.5 mm×10 mm×55 mm 的小尺寸试样,其吸收功分别不得低于规定值的 2/3 或 5/6;冲击吸收功按一组 3 个试样单值的算术平均值不低于规定值为合格,其中仅允许 1 个试样的单值低于规定值,但不得低于规定值的 70%;当一组 3 个试样的冲击试验结果不合格时,若低于规定平均值的试样不多于 2 个,且低于规定平均值 70% 的试样不多于 1 个,可在原取样钢材附近再取一组 3 个试样进行复检,以前后两组 6 个试样的平均值不低于规定值为合格,其中允许有 2 个试样单值低于规定值,但低于规定值

70% 的试样仅允许 1 个出现；当冲击试验结果不合格时，应从该试验单元的剩余部分再取两个抽样产品，在每个抽样产品上再分别选 3 个试样进行冲击试验，这两组试样的冲击试验结果都必须合格，否则该批产品不合格；

　　(19)《冶金技术标准的数值修约与检测数值的判定》(YB/T081—2013)中规定金属材料拉伸试验修约间隔，如表 1–5–5 所示；

表 1–5–5　YB/T081—2013 规定金属材料拉伸试验修约间隔

测试项目	性能范围	修约间隔
R_{eH}，R_{eL}，R_P，R_r，R_t，R_m	≤200 MPa	1 MPa
	200～1000 MPa	5 MPa
	>1000 MPa	10 MPa
A_e，A_g，A_{gt}，A_t	—	0.1%
A，$A_{11.3}$，A_{Xmm}	≤10%	0.5%
	>10%	1%
Z(断面收缩率)	≤25%	0.5%
	>25%	1%

　　(20)《数值修约规则与极限数值的表示和判定》(GB/T8170—2008)中修约方法为：以所保留的数字为基准，该数字的后一位数字小于等于 4 时，则保留的数字后面的数全舍弃；该数字的后一位数字大于等于 6 时，在所保留的数字上加1(简称：四舍六入)；基准的后一位数字是 5 时，当数字 5 后面还存在非 0 的数字时，在所保留的数字上加1；当数字 5 后面不再有数字或数字 5 后面的数字全是 0 时，则看保留的数字是奇数还是偶数，奇数时，保留的数字上加1，偶数时，保留的数字后面的数全舍去(简称：奇进偶不进)；例如：

　　①修约间隔：修约保留位数的一种方式，又称修约区间，常写成 $k×10^n$ 的形式。以"k"间隔修约，$k=1$ 表示以"1"间隔修约，$k=2$ 表示以"2"间隔修约；n 表示修约到的位数，如 $n=0$，则 $10^0=1$，表示修约到个位，如 $n=-1$，则 $10^{-1}=0.1$，表示修约到一位小数，如 $n=1$，则 $10^1=10$，表示修约到十位；修约间隔的量值一经确定，则修约值最终是修约间隔的整数倍；

　　②12.1498，修约到个数位(即10^0)，则所保留的数字为个位数字 2，其后一位数字为 1，全舍去，得 12；修约到一位小数，则所保留的数字为 1，其后一位数字为 4，全舍去，得 12.1 $×10^0$；

　　③1268，修约到百位数(即10^2)，则所保留的数字为 2，其后一位数字为 6，在保留的数字上加1，得 $13×10^2$(特定场合写成 1300)；

　　④1.050，修约间隔为 0.1，则所保留的数字 0，其后一位数字为 5，且后面全是 0，保留的数字 0 当作偶数，其后面的数字全舍弃，得 $10×10^{-1}$(特定场合写成 1.0)；0.35，修约间隔为 0.1，则所保留的数字为 3，其后一位数字为 5，且后面无数字，保留的数字 3 为奇数，在其上加1，得 $4×10^{-1}$(特定场合写成 0.4)；

⑤2500，修约间隔为$1000(10^3)$，则所保留的数字为2，其后一位数字为5，且5后面全是0，保留的数字2为偶数，其后面的数字全舍弃，得2×10^3(特定场合写成2000)；3500，修约间隔为$1000(10^3)$，则所保留的数字为3，其后一位数字为5，且5后面全是0，保留的数字3为奇数，在其上加1，得4×10^3(特定场合写成4000)；

⑥以"2"间隔或"5"间隔修约时，先将拟修约的数乘以5或2，然后按上述修约规则修约后得到的数再除以5或2即可。

1.5.3 钢筋弯曲性能实验

1.基本概念

(1)弯曲试验时把圆形、方形、矩形或多边形横截面试样放在弯曲装置上，使试样靠在规定直径的弯曲圆弧面(弯芯)处，承受一弯曲力矩作用，而产生绕圆弧面的塑性变形到某一特定的角度的试验；

(2)时效性能由反向弯曲试验来测定，包括弯曲试验和时效热处理，再将试样反向弯曲还原到一定角度；

(3)线材反复弯曲试验是将试样一端固定，绕规定半径的圆柱支辊弯曲90°，再沿相反方向弯曲的重复弯曲试验；

(4)圆管弯曲试验是将一根全截面的直管绕一规定半径和带槽的弯芯弯曲，直至弯曲角度达到相关产品规定值。

2.实验仪器设备、实验室环境条件

(1)带有弯曲装置、反向弯曲装置的试验机，反复弯曲试验机等(根据需要选用相应装置)：

①支辊式弯曲装置(图1-5-16)：支辊长度和弯曲压头的宽度应大于试样宽度或直径，弯曲压头的直径D根据相关产品标准要求选定，支辊间的距离$l=(D+3a)\pm\dfrac{a}{2}$；

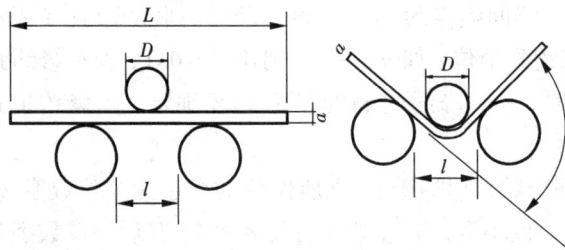

图1-5-16 支辊式弯曲装置

②V形模具式弯曲装置(图1-5-17)：模具V形槽角度为$(180°-\alpha)$，弯曲角度α由相关产品中规定；模具支承棱边应倒圆，倒圆半径为1~10倍试样厚度；

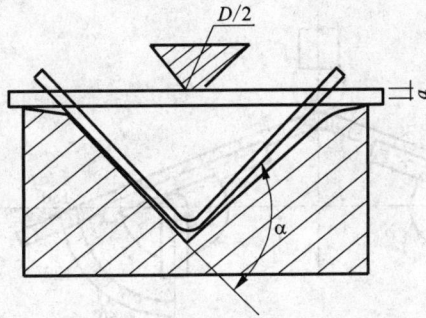

图 1-5-17　V 形模具式弯曲装置

③台钳式弯曲装置(图 1-5-18)：弯曲压头的直径根据相关产品标准要求而定，宽度应大于试样宽度或直径，由于台钳左端面的位置会影响测试结果，所以台钳的左端面不能达到或超过弯曲压头中心垂线;

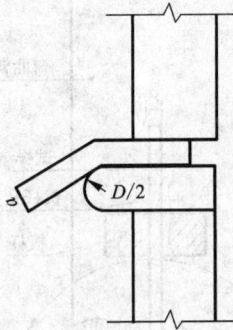

图 1-5-18　台钳式弯曲装置

④翻板式弯曲装置(图 1-5-19);

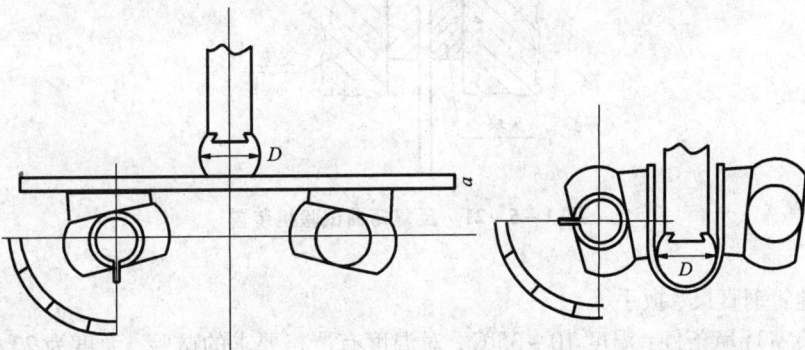

图 1-5-19　翻板式弯曲装置

⑤反向弯曲装置(图 1-5-20)：反向弯曲角度可以在角度指示器中指示出来;

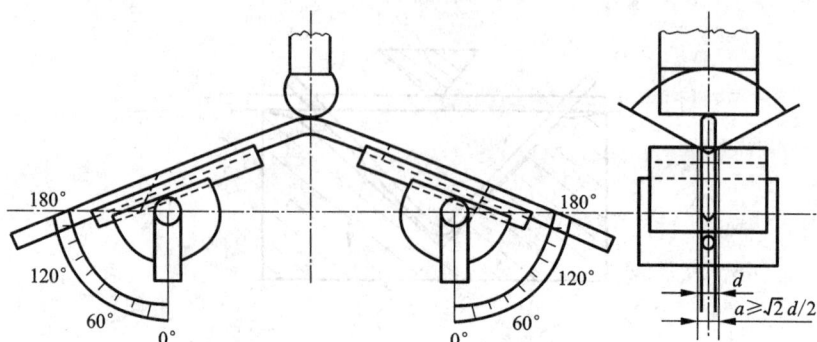

图 1 – 5 – 20　反向弯曲装置

⑥反复弯曲试验机装置(图 1 – 5 – 21)。

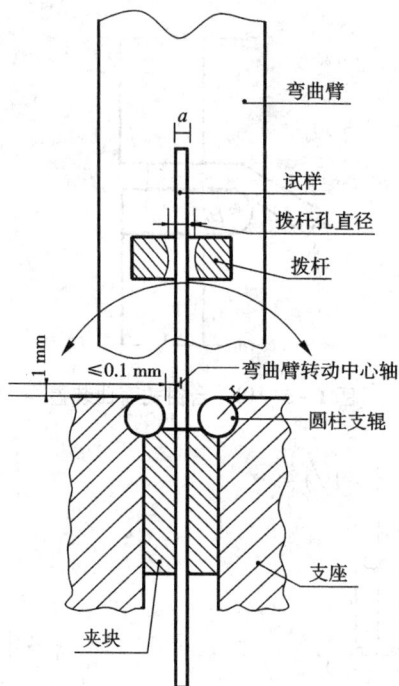

图 1 – 5 – 21　反复弯曲试验机装置

(2)其他:钢直尺、扳手等;

(3)实验室环境条件:温度 10 ~ 35℃,对温度有严格要求的试验,温度为 23 ± 5℃。

3. 实验步骤

(1)按相关产品取样要求和试样要求取样、制备弯曲试样、选用规定的弯芯直径,确定试样长度,采用支辊式和翻板式弯曲装置时,试样长度可取为:$0.5\pi(D+a)+140$ mm。

(2)弯曲试验:

①调节试验机弯曲装置支辊间的距离到规定值(如:$l=(D+3a)\pm\dfrac{a}{2}$);

②将试样置于弯曲装置上，试样轴线与弯曲压头轴线垂直，开动试验机缓慢施加力，直至弯曲到规定角度(弯曲角度 α 通过测量弯曲压头的位移由计算得出，具体参见《金属材料弯曲试验方法》(GB/T232—2010)附录 B)；

③试样弯曲至两臂直接接触的试验，应首先对试样进行初步弯曲(弯曲角度尽可能大)，然后将该试样置于两平行压板之间，连续施加力压其两端进一步弯曲，直至两臂直接接触；

④试样弯曲至两臂相互平行的试验，应首先对试样进行初步弯曲(弯曲角度尽可能大)，然后将该试样置于两平行压板之间，连续施加力压其两端进一步弯曲，直至两臂平行(试验时可以加或不加内置垫块，垫块厚度等于规定的弯曲压头直径，如图 1-5-22 所示)；

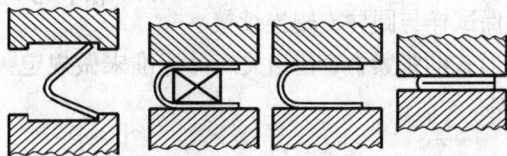

图 1-5-22　试样弯曲至两臂试验

⑤按相关产品标准要求评定试验结果，若相关产品标准未规定，弯曲试验后，不使用放大仪器观察，试样弯曲外表面无可见裂纹则评定为合格。

(3)反向弯曲试验：

①《钢筋混凝土用钢筋弯曲和反向弯曲试验方法》(YBT 5126—2003)中规定：弯曲后的试样应在100℃下进行时效热处理，保温时间至少30 min，在空气中自然冷却至室温后，再进行反向弯曲试验，开动试验机，弯曲至规定角度(若相关产品标准要求或供需双方约定，也可以不进行时效热处理，直接在室温下进行反向弯曲试验)；试验完成后，目测试样表面无可见裂纹则评定为合格；

②热轧带肋钢筋和余热处理钢筋反向弯曲试验时，先确定弯芯直径(弯芯直径比弯曲试验相应增加一个钢筋公称直径，然后正向弯90°，再反向弯20°(角度均是在卸载前测量)，经反向弯曲试验后，钢筋受弯曲部位表面不得产生裂纹。

(4)反复弯曲试验：

①在金属线材上截取 200~250 mm 的一段作为试样，试样应尽可能平直(但试验时，其弯曲平面内可以有轻微弯曲)，必要时试样可以用手进行矫直，当用手不能矫直时，可将试样置于木材、塑料等硬度低于试样的材料的平面上，用相同材料的锤头矫直，矫直过程中，试样不得产生任何扭曲变形等，也不得产生影响试验结果的表面损伤；

②依据《金属材料线材反复弯曲试验方法》(GB/T238—2013)中要求，选择圆柱支辊半径 r，圆柱支辊顶部至拨杆底面距离 L，以及拨杆孔直径 d_g(一般试验机配套的每副圆柱支辊上部都刻印了圆弧半径数字供选择，距离 L 通过摇臂上的单个孔调节拨杆的位置得到的，从下往上依次为 35、50、75、100 等，拨杆孔直径 d_g 可根据拨杆周围刻印的数字辨别)；

③主拨杆上有相互垂直的四个孔，调整拨杆的方向得到所需要的孔位，当使用螺纹一端的孔时，应将轴套套上，使用另一端孔时，则应将轴套取下，以保证线材处于弯曲中心线上；

④将弯曲臂处于垂直位置，并以作为试验的起始状态，将试样从拨杆孔穿入，转动上夹头手柄把线材上端加紧；

⑤按上夹头手柄，将上夹头往下按 15～25 mm 后稳住，转动主夹块手柄，将线材下端夹紧，并使试样垂直圆柱支辊轴线，使用均匀的速度（约 1 次/秒）进行弯曲，同时记录弯曲次数 N_b（弯曲计数是从起始位置向右弯曲 90°，试样返回至起始位置为第一次，再向左弯曲 90°，试样再返回起始位置为第二次，以此类推，如图 1-5-23 所示），连续试验至相关产品标准中规定的弯曲次数，或至试样折断为止，试样折断后的最后一次弯曲不计；

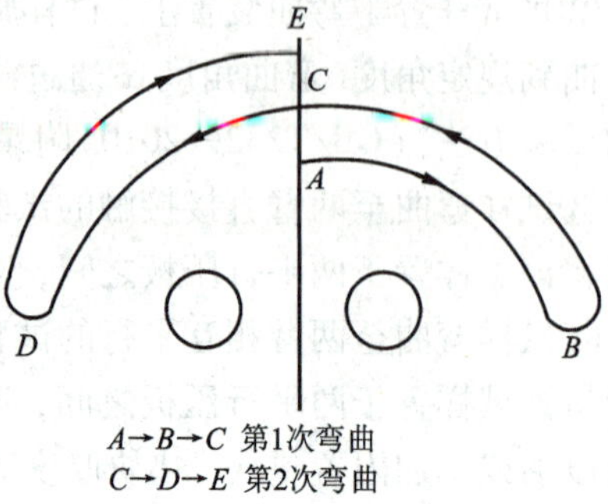

$A \rightarrow B \rightarrow C$ 第1次弯曲
$C \rightarrow D \rightarrow E$ 第2次弯曲

图 1-5-23 反复弯曲试验

⑥试验过程中，为确保试样与圆柱支辊连续接触，可以对试样施加某种形式的张紧力，若相关产品标准未做规定，张紧力不得超过试样公称抗拉强度相对力值的 2%。

4. 记录及结果计算

表 1-5-6 钢筋弯曲性能实验记录表

实验项目		样品名称		生产厂家	
样品类型（牌号）		样品数量		代表批量	
实验方法		实验规程			
主要仪器设备名称、型号		实验室环境条件		温度：　℃ 湿度：	
实验人员		指导老师			
记录人员		实验日期			

实验原始记录

试样编号	公称直径或厚度（mm）	公称截面面积（mm²）	弯芯直径（mm）	弯曲角度或反向弯曲角度或反复弯曲次数	反复弯曲试验参数（mm）			目测结果
					r	L	d_g	

5. 检测相关

（1）弯曲试验试样一般要求：

①试样应除去由于剪切或火焰切割或类似操作而影响材料性能的部分，样坯的切取位置和方向由相关产品标准确定，如产品标准未规定，则按 GB/T2975 的要求（实验 1.5.1：钢材取样方法第（6）条）确定，试样截面常见为圆形、方形、矩形、多边形等；

②试样表面不得有划痕和损伤，方形、矩形、多边形横截面试样的棱边必须倒圆，倒圆半径规定为：1 mm（试样厚度 < 10 mm），1.5 mm（10 mm ≤ 试样厚度 < 50 mm），3 mm（试样厚度 ≥ 50 mm），倒圆后棱边不应有影响实验结果的横向毛刺、伤痕或刻痕等；

③试样宽度如相关产品标准未要求，则规定为：试样宽度等于原产品宽度（产品宽度 ≤ 20 mm），试样宽度 20 ± 5 mm（产品宽度 > 20 mm，产品厚度 < 3 mm），试样宽度 20 mm ~ 50 mm（产品宽度 > 20 mm，产品厚度 ≥ 3 mm）；

④试样厚度或直径如相关产品标准未要求，则规定为：板材、带材、型材，试样厚度为原产品厚度；如产品厚度大于 25 mm，则试样可以通过机加工试样的一面（保留另一面为原面）使试样减薄至不小于 25 mm 即可，弯曲试验时，试样保留的原面应位于受拉变形的一侧；

⑤圆形横截面产品直径或多边形横截面产品内切圆直径不大于 30 mm 时，则取试样横截面为原产品横截面（不进行机加工）；当超过 30 mm 但不大于 50 mm 的产品，可以进行机加工成横截面内切圆直径不小于 25 mm 的试样即可；大于 50 mm 的产品，则必须进行机加工成横截面内切圆直径不小于 25 mm 的试样；试验时，对未加工的原表面应该位于受拉变形的一侧。

（2）弯曲试验时加载速率有争议时，取用 1 ± 0.2 mm/s；根据《型钢验收、包装、标志及质量证明书的一般规定》GB/T2101—2008 规定可知：弯曲试验结果中，若有一根试样不满足标准要求，则取双倍进行复检，复检中若仍有一根试样不满足要求，则弯曲试验项目不合格。

（3）钢材拉伸、弯曲、冲击试验等规定，如表 1 - 5 - 7 所示。

表 1 - 5 - 7　钢材拉伸、弯曲、冲击试验等规定

序号	钢材品种	取样数量	取样方法	取样方向	弯芯直径 D（mm）		试验方法	弯曲角度
1	碳素结构钢 Q195	拉伸：1 个 冷弯：1 个 冲击：3 个	GB/T 2975	纵向	0		拉伸：GB/T228 冷弯：GB/T232 冲击：GB/T229	180° 试样宽度 $B = 2a$（a 为试样厚度或直径）
				横向	0.5a			
2	碳素结构钢 Q215	拉伸：1 个 冷弯：1 个 冲击：3 个	GB/T 2975		$a \leqslant 60$	$a > 60 \sim 100$	拉伸：GB/T228 冷弯：GB/T232 冲击：GB/T229	180° 试样宽度 $B = 2a$（a 为试样厚度或直径）
				纵向	0.5a	1.5a		
				横向	a	2a		

续上表

序号	钢材品种	取样数量	取样方法	取样方向	弯芯直径 D(mm)		试验方法	弯曲角度
3	碳素结构钢 Q235	拉伸：1个 冷弯：1个 冲击：3个	GB/T 2975	纵向	$a \leqslant 60$ / a	$a > 60 \sim 100$ / $2a$	拉伸： GB/T228 冷弯： GB/T232 冲击： GB/T229	180° 试样宽度 $B = 2a$(a 为试样厚度或直径)
				横向	$1.5a$	$2.5a$		
4	碳素结构钢 Q275	拉伸：1个 冷弯：1个 冲击：3个	GB/T 2975	纵向	$a \leqslant 60$ / $1.5a$	$a > 60 \sim 100$ / $2.5a$	拉伸： GB/T228 冷弯： GB/T232 冲击： GB/T229	180° 试样宽度 $B = 2a$(a 为试样厚度或直径)
				横向	$2a$	$3a$		
5	优质碳素结构钢	拉伸：2个 冲击：2个 顶锻：2个	GB/T 2975	—	—	—	拉伸： GB/T228 冲击： GB/T229 顶锻： GB/T233	—
6	低合金高强度结构钢	拉伸：1个 冷弯：1个 冲击：3个	GB/T 2975	$B \geqslant 600$ mm, 纵向 $B < 600$ mm, 横向	$a \leqslant 16$ / $2a$	$a > 60 \sim 100$ / $3a$	拉伸： GB/T228 冷弯： GB/T232 冲击： GB/T229	180°
7	热轧光圆钢筋	拉伸：2个 冷弯：2个 重量偏差：5个	GB 1499.1	纵向	a(a：钢筋公称直径)		拉伸： GB/T228 冷弯： GB/T232 重量偏差： GB1499.1	180°

序号	钢材品种	取样数量	取样方法	取样方向	公称直径 d	6~25	28~40	>40~50	试验方法	弯曲角度
8	热轧带肋钢筋	拉伸：2个 冷弯：2个 反向弯：1个 重量偏差：5个	GB 1499.2	纵向	HRB335 HRBF335	3d	4d	5d	拉伸： GB/T228 冷弯： GB/T232 反向弯： YB/T5126 重量偏差： GB1499.2	180°
					HRB400 HRBF400	4d	5d	6d		
					HRB500 HRBF500	6d	7d	8d		

续上表

序号	钢材品种	取样数量	取样方法	取样方向	弯芯直径 D(mm)		试验方法	弯曲角度
9	冷轧带肋钢筋	拉伸：1 个 冷弯（CRB550）：2 个 反复弯（CRB650/CRB800/CRB970）：2 个 重量偏差：1 个 应力松弛：定期 1 个	GB13788	纵向	CRB550	3d(d 公称直径)	拉伸：GB/T228 冷弯：GB/T232 反复弯：GB/T238 重量偏差：GB13788 应力松弛：GB/T10120,GB13788	180°
					CRB650	反复弯 3 次，弯曲半径 10（d=4）；15（d=5、6）		
					CRB800	反复弯 3 次，弯曲半径 10（d=4）；15（d=5、6）		
					CRB970	反复弯 3 次，弯曲半径 10（d=4）；15（d=5、6）		
10	冷轧扭钢筋	拉伸：3 个 冷弯：3 个	JG190	纵向	3d(d 公称直径)		拉伸：JG190 附录 A 冷弯：GB/T232	180°
11	预应力混凝土用钢丝	拉伸：3 个 弯曲：3 个 反复弯：3 个 应力松弛：1 个 重量偏差：3 个	GB/T 5223	纵向	弯曲 D=10d 反复弯曲次数和弯曲半径 r 见 GB/T5223		拉伸、弯曲、反复弯曲、应力松弛、重量偏差：GB/T21839	180°
12	预应力混凝土用钢绞线	拉伸：3 个 应力松弛：1 个 伸直性：3 个	GB/T 5224	纵向	—		拉伸、应力松弛：GB/T21839 伸直性：GB/T5224	—
13	预应力混凝土用螺纹钢筋	拉伸：2 个 应力松弛：1 个/1000 t 疲劳：1 个	GB/T 20065	纵向			拉伸：GB/T228 应力松弛：GB/T10120 疲劳：GB/T3075	—
14	低碳钢热轧圆盘条	拉伸：1 个 弯曲：2 个	GB/T 2975	纵向	Q195	D=0	拉伸：GB/T228 弯曲：GB/T232	180°
					Q215	D=0		
					Q235	D=0.5d		
					Q275	D=1.5d		

续上表

序号	钢材品种	取样数量	取样方法	取样方向	弯芯直径 D(mm)			试验方法	弯曲角度
15	冷拔低碳钢丝	拉伸:1个 反复弯曲:1个	JGJ19	纵向	弯曲次数不少于4次,弯曲半径 r 与钢丝直径关系见 JGJ19			拉伸: GB/T228 反复弯: GB/T238	180°
16	余热处理钢筋	拉伸:2个 弯曲:2个 反向弯曲:1个 重量偏差:5个	GB13014	纵向	公称直径 d	8~25	28~40	拉伸: GB/T228 弯曲: GB/T232 反向弯: YB/T5126 重量偏差: GB13014	180°
					RRB400	$4d$	$5d$		
					RRB 400W	$4d$	$5d$		
					RRB500	$6d$	—		
17	热轧型钢	拉伸:1个 弯曲:1个 常温冲击:3个 低温冲击:3个	GB/T 2975	同 GB/ T700 或 GB/ T1591	同 GB/T700 或 GB/T1591			拉伸: GB/T228 弯曲: GB/T232 冲击: GB/T229	180°
18	热轧 H、T 型钢	拉伸:1个 弯曲:1个 冲击:3个	GB/T 2975		同 GB/T700、GB/T1591、GB/T714、GB712、GB/T4171				
19	高耐候结构钢	拉伸:1个 弯曲:1个 冲击:3个	GB/T 2975	同相关钢种	热轧:厚度≤6 mm, $D=a$ 热轧:厚度>6 mm, $D=2a$ 冷轧: $D=a$			拉伸: GB/T228 弯曲: GB/T232 冲击: GB/T229	180°

(4)碳素结构钢中厚度不小于12 mm或直径不小于16 mm的钢材,低合金高强度结构钢中厚度不小于6 mm或直径不小于12 mm的钢材,应做冲击韧性试验,试样尺寸为10 mm×10 mm×55 mm,夏比冲击吸收功按一组3个试样单值的算术平均值不低于规定值为合格,其中仅允许1个试样的单值低于规定值,但不得低于规定值的70%;如不满足上述要求,可以从同一抽样产品中再抽取3个试样进行试验,以6个试样的平均值不低于规定值为合格,其中允许有2个试样单值低于规定值,但低于规定值70%的试样仅允许1个出现(《钢及钢产品交货一般技术要求》(GB/T17505—2016)中也有此规定)。

(5)对于没有明显屈服强度的热轧带肋钢筋,屈服强度特征值 R_{eL} 采用规定非比例延伸强度 $R_{p0.2}$。

(6)热轧光圆钢筋拉伸、弯曲试验,热轧带肋钢筋拉伸、弯曲、反向弯曲试验不允许进行车削加工;带肋钢筋内径测量准确至0.1 mm。

1.5.4　钢筋冲击性能实验

1. 基本概念

（1）冲击试验：将规定几何形状的缺口（V 形、U 形）试样置于试验机两支座之间，缺口背对打击面放置，用摆锤一次打击试样，测定试样吸收的能量。

（2）实际初始势能 K_P：对试验机直接检验测定值。

（3）吸收能量 K：由指针或其他指示装置表示出的能量值。

2. 实验仪器设备、实验室环境条件

（1）冲击试验机：符合 GB/T3808 或 JJG145 要求，试样吸收能量 K 不应超过实际初始势能 K_P（试验机能力）的 80%，不宜低于试验机最小分辨率的 25 倍；

（2）摆锤刀刃：半径为 2 mm 和 8 mm 两种；

（3）实验室环境条件：因为大多数材料冲击试验的冲击值随温度变化，所以试样试验要在规定的温度下进行，常温冲击试验温度 23 ±5℃，有规定温度时，应在规定温度 ±2℃范围内进行。

3. 实验步骤

（1）按相关产品取样要求和试样要求取样和制备试样（样坯切取按 GB/T2975 规定）；冲击试验标准试样尺寸横截面为 10 mm × 10 mm，长度为 55 mm，非标准试样可采用宽度为 5 mm、7.5 mm 或 2.5 mm 的小尺寸试样（具体采用何种尺寸的小试样，按相关产品标准要求确定）；

（2）对制备的试样，制作缺口（机加工、拉床加工、线切割加工等），V 形缺口深度为 2 mm，U 形缺口深度为 2 mm 或 5 mm 或另外规定，机加工缺口尺寸和偏差应符合《夏比摆锤冲击试验方法》（GB/T229—2007）要求；

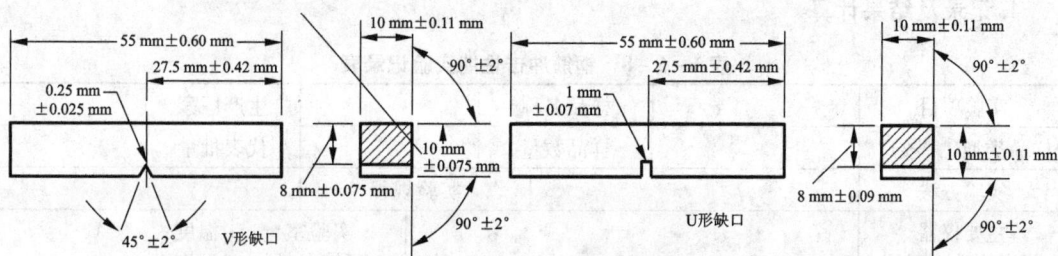

图 1 - 5 - 24　制作试件缺口要求

（3）检查摆锤空打时的回零差或空载能耗，检查砧座跨距保持在 40 mm ±0.2 mm 以内；

（4）安装试样置于试验机的砧座上，为保证摆锤刀刃与试样接触线位于试样缺口的对称面上，必须调整试样位置，使试样缺口对称面与砧座对称面重合，偏差不得超过 0.5 mm，且试样尽可能贴紧砧座面，如图 1 - 5 - 25 所示；

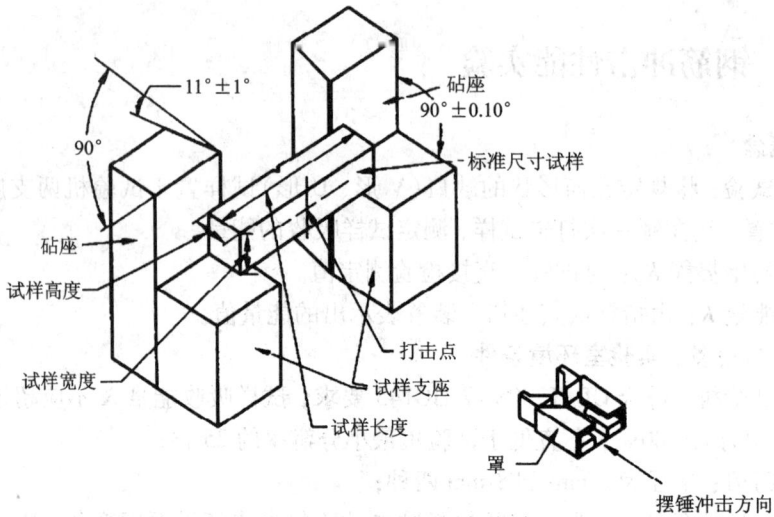

图 1 - 5 - 25　试样置于试验机的位置

(5)开启试验机:

①按动取摆按钮,通过继电器和离合器、接触器的动作,摆锤扬至最高位置后,碰到微动开关,电机停转,其他电器线路复位,保险销伸出;

②按动退销按钮,保险销退回;

③按动冲击按钮,电磁铁工作、实现落摆冲击;

④通过刻度盘的刻度读数,读数至少估读到 0.5J 或 0.5 个标度单位(取两者的较小值),试验结果保留两位有效数字;

(6)结果确定:查相关产品标准,确定冲击试验结果是否合格(如果试样卡在试验机上,试验结果无效)。

4.记录及结果计算

表 1 - 5 - 8　钢筋冲击性能实验记录表

实验项目		样品名称		生产厂家	
样品类型(牌号)		样品数量		代表批量	
实验方法		实验规程			
主要仪器 设备名称、型号			实验室 环境条件	温度: 湿度:	℃
实验人员			指导老师		
记录人员			实验日期		
冲击实验原始记录					

试样 编号	缺口类型	试样尺寸 (mm)	试验温度	试样断裂 情况	吸收能量(J)	可能的 异常情况

5. 检测相关

(1)当使用液体介质冷却试样时,试样要置于容器的网栅上,网栅至少高出容器底部 25 mm,液体浸过试样的高度至少 25 mm,试样距容器侧壁至少 10 mm,应连续均匀搅拌介质使温度均匀;测定介质温度的仪器置于一组试样的中间位置,介质温度应在规定温度 ±1℃ 范围内,保持至少 5 min;对于试验温度不超过 200℃ 的高温试验,试样应在规定温度 ±2℃ 范围内保持至少 10 min;对于试验温度超过 200℃ 的高温试验,试样应在规定温度 ±5℃ 范围内保持至少 20 min;

(2)当试验不在室温下进行时,试样要用转移装置进行转移,试样从高温或低温装置中转移出至冲击断的时间不大于 5 s;转移装置与试样接触部分应与试样一起加热或冷却。

1.5.5　钢筋焊接接头性能实验

1. 基本概念

(1)钢筋电阻点焊:将两根钢筋(丝)安放成交叉叠接形式,压紧于两电极之间,利用电阻热熔化母材金属,加压形成焊点的一种压焊方法(分预压、通电、锻压三个阶段);钢筋混凝土中的焊接骨架和钢筋焊接网,多采用电阻点焊;焊点压入深度应为较小钢筋直径的 18%~25%。

(2)钢筋闪光对焊:将两根钢筋对接的形式水平安放在对焊机上,利用电阻热使接触点金属熔化,产生强烈闪光和飞溅现象,迅速施加顶锻力的一种压焊方法(可为连续闪光焊、预热闪光焊、闪光 – 预热闪光焊);HRB500、HRBF500 钢筋焊接时,应采用预热闪光焊、闪光 – 预热闪光焊工艺。

(3)钢筋电弧焊:

①钢筋焊条电弧焊:以焊条作为一极,钢筋为另一极,利用焊接电流通过产生的电弧热进行焊接的一种熔焊方法;

②二氧化碳气体保护电弧焊(CO_2 焊):以焊丝作为一极,钢筋为另一极,并以二氧化碳气体作为电弧介质,保护金属熔滴、焊接熔池和焊接区高温金属的一种熔焊方法;

③钢筋电弧焊包括帮条焊(单面焊和双面焊)、搭接焊(单面焊和双面焊、钢筋与钢板搭接焊)、坡口焊(平焊和立焊)、窄间隙焊(应用于直径大于等于 16 mm 的钢筋现场水平连接)和熔槽帮条焊等。

(4)电渣压力焊:将两钢筋安放成竖向对接形式,通过直接或间接引弧法,利用焊接电流通过两钢筋端面间隙,在焊剂层下形成电弧过程和电渣过程,产生电弧热和电渣热,熔化钢筋,加压完成的一种压焊方式;电渣压力焊应用于现浇混凝土结构竖向或斜向钢筋(斜度不大于 10°)的连接,不得用于梁、板等水平构件钢筋的连接。

(5)钢筋气压焊:采用氧乙炔火焰或氧液化石油气火焰,对两钢筋对接处加热,使其达到热塑性状态或熔化状态后,加压完成的一种压焊方式;钢筋气压焊按施工工艺和加热温度不同,分为固态气压焊和熔态气压焊两种;钢筋气压焊可用于钢筋在垂直位置、水平位置或倾斜位置的对接焊接。

(6)预埋件钢筋埋弧焊压力焊:将钢筋和钢板安放成 T 型对接接头,利用焊接电流通过时在焊剂层下产生电弧,形成熔池,加压完成的一种压焊方式。

2. 焊接接头试验取样方法及规定

(1)在接头外观质量合格后，随机切取试件(采用机械加工方法或热加工方法切取时，不得对试件性能产生影响)进行检验，试件应从焊接接头垂直于焊缝轴线方向截取。例如：拉伸试验从检验批中随机切取 3 个接头试样进行试验；弯曲试验从检验批中随机切取 3 个接头试样进行试验，但焊缝应处于弯曲中心点；

(2)钢筋闪光对焊：同一台班、同一焊工完成的 300 个同牌号、同直径钢筋焊接接头作为一检验批；同一台班内焊接的接头数量较少时，可在一周内累计计算，累计仍达不到 300 个接头时，也应作为一批；从每批接头中随机切取 6 个接头，其中 3 个做拉伸试验，另 3 个做弯曲试验(不同直径钢筋焊接时，只做拉伸试验，只随机切取 3 个接头)；

(3)箍筋闪光对焊：同一台班、同一焊工完成的 600 个同牌号、同直径箍筋焊接接头作为一检验批；如超出 600 个接头，超出的部分可以与下一台班完成的接头累计计算；每批接头中随机切取 3 个对焊接头做拉伸试验；

(4)钢筋电弧焊：

①在现浇混凝土结构中，以 300 个同牌号钢筋、同形式接头作为一检验批，每批接头中随机切取 3 个接头做拉伸试验；

②在房屋结构中，在不超过连续两楼层中 300 个同牌号钢筋、同形式接头作为一检验批，每批接头中随机切取 3 个接头做拉伸试验；

③在装配式结构中，可按生产条件制作模拟试件，每批 3 个做拉伸试验；钢筋与钢板搭接焊接头，只检查外观质量，不检查力学性能；

④当同一检验批中有 3 种不同直径的钢筋焊接接头时，应在最大直径钢筋接头和最小直径钢筋接头中分别随机切取 3 个试样进行拉伸试验；

(5)钢筋电渣压力焊：

①在现浇混凝土结构中，以 300 个同牌号钢筋接头作为一检验批，每批接头中随机切取 3 个接头做拉伸试验；

②在房屋结构中，在不超过连续两楼层中 300 个同牌号钢筋接头作为一检验批，每批接头中随机切取 3 个接头做拉伸试验；

③当同一检验批中有 3 种不同直径的钢筋焊接接头时，应在最大直径钢筋接头和最小直径钢筋接头中分别随机切取 3 个试样进行拉伸试验；

(6)钢筋气压焊：

①在现浇混凝土结构中，以 300 个同牌号钢筋接头作为一检验批，在墙、柱等竖向钢筋连接中，每批接头中随机切取 3 个接头做拉伸试验；在梁、板等水平钢筋连接中，每批接头中随机切取 6 个接头，其中 3 个做拉伸试验，另 3 个做弯曲试验；

②在房屋结构中，在不超过连续两楼层中 300 个同牌号钢筋接头作为一检验批，在墙、柱等竖向钢筋连接中，每批接头中随机切取 3 个接头做拉伸试验；在梁、板等水平钢筋连接中，每批接头中随机切取 6 个接头，其中 3 个做拉伸试验，另 3 个做弯曲试验；

③不足 300 个接头时，仍作为一检验批，在墙、柱等竖向钢筋连接中，每批接头中随机切取 3 个接头做拉伸试验；在梁、板等水平钢筋连接中，每批接头中随机切取 6 个接头，其中 3 个做拉伸试验，另 3 个做弯曲试验；

④当同一检验批中有 3 种不同直径的钢筋焊接接头时，应在最大直径钢筋接头和最小直

径钢筋接头中分别随机切取 3 个试样进行拉伸试验(墙、柱等竖向钢筋)或随机切取 6 个试样,3 个做拉伸试验,另 3 个做弯曲试验(梁、板等水平钢筋);

⑤不同直径钢筋焊接时,只做拉伸试验,只随机切取 3 个接头;

(7)预埋件钢筋 T 形焊:以 300 件同类型预埋件为一批,一周内连续焊接时,可累计计算,不足 300 件时,也按一批确定;从每批中随机切取 3 个接头做拉伸试验,拉伸试验要采用专门的夹具,试件的钢筋长度大于或等于 200 mm,钢板的长度和宽度应为 60 mm(可视钢筋直径增大而增大);

(8)试件取样长度确定如表 1 – 5 – 9 所示。

表 1 – 5 – 9　试件取样长度

焊接类型	接头形式	试样尺寸(mm)	
		L_s	$L \geqslant$
电阻点焊	(接头示意图，标注 L_j、L_s、L_j、d、L)	$\geqslant 20d$ 且 $\geqslant 180$	$L_s + 2L_j$
闪光对焊	(接头示意图，标注 L_j、L_s、L_j、d、L)	$8d$	$L_s + 2L_j$
双面帮条焊	(接头示意图，标注 L_j、L_s、L_j、d、L)	$8d + L_h$	$L_s + 2L_j$
单面帮条焊	(接头示意图，标注 L_j、L_s、L_j、d、L)	$5d + L_h$	$L_s + 2L_j$
双面搭接焊	(接头示意图，标注 L_j、L_h、L_s、L_j、d、L)	$8d + L_h$	$L_s + 2L_j$

续上表

焊接类型		接头形式	试样尺寸（mm）	
			L_s	$L \geqslant$
单面搭接焊			$5d + L_h$	$L_s + 2L_j$
熔槽帮条焊			$8d + L_h$	$L_s + 2L_j$
坡口焊			$8d$	$L_s + 2L_j$
窄间隙焊			$8d$	$L_s + 2L_j$
电渣压力焊			$8d$	$L_s + 2L_j$
气压焊			$8d$	$L_s + 2L_j$
埋弧件	电弧焊 埋弧压力焊 埋弧螺柱焊		—	200
备注		L_s：受试长度；L_j：夹持长度（钢筋直径≤20 mm 时，L_j 为 70～90 mm；钢筋直径 >20 mm 时，L_j 为 90～120 mm）；L_h：焊接长度		

3. 实验仪器设备、实验室环境条件

(1) 拉力试验机或万能试验机及夹持装置：精度：±1%；

(2) 弯曲试验装置：支辊式弯曲装置；

(3) 其他：游标卡尺（钢筋直径量测）、钢丝刷（去毛刺）、打磨机（去镦粗变形）等；

(4) 实验室环境条件：温度 23 ± 5℃。

4. 实验步骤

1）焊接接头拉伸试验

(1) 按相关产品取样要求和试样要求取样和制备试件；

(2) 将选定的试件置于试验机夹具上，升降上下钳口，确认正常后对读数进行调零，开启试验机进行拉伸，直至试样拉断，记录极限荷载 $F_m(N)$；

(3) 重复上述操作，完成另外两个试件的拉伸试验；

(4) 计算极限强度：$R_m = \dfrac{F_m}{S_0}$

其中：R_m——抗拉强度（MPa），计算结果修约至 5 MPa；

S_0——原始试件的公称横截面积（mm^2）。

2）焊接接头弯曲试验

(1) 按相关产品取样要求和试样要求取样和制备试件，弯曲试验用试样长度 L 宜为两支辊内距 l 再加 150 mm，即：

$$L = l + 150 = (D + 3a) \pm a/2 + 150$$

其中：D——弯曲压头直径（弯芯直径）（mm）；

a——弯曲试件直径或厚度（mm）；

(2) 按焊接母材类型选择规定的弯芯直径 D，调节试验机弯曲装置支辊间的距离到规定值（$l = (D + 3a) \pm \dfrac{a}{2}$）；

(3) 去除试件受压面的金属毛刺和镦粗变形部分，直至与母材外表面齐平；

(4) 将试件置于弯曲装置上，试件轴线与弯曲压头轴线垂直，焊缝中心于弯芯压头中心一致，开动试验机缓慢施加力（有争议时，速度为 (1 ± 0.2) mm/s），直至弯曲到规定角度（弯曲角度 α 通过测量弯曲压头的位移由计算得出，具体参见《金属材料弯曲试验方法》（GB/T232—2010）附录 B）；

(5) 重复上述操作，完成一组另外两个试件的弯曲试验；

(6) 目测试样弯曲外表面是否有可见裂纹，判断弯曲试验试件是否合格。

3）焊接接头冲击试验

方法同钢筋冲击试验，试样在钢筋横截面中心截取，试样中心线与钢筋中心偏差不大于 1 mm，试样各种接头的截取部位及缺口方位参见《钢筋焊接接头试验方法标准》（JGJT27—2014）表 6.1.1 中规定。

5.记录及结果计算

表 1 – 5 – 10　焊接接头拉伸实验记录表

实验项目		样品名称		生产厂家	
样品类型(牌号)		样品数量		代表批量	
焊接方法		焊工姓名		施工单位	
实验方法		实验规程			
主要仪器设备名称、型号			实验室环境条件	温度：　　℃	
				湿度：	
实验人员		指导老师			
记录人员		实验日期			

焊接接头拉伸实验原始记录

试样编号	公称直径(mm)	实测直径(mm)(多次测量取平均值)	公称横截面积(mm²)	极限荷载 F_m(N)	断裂位置离焊口距离(mm)	断口特征
结论						

表 1 – 5 – 11　焊接接头弯曲实验记录表

实验项目		样品名称		生产厂家	
样品类型(牌号)		样品数量		代表批量	
焊接方法		焊工姓名		施工单位	
实验方法		实验规程			
主要仪器设备名称、型号			实验室环境条件	温度：　　℃	
				湿度：	
实验人员		指导老师			
记录人员		实验日期			

焊接接头弯曲实验原始记录

试样编号	公称直径或厚度(mm)	弯芯直径 D(mm)	试件长度 L	弯曲角度 90°	断口位置及特征	断裂时弯曲角度(°)	目测结果

表 1 - 5 - 12　焊接接头冲击实验记录表

实验项目		样品名称		生产厂家	
样品类型(牌号)		样品数量		代表批量	
焊接方法		焊工姓名		施工单位	
实验方法			实验规程		
主要仪器 设备名称、型号			实验室 环境条件	温度：　　℃ 湿度：	
实验人员			指导老师		
记录人员			实验日期		

焊接接头冲击实验原始记录

试样 编号	缺口类型	试样尺寸 (mm)	试验温度	试样断裂 情况	吸收能量 (J)	可能的 异常情况
结论						

6. 检测相关

(1)电阻点焊焊接两根直径不同的钢筋时，当较小钢筋直径≤10 mm 时，大、小钢筋直径比不宜大于 3 倍(即较大钢筋直径宜≤30 mm)；当较小钢筋直径为 12 ~ 16 mm 时，大、小钢筋直径比不宜大于 2 倍(即较大钢筋直径为 24 ~ 32 mm)；较小钢筋直径不得小于较大钢筋直径的 60%；焊点的压入深度应为较小钢筋直径的 18% ~ 25%。

(2)钢筋的纵向焊接应采用闪光对焊，HRB500、HRB500F 焊接时，应采用预热闪光对焊或闪光—预热闪光对焊工艺；箍筋闪光对焊宜采用预热闪光焊工艺，对焊位置应在箍筋受力较小的边的中部，不等边的多边形柱箍筋对焊点位置宜在两个边的中部；不同直径的钢筋进行闪光对焊时，两钢筋的轴线应在同一直线上，轴线偏移的允许值按较小钢筋直径计算，两钢筋的直径相差不得超过 4 mm。

(3)钢筋电弧焊中帮条焊的帮条钢筋牌号与主筋相同时，帮条直径可以与主筋相同或小一个规格，当帮条钢筋直径与主筋直径相同时，帮条钢筋牌号可以与主筋相同或低一个牌号等级；帮条焊的帮条长度和搭接焊的搭接长度规定如表 1 - 5 - 13 所示。

表 1 – 5 – 13　帮条焊的帮条长度和搭接焊的搭接长度规定

钢筋牌号	焊接形式	帮条长度或搭接长度
HPB300	单面焊	≥8d
	双面焊	≥4d
HRB335、HRBF335、 HRB400、HRBF400、 HRB500、HRBF500、RRB400W	单面焊	≥10d
	双面焊	≥5d
备注	\multicolumn{2}{c}{d 为主筋公称直径}	

（4）钢筋闪光对焊接头、箍筋闪光对焊接头、电弧焊接头、电渣压力焊接头、气压焊接头、预埋件钢筋 T 形接头拉伸试验结果判定：

①合格判定依据（符合下列条件之一，则判为合格）

a. 3 个试件均断于钢筋母材，呈延性断裂，抗拉强度大于或等于钢筋母材抗拉强度标准值；

b. 2 个试件断于钢筋母材，呈延性断裂，抗拉强度大于或等于钢筋母材抗拉强度标准值；另 1 个试件断于焊缝，呈脆性断裂，抗拉强度大于或等于钢筋母材抗拉强度标准值；

（断于热影响区，呈延性断裂，等同于断于母材；或断于热影响区，呈脆性断裂，等同于断于焊缝）

②复检依据（符合下列条件之一，则要进行复检）

a. 2 个试件断于钢筋母材，呈延性断裂，抗拉强度大于或等于钢筋母材抗拉强度标准值；另 1 个试件断于焊缝，或热影响区，但呈脆性断裂，抗拉强度小于钢筋母材抗拉强度标准值；

b. 1 个试件断于钢筋母材，呈延性断裂，抗拉强度大于或等于钢筋母材抗拉强度标准值；另 2 个试件断于焊缝或热影响区，呈脆性断裂；

c. 3 个试件全部断于焊缝，呈脆性断裂：当抗拉强度均大于或等于钢筋母材抗拉强度标准值时应进行复检；当 3 个试件中有 1 个试件的抗拉强度小于钢筋母材抗拉强度标准值，应评定该批接头拉伸试验不合格；

复检后判定依据：复验时，应再切取 6 个试件进行试验，若有 4 个或 4 个以上试件断于钢筋母材，呈延性断裂，其抗拉强度大于或等于钢筋母材抗拉强度标准值；另外 2 个或 2 个以下试件断于焊缝，呈脆性断裂，其抗拉强度大于或等于钢筋母材抗拉强度标准值，则评为该批钢筋接头拉伸试验复检合格；

d. 可焊接余热处理钢筋 RRB400W 焊接接头拉伸试验结果，其抗拉强度应符合同级别的热轧带肋钢筋抗拉强度标准值 540 MPa 的规定，再按合格判定依据和复检依据进行判定；

e. 预埋件钢筋 T 形接头拉伸试验结果合格判定：3 个试件的抗拉强度均大于或等于《钢筋焊接及验收规范》（JGJ18—2012）表 5.1.7 中的规定值，则评为该批钢筋接头拉伸试验合格，若有一个接头拉伸试验小于规定值，应进行复检，复检再切取 6 个试件进行试验，试验结果均大于或等于规定值，则评为该批钢筋接头拉伸试验复检合格。

（5）钢筋闪光对焊接头、气压焊接头弯曲试验结果判定：

①当弯曲至 90°，有 2 个或 3 个试件外侧（含焊缝和热影响区）未发生宽度达到 0.5 mm

的裂纹，则评为该检验批接头弯曲试验合格；

②当弯曲至90°，有2个试件外侧(含焊缝和热影响区)发生宽度达到0.5 mm的裂纹，应进行复检；复检时应再切取6个试件进行试验，当不超过2个试件发生宽度达到0.5 mm的裂纹，则评为该检验批接头弯曲试验复检合格；

③当弯曲至90°，有3个试件外侧(含焊缝和热影响区)发生宽度达到0.5 mm的裂纹，则评为该检验批接头弯曲试验不合格。

(6)焊接接头弯曲试验弯芯直径、角度规定，如表1-5-14所示。

表1-5-14　焊接接头弯曲试验弯芯直径、角度规定

钢筋牌号	弯芯直径 D	弯曲角度
HPB300	$2d$	90°
HRB335、HRBF335	$4d$	90°
HRB400、HRBF400、RRB400W	$5d$	90°
HRB500、HRBF500	$7d$	90°

备注：当公称直径大于25 mm的钢筋焊接接头弯曲试验时，弯芯直径应增加1倍主筋公称直径；d—主筋公称直径(mm)

(7)钢筋焊接接头弯曲试验宜采用支辊式弯曲装置，不得使用弯曲机对接头进行弯曲试验。

第二篇
土力学室内实验

实验 2.1 含水率实验

【实验目的】 通过本实验掌握土体的天然含水率实验方法,了解含水率指标在工程中的应用,并配合其他实验计算土的干密度、孔隙比及饱和度等其他指标。

【预习思考】 含水率的基本概念,烘干法、酒精燃烧法的适用范围。

2.1.1 基本概念

土体中的自由水和弱结合水在 105～110℃的温度下全部变成水蒸气挥发,土体颗粒质量不再发生变化,此时的土重为土颗粒质量加上强结合水质量,将挥发掉的水分质量与干土质量之比为土体含水率。即土体含水率是指土颗粒在 105～110℃的温度下烘干至恒重时所失去的水分质量与烘干土质量的比值,用百分数表示。

$$\omega_0 = \frac{m_w}{m_d} \times 100\% \qquad\qquad (2-1-1)$$

式中:ω_0——土样含水率(%);

m_w——土体所失去水分的质量(g);

m_d——烘干后土颗粒质量(g)。

烘干法为含水率实验的标准方法,当受实验环境限制,不能满足烘焙条件时,可依土的性质和工程情况选用如下实验方法:

(1)酒精燃烧法(适用于砂性土、黏性土);

(2)实容积法(适用于黏性土);

(3)比重法(适用于砂性土);

(4)炒干法(适用于砾质土)。

下面依《土工试验方法标准》(GB/T50123—1999)介绍烘干法和酒精燃烧法两种。

2.1.2 烘干法

本实验方法适用于测定粗粒土、细粒土、有机质土和冻土的含水率。

1. 实验仪器设备

(1)恒温烘箱:恒温范围在 105～110℃。

(2)天平:称量 200 g,分度值 0.01 g。

(3)其他工具:铝盒(称量盒)、开土刀、干燥器、温度计等。

2. 操作步骤

(1)用感量 0.01 g 的天平称取铝盒重量,记录铝盒编号和重量。

(2)取具有代表性的试样 15~30 g 放入铝盒内(有机质土、砂类土和整体状构造冻土为 50 g),迅速盖好盒盖,称铝盒加湿土质量,准确至 0.01 g,并记录铝盒号和铝盒加湿土质量。

(3)揭开盒盖,将试样和铝盒一起放入恒温烘箱,在温度 105~110℃ 下烘干至恒重。烘干时间对黏土、粉土不得少于 8 h,对砂土不得少于 6 h,对含有机质超过干土质量 5% 的土,应将温度控制在 65~70℃ 的恒温下烘干至恒重。

(4)将铝盒从烘箱中取出,盖好铝盒盖,放入干燥器内冷却至室温后,称铝盒加干土质量,准确至 0.01 g,并记录铝盒号和铝盒加干土质量,含水率实验记录表如表 2-1-1 所示。

3. 含水率计算

按下式计算含水率:

$$\omega_0 = \frac{m_1 - m_2}{m_2 - m} \times 100\% \tag{1-2}$$

式中:ω_0——土样含水率(%),准确至 0.1%;

m_1——铝盒加湿土质量(g);

m_2——铝盒加干土质量(g);

m——铝盒质量(g)。

4. 实验要求

进行两次平行试验,当两次测定含水率的差值在允许的范围内时,取其算术平均值作为该土样的含水率,不符合要求应当重做,两次测定的差值允许范围为:

含水率低于 40% 时,不得大于 1%;

含水率高于 40% 时,不得大于 2%。

2.1.3 酒精燃烧法

本实验方法适用于快速简易测定细粒土(含有机质的土除外)的含水率。

1. 实验仪器设备

(1)铝盒(称量盒);

(2)天平:称量 200 g,分度值 0.01 g;

(3)酒精:纯度高于 95%;

(4)其他:滴管,火柴,调土刀等。

2. 操作步骤

(1)取样、称量、记录按烘干法操作;

(2)将酒精注入放有试样的铝盒中,至酒精超过试样面为止;

(3)点燃盒中酒精,烧至火焰熄灭;

(4)按操作步骤中的(2)、(3)步骤,重复燃烧两次。当第三次火焰熄灭后,立即盖好盒盖,冷却到室温后称取铝盒加干土质量,准确至 0.01 g。

3. 平行测定

进行两次平行测定。计算公式及允许平行差与烘干法相同。

2.1.4　记录及结果计算

表 2-1-1　含水率实验记录表

班　级			实验小组			记录者		
计算者			校 核 者			实验日期		
试样编号	盒号	铝盒质量（g）	铝盒+湿土质量（g）	铝盒+干土质量（g）	湿土质量（g）	干土质量（g）	含水率（%）	平均含水率（%）

2.1.5　检测相关

含水率是土的基本物理指标之一，它反映土的状态，它的变化将使土的一系列力学性质随之而异。它又是计算土的干密度、孔隙比及饱和度等项指标的依据，是检测土工构筑物的施工质量的重要指标。工程中需测定含水率的实验主要有：

（1）检测地基分层碾压回填压实度时，需测定填土含水率，具体参见《土工试验方法标准》（GB/T50123—1999）、《土工试验规程》（SL237—1999）。

（2）检测公路路基分层碾压回填压实度时，需测定填土含水率，具体参见《公路土工试验规程》（JTG E40—2007）、《公路路基路面现场测试规程》（JTG E60—2008）、《土工试验规程》（SL237—1999）。

（3）岩石含水率测定，采用烘干法，具体参见《工程岩体试验方法标准》（GB/T50266—2013）、《公路工程岩石试验规程》（JTG E41—2005）。

（4）固结实验、击实实验均需测定土的含水率，具体参见《土工试验方法标准》（GB/T50123—1999）、《土工试验规程》（SL237—1999）、《公路土工试验规程》（JTG E40—2007）。

实验 2.2　　密度实验

【实验目的】　通过本实验掌握土体的天然密度实验方法,了解天然密度指标在工程中的应用,并配合其他实验计算土的干密度、孔隙比及饱和度等其他指标。初步了解土体密度大小与土的松紧程度、压缩性、抗剪强度的关系。

【预习思考】　密度的基本概念,干密度与湿密度的关系。

2.2.1　基本概念

单位体积土体质量称作土的密度,定义式为:

$$\rho_0 = \frac{m_0}{V} \tag{2-2-1}$$

式中:ρ_0——土样密度(g/cm^3);

　　　m_0——土样质量(g);

　　　V——土样体积(cm^3)。

实验室内直接测量的密度为湿密度(对原状土称作天然密度)。工程中常用的土体在不同状态下的密度有干密度 ρ_d、饱和密度 ρ_{sat}、浮密度 ρ' 等。与密度相对应的重度,定义为单位体积土体的重量。定义式为:

$$\gamma = \frac{m_0 g}{V} = \rho_0 g \tag{2-2-2}$$

式中:γ——土样重度(kN/m^3);

　　　g——重力加速度,一般取 9.81 m/s^2;

其余符号同前。

不同状态下土的密度对应的重度分别记作:干重度 γ_d、饱和重度 γ_{sat}、浮重度 γ'。

下面依《土工试验方法标准》(GB/T50123—1999),介绍环刀法、灌砂法和灌水法三种湿密度的测定方法。

2.2.2　环刀法

本实验方法适用于细粒土。

1. 实验仪器设备

(1)环刀:内径 61.8 mm 和 79.8 mm,高 20 mm;

(2)天平:称量 500 g,分度值 0.1 g;

(3)其他工具:切土刀、玻璃板、钢丝锯,凡士林等。

2. 操作步骤

(1)取原状土或制备的扰动土样,整平两端,将环刀内壁涂一薄层凡士林,刃口向下放在土样上,将环刀垂直向下压至约刃口深处,用切土刀将土样切成略大于环刀直径的土柱后,边压边削,直至土样伸出环刀顶部,将环刀两端余土削平;

(2)用切下的代表性土样测定含水率 ω_0;

(3)擦净环刀外壁,称环刀加土的质量,准确至 0.1 g,记录表如表 2-2-2 所示。

3. 结果计算

按下式计算试样湿密度和干密度:

$$\rho_0 = \frac{m_{h1} - m_h}{V} \tag{2-2-3}$$

$$\rho_d = \frac{\rho_0}{1 + 0.01\omega_0} \tag{2-2-4}$$

式中:ρ_0——试样湿密度(g/cm^3),准确至 $0.01\ g/cm^3$;

$\quad \rho_d$——试样干密度(g/cm^3),准确至 $0.01\ g/cm^3$;

$\quad m_{h1}$——环刀加试样质量(g);

$\quad m_h$——环刀质量(g);

$\quad V$——环刀容积(cm^3)。

4. 平行测定

重复上述步骤进行两次平行测定,其平行差不得大于 $0.03\ g/cm^3$,取其算术平均值作为实验结果。

2.2.3 灌水法

本实验方法适用于现场测定粗粒土的密度。

1. 仪器设备

(1)储水筒:直径应均匀,并附有刻度及出水管。

(2)台秤:称量 50 kg,分度值 10 g。

2. 操作步骤

(1)根据试样最大粒径确定试坑尺寸,如表 2-2-1 所示。

表 2-2-1 试坑尺寸

试样最大粒径(mm)	试坑尺寸(mm)	
	直径	深度
5(20)	150	200
40	200	250
60	250	300

（2）将选定实验处的试坑地面整平，除去表面松散的土层。

（3）按确定的试坑直径划出坑口轮廓线，在轮廓线内下挖至要求深度，边挖边将坑内的试样装入盛土容器内，称试样质量，准确到 10 g，并测定试样的含水率。

（4）试坑挖好后，放上相应尺寸的套环，用水准尺找平，将大于试坑容积的塑料薄膜袋平铺于坑内，翻过套环压住薄膜四周。

（5）记录储水筒内初始水位高度，拧开储水筒出水管开关，将水缓慢注入塑料薄膜袋中。当袋内水面接近套环边缘时，将水流调小，直至袋内水面与套环边缘齐平时关闭出水管，持续 3~5 min，记录储水筒内水位高度。当袋内出现水面下降时 应另取塑料薄膜袋重做实验。

（6）试坑的体积，应按下式计算：

$$V_p = (H_1 - H_2) \times A_w - V_0 \qquad (2-2-5)$$

式中：V_p——试坑体积；

$\quad H_1$——储水筒内初始水位高度；

$\quad H_2$——储水筒内注水终了时水位高度；

$\quad A_w$——储水筒断面积；

$\quad V_0$——套环体积。

（7）试样的密度，应按下式计算：

$$\rho_0 = \frac{m_p}{V_p} \qquad (2-2-6)$$

式中：m_p——取自试坑内的试样质量(g)。

2.2.4 灌砂法

本实验方法适用于现场测定细粒土、砂类土和砾类土的密度。试样的最大粒径不得超过 15 mm，测定密度层的厚度为 150~200 mm。

注：①在测定细粒土的密度时，可以采用 φ100 的小型灌砂筒。

②如最大粒径超过 15 mm，则应相应地增大灌砂筒和标定罐的尺寸，例如，粒径达 40~60 mm 的粗粒土，灌砂筒和现场试洞的直径应为 150~200 mm。

1.仪器设备

（1）灌砂筒：金属圆筒（可用白铁皮制作）的内径为 100 mm，总高 360 mm，灌砂筒主要分两部分：上部为储砂筒，筒深 270 mm（容积约 2120 cm³），筒底中心有一个直径 10 mm 的圆孔；下部装一个倒置的圆锥形漏斗，漏斗上端开口直径为 10 mm，并焊接在一块直径 100 mm 的铁板上，铁板中心有一直径 10 mm 的圆孔与漏斗上开口相接。在储砂筒筒底与漏斗顶端铁板之间设有开关。开关为一薄铁板，一端与筒底及漏斗铁板铰接在一起，另一端伸出筒身外，开关铁板上也有一个直径 10 mm 的圆孔。将开关向左移动时，开关铁板上的圆孔恰好与筒底圆孔及漏斗上开口相对，即三个圆孔在平面上重叠在一起，砂就可通过圆孔自由落下。将开关向右移动时，开关将筒底圆孔堵塞，砂即停止下落，灌砂筒和主要尺寸如图 2-2-1 所示。

（2）标定罐：内径 150 mm，高 150 mm 和 200 mm 的金属罐各一个，上端周围有一罐缘；图 2-2-1 所示。

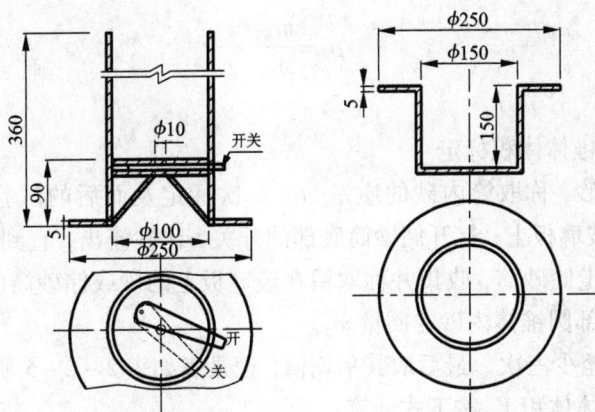

图 2 - 2 - 1　灌砂筒和标定罐(单位: mm)

(3)基板:一个边长 350 mm,深 40 mm 的金属方盘,盘中心有一直径 100 mm 的圆孔。

(4)打洞及从洞中取料的工具,如凿子、铁锤、长把勺、小簸箕。

(5)饭盒(存放挖出的试样)若干。

(6)台秤:称量 10 kg,分度值 5 g;称量 500 g,分度值 0.1 g。

(7)天平、烘箱、铝盒等。

(8)标准砂:粒径 0.25 ~ 0.5 mm、清洁干燥的均匀砂,为 20 ~ 40 kg。砂应先烘干,并放置足够时间,使其与空气的湿度达到平衡。

2. 仪器标定

1)标定罐容积 $V(\mathrm{cm}^3)$ 的标定

一般用水来确定标定罐的容积 $V(\mathrm{cm}^3)$,将空标定罐放在台秤上,使标定罐的上口处于水平位置,读记标定罐质量 m_7。向标定罐中灌水,注意不要将水弄到台秤上或罐的外壁。将一直尺放在罐顶,当罐中水面快要接近直尺时,用滴管往罐中加水,直到水面接触直尺。移去直尺,读记罐和水的总质量 m_8。重复测量时,仅需用吸管从罐中取出少量水,并用滴管重新将水加满到接触直尺,记录表如表 2 - 2 - 3 所示。标定罐的体积按下式计算:

$$V = (m_8 - m_7)/\rho_{水} \qquad (2-2-7)$$

2)量砂密度 $\rho_s(\mathrm{g/cm}^3)$ 标定

在储砂筒中装入质量为 m_1 的砂,并将罐砂筒放在标定罐上,打开储砂筒中的开关,让砂流出,直到储砂筒内的砂不再下流时,关闭开关。取下罐砂筒,称筒内剩余的砂质量,重复上述测量,至少三次,最后取其平均值 m_3,记录表如表 2 - 2 - 4 所示。

按下式计算填满标定罐所需砂的质量 m_a:

$$m_a = m_1 - m_2 - m_3 \qquad (2-2-8)$$

式中:m_1——灌砂筒内砂的质量(g);

　　　m_2——灌砂筒下部圆锥体内砂的质量(g);

　　　m_3——灌砂筒内剩余砂的质量(g)。

按下式计算量砂的密度 ρ_s：

$$\rho_s = \frac{m_a}{V} \qquad (2-2-9)$$

其余符号同前。

3) 储砂筒下部圆锥体体积标定

在储砂筒内装满砂，称取筒内砂的质量 m_1（每次标定及而后的试验都维持这个质量不变）。将储砂筒放在玻璃板上，打开储砂筒底部的开关，让砂流出，直到筒内砂不再下流时，关上开关，小心地取走储砂筒，收集并称取留在玻璃板上的砂或储砂筒内的砂。玻璃板上的砂质量就是储砂筒下部圆锥体内砂的质量 m_2。

重复上述测量，至少三次。最后取其平均值，记录表如表 2-2-5 所示。

储砂筒下部圆锥体体积 $V_{锥}$ 按下式计算：

$$V_{锥} = \frac{m_2}{\rho_s} \qquad (2-2-10)$$

其余符号同前。

3. 操作步骤

(1) 在实验地点，选一块约 40 cm × 40 cm 的平坦表面清扫干净，将基板放在此平坦表面上。沿基板中孔凿试验洞（洞的直径 100 mm 或 150 mm）。在凿洞过程中，应注意不使凿出的试样丢失，并随时将凿松的材料取出，放在已知质量的塑料袋内，密封。试洞的深度应等于碾压层厚度。凿洞完毕，称收集在塑料袋中全部试样质量，准确至 5 g。减去已知塑料袋质量后，即为试样的总质量 m_t。

如地面的粗糙度较大，则将盛有量砂 m_5 的灌砂筒放在基板中间的圆孔上。打开灌砂筒开关，让砂流入基板的中孔内，直到储砂筒内的砂不再下流时关闭开关。取下灌砂筒，并称筒内剩余砂的质量 m_6，准确至 5 g；取走基板，将留在试验地点的量砂收回，重新将表面清扫干净，再凿洞试验。

(2) 从挖出的全部试样中取有代表性的样品，放入铝盒中，测定其含水量，样品数量：对于细粒土，不少于 100 g；对于粗粒土，不少于 500 g。

(3) 将储砂筒放在基板的中间，灌砂筒的下口对准基板的中孔及试洞中心。打开灌砂筒开关，让砂流入试验洞内，直到储砂筒内的砂不再下流时关闭开关。取下灌砂筒，称筒内剩余砂的质量 m_4，准确至 5 g，记录表如表 2-2-6 所示。

如试洞中有较大孔隙，应按试洞外形，松弛地放入一层柔软的纱布，然后再进行实验。

(4) 取出试洞内的量砂，以备下次实验时再用。若量砂的湿度已发生变化或量砂中混有杂质，则应重新烘干，过筛，并放置一段时间，使其与空气的湿度达到平衡后再用。

4. 结果整理

(1) 按下式计算填满试洞所需砂的质量 m_b：

地面的粗糙度较大时：

$$m_b = m_1 - m_4 - (m_5 - m_6) \qquad (2-2-11)$$

地面平坦时：

$$m_b = m_1 - m_4 - m_2 \qquad (2-2-12)$$

式中：m_2——灌砂筒下部圆锥体内砂的质量(g)；

m_4——试验后灌砂筒内剩余砂的质量(g)；

$(m_5 - m_6)$——灌砂筒下部圆锥体内及基板和粗糙表面之间砂的质量(g)；

其余符号同前。

(2)按下式计算试验地点土的湿密度 ρ：

$$\rho = \frac{m_t}{m_b} \times \rho_s \qquad (2-2-13)$$

式中：m_t——试洞中取出的全部土样的质量(g)；

m_b——填满试洞所需砂的质量(g)；

其余符号同前。

(3)按(2-2-4)式计算土的干密度。

2.2.5 记录及结果计算

表2-2-2 密度实验(环刀法)记录表

班　级			实验小组		记录者	
计算者			校核者		实验日期	

试样编号	环刀号	环刀质量(g)	环刀体积(cm³)	环刀+湿土质量(g)	湿土质量(g)	湿密度(g/cm³)	平均密度(g/cm³)

表2-2-3 标定罐体积 V 的标定

次数	标定罐质量(g)	标定罐+水质量(g)	标定罐体积(cm³)
一次			
二次			
三次			
平均值			

表 2 - 2 - 4　标准砂的密度标定

次数	标定罐质量（g）	水+罐质量（g）	标定罐体积（g）	灌砂筒质量+标准砂质量（g）	灌砂筒质量+剩余标准砂质量(g)	标定罐内砂的质量（g）	砂密度（g/cm³）
一次							
二次							
三次							
平均值							

表 2 - 2 - 5　储砂筒下部圆锥体体积标定

次数	储砂筒+标准砂质量（g）	玻璃板上标准砂质量（g）	标准砂密度（g/cm³）	锥体体积（cm³）
一次				
二次				
三次				
平均值				

表 2 - 2 - 6　密度实验（灌砂法）记录表

班　级		实验小组		记 录 者	
计算者		校 核 者		实验日期	
测 试 点					
储砂筒质量(g)					
储砂筒+标准砂质量(g)					
筒+剩余标准砂质量(g)					
试坑内标准砂质量(g)					
标准砂密度(g/cm³)					
储砂筒锥体体积(cm³)					
试坑体积(cm³)					
试坑内土料质量(g)					
土料湿密度(g/cm³)					
盒号					
盒+湿土质量(g)					
盒+干土质量(g)					
含水率(%)					
平均含水率(%)					

表 2 - 2 - 7 密度实验 (灌水法) 记录表

班 级		实验小组		记 录 者	
计算者		校 核 者		实验日期	

测 试 点					
储水筒初始水位(cm)					
储水筒终了水位(cm)					
储水筒面积(cm²)					
试坑体积(cm³)					
试坑内土料质量(g)					
土料湿密度(g/cm³)					
盒号					
盒 + 湿土质量(g)					
盒 + 干土质量(g)					
含水率(%)					
平均含水率(%)					

2.2.6 检测相关

工程中需测定密度的实验主要有：

(1)地基分层碾压回填压实度，一般用环刀法或灌砂(水)法测定出填土湿密度，根据含水率计算出干密度，从而计算出压实度，具体参见《土工试验方法标准》(GB/T50123—1999)、《土工试验规程》(SL237—1999)；

(2)公路路基分层碾压回填压实度，一般也是用环刀法或灌砂(水)法测定出填土湿密度，根据含水率计算出干密度，从而计算出压实度，具体参见《公路土工试验规程》(JTG E40—2007)、《公路路基路面现场测试规程》(JTG E60—2008)、《土工试验规程》(SL237—1999)；

(3)岩石密度测定，采用量积法或水中称重法，具体参见《工程岩体试验方法标准》(GB/T50266—2013)、《公路工程岩石试验规程》(JTG E41—2005)；

(4)固结实验、击实实验均需测定土的密度，具体参见《土工试验方法标准》(GB/T50123—1999)、《土工试验规程》(SL237—1999)、《公路土工试验规程》(JTG E40—2007)。

实验 2.3 土粒比重实验

【实验目的】 通过本实验掌握土粒比重的测定方法,了解土粒比重在工程中的应用,并同含水率、密度指标等配合计算土的孔隙比、饱和度等其他指标。

【预习思考】 比重的基本概念,比重和密度的区别是什么。

2.3.1 基本概念

土粒比重是土粒在温度105~110℃下,烘干至恒重时的质量与同体积4℃时纯水质量的比值,即:

$$G_s = \frac{m_d}{V_d \rho_{w4℃}} \qquad\qquad (2-3-1)$$

式中:G_s——土粒比重;

V_d——土粒体积(cm^3);

m_d——土粒质量(g);

$\rho_{w4℃}$——4℃时水的密度(g/cm^3)。

土粒比重测试包括测量土粒质量 m_d、土粒体积 V_d 和水温三个参数。作为建筑材料和地基的土,有细粒和粗粒,因此测试过程中使用的手段不同,分为下述三种试验方法:

(1)比重瓶法:适用于粒径小于5 mm 的土;

(2)浮称法:适用于粒径大于5 mm,但粒径大于或等于20 mm 的土粒含量小于10%的土;

(3)虹吸筒法:适用于粒径大于5 mm 且粒径大于或等于20 mm 的土粒含量大于10%的土;

当土体中既含粒径大于5 mm 土粒,又有小于5 mm 土粒时,先筛析,然后分别测定。

2.3.2 比重瓶法

本试验方法适用于粒径小于5 mm 的各类土。

1. 实验仪器设备

(1)比重瓶:容积100 mL 或50 mL;

(2)天平:称量200 g,分度值0.001 g;

(3)烘箱:105~110℃;

(4)砂浴电炉:温度调节50~110℃;

（5）恒温水槽：准确度为 ±1℃；

（6）其他工具：温度计（量程 0 ~ 50℃，分度值 0.5℃），纯水，中性液体（如煤油等），分析筛（孔径 2 mm 及 5 mm），漏斗，滴管等。

2. 操作步骤

（1）将比重瓶烘干，称取比重瓶质量，准确至 0.001 g；

（2）称取比重瓶注满水后的质量，绘制温度与瓶 + 水总质量关系曲线；

（3）土的比重实验一般用纯水测定，当土中含有可溶盐、亲水性胶体或有机质时，须用中性液体（如煤油）测定；

（4）将烘干土约 15 g 装入 100 mL 比重瓶内，称瓶 + 干土质量，准确至 0.001 g；

（5）将已装有干土的比重瓶，注入纯水至瓶的一半处，轻轻摇动比重瓶，使土样分解；

（6）将比重瓶放在砂浴上煮沸。煮沸时间自悬液沸腾时算起，砂及砂质粉土应不少于 30 min，黏土及粉质黏土不少于 1 h。煮沸时应注意不要使悬液溢出瓶外；

（7）将煮沸过的样瓶放入恒温水槽内冷却至室温，然后注入纯水（或中性液体）至近满，待比重瓶上部悬液澄清，塞好瓶塞，使多余水分自瓶塞毛细管中溢出。擦干瓶外水分后，称瓶 + 水 + 土总质量，准确至 0.001 g；

（8）测量瓶内水温，准确至 0.5℃，根据测定的水温，由已绘制的温度与瓶 + 水总质量关系曲线中查出瓶 + 水总质量。如果无此曲线，则立即倾去悬液，洗净比重瓶，注入与试验同温度的纯水至相同刻度处，称瓶 + 水总质量，准确至 0.001 g；

（9）重复上述步骤，进行两次平行试验，平行差小于 0.02 时，取其算术平均值，比重瓶法试验记录及成果整理见表 2 - 3 - 2；

（10）按下式计算土粒比重：

$$G_s = \frac{m_d}{m_{bw} + m_d - m_{bws}} \cdot G_{wT} \qquad (2-3-2)$$

式中：G_s——土粒比重，计算至 0.001；

　　　m_d——土粒质量（g）；

　　　m_{bws}——瓶 + 水 + 土总质量（g）；

　　　m_{bw}——瓶 + 水总质量（g）；

　　　G_{wT}——温度 T 时纯水比重。

对于煮沸时容易溢出的砂土及用中性液体做试验时不能用煮沸法排气的情况，可用真空抽气法代替煮沸法排除土中空气。抽气时真空度须接近一个大气压，从达到近一个大气压的稳定值算起，抽气时间不少于 1 h，直至悬液内无气泡逸出时为止。

2.3.3　浮称法

本试验方法适用于粒径大于或等于 5 mm 的各类土，且其中粒径大于或等于 20 mm 的土质量应小于总土质量的 10%。

1. 实验仪器设备

（1）铁丝筐：孔径小于 5 mm，边长 10 ~ 15 cm，高 10 ~ 20 cm；

（2）盛水容器：尺寸应大于铁丝筐；

（3）浮称天平：称量 2000 g，分度值 0.5 g，浮称天平如图 2 - 3 - 1 所示；

（4）烘箱：100 ~ 110℃；

（5）其他工具：温度计、孔径 5 mm 及 20 mm 的分析筛等。

2. 试验步骤

（1）取代表性土样 500 ~ 1000 g，彻底冲洗，使表面无尘土和其他污物。

（2）将试样浸在水中一昼夜后取出，立即放入铁丝筐，缓缓浸没于水中，并在水中摇晃，直至无气泡溢出为止。

（3）称铁丝筐和试样在水中总质量，取出试样烘干、并称烘干试样质量。

（4）称铁丝筐在水中质量 m'_1，并立即测量容器中水的温度，准确至 0.5℃。

图 2 - 3 - 1 浮称天平示意图
1—平衡砝码盘；2—盛水容器；3—盛土铁丝筐

（5）按下式计算土粒比重：

$$G_s = \frac{m_d}{m_d - (m_{1s} - m'_1)} \cdot G_{wT} \qquad (2 - 3 - 3)$$

式中：G_s——土粒比重；

m'_1——铁丝筐在水中质量（g）；

m_{1s}——试样加铁丝筐在水中质量（g）；

G_{wT}——T℃时纯水的比重，见表 2 - 3 - 1。

其余符号同前。

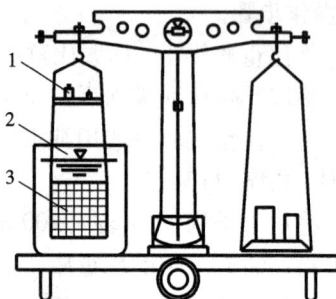

表 2 - 3 - 1 纯水的比重 G_{wT} 表

温度（℃）	比　重	温度（℃）	比　重	温度（℃）	比　重	温度（℃）	比　重
1	1	12	0.9995	20	0.9982	28	0.9962
5	1	13	0.9994	21	0.9980	29	0.9959
6	0.9999	14	0.9992	22	0.9978	30	0.9957
7	0.9999	15	0.9991	23	0.9975	31	0.9953
8	0.9999	16	0.9989	24	0.9973	32	0.9950
9	0.9998	17	0.9988	25	0.9970	33	0.9947
10	0.9997	18	0.9986	26	0.9968	34	0.9944
11	0.9996	19	0.9984	27	0.9965	35	0.9937

（6）重复上述步骤，进行两次平行试验，平行差小于 0.02 时，取算术平均值作最后结果。浮称法试验记录及成果见表 2 - 3 - 3。

2.3.4　记录及结果计算

表 2 - 3 - 2　比重实验(比重瓶法)记录表

| 班　级 | | | | 实验小组 | | | 记 录 者 | | | |
| 计算者 | | | | 校 核 者 | | | 实验日期 | | | |
试样编号	比重瓶号	水温(℃)	液体比重	比重瓶质量(g)	干土质量(g)	瓶+液+土总质量(g)	瓶+液体总质量(g)	土粒比重 G_s	比重均值	备注

表 2 - 3 - 3　比重实验(浮称法)记录表

| 班　级 | | | | 实验小组 | | 记 录 者 | | |
| 计算者 | | | | 校 核 者 | | 实验日期 | | |
试样编号	铁丝筐号	温度(℃)	水的比重(查表)	干土质量(g)	铁丝筐+试样水中质量(g)	铁丝筐水中质量(g)	试样水中质量(g)	比重	平均值

2.3.5　检测相关

工程中需测定比重的实验主要有:

(1)对土样固结实验时,一般先要测定土的比重,以便计算土在不同等级压力下的孔隙比,具体参见《土工试验方法标准》(GB/T50123—1999)、《土工试验规程》(SL237—1999)、《公路土工试验规程》(JTG E40—2007);

(2)岩石比重测定,采用比重瓶法,具体参见《工程岩体试验方法标准》(GB/T50266—2013)、《公路工程岩石试验规程》(JTG E41—2005)。

实验 2.4　界限含水率实验

【实验目的】　掌握界限含水率实验方法和塑性指数、液性指数的计算，并能利用界限含水率指标进行土的分类和定名，判断天然土的状态。

【预习思考】　液限、塑限的概念是什么？塑性指数、液性指数如何计算？如何对土进行分类和定名？

2.4.1　基本概念

细粒土由于含水率的不同，分别处于流动状态、可塑状态、半固体状态和固体状态，如图 2 - 4 - 1 所示。液限是细粒土呈流动状态与可塑状态分界处的含水率(记作 ω_L)，塑限是细粒土呈可塑态状与半固体状态分界处的含水率(记作 ω_p)，缩限是细粒土呈半固体状态与固体状态分界处的含水率(记作 ω_s)。

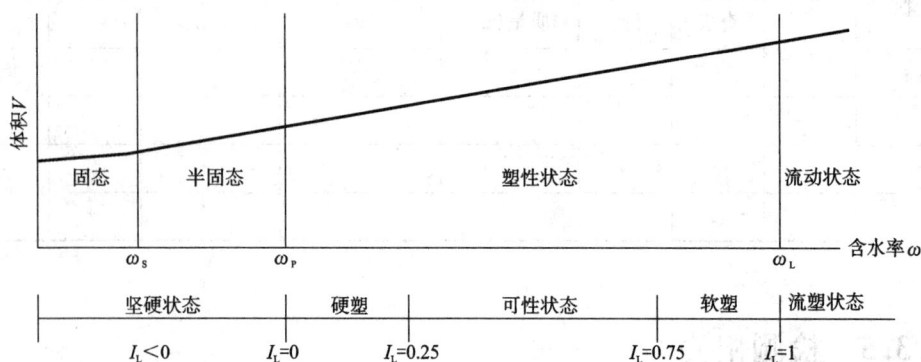

图 2 - 4 - 1　黏性土的物理状态与含水率关系

本节按圆锥仪液限实验、搓滚法塑限实验和液、塑限联合测定的顺序介绍界限含水率实验。

2.4.2　液限实验(圆锥仪法)

本实验方法适用于粒径小于 0.5 mm、有机物含量不超过干土质量的 5% 的土，当有机物含量在 5% ~10% 之间，仍用本方法时，应在记录中注明。

1. 实验仪器设备

(1)圆锥仪：由锥身、手柄、平衡装置三部分组成，总质量为 76 g；锥身由不锈钢制成，锥角为 30°，如图 2 - 4 - 2 所示；

(2)天平：称量 200 g，分度值 0.01 g；

(3)其他工具：调土刀，调土碗，0.5 mm 孔筛，凡士林，含水率试验全套设备等。

2. 操作步骤

(1)制备试样：取代表性天然土或风干土过 0.5 mm 的孔筛，过筛后取约 250 g，放入调土皿中，加纯净水调成均匀浓糊状，将拌和均匀的土样密封于保湿缸中静置 24 h；

(2)将试样用调土刀调匀，密实地填入试杯中，土中不能含封闭气泡，将高出试样杯的余土用调土刀刮平，不得在杯口反复涂抹；

图 2 - 4 - 2　锥式液限仪

(3)将刮平的试杯放在测试杯座上，用布擦净圆锥仪，并在锥体上涂抹一薄层凡士林，提住锥体上端手柄，把锥体放在试样表面中部，至锥尖刚好与土面接触时，放松手指，使锥体在自重状态下沉入土中；

(4)经 15 s 后观看锥尖入土深度，若锥体入土深度刚好为 10 mm 时，此时土的含水率视为液限，如不符合上述要求应重新调试土膏；

(5)将所测得的合格试样，挖去有凡士林的部分，取锥体附近试样迅速放入铝盒内测定其含水率，此含水率即为液限，含水率实验方法见实验 2.1，液限记录表见 2 - 4 - 1；

此实验需进行两次平行试验，当两次测定的液限含水率差值小于 2% 时，取其平均值作为该土样的液限。

2.4.3　塑限实验(搓滚法)

本实验方法适用于粒径小于 0.5 mm、有机物含量不超过干土质量的 5% 的土。

1. 实验仪器设备

(1)天平：称量 200 g，分度值 0.01 g；

(2)其他工具：调土刀，调土碗，0.5 mm 孔筛，毛玻璃；

(3)含水率实验全套设备等。

2. 操作步骤

(1)试样制备：与液限实验基本相同，但制样含水率较低，使其在塑限左右，判断方法为试样在手中捏揉而不黏手；

(2)取试样一小块，先用手搓成椭圆形，然后用手掌在毛玻璃板上轻轻搓滚，搓滚时手掌均匀施加压力于土条上。搓条时注意：不能使土条在毛玻璃板上无力滚动，土条长不宜超过手掌宽度，不能使土条出现中空现象；

(3)当土条搓至直径 3 mm 同时出现横向裂纹时，该土条的含水率定义为塑限。若土条直径达到 3 mm 而未出现裂纹，表明试样含水率高于塑限；若土条直径大于 3 mm 即出现裂纹时，表明该试样的含水率低于塑限，出现上述两种情况需重新实验；

(4)取合格的土条 3～5 g 为一组,迅速放入铝盒内进行含水率实验,含水率实验方法见实验 2.1,塑限记录见表 2-4-2;

平行进行两次塑限实验,当两次测定的含水率差值小于 1% 时,取其平均值为该土的塑限。

2.4.4　光电式液、塑限联合测定

本实验方法适用于粒径小于 0.5 mm、有机物含量不超过干土质量的 5% 的土。

1.实验仪器设备

(1)光电式液、塑限联合测定仪主要组成如图 2-4-3 所示。

圆锥部分:包括锥体、微分尺、平衡装置,总质量 76±0.2 g(公路标准 100±0.2 g)。锥角 30°±0.2°,微分尺刻线距离 0.1 mm,其顶端为磨平铁质材料,能被磁铁平稳吸住;电磁铁部分:磁铁吸力 76 g 锥大于 1N,100 g 锥大于 1.5N;

光学投影部分:包括光源、滤光镜、物镜、反射镜及读数屏幕,放大 10 倍;

升降座:使试样杯在一定范围内垂直升降;时间控制:落锥后延时 5 s 的显示或提示。

(2)含水率实验全套设备等。

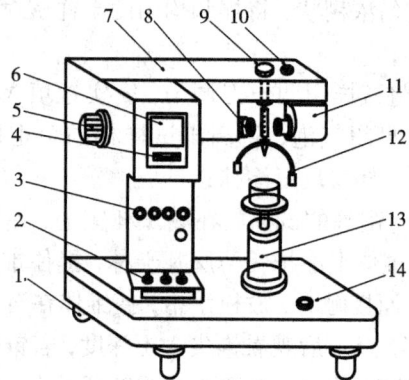

图 2-4-3　液、塑限联合测定仪

1—水平调节螺丝;2—控制开关;3—指示发光管;4—零点调节螺丝;5—反光镜调节螺丝;6—屏幕;7—机壳;8—物镜调节螺丝;9—电磁装置;10—光源调节螺丝;11—光源装置;12—圆锥;13—升降台;14—水平泡

2.操作步骤

(1)制备试样:取 0.5 mm 筛下的代表性土样 200 g,预制成三个不同的含水率试样,制样方法与液限实验相同,但含水率即圆锥入土深度分别控制在 3～4 mm、7～9 mm 和 15～17 mm,将拌和均匀的土样置于保湿缸中静置 24 h;

(2)调节地脚螺丝,使光电式液、塑限联合测定仪工作面水平;

(3)用布擦净圆锥,并在锥体上涂抹一薄层凡士林;

(4)接通电源,使磁铁吸稳圆锥仪,调节屏幕基线,使初始读数于零刻线处,根据测试需要,选择仪器的自动测试挡或手动测试挡;

(5)将制备的试样用调土刀充分调拌均匀,密实地填入试杯中,土中不能含封闭气泡,填满后将高出试样杯的余土用调土刀刮平,但不得在杯口反复涂抹;

(6)随即将刮平的试杯放在仪器底座的测试杯座上,调节升降座,使圆锥尖刚好接触土面。当锥尖接触土面时,如选择自动测试挡,圆锥会自动落入土中;

(7)经过 5 s 后测读圆锥仪下沉深度并记录;

(8)取合格的土 15～30 g 进行含水率实验,含水率实验方法见试验 2.1,记录表见表 2-4-3;

（9）重复步骤（2）~（8），进行另外两个试样的圆锥入土深度和对应含水率的测试；

3. 绘图求土的液、塑限

以含水率为横坐标，圆锥入土深度为纵坐标，在双对数坐标上绘制关系曲线如图2-4-4，三点应在一条直线上，如图中 A 线。当三点不在一条直线上时，通过高含水率的点和其余两点连成二条直线，在下沉为 2 mm 处查得相应的 2 个含水率，当 2 个含水率的差值小于2%时，以两点含水率的平均值与高含水率的点连成一直线，如图中 B 线。当 2 个含水率的差值大于、等于2%时，应重新试验。在含水率与圆锥入土深度的关系图上查得下沉深度为 17 mm 所对应的含水率（液限），查得下沉深度为 10 mm 所对应的含水率（10 mm 液限），下沉深度为 2 mm 所对应的含水率（塑限），取值以百分数表示，准确至 0.1%。

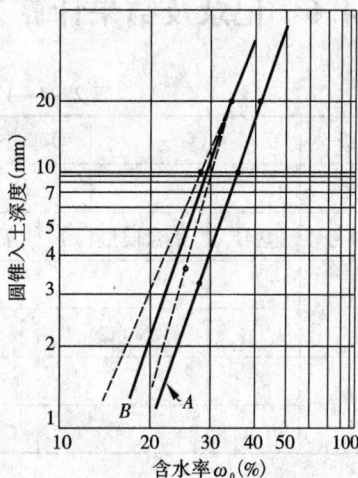

图 2-4-4 圆锥入土深度与含水率关系

4. 塑性指数计算

$$I_P = \omega_L - \omega_P \qquad (2-4-1)$$

5. 液性指数计算

$$I_L = \frac{\omega_0 - \omega_P}{I_P} \qquad (2-4-2)$$

式中：I_P——塑性指数；

ω_L——液限（%）；

ω_P——塑限（%）；

I_L——液性指数，计算至 0.01。

2.4.5　说明和注意事项

（1）中华人民共和国《土工试验方法标准》（GB/T50123—1999）和水利部《土工试验规程》（SL237—1999）均将液限、塑限联合测定法作为首选液塑限实验方法；

（2）国标（GB/T50123—1999）中同时保留了两个液限 ω_{L17} 和 ω_{L10}，公路标准又定义了一个不同的液限（100 g 圆锥入土深度 20 mm 对应的 ω_{L20}）。在土的分类时应注意区分，不同的液限、塑限实验方法有不同的土的分类界线；

（3）液限、塑限实验成果据国内不同单位比较试验，即使相同的实验方法，也有较大的分散性，前面讲的平行实验含水率差值是指同单位、同实验者得出，主要为含水率测试误差。

2.4.6 记录及结果计算

表 2-4-1 液限实验记录表(圆锥仪法)

班　级		实验小组		记录者	
计算者		校核者		实验日期	

试样编号	盒号	铝盒质量(g)	湿土质量(g)	干土质量(g)	含水率(%)	液限(ω_L)

表 2-4-2 塑限实验记录表(搓滚法)

班　级		实验小组		记录者	
计算者		校核者		实验日期	

试样编号	盒号	铝盒质量(g)	湿土质量(g)	干土质量(g)	含水率(%)	塑限(ω_p)

表 2-4-3 界限含水率实验记录表(联合测定法)

班　级		实验小组		记录者	
计算者		绘图者		校核者	
实验日期		说明事项			

实验次数		1	2	3
锥入度(mm)	H_1			
	H_2			
	均值			
铝盒号				
铝盒质量(g)				
盒 + 湿土质量(g)				
盒 + 干土质量(g)				
水分质量 (g)				

续上表

干土质量(g)						液限：$\omega_L =$		
含水量(%)						塑限：$\omega_P =$		
平均含水量(%)						塑性指数：$I_P =$		

2.4.7　检测相关

（1）在岩土工程勘探中，为了对地基土进行分类定名，液、塑限为土的必检指标，具体参见《岩土工程勘察规范》（GB 50021—2001）、《建筑地基基础设计规范》（GB50007—2011）；

（2）在路基施工前，应根据工程地质勘察报告，依据工程需要按现行国家标准《土工试验方法标准》（GB/T50123—1999）的规定，对路基土进行液限、塑限实验，具体参见《城镇道路工程施工与质量验收规范》（CJJ1—2008）。

实验 2.5　固结实验

【实验目的】　本实验之目的在于测定土的沉降变形，了解土体在侧限条件下的变形与压力的关系，或孔隙比与压力的关系，变形与时间的关系，结合其他实验指标计算土的压缩系数、压缩模量、固结系数等，确定土压缩性的高低。

【预习思考】　试样孔隙比如何计算？如何定义低压缩、中压缩、高压缩土？

2.5.1　基本概念

土体的固结是指土体在外力作用下，土体中的水和气体被逐渐排走，孔隙体积减小，土颗粒之间重新排列的现象。

土的固结试验是通过测定土样在各级垂直荷载作用下产生的变形，计算各级荷载下相应的孔隙比，用以确定土的压缩系数和压缩模量等。

2.5.2　标准固结法

1. 实验仪器设备

(1)固结容器：由环刀、护环、透水石、水槽、加压上盖组成，见图2-5-1。

(2)环刀：高20 mm，面积30 cm² 或50 cm²。

(3)加压设备：应能垂直地在瞬间施加各级规定的压力，且没有冲击力，压力准确度应符合现行国家标准《土工仪器的基本参数及通用技术条件》(GB/T15406)的规定。

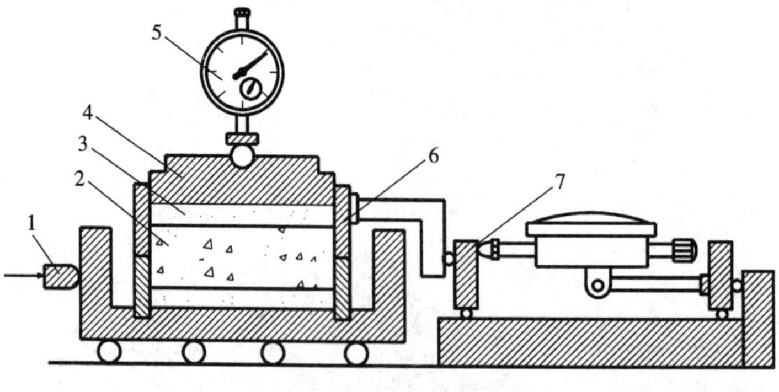

图2-5-1　固结仪示意图

1—变形量表；2—加载框架；3—加压盖；4—透水石；5—环刀；6—试样；7—护环；8—固结容器

（4）变形量测设备：量程 10 mm，分度值为 0.01 mm 的百分表或准确度为全量程 0.2% 的位移传感器。

（5）其他：开土刀、过滤纸等。

2. 操作步骤

（1）试样制备：按密度试验要求取原状土或制备扰动土土样，并测定试样的含水率和密度，取切下的余土测定土粒比重。试样需要饱和时，应按规定进行抽气饱和。

（2）在固结容器中放置好透水石和滤纸，将带有环刀的试样和环刀一起刃口向下小心放入护环，再在试样上放置滤纸和透水石，最后放上传压活塞，安装加压装置和百分表。

（3）施加 1 kPa 的预压力使试样与仪器上下各部件之间接触，将百分表或传感器调整到零位或测读初读数，通常将百分表测距调到大于 8 mm。

（4）确定需要施加的各级压力，压力等级宜为 12.5 kPa、25 kPa、50 kPa、100 kPa、200 kPa、400 kPa、800 kPa、1600 kPa、3200 kPa。第一级压力的大小应视土的软硬程度而定，宜用 12.5 kPa、25 kPa 或 50 kPa。最后一级压力应大于土的自重压力与附加压力之和。只需测定压缩系数时，最大压力不小于 400 kPa。

（5）需要确定原状土的先期固结压力时，初始段的荷重率应小于 1，可采用 0.5 或 0.25。施加的压力应使测得的 $e - \log p$ 曲线下段出现直线段。对超固结土，应进行卸压、再加压来评价其再压缩特性。

（6）对于饱和试样，施加第一级压力后应立即向水槽中注水浸没试样。非饱和试样进行压缩试验时，须用湿棉纱围住加压板周围。

（7）需要测定沉降速率、固结系数时，施加每一级压力后宜按下列时间顺序测记试样的高度变化。时间为 6 s、15 s、1 min、2 min 15 s、4 min、6 min 15 s、9 min、12 min 15 s、16 min、20 min 15 s、25 min、30 min 15 s、36 min、42 min 15 s、49 min、64 min、100 min、200 min、400 min、23 h、24 h，至稳定为止。

注：测定沉降速率仅适用饱和土。

（8）不需要测定沉降速率时，则施加每级压力后 24 h 测定试样高度变化作为稳定标准，只需测定压缩系数的试样，施加每级压力后，每小时变形达 0.01 mm 时，作为试样高度变化稳定读数。

（9）记下稳定读数后，加第二级荷载，依照加第一级荷载时的读数时间记下量表读数，直至稳定。依此逐级加荷，至试验结束，固结试验记录表见表 2 - 5 - 1。

（10）需要进行回弹试验时，可在某级压力下固结稳定后退压，直至退到要求的压力，每次退压至 24 h 后测定试样的回弹量。稳定标准同前。

（11）试验结束后吸去容器中的水，先卸除百分表，然后卸除砝码，升起加压框，拆除仪器各部件，取出固结容器和整块试样，测定含水率。

3. 计算

（1）计算试样的初始孔隙比 e_0：

$$e_0 = \frac{G_{\mathrm{S}} \cdot \rho_{\mathrm{w}} \cdot (1 + 0.01\omega_0)}{\rho_0} \qquad (2 - 5 - 1)$$

式中：ω_0——压缩前试样的含水率；

　　　ρ_0——压缩前试样的密度；

G_s——土粒比重;

ρ_w——水的密度。

(2)计算试样颗粒净高 h_s:

$$h_s = \frac{h_0}{1 + e_0} \qquad (2-5-2)$$

式中: h_0——试样初始高度(即环刀高度)(mm)。

(3)计算各级压力下试样固结稳定后的单位沉降量 S_i:

$$S_i = \frac{\sum \Delta h_i}{h_0} \times 10^3 \qquad (2-5-3)$$

式中: S_i——某压力下试样固结稳定后的单位沉降量(mm/m);

h_0——试样初始高度(mm)(等于环刀高度20 mm);

$\sum \Delta h_i$——某压力下试样固结稳定后的总变形量(mm)(等于该级压力下试样固结稳定读数减去仪器变形量);

10^3——单位换算系数。

(4)计算各级压力下试样固结稳定后的孔隙比 e_i:

$$e_i = e_0 - \frac{1 + e_0}{h_)}\Delta h_i = \frac{h}{h_s} - 1 \qquad (2-5-4)$$

式中: h——在某一压力下固结后试样的高度, $h = h_0 - \Delta h_i$。

(5)计算某一压力范围内的压缩系数 α_v:

$$\alpha_v = \frac{e_i - e_{i+1}}{p_{i+1} - p_i} \qquad (2-5-5)$$

式中: α_v——某压力范围内的压缩系数(MPa^{-1});

e_i、e_{i+1}——分别为 p_i、p_{i+1} 时的孔隙比;

p_i、p_{i+1}——试验时某级压力值(MPa)。

(6)计算压缩模量 E_s:

$$E_s = \frac{1 + e_0}{a_{i \sim i+1}} = \frac{1 + e_i}{e_i - e_{i+1}}(p_{i+1} - p_i) \qquad (2-5-6)$$

式中: E_s——某压力范围的压缩模量(MPa)。

(7)计算压缩指数和回弹指数:

$$C_c \text{ 或 } C_s = \frac{e_i - e_{i+1}}{\lg p_{i+1} - \lg p_i} \qquad (2-5-7)$$

式中: C_c——压缩指数;

C_s——回弹指数。

(8)以孔隙比为纵坐标,压力为横坐标,绘制孔隙比与压力关系 e-p 曲线,见图2-5-2。

(9)以孔隙比为纵坐标,压力的对数为横坐标,绘制孔隙比与压力的对数曲线,见图2-5-3。

原状土试样的先期固结压力确定:在 e-$\lg p$ 曲线上找出最小曲率半径 R_{min} 的点 O(见图2-5-3),过 O 点做水平线 OA,切线 OB 及 $\angle AOB$ 的平分线 OD,OD 与曲线下段直线段的延长线交于 E 点,则对应于 E 点的压力值即为该原状土试样的先期固结压力 p_c。

（10）固结系数确定：

①时间平方根法：对某一级压力，以试样的变形为纵坐标，时间平方根为横坐标，绘制变形与时间平方根关系曲线（图2-5-4），延长曲线开始段的直线，交纵坐标于d_s，此点为理论零点，过d_s作另一直线，令其横坐标为前一直线横坐标的1.15倍，则后一直线与$d - \sqrt{t}$曲线交点所对应的时间的平方即为试样固结度达90%所需的时间t_{90}，该级压力下的固结系数应按下式计算：

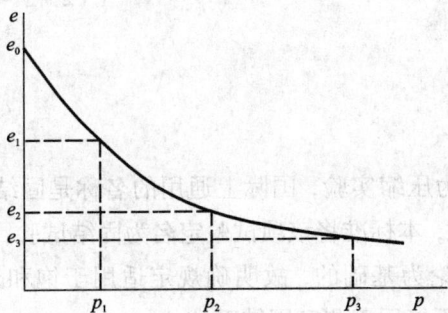

图2-5-2　$e - p$ 曲线

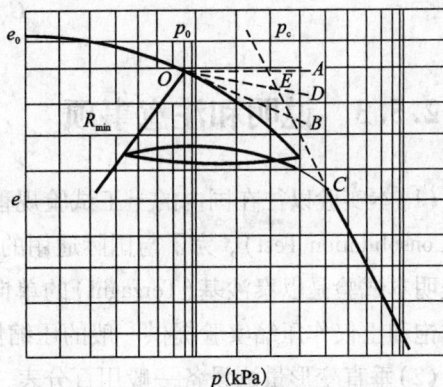

图2-5-3　$e - \lg p$ 曲线求 p_c 示意图

$$C_V = \frac{0.848\bar{h}^2}{t_{90}} \qquad (2-5-8)$$

式中：C_V——固结系数（cm²/s）；

$\bar{h}$——最大排水距离，等于某级压力下试样的初始和终了高度的平均值之半（cm）。

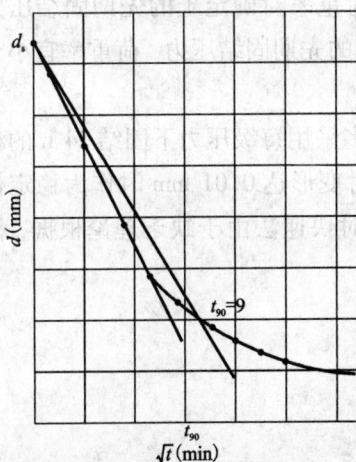

图2-5-4　时间平方根法求 t_{90}

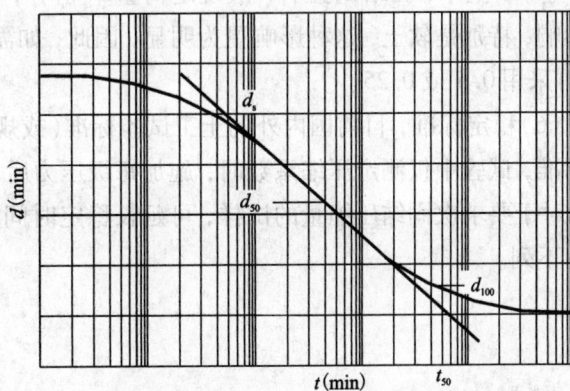

图2-5-5　时间对数法求 t_{50}

②时间对数法：对某一级压力，以试样的变形为纵坐标，时间的对数为横坐标，绘制变形与时间对数关系曲线(图2-5-5)，在关系曲线的开始段，选任一时间 t_1，查得相对应的变形值 d_1，再取时间 $t_2 = t_1/4$，查得相对应的变形值 d_2，则 $2d_2 - d_1$ 即为 d_{01}；另取一时间依同法求得等 d_{02}、d_{03}、d_{04}，取其平均值为理论零点 d_s，延长曲线中部的直线段和通过曲线尾部数点切线的交点即为理论终点 d_{100}，则 $d_{50} = (d_s + d_{100})/2$，对应于 d_{50} 的时间为试样固结度达到50%所需的时间 t_{50}，该级压力下的固结系数应按下式计算：

$$C_V = \frac{0.197\hbar^2}{t_{50}} \tag{2-5-9}$$

2.5.3 说明和注意事项

(1)本实验以往在国内的土工试验规程中定名为压缩实验，国际上通用的名称是固结试验(Consolidation Test)，为了与国际通用的名称一致，本标准将该项试验定名为固结试验，同时表明本试验是以泰沙基(Terzaghi)的单向固结理论为基础的，故明确规定适用于饱和土。对非饱和土仅作压缩实验提供一般的压缩性指标，不能用于测定固结系数。

(2)垂直变形量测设备一般用百分表，如用仪器自动化(数据自动采集)，应采用准确度为全量程0.2%的位移传感器。

(3)固结仪在使用过程中，各部件在每次试验时是装拆的，透水石也易磨损，为此，应定期率定和校验。

(4)试样尺寸，实践证明，在相同的试验条件下，高度不同的试样，所反映的各固结阶段的沉降量以及时间过程均有差异。国内使用的环刀直径均为61.8 mm和79.8 mm，高度为20 mm，为此，试样尺寸采用规定的统一尺寸。

(5)荷重率，固结试验中一般规定荷重率等于1。由于荷重率对确定土的先期固结压力有影响，特别是软土，这种影响更为明显，因此，如需测定土的先期固结压力，荷重率宜小于1，可采用0.5或0.25。

(6)稳定标准，目前国内外的土工试验标准(或规程)大多采用每级压力下固结24 h的稳定标准，试验中仅测定压缩系数时，施加每级压力后，每小时变形达0.01 mm时作为稳定标准，对于要求次固结压缩量的试样，可延长稳定时间。一小时快速法由于缺乏理论根据，标准中不列。

2.5.4　记录及结果计算

表 2 - 5 - 1　固结实验记录表

班　级		实验小组		记录者		
实验日期		说明事项				
垂直荷载(kPa)						
百分表读数 R(mm)		第一级荷载读数	第二级荷载读数	第三级荷载读数		第四级荷载读数
读数时间						
仪器变形量 Δh_2(mm)						

表 2 - 5 - 2　固结实验计算表

班　级		实验小组		记录者	
计算者		绘图者		校核者	
实验日期		说明事项			
试样初始含水率 ω_0		土粒比重 G_S		试样初始高度 h_0	20 mm
试样颗粒净高 h_s		试样密度 ρ_0		试样初始孔隙比 e_0	

荷载压力 p	每级荷载稳定读数 $\sum \Delta h_9$	校正后试样变形量 Δh_i	压密后试样高度 $h = h_0 - \Delta h_i$	孔隙比 $e_i = \dfrac{h}{h_s} - 1$	压缩系数 $a_i = \dfrac{e_i - e_{i+1}}{p_{i+1} - p_i}$	压缩模量 $E_S = \dfrac{1 + e_i}{a_i}$

2.5.5　检测相关

在岩土工程勘探中，为了确定地基土的压缩性，压缩系数、压缩模量为土的必检指标，具体参见《岩土工程勘察规范》（GB 50021—2001）、《建筑地基基础设计规范》（GB50007—2011）。

实验 2.6 直接剪切实验

【实验目的】 掌握土的室内直剪实验方法,并运用库仑 – 莫尔强度理论确定土的抗剪强度参数 c、φ 值,了解 c、φ 值在工程中的应用。

【预习思考】 根据库仑 – 莫尔公式,土样剪切破坏时剪切面上的剪切应力和垂直正应力之间是何关系?已知 4 个垂直正应力下的破坏剪切应力,如何求土的抗剪强度参数 c、φ 值。

2.6.1 基本概念

土的抗剪强度是指土体抵抗剪应力破坏时的极限能力。土体内某一面上的抗剪强度就是该面两侧的土体发生滑动的最大阻力,这一阻力是由内摩擦角和内聚力所组成,可近似地用库仑公式表示如下:

黏性土: $$\tau = \sigma \cdot \tan\varphi + c$$

非黏性土: $$\tau = \sigma \cdot \tan\varphi$$

式中: τ——土体抗剪强度(kPa);

σ——承受的垂直压力(kPa);

φ——内摩擦角(°);

c——黏聚力(kPa)。

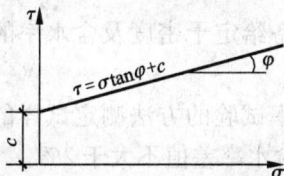

图 2 – 6 – 1 τ – σ 关系曲线

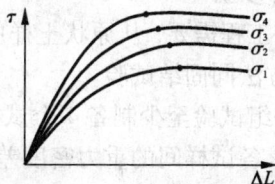

图 2 – 6 – 2 τ – ΔL 关系曲线

2.6.2 实验方法

根据土样在剪切过程中孔隙水变化情况的不同,常用的直剪方法有三种:

(1)不固结快剪法:加法向力后,迅速施加剪力,在 3 ~ 5 min 内将试样剪破。整个试验过程中土样的含水量保持不变。

(2)固结快剪法:施加法向力后,让试样固结排水,产生竖向压缩变形,待固结稳定后,再快速施加水平剪应力使试样剪破。要求试样在剪切过程中含水量保持不变。

（3）固结慢剪法：施加法向力后，让试样固结排水，产生竖向压缩变形，待固结稳定后，缓慢施加水平剪力，使试样剪切破坏。要求试样在剪切过程中孔隙水能及时消散。

2.6.3　不固结快剪试验

试验方法适用于渗透系数小于 10^{-6} cm/s 的细粒土。

1. 实验设备

（1）应变控制直剪仪：由剪切盒、垂直加压设备、剪切传动装置、测力计、位移测量系统组成，如图 2 - 6 - 3；

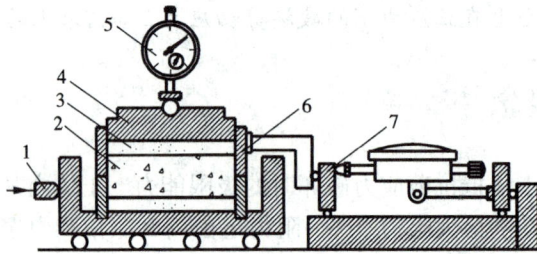

图 2 - 6 - 3　应变控制直剪仪示意图

1—推力座；2—试样；3—透水石；4—垂直加荷框架；5—垂直变形量表；6—剪切盒；7—量力环

（2）环刀：高度 20 mm，内径 61.8 mm；

（3）天平：感量 0.1 g，称量 500 g；

（4）百分表：量程 10 mm，分度值 0.01 mm；

（5）其他辅助工具：环刀、饱和器、削土刀、秒表、透水石、滤纸等。

2. 操作步骤

（1）按工程需要，从原状土样中切取原状土试样或制备给定干密度及含水率的扰动土试样。切样方法同固结试验。

（2）每组试验至少制备 4 个试样，按密度试验和含水率试验的方法测定试样的密度和含水率。要求各试样间的重力密度差值不大于 0.03 g/m³，含水率差值不大于 2%。

（3）将上、下盒对准，插入固定销，在下盒内放入透水石和滤纸，将带有试样的环刀刀口向上，刀背向下，对准剪切盒口，放置滤纸和上透水石，将试样慢速推入剪切盒内，移去环刀，加上传力盖板。

（4）安装滑动钢珠、剪切盒和量力环，施加 0.01 N/mm² 的预压荷载，转动手轮，将量力环中百分表读数调零。

（5）施加垂直压力后，立即拔除固定销，开动秒表，以 0.8 mm/min 一周的速度匀速转动手轮（每转一周剪位移 0.2 mm），使试样在 3～5 min 内剪切破坏。手轮每转一周，记录一次量力环内量表读数，直至土样剪切破坏，记录表见表 2 - 6 - 1。

剪切破坏标准为：

当量力环中的百分表指针不再前进，或有明显后退时，取百分表读数最大值。

当百分表指针不后退时,以剪切位移 $\delta = 4$ mm 对应的变形为百分表读数;这时使剪切位移达到 6 mm 才停止剪切。

(6)剪切完后,倒转手轮,移去垂直压力,重复(2)~(5)的步骤对余下的试样进行不同垂直压力作用下的试样剪切。

3. 实验记录、实验成果整理

(1)计算剪应力:

$$\tau_i = \frac{C \cdot R_i}{A_0} \times 10 \qquad (2-6-1)$$

式中:τ_i——各级垂直压力下试样剪应力(kPa);

　　R_i——各级垂直压力下剪损时量力环量表读数(0.01 mm);

　　C——量力环系数(N/0.01 mm)。

(2)计算剪切位移:

$$\Delta L = 0.2n - R_i \qquad (2-6-2)$$

式中:ΔL——剪切位移(mm);

　　0.2——手轮每转动一周剪切盒位移(mm);

　　n——手轮转动周数。

(3)绘制剪应力垂直应力关系曲线 $\tau-\sigma$,见图 2-6-1,并确定内聚力 c 和内摩擦角 φ。

(4)绘制各级垂直压力下,剪应力与剪位移的关系曲线 $\tau-\Delta L$,见图 2-6-2。

2.6.4　固结快剪试验

试验方法适用于渗透系数小于 10^{-6} cm/s 的细粒土。

(1)仪器设备和安装土样同快剪试验。但直剪仪上需安装垂直位移量表。

(2)施加垂直压力后,使试样在法向应力作用下排水固结,若系饱和试样,在垂直压力加上 5 min 以后,往剪切盒中注水,若系非饱和试样,在剪切盒四周塞上湿棉花,防止水分蒸发。

(3)当试样在法向应力作用下压缩稳定后(压缩稳定标准为垂直变形不大于 0.005 mm/h),测记试样压缩变形量。

(4)按快剪试验的第(2)~(4)的步骤施加剪力,直到试样剪切破坏。

(5)剪应力计算同不固结快剪试验。

2.6.5　固结慢剪试验

(1)仪器设备和安装土样同固结快剪试验,施加垂直压力后,每 1h 测读垂直变形一次,直至试样固结变形稳定,变形稳定标准为垂直变形不大于 0.005 mm/h。

(2)当试样固结完成后,拔去固定销,以小于 0.02 mm/min 的剪切速率进行剪切,试样每产生 0.2~0.4 mm 剪切位移测记测力计和位移读数,直至测力计读数出现峰值,出现峰值后,应继续剪切至剪切位移为 4 mm 时停机,记下破坏值。

(3)当剪切过程中测力计读数无峰值时,应继续剪切至剪切位移为 6 mm 时停机。

（4）当需要估算试样的剪切破坏时间，可按下式计算：

$$t_f = 50t_{50} \tag{2-6-3}$$

式中，t_f——达到破坏所经历的时间（min）；

　　　　t_{50}——固结度达到50%时所需要的时间（min）。

（5）剪应力计算同不固结快剪试验。

2.6.6　说明和注意事项

（1）直剪试验得到的抗剪强度参数 c、φ 值用如下符号表示：不固结快剪 c_q，φ_q；固结快剪 c_{cq}，φ_{cq}；固结慢剪 c_s，φ_s；

（2）不固结快剪、固结快剪适用于渗透系数小于 10^{-6} cm/s 的细粒土，对渗透系数大于 10^{-6} cm/s 的土应采用三轴仪进行试验；

（3）软黏土和砂土规范建议采用三轴试验，而不进行直剪试验；

（4）对于超固结黏土和密实砂土，会发生剪胀现象，得到的抗剪强度偏大；

（5）为绘制完整的剪应力与剪切位移的关系曲线，易于建立破坏值，剪切过程中测力计读数有峰值时，应继续剪切至剪切位移达 4 mm，测力计读数无峰值时，应剪切至剪切位移达 6 mm。

2.6.7　记录及结果计算

表 2-6-1　直接剪切实验

班　级		实验小组		记录者	
计算者		绘图者		校核者	
实验日期		说明事项			

试验方法：				量力环系数 C：								
环刀号												
垂直压力(kPa)												
手轮转动圈数 n	R_i	τ	ΔL	R_i	τ	ΔL	R_i	τ	ΔL	R_i	τ	ΔL
1												
2												
3												
4												
5												
6												
7												

续上表

手轮转动圈数 n	R_i	τ	ΔL	R_i	τ	ΔL	R_i	τ	ΔL	R_i	τ	ΔL
8												
9												
10												
11												
12												
13												
14												
15												
16												

2.6.8 检测相关

（1）在进行边坡支护、基坑支护设计时，首先要进行土的抗剪强度试验以确定土抗剪强度参数 c、φ 值，具体参见《建筑基坑支护技术规程》（JGJ120—2012）、《建筑边坡工程技术规程》（GB50330—2002）。

（2）现场大面积直剪试验确定土抗剪强度参数 c、φ 值，具体参见《土工试验规程》（sl237—1999）、《岩土工程勘察规范》（GB 50021—2001）。

实验 2.7　　土颗粒分析实验

【实验目的】　通过实验掌握土颗粒分析中的筛析实验方法，了解激光粒度仪的使用方法，并能利用分析结果进行土的工程分类，并判断土的均匀性。

【预习思考】　如何计算特征粒径 d_{10}、d_{30}、d_{60} 及曲率系数 C_c、不均匀系数 C_u?

2.7.1　基本概念及原理

颗粒分析实验是测定干土中各粒径组含量占该土总质量的百分数的方法。土颗粒的粒径变化范围从 60 ~ 0.002 mm，通过不同的实验方法，可得到土的粒径组成，借以明了颗粒大小分配情况。不同的实验方法其实验原理也不同，这里仅介绍筛析法和激光粒度仪法。

1. 筛析法实验原理

土体是由不同大小颗粒排列所组成的集合体，筛析法是采用不同孔径的分析筛，将不同粒径的土粒区分开。试验时，将分析筛由上至下按孔径自大到小叠在一起。取一定质量的风干土放入最上层的筛内，通过振筛机的振动筛析后，得到不同孔径土质量，进而计算粗粒组含量和累积含量。

2. 激光粒度仪实验原理

光线在行进中遇到微小颗粒时，将发生散射现象。颗粒越大，散射角将会越小，反之，颗粒越小，则散射角将会越大。这种现象可以由电磁波理论准确描述。因此只要我们测得散射光的分布情况，就可以推算出颗粒的大小。激光粒度仪就是根据这一原理，利用配套的分析软件在计算机上对测得散射光的分布情况进行分析处理，从而计算出粗粒组含量和累积含量，并自动绘出颗粒大小级配曲线。

2.7.2　筛析法颗粒分析实验

本实验方法适用于 0.075 mm < 粒径 ≤60 mm 的土粒。

1. 实验仪器设备

(1)分析筛：孔径为 60 mm, 40 mm, 20 mm, 10 mm, 5 mm, 2 mm, 1.0 mm, 0.5 mm, 0.25 mm, 0.10 mm, 0.075 mm;

(2)天平：称量 1000 g、分度值 0.1 g，称量 5000 g、分度值 1 g;

(3)摇筛机：要求振筛机能够在水平方向摇振，垂直方向拍击;

(4)其他工具：烘箱、量筒、漏斗、瓷杯、研钵、瓷盘、毛刷、匙、木碾、白纸等。

2. 操作步骤

（1）用四分法取风干土试样备用，取试样数量按表 2－7－1 要求确定，称量准确至 0.1 g，当试样超过 500 g 时，应准确至 1 g；

（2）将试样过 2 mm 筛，分别称出大于、小于 2 mm 孔径土的质量；

（3）当小于 2 mm 孔径土的质量小于试样总质量的 10% 时，不作细筛分析；当大于 2 mm 孔径土的质量小于试样总质量的 10% 时，不作粗筛分析；

表 2 - 7 - 1 筛分法取土数量

颗粒尺寸(mm)	取样数量(g)
<2	100 ~ 300
<10	300 ~ 1000
<20	1000 ~ 2000
<40	2000 ~ 4000
<60	4000 以上

（4）取筛上土倒入依次叠好的粗（细）筛的最上层筛中，用振筛机充分筛析各筛上土粒，一般振筛 15～30 min；

（5）由最大孔径筛开始，顺序将各筛取下，将留在各筛上的土分别称量，准确至 0.1 g；各筛上土质量之和与总土质量之差不得大于总土质量的 1%，记录表见表 2－7－2；

（6）当小于 0.075 mm 孔径土的质量大于试样总质量的 10% 时，应按要求测试小于 0.075 mm 的颗粒组成；

（7）计算粒组含量和颗粒累积含量，画出级配曲线如图 2－7－1。

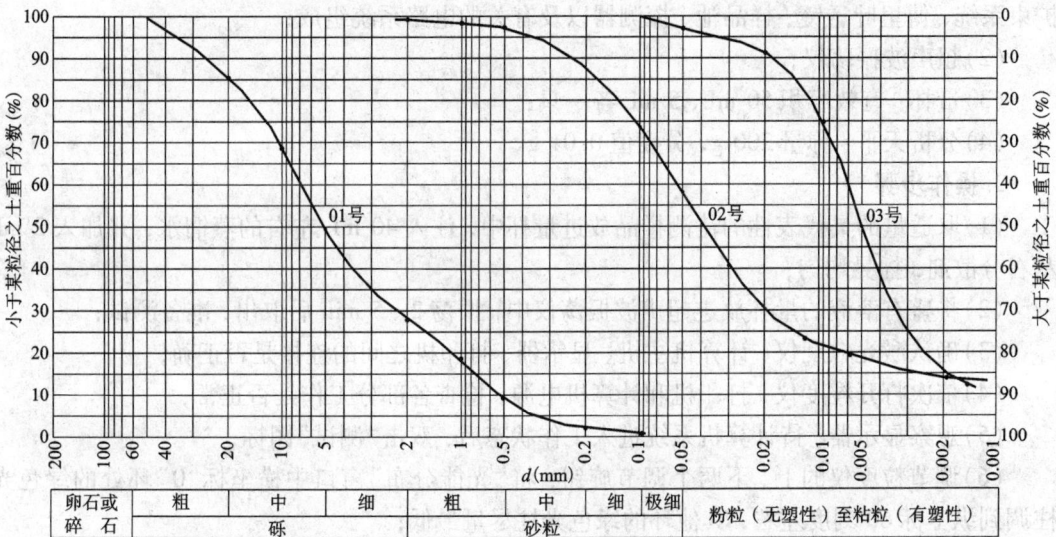

图 2 - 7 - 1 粒径大小级配曲线

3. 筛析法计算公式

（1）粒组含量 X

$$X = \frac{m_i}{m_B} \times 100\% \qquad (2-7-1)$$

（2）颗粒累积含量 P

$$P = \frac{m_A}{m_B} \times 100\% \qquad (2-7-2)$$

式中：X——某粒组百分含量（%）；

　　　P——小于某粒径土粒占总土质量百分含量（%）；

　　　m_B——试样总质量（g）；

　　　m_i——某粒组土粒质量（g）；

　　　m_A——小于某粒径土粒质量(g)。

（3）计算土的不均匀系数

$$C_u = \frac{d_{60}}{d_{10}}\tag{2-7-3}$$

（4）计算土的曲率系数

$$C_c = \frac{d_{30}^2}{d_{10} \times d_{60}}\tag{2-7-4}$$

式中：d_{10}、d_{30}、d_{60}——土的级配曲线上颗粒含量小于10%、30%、60%的粒径。

2.7.3　激光粒度仪法

本实验方法适用于粒径小于0.075 mm的细粒土。

1. 仪器设备

（1）激光粒度仪：由粒度仪主机、计算机及打印机组成。粒度仪主机由激光管、反射镜、扩束系统、傅里叶透镜、样品池、探测器以及有关的电路系统组成；

（2）超声波振荡仪；

（3）量杯：有效容积50 mL、5 mL各一只；

（4）分析天平：称量200 g，分度值0.01 g。

2. 操作步骤

（1）取适量的具代表性的待测样品放进量杯中，注入40 mL左右的蒸馏水，并加入2 mL左右分散剂，摇晃均匀；

（2）将盛有溶液的量杯放进超声波振荡仪中，振荡2~5 min后取出，准备测试；

（3）确认激光粒度仪、计算机主机、显示器、打印机之间的连接是否正确；

（4）依次打开粒度仪、打印机和计算机电源，检查各部分工作是否正常；

（5）观察显示器，待计算机系统进入工作状态后，双击"测试"图标；

（6）调节粒度仪的上、下两个调节旋钮，将"光能分布"窗口中横坐标"0"环处的绿色光柱调到纵坐标60刻度左右，其他环的绿色光柱尽量最低；

（7）输入被测样品相关参数，参数设置完毕，单击窗口下的"确认"，屏幕跳回"测试"窗口，单击该窗口下的"背景"，当"背景"两字自动变为"分析"后，迅速将分散好的样品溶液放进样品池中，单击"分析"，开始分析测试；

（8）单击"停止"，结束样品分析，在计算机上设置、分析数据，保存并打印测试报告；

（9）测试完毕，逐个关闭窗口，然后关闭计算机系统，关掉激光粒度仪主机上的电源开关，清洗干净样品池，最后关掉循环样品池的电源开关。

2.7.4　说明和注意事项

(1)适用于粒径小于 0.075 mm 细粒土常用的试验方法还有密度计法和移液管法;

(2)含砾土在现场分布极不均匀时,选取代表性土样不易。一般要求:①现场多选几个随机点取样;②实验室内先充分拌和后用四分法取样。

(3)粗筛筛析时拍击强度、摇动强度和过筛时间等均未作规定,实验时,做到每级筛上只有比它直径大的土粒;

(4)粗粒表面吸着细粒在筛析时要洗净;

(5)对不同性质的细粒土,要选用不同的分散剂,才能得到正确的结果;

(6)对于含可溶性盐较高的土,颗粒分析试验之前先要洗盐;

(7)当土中有机质含量较高时,许多分散剂失效,密度计法结果不可靠。

2.7.5　记录及结果计算

表 2-7-2　颗粒大小分析试验(筛析法)

班　级		实验小组		记录者	
计算者		绘图者		校核者	
实验日期		说明事项			

风干土质量 =　　　　 g　　　小于 0.075 mm 的土占总土质量百分数 =　　　 %
2 mm 筛上土质量 =　　　 g　　小于 2 mm 的土占总土质量百分数 d_x =　　　 %
2 mm 筛下土质量 =　　　 g　　细筛分析时所取试样质量 =　　　 %

粗粒分析				细粒分析			
筛孔径 (mm)	累计留筛 土质量 (g)	小于该孔径 的土质量 (g)	小于该孔径 的土含量 (%)	筛孔径 (mm)	累计留筛 土质量 (g)	小于该孔径 的土质量 (g)	小于该孔径 的土含量 (%)
60				2			
40				1			
20				0.5			
10				0.25			
5				0.075			
2				<0.075			

2.7.6　检测相关

(1)在路基施工前,必要时应根据工程地质勘察报告,依据工程需要按现行国家标准《土工试验方法标准》(GB/T50123—1999)的规定,对路基土进行颗粒分析实验,具体参见《城镇道路工程施工与质量验收规范》(CJJ1—2008)。

(2)公路工程集料,普通混凝土用砂、石筛分实验,具体参见《公路工程集料试验规程》(JTG E42—2005)、《普通混凝土用砂、石质量及检验方法标准》(JGJ52—2006)。

实验 2.8 击实实验

【实验目的】 通过本实验掌握土体的最大干密度和最优含水率的测定方法,了解土体含水率与天然密度之间的关系,为工程设计和现场施工提供质量控制依据。

【预习思考】 最优含水率与土的塑限有何关系?砂性土和黏性土的最佳含水率哪个大?砂性土和黏性土的最大干密度哪个大?

2.8.1 实验原理

击实是指采用人工或机械对土施加夯压能量,使土颗粒重新排列紧密。土体在击实过程中,随着击实功能的增加,体积不断减小。

对于非饱和土,在一定击实功作用下,当含水率很低时,土粒间引力较大,由于吸着水能承受剪应力作用,使土的骨架不易变形,因而击实困难,相应的干密度较小;随着含水率的增加,吸着水膜变厚,粒间引力减小,颗粒易于错动,土体易于击实,相应干密度增加;当土体含水率接近饱和含水率时,土样内出现大量的自由水和封闭气体,外力功大部分变成孔隙应力,因而土粒受到的有效击实功减小,干密度降低。

对于饱和土,由于渗透系数较小,土样在击实过程中来不及排水,故认为是不可击实的。细粒土的击实原理曲线如图 2 – 8 – 1 所示。

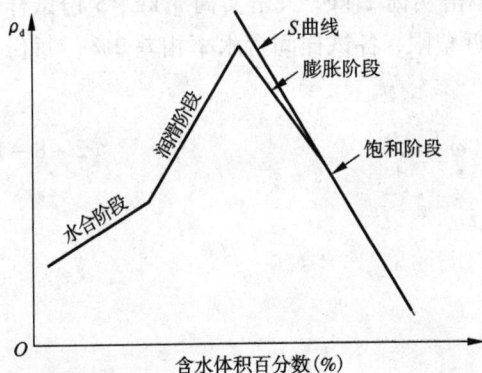

图 2 – 8 – 1 击实原理曲线

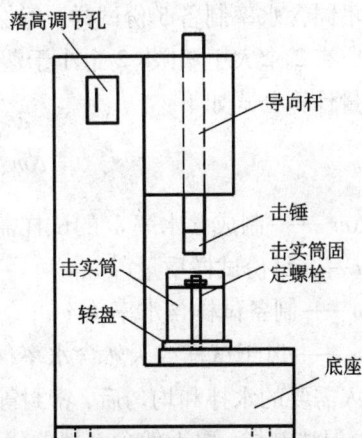

图 2 – 8 – 2 电动击实仪

2.8.2 击实实验

1.仪器设备

(1)击实仪:电动击实仪见图2-8-2,实验分轻型击实和重型击实,轻型击实适用于粒径小于5 mm的黏粒土,重型击实适用于粒径不大于20 mm的土,击实仪主要参数见表2-8-1;

表2-8-1　击实仪主要参数

试验方法	击实功 (kJ/m³)	适用性	锤杆质量 (kg)	落高 (mm)	锤击数	击实筒			护筒高度 (mm)
						内径 (mm)	筒高 (mm)	容积 (cm³)	
轻型	592.2	粒径<5 mm	2.5	305	25	102	116	947.4	50
重型	2684.9	粒径 <20 mm	4.5	457	94	152	116	2103.9	50

(2)推土器:用特制的螺旋式千斤顶或液压千斤顶加反力框架组成;

(3)台秤:称量10 kg,分度值5 g;

(4)标准筛:孔径分别为20 mm、40 mm和5 mm;

(5)含水率实验的全部仪器设备;

(6)其他工具:削土刀、玻璃板、活动扳手等。

2.试样制备

试样制备分为干法和湿法两种。

(1)干法制样:用四分法取代表性土样20 kg(重型为50 kg),风干碾碎,过5 mm(重型过20 mm或40 mm)筛,将筛下土样拌匀后测定干土含水率。依据土的塑限预估最优含水率,选择五个不同含水率制备5份试样,每份试样质量小击实筒2 kg,大击实筒5 kg。5份试样中含水率应有2个大于塑限,2个小于塑限,1个接近塑限,各试样间含水率相差2%。每份试样加水量计算公式如下:

$$\Delta m_{w} = \frac{m}{(1+\omega_0)}(\omega - \omega_0) \qquad (2-8-1)$$

式中:Δm_w——制成含水率ω的试样需加水量(g);

　　　m——每份试样质量(g);

　　　ω——制备试样含水率(%);

　　　ω_0——风干试样或天然含水率(%)。

加入需要的水拌和均匀后,密封静置一昼夜。

(2)湿法制样:取天然含水率的代表性土样20 kg(重型为50 kg),碾碎,过5 mm(重型过20 mm或40 mm)筛,将筛下土样拌匀后测定天然含水率。依据土的塑限预估最优含水率,选择五个不同含水率制备5份试样,分别将天然含水率的试样风干或加水进行制备,密封静置一昼夜。

3. 操作步骤

(1)将击实筒内壁涂一薄层润滑油,固定在击实仪刚性底板上,击实筒上装好护筒;

(2)取出 1 个备好的试样,轻型击实试验分三层击实,每层 25 击(重型击实仪分三层,每层 94 击或分五层击实,每层击 56 击),开动击实仪进行击实,第一层击实完成后,刮毛土面,装入第二层土,继续击实。击实完成时,超出击实筒顶面的试样高度应小于 6 mm;

(3)击实完成后拆除护筒,从击实仪底板上取下击实筒,用直刀修平击实筒顶部的试样。拆除底板,若试样底部超出筒外,也应修平,擦净筒外壁,称筒 + 试样总质量,准确至 1 g。计算试样湿密度,记录表见表 2 - 8 - 2;

(4)用推土器将试样从击实筒中推出,在试样中心取 2 个代表性土样测定含水率,含水率实验方法见实验 2.1,2 个含水率的差值应不大于 1% 时,取试样平均含水率;

(5)重复步骤(1)~(4),对不同的含水率试样依次进行击实实验,得到各试样的湿密度和含水率。

2.8.3　计算与实验成果

(1)计算试样的干密度和含水率。

(2)以含水率为横坐标,干密度为纵坐标,在坐标纸上绘制 $\rho_d - \omega_0$ 关系曲线,见表 2 - 8 - 2,将各点用曲线光滑地连接,得到最大干密度 ρ_{dmax} 和对应的最优含水率 ω_{opt}。当关系曲线不能出现峰值点时,应进行补点试验,使用过的土样不宜重复再用。

(3)饱和度 $S_r = 100\%$ 的饱和土干密度与含水率的关系为:

$$\omega_{sat} = \left(\frac{\rho_w}{\rho_d} - \frac{1}{G_s}\right) \times 100\% \qquad (2 - 8 - 2)$$

式中:ω_{sat}——土样饱和含水率,% ;

其余符号同前。

(4)在轻型击实试验时,当土样中粒径大于 5 mm 土粒含量不超过 30% 时,应对最大干密度和最优含水率进行校正:

①最大干密度修正

$$\rho_{dmax} = \frac{1}{\dfrac{1 - P_5}{\rho_{dmax}} + \dfrac{P_5}{\rho_w \cdot G_{s2}}} \qquad (2 - 8 - 3)$$

式中:ρ_{dmax}——校正后试样最大干密度(g/cm^3);

ρ_{dmaxt}——粒径小于 5 mm 土的最大干密度(g/ cm^3);

G_{s2}——粒径大于 5 mm 土粒的饱和面干比重;

P_5——粒径大于 5 mm 土的质量百分数(%);

其余符号同前,计算至 0.01 g/ cm^3。

注:土粒的饱和面干比重指当土粒呈饱和面干状态时的土粒总质量与相当于土粒总体积的纯水 4℃时质量的比值。

②最优含水率修正

$$\omega'_{opt} = \omega_{opt}(1 - P_5) + P_5 \cdot \omega_{ab} \qquad (2 - 8 - 4)$$

式中：ω'_{opt}——校正后试样最优含水率(%)；

　　　　ω_{opt}——粒径小于 5 mm 土的最优含水率(%)；

　　　　ω_{ab}——粒径大于 5 mm 土粒的吸着含水率(%)；

　　　　其余符号同前，计算至 0.01%。

2.8.4　说明和注意事项

（1）不同型号的击实仪击实功不同，因此，试验时必须标明所用击实仪体积、分层数和每层击数。

（2）试样击实后总会有部分土超过筒顶高，这部分土柱称为余土高度。标准击实试验所得的击实曲线是指余土高度为零时的单位体积击实功能下土的干密度和含水率的关系曲线。也就是说，此关系曲线是以击实筒容积为体积的等单位功能曲线，由于实际操作中总是存在或多或少的余土高度，如果余土高度过大，则关系曲线上的干密度就不再是一定功能下的干密度，试验结果的误差会增大。因此，为了控制人为因素造成的误差，规定余土高度不应超过 6 mm。

（3）对轻型击实试验，试样中含有粒径大于 5 mm 颗粒的试验结果需要校正。土样中常掺杂有较大的颗粒，这些颗粒的存在对最大干密度与最优含水率均有影响。由于仪器尺寸的限制，必须将试样过 5 mm 筛，因此，就产生了对含有粒径大于 5 mm 颗粒试样试验结果的校正。

（4）试验表明，砂土使用击实的方法不易密实，也没有如图 8-1 所示形态的击实曲线，即没有最优含水率和最大干密度。

（5）SL237—1999 中给出了粗粒土的击实试验方法和标准，但室内试验表明，击实过程困难较大。与现场使用振动碾压相似，室内试验宜采用振动密实的方法。

2.8.5　记录及结果计算

表 2-8-2　击实实验记录

班　级		实验小组		记录者	
计算者		绘图者		校核者	
实验日期		说明事项			

土样类别		击实方法	每层击数：　　击	击实筒容积：　　cm³

	击实筒编号				
	击实筒质量(g)				
	预加水量(%)				
干密度	筒+料质量(g)				
	湿料质量(g)				
	湿密度(g/cm³)				
	干密度(g/cm³)				

续上表

土样类别		击实方法		每层击数： 击		击实筒容积： cm³	
含水量	铝盒号						
	铝盒质量(g)						
	湿料质量(g)						
	干料质量(g)						
	含水量(%)						
	平均值(%)						

最佳含水量 ω_{opt} =	%	最大干密度 ρ_{dmax} =	g/cm³

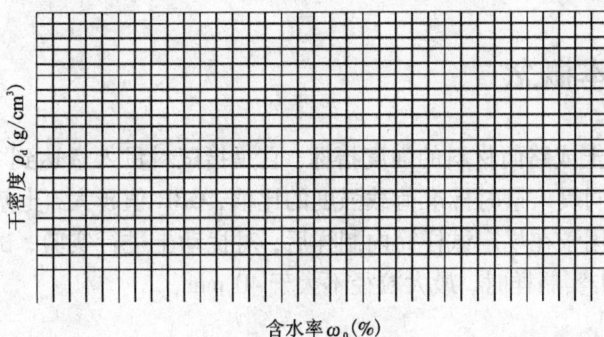

含水率 ω_0(%)

（纵轴：干密度 ρ_d(g/cm³)）

2.8.6　检测相关

击实试验是控制地基回填、路基回填压实质量不可缺少的试验项目：

（1）地基分层碾压回填时，一般要先对填土进行击实实验，确定最佳含水率、最大干密度，具体参见《土工试验方法标准》（GB/T50123—1999）、《土工试验规程》（SL237—1999）；

（2）公路路基分层碾压回填压实度，一般也要先对填土进行击实试验，确定最佳含水率、最大干密度，具体参见《公路土工试验规程》（JTG E40—2007）、《公路路基路面现场测试规程》（JTG E60—2008）、《土工试验规程》（SL237—1999）。

实验 2.9　承载比(CBR)实验

【实验目的】　掌握承载比(CBR)的实验方法,了解 CBR 值在工程中的应用。

【预习思考】　承载比(CBR)的基本概念是什么? 含水率一定时如何制备不同干密度的试件?

2.9.1　基本概念

CBR 值是路基土或路面材料的强度指标,它是指试料贯入量达到 2.5 mm 时的单位压力对标准碎石压入相同贯入量时标准荷载强度的比值,CBR 值越大,土基强度越高。

本实验方法适用于在规定试样筒内制样后,对扰动土进行实验,试样的最大粒径不大于 20 mm。采用 3 层击实制样时,最大粒径不大于 40 mm。

2.9.2　仪器设备

(1)试样筒:内径:152 mm,高 166 mm 的金属圆筒,护筒高:50 mm,筒内垫块直径 151 mm,高 50 mm。

(2)击锤和导筒:锤底直径 51 mm,锤质量 4.5 kg,落距 457 mm,且应符合击实实验的相关规定。

(3)标准筛:孔径 40 mm、20 mm 和 5 mm。

(4)膨胀量测定装置:由三脚架和位移计组成。

(5)带调节杆的多孔顶板,板上孔径宜小于 2 mm。

(6)贯入仪,由下列部件组成:

①加压和测力设备:测力计量程不小于 50 kN,最小贯入速度应能调节至 1 mm/min。

②贯入杆:杆的端面直径 50 mm,长约 100 mm,杆上应配有安装位移计的夹孔。

③位移计:2 只,分度值为 0.01 mm 的百分表或准确度为全量程 0.2% 的位移传感器。

(7)荷载块:直径 150 mm,中心孔眼直径 50 mm,每块质量 1.25 kg,共 4 块,并沿直径分为两个半圆块。

(8)水槽:浸泡试样用,槽内水面应高出试样顶面。

(9)其他:台秤、脱模器、直刮刀等。

2.9.3　试样制备

(1)取代表性试样测定风干含水率,按重型击实实验步骤进行备样。土样需过 20 mm 或 40 mm 筛,以筛除大于 20 mm 或 40 mm 颗粒,并记录超径颗粒的百分比,按需要制备数份试样,每份试样质量约 6 kg。

(2)试样制备应按重型击实实验步骤进行,测定试样的最大干密度和最优含水率。再按最优含水率备样,进行重型击实实验(击实时放垫块),制备 3 个试样,若需要制备 3 种干密度试样,应制备 9 个试样,按每层击实次数分别为 30 次、50 次和 98 次,使试样的干密度控制在最大干密度的 95% ~ 100%。击实完成后试样超高应小于 6 mm。

(3)卸下护筒,用修土刀或直刮刀沿试样筒顶修平试样,表面不平整处应细心用细料填补,取出垫块,称试样筒和试样总质量。

2.9.4　操作步骤

1.浸水膨胀实验步骤

(1)将一层滤纸铺于试样表面,放上多孔底板,并用拉杆将试样筒与多孔底板固定。倒转试样筒,在试样另一表面铺一层滤纸,并在该面上放上带调节杆的多孔顶板,再放上 4 块荷载板。

(2)将整个装置放入水槽内(先不放水),安装好膨胀量测定装置,并读取初读数。向水槽内注水,使水自由进入试样的顶部和底部,注水后水槽内水面应保持高出试样顶面 25 mm,通常浸泡 4 昼夜。

(3)量测浸水后试样的高度变化,并按下式计算膨胀量:

$$\delta_w = \frac{\Delta h_w}{h_0} \times 100 \qquad (2-9-1)$$

式中:δ_w——浸水后试样的膨胀量(%);

Δh_w——试样浸水后的高度变化(mm);

h_0——试样初始高度(116 mm)。

(4)卸下膨胀量测定装置,从水槽中取出试样筒,吸去试样顶面的水,静置 15 min 后卸下荷载块、多孔顶板和多孔底板,取下滤纸,称试样及试样筒的总质量,并计算试样的含水率及密度的变化。

2.贯入实验步骤

(1)将浸水后的试样放在贯入仪的升降台上,调整升降台的高度,使贯入杆与试样顶面刚好接触,试样顶面放上 4 块荷载块,在贯入杆上施加 45 N 的荷载,将测力计和变形量测设备的位移计调整至零位。

(2)启动电动机,施加轴向压力,使贯入杆以 1 ~ 1.25 mm/min 的速度压入试样,测定测力计内百分表在指定整读数(如 20、40、60 等)下相应的贯入量,使贯入量在 2.5 mm 时的读数不少于 5 个,试验至贯入量为 10 ~ 12.5 mm 时终止。

(3)本实验应进行 3 个平行实验，3 个试样的干密度差值应小于 0.03 g/cm³，当 3 个实验结果的变异系数大于 12% 时，去掉一个偏离大的值，取其余 2 个结果的平均值，当变异系数小于 12% 时，取 3 个结果的平均值。

(4)以单位压力为横坐标，贯入量为纵坐标，绘制单位压力与贯入量关系曲线(图)，图上曲线 1 是合适的，图上曲线 2 的开始段呈凹曲线，应进行修正，通过变曲率点引一切线与纵坐标相交于 O' 点，O' 点即为修正后的原点。

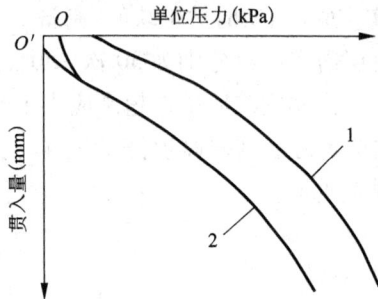

图 2-9-1　单位压力与贯入量关系曲线

2.9.5　承载比的计算

(1)贯入量为 2.5 mm 时：

$$CBR_{2.5} = \frac{p}{7000} \times 100 \qquad (2-9-2)$$

式中：$CBR_{2.5}$——贯入量 2.5 mm 时的承载比；

　　p——单位压力(kPa)；

　　7000——贯入量 2.5 mm 时所对应的标准压力(kPa)。

(2)贯入量 5 mm 时：

$$CBR_5 = \frac{p}{10500} \times 100 \qquad (2-9-3)$$

式中：$CBR_{2.5}$——贯入量 5 mm 时的承载比；

　　p——单位压力(kPa)；

　　10500—贯入量 5 mm 时所对应的标准压力(kPa)。

(3)当贯入量为 5 mm 时的承载比大于贯入量 2.5 mm 时的承载比时，实验应重做，若数次实验结果仍相同时，则采用 5 mm 时的承载比。

2.9.6　记录及结果计算

表 2-9-1　含水率、密度、吸水量、膨胀量实验记录

班　级				实验小组			记录者		
计算者				校核者			实验日期		
试样最大干密度 =			g/cm³		试样最优含水率 =				%
密度试验					含水率试验				
试　筒　号				试　筒　号					
筒+试件质量(g)				铝　盒　号					
试筒质量(g)				盒+湿土质量(g)					
试件质量(g)				盒+干土质量(g)					
膨胀量记录					吸水量记录				
试　筒　号				试　筒　号					
量表初读数(mm)				泡水前试件重(g)					
量表终读数(mm)				泡水后试件重(g)					

表 2-9-2　承载比(CBR)贯入实验记录

班　级		实验小组		记录者	
计算者		校核者		实验日期	
试样编号:		试筒号:		试验依据: JTGE 40—2007	
路面材料强度仪:			贯入杆面积 $A = 19.635(cm^2)$		
应力环系数 =	N/0.01 mm		贯入深度修正值 =	mm	

测力计读数	单位压力	贯入深度(0.01 mm)			备　注
0.01 mm	kPa	左表	右表	平均	
0	0	0	0	0	

2.9.7　检测相关

在路基施工之前，均需先对填土进行承载比实验，具体参见《公路土工试验规程》（JTG E40—2007）、《土工试验方法标准》（GB/T50123—1999）、《土工试验规程》（SL237—1999）。

实验 2.10 渗透实验

【实验目的】 通过本实验掌握土体渗透的测定方法,了解地下水在土的连续孔隙中的流动特性,利用土体的渗透速率评价水通过土孔隙的难易程度,计算水工建筑物渗流量等。

【预习思考】 常水头实验渗透实验和变水头实验渗透实验的适用范围。

2.10.1 实验原理

渗透是水在多孔介质中运动的现象。土体为多孔介质,水能够在土的孔隙中流动的特性叫土的渗透性。在水力学中,把水的流动状态分为层流和紊流两种,由于土的孔隙较小,在一般情况下,水在土中流动速度缓慢,属于层流,满足达西定律,即渗流速度与水力梯度成正比,表达式为:

$$v = k \cdot i \qquad\qquad (2-10-1)$$

式中: k——渗透系数(cm/s);

$v = \dfrac{q}{A}$——渗流速度(cm/s);

$i = \dfrac{h}{L}$——水力梯度;

q——单位时间渗流量(cm^3/s);

A——垂直渗流方向的横截面积(cm^2);

h——水位差(cm);

L——渗径长度(cm)。

2.10.2 实验方法

室内常用的实验方法有常水头和变水头两种。

(1)常水头实验装置适用于粗粒土,即渗透系数比较大的无凝聚性土的渗透系数;

(2)变水头实验装置适用于细粒土,即渗透系数较小的凝聚性土的渗透系数。

1. 常水头实验

(1)仪器设备:

①常水头实验装置由金属封底圆筒、金属孔板、滤网、测压管和供水瓶等组成,如图2-10-1所示。金属圆筒内径10 cm,高40 cm。

②其他工具:木锤、秒表、天平等。

（2）操作步骤：

①按图 2—10-1 装好仪器，检查各管与试样筒接头处是否漏水。将调节管与供水管相连，由仪器底部充水至水位达到金属透水板顶面时，放入滤纸，关止水夹。

②取代表性风干土样 3~4 kg，称重准确至 1.0 g，测定风干含水率。

③将试样分层装入仪器，每层厚 2~3 cm，用木锤轻轻击实，以控制试样密度。如试样含粘粒较多，应在金属孔板上加铺厚约 2 cm 的粗砂过渡层，防止试验时细料流失，并量出过渡层厚度。

④每层试样装好后，微开止水夹，使试样逐渐饱和，当水面与试样顶面齐平时，关闭止水夹。饱和时水流不应过急，以免冲动试样。

⑤依上述步骤逐层装入试样，至试样高出测压孔 3~4 cm 为止，在试样上端铺垫厚约 2 cm 砾石作缓冲层，待最后一层试样饱

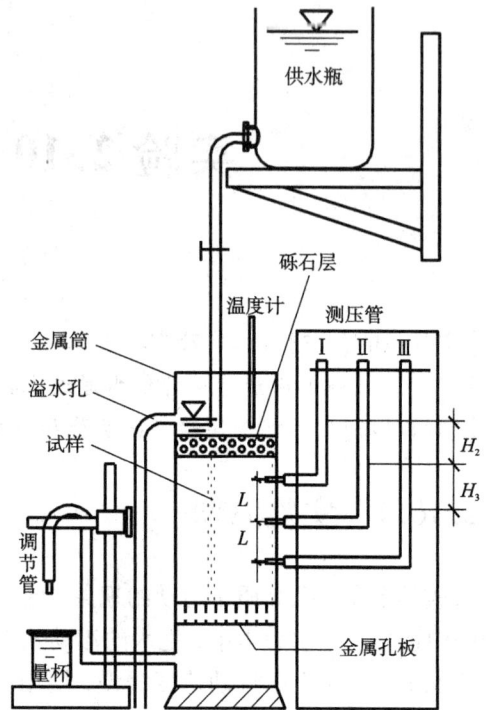

图 2—10-1　常水头试验装置

和后，继续使水位缓缓升至溢水孔，当有水溢出时，关闭止水夹。

⑥试样装好后，量测试样顶面至仪器上口的剩余高度，计算试样净高，称剩余试样重量，准确至 1.0 g，计算装入试样总重。

⑦静置数分钟后，检查各测压管水位是否与溢水孔齐平，如不齐平，说明试样中或测压管接头处有集气阻隔，应进行处理。

⑧提高水位调节管使其高于溢水孔，然后将调节管与供水管分开，并将供水管置于金属圆筒内，开止水夹，使水由上部注入金属圆筒。

⑨降低调节管口，使位于试样上部三分之一处，造成水位差，使水渗过试样，经调节管流出。在渗透过程中应调节供水管阀，使供水管流量略多于渗出水量，溢水孔始终有余水溢出，以保持常水位。

⑩测压管水位稳定后，记录测压管水位，计算测压管Ⅰ、Ⅱ、Ⅲ的水位，管Ⅰ和管Ⅱ的水位差为 $H_1 = H_1 - H_{\text{Ⅱ}}$，管Ⅱ和管Ⅲ的水位差为 $H_2 = H_{\text{Ⅱ}} - H_{\text{Ⅲ}}$，渗径长度为 $L = 10$ cm 的平均水位差 $H = (H_1 + H_2)/2$。

⑪开动秒表，同时用量筒接取经一定时间的渗透水量，并重复一次，接取渗透水量时，调节管口不可没入水中。

⑫测记进水与出水处的水温，取平均值。

⑬降低调节管管口至试样中部及下部三分之一处，以改变水力坡降，按第⑨~⑫条步骤重复进行 5~6 次测定，记录表见表 2—10-2。

⑭根据需要，可装数个不同孔隙比的试样，进行渗透系数的测定。

2. 计算渗透系数

按下式计算试样在温度 T 时的渗透系数（常水头渗透系数）：

$$k_T = \frac{Q \cdot L}{t \cdot A \cdot H} \qquad (2-10-2)$$

式中：k_T——试样在温度 T 时的渗透系数（cm/s）；

　　　Q——时间 t 内的渗出水量（cm^2）；

　　　L——渗径长度（cm）；

　　　t——测量时间（s）；

　　　A——试样横截面积（cm^2）；

　　　H——平均水位差（cm）。

标准温度20℃下的土样渗透系数按式(2-10-4)计算。

3. 变水头实验

（1）仪器设备：

①变水头试验装置由渗透容器、变水头管、供水瓶、进水管等组成，如图2-10-2；

②其他工具：切土器、秒表、温度计、削土刀、凡士林等。

（2）操作步骤：

①试样制备，根据要测定的渗透系数方向，用环刀在垂直或平行土层面方向切取原状试样，试样两端削平即可，禁止用修土刀反复涂抹；

②将盛有试样的环刀套入护筒，装好各部位止水圈。注意试样上下透水石和滤纸按先后顺序装好，盖上顶盖，拧紧顶部螺丝，不得漏水漏气；

③把装好试样的渗透仪进水口与水头装置（测压管）相连。注意及时向测压管中补充水源，补水时关闭进水口；

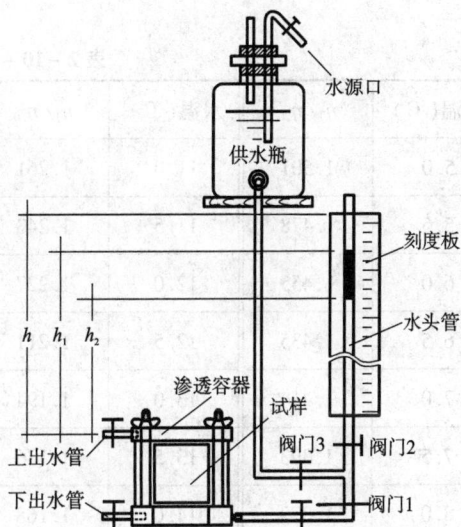

图 2-10-2　南55型渗透装置

④在向试样渗透前，先由底部排气口出水，排除底部空气，至排气口无气泡时，关闭排气嘴，水自下向上渗流，直到顶部出水管有水排出；

⑤待出水管有水流出后，开始测试。改变测压管中水位，进行5~6次平行试验；

⑥记录测压管内径 a，量测渗透水温 T，记录表见表2-10-3。

（3）变水头渗透系数按下式计算

$$k_T = 2.3 \frac{aL}{A(t_1 - t_2)} \lg \frac{H_1}{H_2} \qquad (2-10-3)$$

式中：a——变水头测试管的断面积（cm^2）；

　　　2.3—ln 和 lg 的变换因数；

　　　L——试样高度（cm）；

t_1、t_2——测读水头的起始和终止时间（s）；

H_1、H_2 起始和终止水头。

标准温度20℃下的土样渗透系数按式(2-10-4)计算。

2.10.3 计算土样的渗透系数

计算标准温度20℃下的土样渗透系数公式如下：

$$k_{20} = k_{\mathrm{T}} \frac{\eta_{\mathrm{T}}}{\eta_{20}} \qquad\qquad (2-10-4)$$

式中：k_{20}——标准温度20℃时土样的渗透系数（cm/s）；

η_{T}——水温在温度T时水的动力黏滞系数（kPa·s）；

η_{20}——水温在20℃时水的动力黏滞系数（kPa·s）。

黏滞系数比 $\eta_{\mathrm{T}}/\eta_{20}$ 查表2-10-1。

表 2-10-1 黏滞系数比

水温(℃)	$\eta_{\mathrm{T}}/\eta_{20}$	水温(℃)	$\eta_{\mathrm{T}}/\eta_{20}$	水温(℃)	$\eta_{\mathrm{T}}/\eta_{20}$	水温(℃)	$\eta_{\mathrm{T}}/\eta_{20}$
5.0	1.501	11.0	1.261	17.0	1.077	23.0	0.932
5.5	1.478	11.5	1.243	17.5	1.066	24.0	0.910
6.0	1.455	12.0	1.227	18.0	1.050	25.0	0.890
6.5	1.435	12.5	1.211	18.5	1.038	26.0	0.870
7.0	1.414	13.0	1.194	19.0	1.025	27.0	0.850
7.5	1.393	13.5	1.176	19.5	1.012	28.0	0.833
8.0	1.373	14.0	1.168	20.0	1.000	29.0	0.815
8.5	1.353	14.5	1.148	20.5	0.988	30.0	0.798
9.0	1.334	15.0	1.133	21.0	0.976	31.0	0.781
9.5	1.315	15.5	1.119	21.5	0.964	32.0	0.765
10.0	1.297	16.0	1.104	22.0	0.958	33.0	0.750
10.5	1.279	16.5	1.090	22.5	0.943	34.0	0.735

2.10.4 说明和注意事项

（1）渗透是液体在多孔介质中运动的现象，渗透系数是表达这一现象的定量指标，由于影响渗透系数的因素十分复杂，目前室内和现场用各种方法所测定的渗透系数，仍然是个比较粗略的数值。

（2）关于实验用水问题。水中含气对渗透系数的影响主要由于水中气体分离，形成气泡堵塞土的孔隙，致使渗透系数逐渐降低，因此，实验中要求用无气水，最好用实际作用于土中的天然水。并规定水温高于室温 $3 \sim 4 \, \text{℃}$，目的是避免水进入试样因温度升高而分解出气泡。

（3）水的动力黏滞系数随温度而变化，土的渗透系数与水的动力黏滞系数成反比，因此在任一温度下测定的渗透系数应换算到标准温度下的渗透系数。

（4）由于渗透系数的测值不够正确，试验中应多测几次，取 $3 \sim 4$ 个差值不大于 2×10^{-n} 范围内的渗透系数作为平均值。

（5）土的渗透性是水流通过土孔隙的能力，显然，土的孔隙大小，决定着渗透系数的大小，因此测定渗透系数时，必须说明与渗透系数相适应的土的密度状态。

（6）常水头渗透系数的计算公式是根据达西定律推导的，求得的渗透系数为测试温度下的渗透系数。

（7）试样饱和是变水头渗透试验中的重要要求。土样的饱和度愈小，土的孔隙内残留气体愈多，使土的有效渗透面积减小。同时，由于气体因孔隙水压的变化而胀缩，因而饱和度的影响成为一个不定的因素，为了保证试验准确度，要求试样必须饱和。

2.10.5　记录及结果计算

表 2 – 10 – 2　渗透实验（常水头法）记录表

班　级			实验小组			记录者	
计算者			校核者			实验日期	

试验次数	经过时间（s）	测压管水位（cm）			水位差（cm）			水力坡度	渗透水量（cm³）	渗透系数（cm/s）	平均水温（℃）	黏滞系数比值	20℃渗透系数（cm/s）	渗透系数均值（cm/s）
		Ⅰ管	Ⅱ管	Ⅲ管	H_1	H_2	平均值 H							
1														
2														
3														
4														
5														
6														

表 2 – 10 – 3　渗透实验(变水头法)记录表

| 班　级 | | 实验小组 | | 记　录　者 | |
| 计算者 | | 校　核　者 | | 实验日期 | |

试验次数	经过时间(s)	起、止水头(cm)		渗透系数(cm/s)	水温(℃)	黏滞系数比值	20℃渗透系数(cm/s)	渗透系数平均值(cm/s)
		起	止					
1								
2								
3								
4								
5								
6								

2.10.6　检测相关

工程中常对尾矿坝库底及水库坝体进行渗透系数测试,具体参见《土工试验方法标准》(GB/T50123—1999)、《土工试验规程》(SL237—1999)。

实验 2.11　　三轴剪切实验

【实验目的】　了解三轴剪切实验的特点。掌握三轴剪切实验方法,运用库仑－莫尔理论确定土的抗剪强度参数 c、φ 值,了解三轴剪切实验指标在工程中的应用。

【预习思考】　三轴剪切实验和直剪实验有什么相同点,又有什么区别?

2.11.1　实验原理

三轴剪切实验系指将土样制备成圆柱状的试件,放入三轴仪压力室内,先施加一定的周围压力,在恒定的周围压力下,施加轴向压力直至试样破坏,根据破坏时的大小主应力画出极限应力圆。

本实验方法适用于细粒土和粒径小于 20 mm 的粗粒土。实验时,应至少制备 3 个以上试样,分别施加不同的周围压力,得到相应的极限应力圆。做各个应力圆的公切线,即得到强度包络线,从而确定土的抗剪强度指标 c 和 φ 值。

2.11.2　实验方法

根据土样在剪切过程中是否排水,三轴剪切实验分为三种:

(1)不固结不排水剪(UU)实验:是在施加周围压力和增加轴向压力直至试样破坏过程中均不允许试样排水;

(2)固结不排水剪(CU)实验(即测孔隙水压力($\overline{\mathrm{CU}}$)):是使试样先在某一周围压力下排水固结,然后在保持不排水的情况下,增加轴向压力直至试样破坏;

(3)固结排水剪(CD)实验:是使试样先在某一周围压力下排水固结,然后在允许试样充分排水的情况下,增加轴向压力直至试样破坏。

2.11.3　主要仪器设备

(1)应变控制式三轴仪(图 2 - 11 - 1):由压力室、轴向加压设备、周围压力系统、反压力系统、孔隙水压力量测系统、轴向变形和体积变化量测系统组成;

(2)附属设备:包括击样器、切土器(图 2 - 11 - 2)、饱和器、原状土分样器、切土盘、承膜筒和对开圆膜;

(3)天平:称量 200 g,分度值 0.01 g;称量 1000 g,分度值 0.1 g;

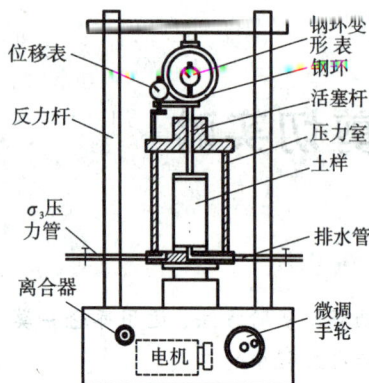

图 2－11－1　应变控制式三轴仪

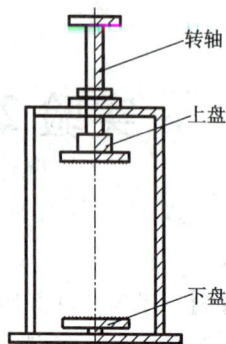

图 2－11－2　旋转式切土器

（4）橡皮膜：应具有弹性的乳胶膜，对直径 39.1 和 61.8 mm 的试样，厚度以 0.1～0.2 mm 为宜；对直径 101 mm 的试样，厚度以 0.2～0.3 mm 为宜；

（5）透水板：直径与试样直径相等，其渗透系数宜大于试样的渗透系数，使用前在水中煮沸并泡于水中。

2.11.4　试样制备和饱和

1. 原状土试样的制备

（1）本实验采用的试样最小直径为 39.1 mm，最大直径为 101 mm，试样高度宜为试样直径的 2～2.5 倍，试样的允许最大粒径应小于试样直径的 1/10。对于有裂缝、软弱面和构造面的试样，试样直径宜大于 60 mm；

（2）对于较软的土样，先用钢丝锯或切土刀切取一稍大于规定尺寸的土柱，放在切土盘上下圆盘之间，用钢丝锯或切土刀紧靠侧板，由上往下细心切削，边切削边转动圆盘，直至土样被削成规定的直径为止。试样切削时应避免扰动，当试样表面遇有砾石或凹坑时，允许用削下的余土填补；

（3）对较硬的土样，先用切土刀切取一稍大于规定尺寸的土柱，放在切土架上，用切土器切削土样，边削边压切土器，直至切削到超出试样高度约 2 cm 为止；

（4）取出试样，按规定的高度将两端削平，称量。并取余土测定试样的含水率；

（5）对于直径大于 10 cm 的土样，可用分样器切成 3 个土柱，按上述方法切取 ϕ39.1 mm 的试样。

2. 扰动土试样制备

扰动土试样制备应根据预定的干密度和含水率，按实验 2.12 中的扰动土试样的备样方法进行，备样后，在击样器内分层击实，粉土宜为 3～5 层，黏土宜为 5～8 层，各层土料数量应相等，各层接触面应刨毛。击完最后一层，将击样器内的试样两端整平，取出试样称量。对制备好的试样，应量测其直径和高度。试样的平均直径应按下式计算：

$$D_0 = \frac{D_1 + 2D_2 + D_3}{4}$$

$$(2-11-1)$$

式中：D_1、D_2、D_3——试样上、中、下部位的直径(mm)。

要求干密度平行误差不大于 0.03 g/ cm^3，含水量平行误差不大于 2% 。

3. 试样饱和

(1)抽气饱和：将试样装入饱和器内，按实验 2.12 中的步骤进行。

(2)水头饱和：将试样按固结不排水实验的步骤安装于压力室内。试样周围不贴滤纸条。施加 20 kPa 周围压力。提高试样底部量管水位，降低试样顶部量管的水位，使两管水位差在 1 cm 左右，打开孔隙水压力阀、量管阀和排水管阀，使纯水从底部进入试样，从试样顶部溢出，直至流入水量和溢出水量相等为止。当需要提高试样的饱和度时，宜在水头饱和前，从底部将二氧化碳气体通入试样，置换孔隙中的空气。二氧化碳的压力以 5~10 kPa 为宜，再进行水头饱和。

(3)反压力饱和：试样要求完全饱和时，应对试样施加反压力。反压力系统和周围压力系统相同(对不固结不排水剪实验可用同一套设备施加)，但应用双层体变管代替排水量管。试样装好后，调节孔隙水压力等于大气压力，关闭孔隙水压力阀、反压力阀、体变管阀，测记体变管读数。开周围压力阀，先对试样施加 20 kPa 的周围压力，开孔隙水压力阀，待孔隙水压力变化稳定，测记读数，关孔隙水压力阀。反压力应分级施加，同时分级施加周围压力，以尽量减少对试样的扰动。周围压力和反压力的每级增量宜为 30 kPa，开体变管阀和反压力阀，同时施加周围压力和反压力，缓慢打开孔隙水压力阀，检查孔隙水压力增量，待孔隙水压力稳定后，测记孔隙水压力和体变管读数，再施加下一级周围压力和孔隙水压力。计算每级周围压力引起的孔隙水压力增量，当孔隙水压力增量与周围压力增量之比 $\Delta u/\Delta\sigma_3 > 0.98$ 时，认为试样饱和。

实验要求制备 3 个以上的试样。

2.11.5　实验前仪器的检查

(1)周围压力的测量准确度应为全量程的 1%，根据试样的强度大小，选择不同量程的测力计，应使最大轴向压力的准确度不低于 1%；

(2)孔隙水压力量测系统内的气泡应完全排除。系统内的气泡可用纯水冲出或施加压力使气泡溶解于水，并从试样底座溢出。整个系统的体积变化因数应小于 1.5×10^{-5} cm^3/kPa；

(3)管路应畅通，各连接处应无漏水，压力室活塞杆在轴套内应能滑动；

(4)橡皮膜在使用前应做仔细检查，其方法是扎紧两端，向膜内充气，在水中检查，应无气泡溢出，方可使用；

(5)检查孔压量测系统。孔压系统管路中是否有气泡，若有一定要排净；

(6)检查排水管路是否畅通。排水管路中各连接处是否漏水及有无存在堵塞问题。

2.11.6　不固结不排水剪(UU)实验

1. 操作步骤

(1)在压力室的底座上，依次放上不透水板、试样及不透水试样帽，将橡皮膜用承膜筒套在试样外，并用橡皮圈将橡皮膜两端与底座及试样帽分别扎紧；

(2)将压力室罩顶部活塞提高,放下压力室罩,将活塞对准试样中心,并均匀地拧紧底座连接螺母。向压力室内注满纯水,待压力室顶部排气孔有水溢出时,拧紧排气孔,并将活塞对准测力计和试样顶部;

(3)将离合器调至粗位,转动粗调手轮,当试样帽与活塞及测力计接近时,将离合器调至细位,改用细调手轮,使试样帽与活塞及测力计接触,装上变形指示计,将测力计和变形指示计调至零位;

(4)关排水阀,开周围压力阀,施加周围压力,周围压力宜根据工程实际确定,一般可按 50 kPa、100 kPa、200 kPa、300 kPa、400 kPa 施加;

(5)剪切应变速率宜为每分钟应变 0.5% ~ 1.0%;

(6)启动电动机,合上离合器,开始剪切。试样每产生 0.3% ~0.4% 的轴向应变(或 0.2 mm 变形值),测记一次测力计读数和轴向变形值。当轴向应变大于 3% 时,试样每产生 0.7% ~0.8% 的轴向应变(或 0.5 mm 变形值),测记一次;

(7)当测力计读数出现峰值时,剪切应继续进行到轴向应变为 15% ~20%;

(8)实验结束,关电动机,关周围压力阀,脱开离合器,将离合器调至粗位,转动粗调手轮,将压力室降下,打开排气孔,排除压力室内的水,拆卸压力室罩,拆除试样,描述试样破坏形状,称试样质量,并测定含水率。

2. 计算

(1)计算轴向应变 ε:

$$\varepsilon_1 = \frac{\Delta h_1}{h_0} \times 100 \tag{2-11-2}$$

式中:ε_1——轴向应变(%);

    Δh_1——剪切过程中试样的高度变化(mm);

    h_0——试样初始高度(mm)。

(2)剪切后试样面积的校正 A_a:

$$A_a = \frac{A_0}{1 - \varepsilon_1} \tag{2-11-3}$$

式中:A_a——试样的校正断面积(cm^2);

    A_0——试样的初始断面积(cm^2);

    ε_1——校正系数。

(3)计算最大主应力 σ_1:

$$\sigma_1 = \sigma_3 + \frac{CR}{A_a} \times 10 \tag{2-11-4}$$

式中:σ_3——周围应力,即小总主应力(kPa);

    C——测力计率定系数(N/0.01 mm);

    R——测力计读数(0.01 mm);

    10——单位换算系数。

(4)计算主应力差$(\sigma_1 - \sigma_3)$:

$$\sigma_1 - \sigma_3 = \frac{CR}{A_a} \times 10 \tag{2-11-5}$$

3. 绘制抗剪强度参数曲线图

(1) 以主应力差为纵坐标, 轴向应变为横坐标, 绘制主应力差与轴向应变关系曲线图 (2-11-3)。取曲线上主应力差的峰值为破坏点, 无峰值时, 取 15% 轴向应变时的主应力差作为破坏点。

(2) 以剪应力为纵坐标, 正应力为横坐标, 在横坐标上以 $\dfrac{\sigma_1 + \sigma_3}{2}$ 为圆心, $\dfrac{\sigma_1 - \sigma_3}{2}$ 为半径, 在 $\tau - \sigma$ 应力平面上绘制破坏应力圆, 并绘制不同周围压力下破损应力圆的包线, 求出不排水强度参数(图 2-11-4)。

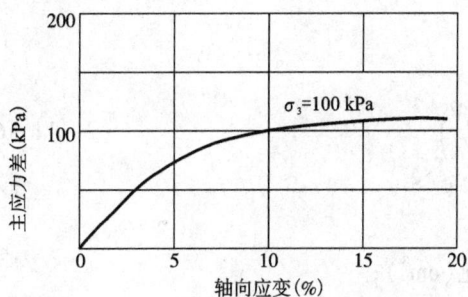

图 2-11-3　主应力差与轴向应变关系曲线

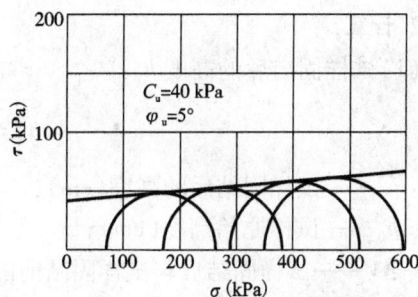

图 2-11-4　不固结不排水剪强度包线

2.11.7　固结不排水剪(CU)实验

1. 试样的安装

(1) 开孔隙水压力阀和量管阀, 对孔隙水压力系统及压力室底座充水排气后, 关孔隙水压力阀和量管阀。压力室底座上依次放上透水板、湿滤纸、试样、湿滤纸、透水板, 试样周围贴浸水的滤纸条 7~9 条。将橡皮膜用承膜筒套在试样外, 并用橡皮圈将橡皮膜下端与底座扎紧。打开孔隙水压力阀和量管阀, 使水缓慢地从试样底部流入, 排除试样与橡皮膜之间的气泡, 关闭孔隙水压力阀和量管阀。打开排水阀, 使试样帽中充水, 放在透水板上, 用橡皮圈将橡皮膜上端与试样帽扎紧, 降低排水管, 使管内水面位于试样中心以下 20~40 cm, 吸除试样与橡皮膜之间的余水, 关排水阀。需要测定土的应力应变关系时, 应在试样与透水板之间放置中间夹有硅脂的两层圆形橡皮膜, 膜中间应留有直径为 1 cm 的圆孔排水。

(2) 压力室罩安装、充水及测力计调整应按不固结不排水剪试验步骤的(1)~(3)进行。

(3) 调节排水管使管内水面与试样高度的中心齐平, 测记排水管水面读数。

(4) 开孔隙水压力阀, 使孔隙水压力等于大气压力, 关孔隙水压力阀, 记下初始读数。当需要施加反压力时, 应按"反压力饱和"操作步骤进行。

(5) 将孔隙水压力调至接近周围压力值, 施加周围压力后, 再打开孔隙水压力阀, 待孔隙水压力稳定后测孔隙水压力。

(6) 打开排水阀, 测记排水管水面及孔隙水压力读数, 直至孔隙水压力消散 95% 以上。固结完成后, 关排水阀, 测记孔隙水压力和排水管水面读数。

(7)微调压力机升降台,使活塞与试样接触,此时轴向变形指示计的变化值为试样固结时的高度变化。

(8)剪切应变速率黏土宜为每分钟应变0.05%~0.1%;粉土为每分钟应变0.1%~0.5%。

(9)将测力计、轴向变形指示计及孔隙水压力读数均调整至零。

(10)启动电动机,合上离合器,开始剪切。测力计、轴向变形、孔隙水压力应按不固结不排水剪实验步骤的(6)~(7)进行。

(11)实验结束,关电动机,关各阀门,脱开离合器,将离合器调至粗位,转动粗调手轮,将压力室降下,打开排气孔,排除压力室内的水,拆卸压力室罩,拆除试样,描述试样破坏形状,称试样质量,并测定含水率。

2. 计算

(1)试样固结后的高度 h_c:

$$h_c = h_0 \left(1 - \frac{\Delta V}{V_0}\right)^{1/3} \qquad (2-11-6)$$

式中:h_c——试样固结后的高度(cm);

$\quad h_0$——试样原始高度(cm);

$\quad \Delta V$——试样固结后与试样固结前的体积变化(cm^3);

$\quad V_0$——试样原始体积(cm^3)。

(2)试样固结后的面积 A_c:

$$A_c = A_0 \left(1 - \frac{\Delta V}{V_0}\right)^{2/3} \qquad (2-11-7)$$

式中:A_c——试样固结后的面积(cm^2);

$\quad A_0$——试样原始面积(cm^2)。

(3)试样面积的校正 A_a:

$$A_a = \frac{A_0}{1 - \varepsilon_1} \qquad (2-11-8)$$

式中:A_a——试样校正后的面积(cm^2)。

(4)主应力差按式(2-11-5)计算。

(5)有效大主应力 σ_1' 计算:

$$\sigma_1' = \sigma_1 - u \qquad (2-11-9)$$

式中:σ_1'——有效大主应力(kPa);

$\quad u$——空隙水压力(kPa)。

(6)有效小主应力 σ_3' 计算:

$$\sigma_3' = \sigma_3 - u \qquad (2-11-10)$$

(7)有效主应力比计算:

$$\frac{\sigma_1'}{\sigma_3'} = 1 + \frac{\sigma_1' - \sigma_3'}{\sigma_3'} \qquad (2-11-11)$$

(8)初始空隙水压力系数计算:

$$B = \frac{u_0}{\sigma_3} \qquad (2-11-12)$$

式中：B——初始空隙水压力系数；

　　u_0——施加周围压力产生的空隙水压力（kPa）。

（9）破坏时的空隙水压力系数计算：

$$A_f = \frac{u_f}{B(\sigma_1 - \sigma_3)} \qquad (2-11-13)$$

式中：A_f——破坏时的空隙水压力系数；

　　u_f——破坏时主应力差产生的空隙水压力（kPa）。

3. 绘制抗剪强度参数曲线图

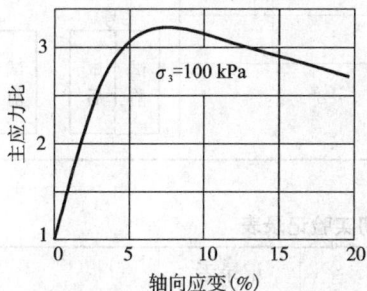

图 2-11-5　有效应力比与轴向应变关系曲线

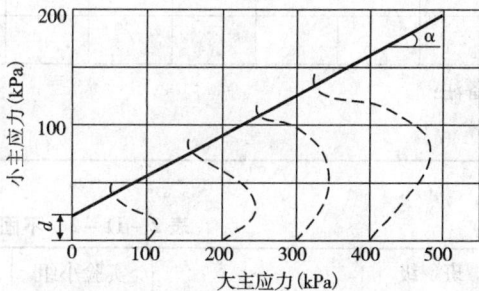

图 2-11-6　应力路径曲线

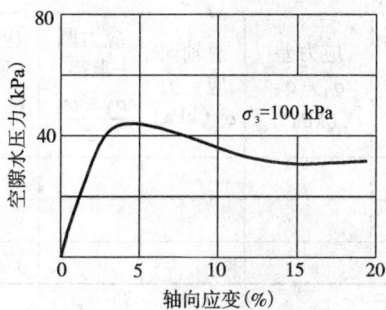

图 2-11-7　空隙水压力与轴向应变关系曲线

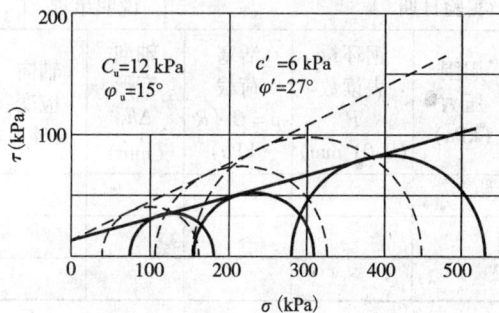

图 2-11-8　固结不排水剪强度包线

2.11.8　固结排水剪（CD）实验

试样的安装、固结、剪切按固结不排水剪实验中的（1）～（11）步骤进行。但在剪切过程中应打开排水阀。剪切速率采用每分钟应变 0.003%～0.012%。

试样固结后高度、面积按式（2-11-6）和式（2-11-7）计算。

剪切时试样面积的校正计算：

$$A_a = \frac{V_c - \Delta V_i}{h_c - \Delta h_i} \qquad (2-11-14)$$

式中：ΔV_i——剪切过程中试样的体积变化（cm³）；

　　Δh_i——剪切过程中试样的高度变化（cm）。

其余指标和制图按固结不排水剪进行计算和绘制。

2.11.9 记录及结果计算

表 2－11－1 三轴剪切样品制备表

试样编号	重量（g）	高度（cm）	直径（cm）	面积（cm²）	体积（cm³）	密度（g/cm³）	含水率（%）	σ_3（kPa）	试样描述			
									1号 试前 | 试后		2号 试前 | 试后	
									3号 试前 | 试后		4号 试前 | 试后	

备注：

表 2－11－2 不固结不排水剪切实验记录表

班 级		实验小组		记录者	
计算者		绘图者		校核者	
实验日期		说明事项			

周围压力（kPa）	钢环量表读数 R（0.01 mm）	活塞荷载 $p = C \cdot R$（kPa）	轴向变形 Δh_1（mm）	轴向应变（%）	校正后试样面积 A_a（cm²）	应力差 $\sigma_1 - \sigma_3$（kPa）	总轴向应力 σ_1（kPa）	应力圆半径 $\dfrac{\sigma_1 - \sigma_3}{2}$	应力圆圆心 $\dfrac{\sigma_1 + \sigma_3}{2}$

表 2－11－3 固结不排水剪切实验记录表

班 级		实验小组		记录者	
计算者		绘图者		校核者	
实验日期		说明事项			

周围压力：	kPa	剪切速率：	mm/min	温度：	℃
钢环系数：	N/0.01 mm	初始孔隙压力：	kPa	反压力：	kPa

轴向变形（0.01 mm）	轴向应变 ε_a	校正后面积（cm²）	钢环量表读数（0.01 mm）	应力差 $\sigma_1 - \sigma_3$（kPa）	孔隙压力（kPa）	有效大主应力 σ_1'	有效小主应力 σ_3'	有效主应力比 σ_1'/σ_3'	有效应力圆半径 $\dfrac{\sigma_1' - \sigma_3'}{2}$	有效应力圆圆心 $\dfrac{\sigma_1' + \sigma_3'}{2}$

表 2 – 11 – 4　固结排水记录表

班　级		实验小组		记录者	
计算者		绘图者		校核者	
实验日期		说明事项			
周围压力 （kPa）	反压力 （kPa）	初始孔隙 压力(kPa)	经过时间 （h/min/s）	孔隙水压力 （kPa）	量管读数 （mL）	排出水量 （mL）

表 2 – 11 – 5　固结排水剪切实验记录表

班　级		实验小组		记录者	
计算者		绘图者		校核者	
实验日期		说明事项			

| 周围压力 | | kPa | 剪切速率 | | mm/min | 温度 | | ℃ |
| 钢环系数 | | N/0.01 mm | 初始孔隙压力 | | kPa | 反压力 | | kPa |

轴向 变形 (0.01 mm)	轴向 应变	校正 面积 （cm²）	钢环量 表读数 (0.01 mm)	应力差 $\sigma_1-\sigma_3$ （kPa）	比值 $\dfrac{\varepsilon_a}{\sigma_1-\sigma_3}$	量管 读数 （cm³）	剪切 排水 （cm³）	体应变 $\varepsilon_v=\dfrac{\Delta V}{V_c}$ （%）	径向应变 $\varepsilon_r=\dfrac{\varepsilon_v-\varepsilon_a}{2}$	应力比 $\dfrac{\sigma_1}{\sigma_3}$

2.11.10　检测相关

（1）分析高路堤的稳定性时，地基的强度参数 c、φ 值，应采用三轴固结不排水剪切实验获得，具体参见《建筑地基基础设计规范》（GB50007—2011）；

（2）当建筑物施工速度快，土的渗透性较低，而排水条件又差时，为考虑施工期的稳定，测定细粒土的总抗剪强度参数 c、φ 值，可采用不固结不排水三轴剪切实验获得，具体参见《建筑地基基础设计规范》（GB50007—2011）。

实验 2.12　土样和试样制备

2.12.1　基本概念

1. 土样和试样制备的目的和适用范围

能代表现场土层特性的样品叫土样，用于实验用的土样，经过各种处理后得到适合于进行实验用的样品叫试样。

本方法适用于颗粒粒径小于 60 mm 的原状土和扰动土。根据力学性质实验项目要求，原状土样同一组试样间密度的允许差值为 0.03 g/cm³；扰动土样同一组试样的密度与要求的密度之差不得大于 ±0.01 g/cm³，一组试样的含水率与要求的含水率之差不得大于 ±1%。

2. 主要仪器设备

试样制备时，需要使用设备应符合下列规定：

（1）分析筛：孔径 0.5 mm、2 mm；

（2）洗筛：0.075 mm；

（3）台秤和天平：称量 10 kg，分度值 5 g；称量 5000 g，分度值 1 g；称量 1000 g，分度值 0.5 g；称量 500 g，分度值 0.1 g；称量 200 g，分度值 0.01 g；

（4）碎土器、击实器、饱和器；

（5）抽气机（附真空压力表）；

（6）其他：烘箱、干燥器、保湿器、研钵、木锤、木碾、橡皮板、玻璃瓶、玻璃缸、切土刀、钢丝锯、凡士林、土样及试样标签等。

2.12.2　原状土试样制备

（1）将土样筒按标明的上下方向放置，剥去蜡封和胶带，开启土样筒取出土样。检查土样结构，当确定土样已受扰动或取土质量不符合规定时，不应制备力学性质实验的试样。

（2）根据实验要求用环刀切取试样时，应在环刀内壁涂一薄层凡士林，刃口向下放在土样上，将环刀垂直下压，并用切土刀沿环刀外侧切削土样，边压边削至土样高出环刀，根据试样的软硬采用钢丝锯或切土刀整平环刀两端土样，擦净环刀外壁，称环刀和土的总质量。

（3）从余土中取代表性试样测定含水率。比重、颗粒分析、界限含水率等项试验的取样，应按实验标准进行。

（4）切削试样时，应对土样的层次、气味、颜色、夹杂物、裂缝和均匀性进行描述，对低塑性和高灵敏度的软土，制样时不得扰动。

2.12.3　扰动土试样的备样

(1)将土样从土样筒或包装袋中取出,对土样的颜色、气味、夹杂物和土类及均匀程度进行描述,并将土样切成碎块,拌和均匀,取代表性土样测定含水率。

(2)对均质和含有机质的土样,宜采用天然含水率状态下代表性土样,供颗粒分析、界限含水率实验。对非均质土应根据实验项目取足够数量的土样,置于通风处晾干至可碾散为止。对砂土和进行比重试验的土样宜在 105~110℃温度下烘干,对有机质含量超过 5% 的土、含石膏和硫酸盐的土,应在 65~70℃温度下烘干。

(3)将风干或烘干的土样放在橡皮板上用木碾碾散,对不含砂和砾的土样,可用碎土器碾散(碎土器不得将土粒破碎)。

(4)对分散后的粗粒土和细粒土,应按要求过筛。对含细粒土的砾质土,应先用水浸泡并充分搅拌,使粗细颗粒分离后按不同实验项目的要求进行过筛。

(5)配制一定含水率的土样。取过筛后的风干土 1~5 kg,测量风干土的含水率为 ω_0,则需加水质量为:

$$m_w = \frac{m_0}{1+0.01\omega_0} \times 0.01(\omega_1 - \omega_0) \qquad (2-12-1)$$

式中: m_w——加水质量(g);

m_0——含水率为 ω_0 的风干土质量(g);

ω_1——配制所要求的含水率(%);

ω_0——风干土含水率(%)。

加水前,将土样平铺在不吸水的盘内,喷洒由公式(2-12-1)计算出的需加水量,然后密封装入玻璃缸内盖紧,湿润一昼夜后备用。

(6)制备试样或实验前测定土样含水率,要求实测含水率与制备含水率差值不超过 1%。

(7)根据环刀或击样器的容积和要求的干密度,按公式(2-12-1)计算加水量后,按下式计算需要土样质量:

$$m = \rho_d \cdot V(1+\omega_1) \qquad (2-12-2)$$

式中: m——试样或分层击样时每层土所需土的质量(g);

ρ_d——制成试样要求的干密度(g/cm³);

V——试样体积或分层击样时每层土体积(cm³)。

将由式(2-12-2)计算出的一定质量土倒入击样器中,用击锤击实到预定的体积,取出试样,测定试样的实际密度。

(8)对砂及砂砾土,按四分法或分砂器得到足够的代表性土样做颗粒分析。其他土样过 5 mm 筛,筛上土和筛下土分别储存进行不同的试验。

2.12.4　试样饱和

(1)渗透系数小于 10^{-4} cm/s 的粉土和黏土,宜采用真空抽气饱和法。抽气饱和法的操作步骤如下:

①选用叠式或框式饱和器(图 2-12-1)和真空饱和装置(图 2-12-2)。在叠式饱和器

下夹板的正中,依次放置透水板、滤纸、带试样的环刀、滤纸、透水板,如此顺序重复,由下向上重叠到拉杆高度,将饱和器上夹板盖好后,拧紧拉杆上端的螺母,将各个环刀在上、下夹板间夹紧。

②将装有试样的饱和器放入真空缸内,真空缸和盖之间涂一薄层凡士林,盖紧。将真空缸与抽气机接通,启动抽气机,当真空压力表读数接近当地一个大气压力值时(抽气时间不少于1 h),微开管夹,使清水徐徐注入真空缸,在注水过程中,真空压力表读数宜保持不变。

③淹没饱和器后停止抽气。开管夹使空气进入真空缸,静止一段时间,打开真空缸,从饱和器内取出带环刀的试样,称环刀和试样总质量,并按式(2-12-3)计算饱和度。当饱和度低于95%时,应继续抽气饱和。

(2)渗透系数大于10^{-4} cm/s的粉土可采用毛细饱和法。毛细饱和法的操作步骤如下:

①选用叠式或框式饱和器,依次放置透水板、滤纸、带试样的环刀、滤纸、透水板。

②将装好的饱和器放入水箱内,注入清水,水面不宜将试样淹没,关箱盖,浸水时间不得少于两昼夜,使试样充分饱和。

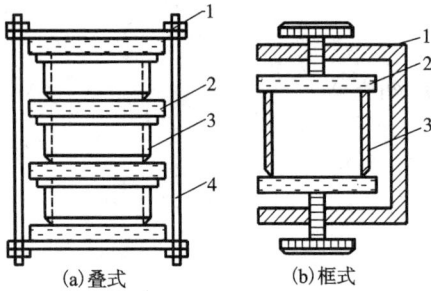

图2-12-1　饱和器
1—夹板;2—透水板;3—环刀;4—拉杆

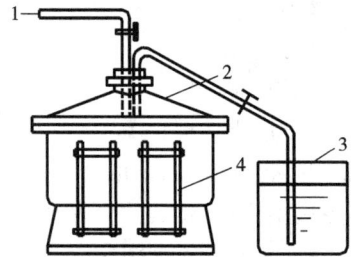

图2-12-2　真空饱和装置
1—饱和器;2—真空缸;3—盛水器;4—接抽气机

③取出饱和器,松开螺母,取出环刀,擦干外壁,称环刀和试样的总质量,并计算试样的饱和度。当饱和度低于95%时,应继续饱和。

(3)砂土可采用水头饱和法。水头饱和法的操作步骤如下:

在试样底部接进水管,试样顶部接排水管,采用允许的水头,使水自底向顶渗透,土中的空气向试样顶部运动并由顶部排出。

(4)试样饱和度应按下式计算:

$$S_r = \frac{(\rho_{sr} - \rho_d) \cdot G_s}{\rho_d \cdot e} \quad (2-12-3)$$

或

$$S_r = \frac{\omega_{sr} \cdot G_s}{e} \quad (2-12-4)$$

式中:S_r——试样的饱和度(%);
ω_{sr}——试样饱和后的含水率(%);
ρ_{sr}——试样饱和后的密度(g/cm³);
G_s——土粒比重;
e——试样的孔隙比。

第三篇
现场原位测试实验

实验 3.1 载荷实验

【实验目的】 通过实验掌握地基土承载力的确定方法,了解建筑物沉降和变形模量的计算。

【预习思考】 浅层平板载荷实验、深层平板载荷实验、螺旋板载荷实验、岩基载荷实验、复合地基载荷实验各自的适用范围。

3.1.1 基本概念

平板静力载荷实验(PLT: plate load test),简称载荷实验。它是模拟建筑物基础工作条件的一种实验方法,在保持地基土的天然状态下,在一定面积的承压板上向地基土逐级施加荷载,并观测每级荷载下地基土变形特性。实验所反映的是承压板以下 1.5~2 倍承压板直径(或宽)的深度内土层的应力 - 应变 - 时间关系的综合性状。

测试方法应根据岩土条件、设计对参数的要求、地区经验和测试方法的适用性等因素选用。浅层平板载荷实验适用于浅层地基土;深层平板载荷实验适用于深层地基土或大直径桩的桩端土,实验测试深度不应小于 5 m;螺旋板载荷实验适用于深层地基土或地下水位以下的地基土;岩基载荷实验适用于确定完整、较完整、较破碎岩基作为天然地基或桩基础持力层时的承载力特征值;复合地基静载荷实验适用于确定单桩复合地基和多桩复合地基承载力特征值。

3.1.2 浅层平板载荷实验

1. 实验仪器设备

平板载荷实验的仪器设备主要包括:承压板、加荷装置、反力装置、量测装置等四部分。

1)承压板

承压板是将上部荷载转化成均布基底压力的平板,用于模拟建筑物基础的作用。载荷实验宜采用圆形刚性承压板。

承压板的面积越大越接近工程实际,但面积越大需要加载量越大,实验难度和成本越高,反之,承压板的面积过小,不利于客观地反映土基变形特征。选用承压板应遵循如下原则:对于松软土宜采用较大尺寸,坚硬土可采用较小尺寸;上硬下软土层应采用较大尺寸,上软下硬土层可采用较小尺寸。

《岩土工程勘察规范》(GB50021—2001)规定,土的浅层平板载荷实验承压板面积不应小于 0.25 m²,对软土和粒径较大的填土不应小于 0.5 m²;土的深层平板载荷实验承压板面积宜选用 0.5 m²；岩石载荷实验承压板的面积不宜小于 0.07 m²。

2）加载与反力装置

加载装置包括压力源、载荷台架或反力构架。加载方式主要有重物堆载法[图 3 - 1 - 1(a)]、地锚 - 千斤顶加载法[图 3 - 1 - 1(b)]。当加载量很大时，常采用两种方式组合加载，图 3 - 1 - 1(c)。

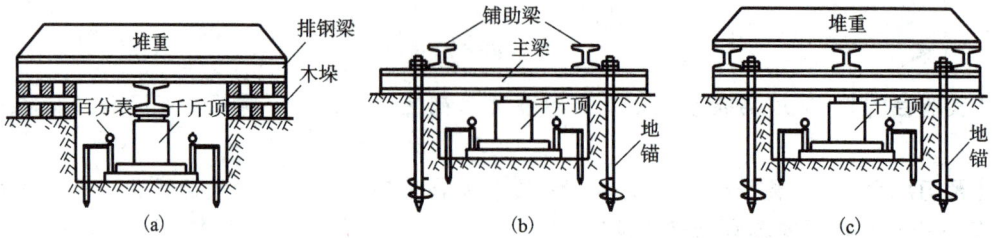

图 3 - 1 - 1　载荷试验装置示意图

(a)重物堆载法；(b)地锚 - 千斤顶法；(c)(地锚 + 堆重) - 千斤顶法

3）量测装置

量测装置按量测对象分为：承压板受力量测部分和沉降观测两部分。

(1)承压板受力常用量测方法有：

①力传感器法：在千斤顶与受力梁之间加入力传感器，由传感器量测竖向应力。传感器的准确度应优于或等于 0.5 级，这种方法已得到普遍采用；

②压力表法：通过与液压千斤顶油腔相连的液压表量测油压大小，由率定曲线上压力表读数与千斤顶出力的关系曲线查得竖向力大小，压力表的准确度应优于或等于 0.5 级，这种量测方法受到液压表精度的限制，且有摩擦等多种因素影响，故量测精度较低。

(2)沉降观测装置：

承压板的沉降可采用百分表、电测位移计或水准仪等量测，其精度不应低于 ±0.01 mm；只要满足所规定的精度要求及线性特性等条件，可任意选用其中一种来观测承压板的沉降。

由于载荷实验所需荷载很大，要求一切装置必须牢固可靠，安全稳定。

2.操作步骤

1）试坑开挖

在有代表性的地点，整平场地，开挖试坑。试坑宽度或直径不应小于承压板宽度或直径的 3 倍。为了保持实验场地地基土的天然湿度和原状结构，应注意以下几点：

(1)实验之前，应在坑底预留 20 ~ 30 cm 厚的原土层，待实验开始时再挖去，并立即安装载荷板。

(2)对软黏土或饱和的松散砂，在承压板周围应预留 20 ~ 30 cm 厚的原土作为保护层。

(3)在试坑底板标高低于地下水位时，应先将水位降至坑底标高以下，并在坑底铺设 20 mm 厚的砂垫层，再放下承压板等，待水位恢复后进行实验。

2）设备安装

(1)安装承压板，安装承压板前应整平试坑底面，铺设 1 ~ 2 cm 厚的中砂垫层，并用水平尺找平，以保证承压板与实验面平整均匀接触。

（2）安装千斤顶，载荷台架或反力构架。其中心应与承压板中心一致。

（3）安装沉降观测装置。其支架固定点应设在不受变形影响的位置上，沉降观测点应对称放置。

应避免实验点冰冻、曝晒、雨淋，必要时设置工作棚。

3）加载与沉降观测

（1）安装完毕后，即可按等量分级加荷。实验的第一级荷载，应将设备的重量计入，且荷载宜接近所卸除土的自重（相应的沉降量不计）。

（2）加荷分级不应少于 8 级。每级荷载增量，取预估实验土层极限压力的 1/8～1/10。当不宜预估其极限压力时，对较松软的土，每级荷载增量可采用 10～25 kPa，对较坚硬的土，采用 50 kPa，对硬土及软质岩石，采用 100 kPa。最大加载量不应小于设计要求的两倍。

（3）每级加载后，按间隔 10 min、10 min、10 min、15 min、15 min，以后为每隔半小时测读一次沉降量，当在连续两小时内，每小时的沉降量小于 0.1 mm 时，则认为已趋稳定，可加下一级荷载。

（4）当出现下列情况之一时，即可终止加载：

①承压板周围的土明显地侧向挤出；

②沉降 s 急骤增大，荷载－沉降（p-s）曲线出现陡降段；

③在某一级荷载下，24 h 内沉降速率不能达到稳定标准；

④沉降量与承压板宽度或直径之比大于或等于 0.06。

当满足前三种情况之一时，其对应的前一级荷载定为极限荷载。

4）承载力特征值的确定

根据实验成果分析要求，应绘制荷载－沉降（p-s）曲线、沉降－时间（s-t）线或沉降－时间对数（s-$\lg t$）曲线。

根据 p-s 关系曲线拐点确定比例界限压力和极限压力。当 p-s 呈缓变曲线时，可取对应于某一相对沉降值（即 s/d，d 为承压板直径）的压力评定地基土承载力，见图 3-1-2。

确定承载力特征值的规定：

①当 p-s 曲线有比例界限时，取该比例界限所对应的荷载值；

②当极限荷载小于对应比例界限的荷载值 2 倍时，取极限荷载值的一半；

③当不能按上述要求确定时，当承压板面积为 0.25～0.50 m^2，可取 s/p=0.01～0.015 所对应的荷载，但其值不应大于最大加载量的一半。

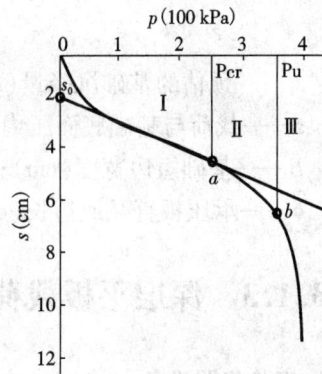

图 3-1-2 压力与沉降关系曲线

④同一土层参加统计的实验点不应少于三点，当实验值的极差不超过其平均值的 30% 时，取此平均值作为该土层的地基承载力特征值。

同时《工程地质原位测试》所提到的方法有：对于低压缩性土，直线末端拐点所对应的压力即为极限界限，可作为地基土极限承载力 p_i，通常用 p_i 除以一定的安全系数（一般取 2.5～3.0）确定地基土承载力特征值。

对于中、高压缩性土,地基受压破坏形式为局部剪切破坏或冲剪破坏,$p-s$ 曲线上无明显拐点。

这时可用 $p-s$ 曲线上的沉降量 s 与承压板的宽度 b 之比等于 0.02 时所对应的荷载。

对砂土和新近沉积的黏性土,则采用 $s/b=0.010\sim0.015$ 时所对应的荷载。

5)变形模量计算

浅层平板载荷实验变形模量 E_0(MPa)计算:

$$E_0 = I_0(1-\mu^2)\frac{pd}{s} \tag{3-1-1}$$

式中:I_0——承压板形状系数,方板 $I_0=0.886$,圆板 $I_0=0.785$;

  μ——土的泊松比(碎石土取 0.27,砂土取 0.30,粉土取 0.35,粉质黏土取 0.38,黏土取 0.42);

  d——承压板的直径或边长(m);

  p——$p-s$ 曲线线性段的压力(kPa);

  s——与 p 对应的沉降值(mm)。

6)计算基础的沉降量

当建筑物基础宽度两倍深度范围内的地基土为均质时,可利用《工程地质原位测试》所推荐的方法推算建筑基础的沉降量。

计算公式:

对砂土地基

$$s_i = s\left(\frac{B}{b}\right)^2\left(\frac{b+30}{B+30}\right)^2 \tag{3-1-2}$$

对黏性土地基

$$s_i = s\frac{B}{b} \tag{3-1-3}$$

式中:s_i——预估的基础沉降量(cm);

  s——载荷与基础底面压力值相等时的载荷实验承压板的沉降量(cm);

  B——基础短边宽度(cm);

  b——承压板直径或边长(cm)。

3.1.3 深层平板载荷实验

1.实验仪器设备

实验仪器设备同浅层平板载荷实验。

2.操作要点

(1)深层平板载荷实验可适用于确定深部地基土层及大直径桩桩端土层在承压板下应力主要影响范围内的承载力和变形参数。

(2)深层平板载荷实验的承压板采用直径为 0.8 m 的刚性板,紧靠承压板周围外侧的土层高度应不少于 80 cm。

(3)加荷等级可按预估极限承载力的 1/10~1/15 分级施加。

（4）每级加荷后，前一小时内按间隔 10 min、10 min、10 min、15 min、15 min，以后为每隔半小时测读一次沉降量。当在连续两小时内，每小时的沉降量小于 0.1 mm 时，则认为已趋稳定，可加下一级荷载。

（5）当出现下列情况之一时，即可终止加载：

①沉降 s 急骤增大，荷载 – 沉降（p – s）曲线上有可判定极限承载力的陡降段，且沉降量超过 $0.04d$（d 为承压板直径）；

②在某级荷载下，24 小时内沉降速率不能达到稳定；

③本级沉降量大于前一级沉降量的 5 倍；

④当持力层土层坚硬，沉降量很小时，最大加载量不小于设计要求的 2 倍。

（6）承载力特征值的确定：

①当 p – s 曲线上有比例界限时，取该比例界限所对应的荷载值；

②满足前三条终止加载条件之一时，其对应的前一级荷载定为极限荷载，当该值小于对应比例界限的荷载值的 2 倍时，取极限荷载值的一半；

③不能按上述二款要求确定时，可取 s/d = 0.01 ~ 0.015 所对应的荷载值，但其值不应大于最大加载量的一半。详细论述见《建筑地基基础设计规范》（GB50007—2011）；

④同一土层参加统计的实验点不应少于三点，当实验值的极差不超过其平均值的 30% 时，取此平均值作为该土层的地基承载力特征值。

（7）变形模量计算：

深层平板载荷实验的变形模量 E_0（MPa）计算：

$$E_0 = \omega \frac{pd}{s} \qquad (3-1-4)$$

式中：ω——与实验深度和土类有关的系数，可按表 3 – 1 –1 选用；

其余符号同前。

表 3 – 1 – 1　载荷实验计算系数 ω

d/z 土类	碎石土	砂土	粉土	粉质黏土	黏土
0.30	0.477	0.489	0.491	0.515	0.524
0.25	0.469	0.480	0.482	0.506	0.514
0.20	0.460	0.471	0.474	0.497	0.505
0.15	0.444	0.454	0.457	0.479	0.487
0.10	0.435	0.446	0.448	0.470	0.178
0.05	0.427	0.437	0.439	0.461	0.468
0.01	0.418	0.429	0.431	0.452	0.459

注：①d/z 为承压板直径和承压板底面深度之比；

②本表摘自《岩土工程勘察规范》（GB50021—2001）

3.1.4　岩基载荷实验

1.仪器设备

实验仪器设备同浅层平板载荷实验。

2.操作要点

(1)本实验适用于确定完整、较完整、较破碎岩基作为天然地基或桩基础持力层时的承载力特征值。

(2)采用圆形刚性承压板,直径为300 mm。当岩石埋藏深度较大时,可采用钢筋混凝土桩,但桩周需采取措施以消除桩身与土之间的摩擦力。

(3)测量系统的初始稳定读数观测:加压前,每隔10 min 读数一次,连续三次读数不变可开始实验。

(4)加载方式:单循环加载,荷载逐级递增直到破坏,然后分级卸载。

(5)荷载分级:第一级加载值为预估设计荷载的1/5,以后每级为1/10。

(6)沉降量测读:加载后立即读数,以后每10 min 读数一次。

(7)稳定标准:连续三次读数之差均不大于0.01 mm。

(8)终止加载条件:当出现下述现象之一时,即可终止加载:

①沉降量读数不断变化,在24 h 内,沉降速率有增大的趋势;

②压力加不上或勉强加上而不能保持稳定。

注: 若限于加载能力,荷载也应增加到不少于设计要求的两倍。

(9)卸载观测:每级卸载为加载时的两倍,如为奇数,第一级可为三倍。每级卸载后,隔10 min 测读一次,测读三次后可卸下一级荷载。全部卸载后,当测读到半小时回弹量小于0.01 mm时,即认为稳定。

(10)确定岩石地基承载力特征值

①对应于 $p-s$ 曲线上起始直线段的终点为比例界限。符合终止加载条件的前一级荷载为极限荷载。将极限荷载除以3 的安全系数,其值与对应于比例界限的荷载相比较,取小值;

②每个场地载荷实验的数量不应少于3 个,取最小值作为岩石地基承载力特征值。

③岩石地基承载力不进行深宽修正。

3.1.5　复合地基静载荷实验

1.实验仪器设备

实验仪器设备同浅层平板载荷实验。

2.操作要点

(1)复合地基静载荷实验承压板应具有足够刚度。单桩复合地基静载荷实验的承压板可用圆形或方形,面积为一根桩承担的处理面积;多桩复合地基静载荷实验的承压板可用方形或矩形,其尺寸按实际桩数所承担的处理面积确定。单桩复合地基静载荷实验桩的中心(或形心)应与承压板中心保持一致,并与荷载作用点相重合。

(2)实验应在桩顶设计标高进行。承压板底面以下宜铺设粗砂或中砂垫层,垫层厚度可取 100～150 mm。如采用设计的垫层厚度进行实验，实验承压板的宽度对独立基础和条形基础应采用基础的设计宽度，对大型基础实验有困难时应考虑承压板尺寸和垫层厚度对实验结果的影响。垫层施工的夯填度应满足设计要求。

（3）实验标高处的试坑宽度和长度不应小于承压板尺寸的 3 倍。基准梁及加荷平台支点（或锚桩）宜设在试坑以外，且与承压板边的净距不应小于 2 m。

（4）实验前应采取防水和排水措施，防止实验场地地基土含水量变化或地基上扰动，影响实验结果。

（5）加载等级可分为 8～12 级。测试前应校核实验系统整体工作性能，预压荷载不得大于总加载量的 5%。最大加载压力不应小于设计要求承载力特征值的 2 倍。

（6）每加一级荷载前后均应各读记承压板沉降量一次，以后每 0.5h 读记一次。当 1h 内沉降量小于 0.1 mm 时，即可加下一级荷载。

（7）当出现下列现象之一时，可终止实验：

①沉降急剧增大，土被挤出或承压板周围出现明显的隆起；

②承压板的累计沉降量已大于其宽度或直径的 6%；

③当达不到极限荷载，而最大加载压力已大于设计要求压力值的 2 倍。

（8）卸载级数可为加载级数的一半，等量进行，每卸一级，隔 0.5 h，读记回弹量，待卸完全部荷载后间隔 3h 读记回弹量。

（9）复合地基承载力特征值的确定：

①当压力－沉降曲线上极限荷载能确定，而其值不小于对应比例界限的 2 倍时，可取比例界限；当其值小于对应比例界限的 2 倍时，可取极限荷载的一半；

②压力－沉降曲线是平缓的光滑曲线时，可按相对变形值确定，并应符合下列规定：

a. 对沉管砂石桩、振冲碎石桩和柱锤冲扩桩复合地基，可取 s/b 或 s/d 等于 0.01 所对应的压力；

b. 对灰土挤密桩、土挤密桩复合地基，可取 s/b 或 s/d 等于 0.008 所对应的压力；

c. 对水泥粉煤灰碎石桩或夯实水泥土桩复合地基，对以卵石、圆砾、密实粗中砂为主的地基，可取 s/b 或 s/d 等于 0.008 所对应的压力；对以黏性土、粉土为主的地基，可取 s/b 或 s/d 等于 0.01 所对应的压力；

d. 对水泥土搅拌桩或旋喷桩复合地基，可取 s/b 或 s/d 等于 0.006～0.008 所对应的压力，桩身强度大于 1.0 MPa 且桩身质量均匀时可取高值；

e. 对有经验的地区，可按当地经验确定相对变形值，但原地基土为高压缩性土层时，相对变形值的最大值不应大于 0.015；

f. 复合地基荷载实验，当采用边长或直径大于 2 m 的承压板进行实验时，b 或 d 按 2 m 计；

g. 按相对变形值确定的承载力特征值不应大于最大加载压力的一半。

注：s 为静载荷实验承压板的沉降量；b 和 d 分别为承压板宽度和直径。

③试验点的数量不应少于 3 点，当满足其极差不超过平均值的 30% 时，可取其平均值为复合地基承载力特征值。当极差超过平均值的 30% 时，应分析离差过大的原因，需要时应增加实验数量，并结合工程具体情况确定复合地基承载力特征值；工程验收时应视建筑物结构、基础形式综合评价，对于桩数少于 5 根的独立基础或桩数少于 3 排的条形基础，复合地

基承载力特征值应取最低值。

3.1.6 螺旋板载荷实验

螺旋板载荷实验是将一螺旋形的承载板使用人力或机械力旋入地面以下预定的实验测试深度,通过传力杆对螺旋板加力,观测螺旋承载板的沉降。它能在不同深度处的原位应力条件下进行载荷实验,适用于地下水位以下一定深度处的砂土和软、硬黏土。通过实验获得的应力 - 变形 - 时间关系曲线,可用理论关系或经验关系提供地基的一些重要参数。

1. 螺旋板载荷实验的技术要求和基本理论

(1)技术要求:我国常用的三种螺旋板板头面积分别为 $100\ cm^2$(直径 113 mm),$200\ cm^2$(直径160 mm),$500\ cm^2$(直径252 mm)。螺旋板实验的加载方式有常规慢速法、快速法和等沉降速率法(沉降速率 0.25 ~ 2 mm/min)三种。

(2)基本理论:螺旋板载荷试验的 $p - s$ 曲线和 $s - t$ 曲线与实验土层的土性关系,与平板载荷实验有所不同,表现在:

① $p - s$ 曲线上的特征点除临塑荷载 p_{cr}、极限荷载 p_u 外,还有初始压力 p_0($p - s$ 曲线初始直线段的起点),理论上 p_0 等于试验点的自重应力 σ_s;

② $p - s$ 曲线直线段可用弹性理论分析压力与沉降的关系。Selvaclurai and Nicholas(1979)把螺旋板实验简化成置于均质各向同性的弹性介质中的圆板受到轴对称荷载作用,得到:

$$E = A \cdot \frac{p \cdot a}{s} \qquad (3 - 1 - 5)$$

式中:E——土的弹性模量;

p/s——$p - s$ 曲线直线段的斜率;

a——圆板半径;

A——与弹性介质、圆板刚度、土 - 板界面摩擦等有关的系数,对饱和软黏土 $A = 0.59$

~0.75,其他情况参见《岩土工程手册》(中国建筑工业出版社,1996)。

2. 螺旋板实验成果与应用

与平板载荷实验相似,螺旋板实验成果也是通过绘制成 $p - s$ 曲线和 $s - t$ 曲线(或 $s - \sqrt{t}$、$s - \lg t$ 等曲线)。在 $p - s$ 曲线上可得到 p_0、p_{cr}、p_u。

利用螺旋板载荷实验成果采用经验关系或理论关系可计算土的变形模量、固结系数、不排水强度等指标。

1)计算地基土的变形模量

(1)排水时的变形模量:

这时在公式(3 - 1 - 5)中 s 取固结度 $U = 100\%$ 对应的沉降量 s_{100} 得:

$$E' = 0.84 \frac{p \cdot a}{s_{100}} \qquad (3 - 1 - 6)$$

(2)不排水时的压缩模量 E_u,这时在公式(3 - 1 - 5)中取 $\mu = 0.5$,$A = 0.67$,p/s 为直线段的斜率,得:

$$E_u = 0.67 \frac{p \cdot a}{s} \qquad (3 - 1 - 7)$$

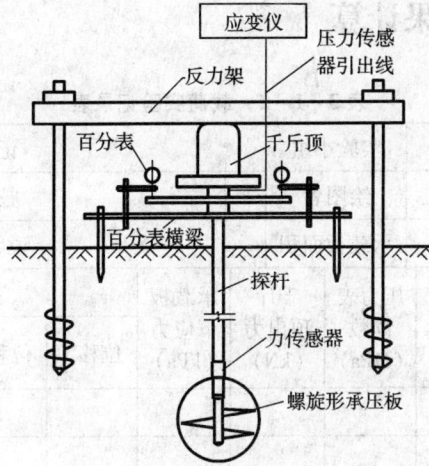

图 3 - 1 - 3　螺旋板实验装置

2）估算地基土的固结系数

（1）Janbu and Sennest 根据一维轴对称情况径向排水的固结理论，推出径向固结系数 C_r：

$$C_r = 0.335 \frac{a^2}{t_{90}} \qquad (3-1-8)$$

式中：a——螺旋板的半径（m）；

$\quad t_{90}$——$U = 90\%$ 对应时间，据图 $3-1-4$ 查出。

（2）Kay and Parry 据 Biot 固结理论的有限差分解，得到"s"形的 $s - \sqrt{t}$ 曲线，计算以竖向排水为主的固结系数 C_u：

$$C_u = 1.6 \frac{a^2}{t_{70}} \qquad (3-1-9)$$

式中：t_{70}——固结度 $U = 70\%$ 对应的时间，由图 $3-1-5$ 查得。

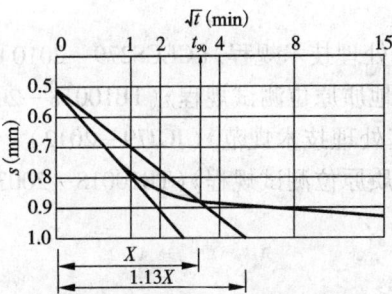

图 3 - 1 - 4　t_{90} 图解法

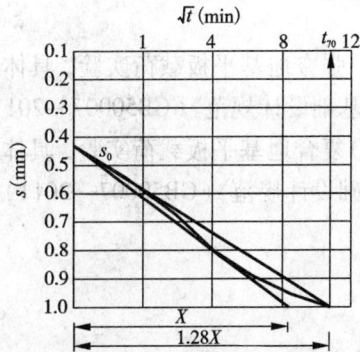

图 3 - 1 - 5　t_{70} 图解法

3.1.7　记录及结果计算

表 3 - 1 - 2　载荷实验记录表

班　级		实验小组		记录者			
计算者		绘图者		校核者			
实验日期		承载板面积		说明事项			

时间(min)			荷载级数	压力表读数(MPa)	千斤顶出力(kN)	承载板下应力(kPa)	位移(0.01 mm)				
读数时间	间隔时间	累计时间					位移1	位移2	平均	位移差	累积位移

3.1.8　检测相关

工程中，需进行地基载荷实验的有：

(1)砂卵换填地基平板载荷实验，具体参见《建筑地基处理技术规范》(JGJ79—2012)、《建筑地基基础设计规范》(GB50007—2011)、《铁路工程地质原位测试规程》(TB10018—2003)。

(2)强夯地基平板载荷实验，具体参见《强夯地基处理技术规程》(CECS279—2010)、《建筑地基基础设计规范》(GB50007—2011)、《铁路工程地质原位测试规程》(TB10018—2003)。

(3)复合地基平板载荷实验，具体参见《建筑地基处理技术规范》(JGJ79—2012)、《建筑地基基础设计规范》(GB50007—2011)、《铁路工程地质原位测试规程》(TB10018—2003)。

实验 3.2　　单桩竖向静载荷实验

【实验目的】　通过实验掌握单桩竖向静载荷实验承载力特征值的确定方法。

【预习思考】　桩的承载力检测前为何要有一段休止时间?

3.2.1　基本概念

单桩竖向静载荷实验是在桩顶部逐级施加竖向压力,观察桩顶部随时间产生的沉降,以确定相应的单桩竖向抗压承载力的实验方法。

为设计提供依据的实验桩,应加载至桩侧与桩端的岩土达到极限状态;当桩的承载力由桩身强度控制时,可按设计要求的加载量进行加载。

工程桩验收检测时,加载量不应小于设计要求的单桩承载力特征值的 2.0 倍。检测数量不应少于同一条件下桩基分项工程总桩数的 1%,且不少于 3 根;当总桩数少于 50 根时,检测数量不应少于 2 根。

3.2.2　实验设备

1.加载设备

采用液压千斤顶,当采用两台或两台以上千斤顶加载时,应并联同步工作,并符合下列规定:

(1)采用的千斤顶型号、规格应相同;

(2)千斤顶的合力中心与受检桩的横截面形心重合。

2.加载反力装置

根据现场条件选择锚桩横梁反力装置(图 3-2-1(a))、压重平台反力装置(图 3-2-1(b))、锚桩压重联合反力装置、地锚反力装置等,且应符合下列规定:

(1)加载反力装置能提供的反力不得小于最大加载量的 1.2 倍;

(2)加载反力装置的构件应满足承载力和变形的要求;

(3)对锚桩的桩侧土阻力、钢筋、接头进行验算,并满足抗拔承载力的要求;

(4)工程桩作锚桩时,锚桩数量不宜少于 4 根,且应对锚桩上拔量进行监测;

(5)压重宜在检测前一次加足,并均匀稳固地放置于平台上,且压重施加于地基的压应力不宜大于地基承载力的 1.5 倍,有条件时宜采用工程桩作为堆载支点。

3.荷载测量

用放置在千斤顶上的荷重传感器或并联于千斤顶油路的压力表或压力传感器测定,荷重传感器、压力传感器或压力表的准确度应优于或等于 0.5 级。

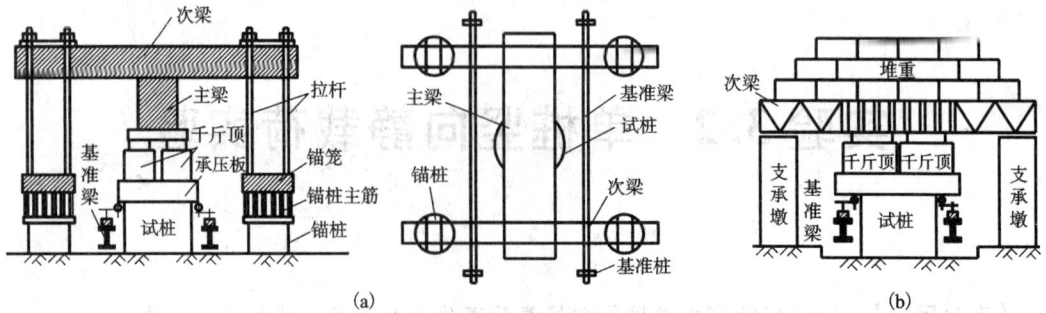

图 3 - 2 - 1　基桩静载实验反力装置示意图

（a）锚桩反力；（b）重物堆载反力

4.沉降测量

沉降测量采用位移传感器或大量程百分表，并应符合下列规定：

（1）测量误差不大于 0.1% FS，分度值优于或等于 0.01 mm；

（2）直径或边宽 ≥500 mm 的桩应在其两个对称方向安置 4 个位移表，直径或边宽 ≤500 mm 的桩可对称安置 2 个位移表；

（3）基准梁应有足够的刚度，一端固定在基准桩上，另一端简支于基准桩上；

（4）沉降测定平面宜设置于桩顶以下 200 mm 的位置，测点应固定于桩身。

3.2.3　基本要求

（1）试桩、锚桩（压重平台支墩边）和基准桩之间的中心距离应符合表 3 - 2 - 1 的规定。

表 3 - 2 - 1　试桩、锚桩和基准桩之间的中心距离

反力系统	试桩中心与锚桩中心（或压重平台支座墩边）	试桩中心与基准桩中心	基准桩中心与锚桩中心（或压重平台支座墩边）
锚桩横梁	≥4(3)D 且 >2.0 m	≥4(3)D 且 >2.0 m	≥4(3)D 且 >2.0 m
压重平台	≥4(3)D 且 >2.0 m	≥4(3)D 且 >2.0 m	≥4(3)D 且 >2.0 m
地锚装置	≥4D 且 >2.0 m	≥4(3)D 且 >2.0 m	≥4D 且 >2.0 m

注：①D 为试桩、锚桩或地锚的设计直径或边宽，取其较大者。

②如试桩或锚桩为扩底桩或多支盘桩时，试桩与锚桩的中心距离不应小于 2 倍扩大端直径。

③括号内数值可用于工程桩验收检测时多排桩设计桩中心距离小于 4D 的情况。

④软土场地堆载重量较大时，宜增加支座墩边与基准桩中心和试桩中心之间的距离，并在实验过程中观测基准桩的竖向位移

（2）开始实验的时间：

预制桩在砂土中入土 7 天后；黏性土不得少于 15 天；对于饱和软黏土不得少于 25 天。灌注桩应在桩身混凝土达到设计强度后，才能进行。

3.2.4　现场检测

1. 桩头处理

实验桩桩顶宜高出试坑底面,试坑底面宜与桩承台底标高一致。实验过程中,应保证不会因桩头破坏而终止实验,但桩头部位往往承受较高的竖向荷载和偏心荷载,因此,一般应对桩头进行处理。

预制方桩和预应力管桩,如果未进行截桩处理、桩头质量正常,单桩设计承载力合理,可不进行处理。预应力管桩,尤其是进行了截桩处理的预应力管桩,可采用填芯处理,填芯高度 h 一般为 $1 \sim 2$ m,可放置钢筋也可不放钢筋,填芯用的混凝土宜按 C25 ~ C30 配制,也可用特制夹具箍住桩头。为了便于两个千斤顶的安装方便,同时进一步保证桩头不受破损,可针对不同的桩径制作特定的桩帽,套在实验桩桩头上。

混凝土桩桩头处理应先凿掉桩顶部的松散破碎层和低强度混凝土,露出主筋,冲洗干净桩头后再浇注桩帽,并符合下列规定:

(1)桩帽顶面应水平、平整,桩帽中轴线与原桩身上部的中轴线严格对中,桩帽面积大于或等于原桩身截面积,桩帽截面形状可为圆形或方形。

(2)桩帽主筋应全部直通至桩帽混凝土保护层之下,如原桩身露出主筋长度不够时,应通过焊接加长主筋,各主筋应在同一高度上,桩帽主筋应与原桩身主筋按规定焊接。

(3)距桩顶 1 倍桩径范围内,宜用 $3 \sim 5$ mm 厚的钢板围裹,或距桩顶 1.5 倍桩径范围内设置箍筋,间距不宜大于 150 mm。桩帽应设置钢筋网片 $3 \sim 5$ 层,间距 $80 \sim 150$ mm。

(4)桩帽混凝土强度等级宜比桩身混凝土提高 $1 \sim 2$ 级,且不得低于 C30。

试桩桩顶标高最好由检测单位根据自己的实验设备来确定,特别是对大吨位静载实验更有必要。为便于沉降测量仪表安装,试桩顶部宜高出试坑地面;为使实验桩受力条件与设计条件相同,试坑地面宜与承台底标高一致。

2. 设备安装

(1)安装承压板,安装承压板前应整平桩顶,并用水平尺找平,以保证承压板与桩顶面平整均匀接触。

(2)安装千斤顶、载荷台架或反力构架,其中心应与桩中心一致。

(3)安装沉降观测装置。其支架固定点应设在不受变形影响的位置上,沉降观测点应对称放置。

3. 加、卸载与沉降观测

(1)采用慢速维持荷载法逐级等量加载,加荷分级不应小于 8 级,每级加载量宜为预估极限荷载的 $1/8 \sim 1/10$,第一级加载量可取分级荷载的 2 倍。

(2)每级加载后,按第 5 min、15 min、30 min、45 min、60 min 时各测读一次,以后每隔 30 min 测读一次,桩顶沉降。

(3)在每级荷载作用下,桩的沉降量连续两次在每小时内小于 0.1 mm 时可视为稳定,可加下一级荷载。

(4)符合下列条件之一时可终止加载:

①某级荷载下桩顶沉降量大于前一级荷载作用下沉降量的 5 倍,且桩顶总沉降量超过 40 mm;

②某级荷载下桩顶沉降量大于前一级荷载作用下沉降量的2倍，且经24 h尚未达到稳定标准；

③达到设计要求的最大加载量且桩顶沉降达到相对稳定标准；

④工程桩作锚桩时，锚桩上拔量已达到允许值；

⑤$Q-s$曲线呈缓变形时，加载至桩顶总沉降量60~80 mm；桩端阻力未充分发挥时，可加载至桩顶总沉降量大于80 mm。

（5）卸载应分级进行，每级卸载值为加载值的两倍。卸载时每级荷载应维持1 h，按第15 min、30 min、60 min测读一次沉降量后，即可卸下一级荷载。卸载至零后，应测桩顶残余沉降量3 h，测读时间为第15 min、30 min，以后每隔30 min测读一次。

4. 单桩竖向极限承载力及承载力特征值的确定

作荷载-沉降（$Q-s$）曲线、沉降-时间对数曲线（$s-\lg t$）和其他辅助分析所需的曲线：

（1）当陡降段明显时，取相应于陡降段起点的荷载值。

（2）根据沉降随时间变化的特征，取$s-\lg t$曲线尾部出现明显向下弯曲的前一级荷载值。

（3）符合终止加载条件第2款时，宜取前一级荷载值。

（4）$Q-s$曲线呈缓变形时，取桩顶总沉降量$s=40$ mm所对应的荷载值；对$D\geqslant 800$ mm的桩，可取$s=0.05D$所对应的荷载值；当桩长大于40 m时，宜考虑桩身的弹性压缩。

（5）不满足本条（1）~（4）条时，极限承载力宜取最大加载值。

（6）对参加算术平均的试桩检测结果，当极差不超过平均值的30%时，可取其平均值为单桩竖向极限承载力。极差超过平均值的30%时，应分析离差过大的原因，结合工程具体情况确定极限承载力；不能明确极差过大的原因时，宜增加试桩数量。对桩数小于3根或桩基承台下的桩数不大于3根时，取最小值。

（7）将单桩竖向极限承载力除以安全系数2，为单桩竖向承载力特征值R_a。

3.2.5　记录及结果计算

表3-2-2　单桩竖向抗压静载实验记录表

班　级		实验小组		记录者	
计算者		绘图者		校核者	
实验日期		说明事项			
工程名称				桩号	

荷载级数	压力表读数（MPa）	荷载（kN）	时间（min）		位移（0.01 mm）				本级沉降（mm）	累计沉降（mm）	备注
			观测时间	累计时间	位移1	位移2	位移3	位移4			

3.2.6　检测相关

工程中为判定单桩承载力是否满足设计要求，一般都是进行单桩竖向抗压静载实验，具体参见《建筑基桩检测技术规范》(JGJ106—2014)。

实验 3.3　动力触探实验

【实验目的】　掌握动力触探实验方法，学会用触探实验成果评价砂土的密实度，划分土层界线，确定地基土承载力。

【预习思考】　轻型、重型、超重型圆锥动力触探，标准贯入实验各自的适用范围？

3.3.1　基本概念

动力触探(DPT：Dynamic penetration test)是用一定质量的重锤，以一定高度的自由落距，将标准规格的圆锥探头打入土中，根据打入土中一定深度所需的锤击数，判定土层性质的一种原位测试方法。

按探头结构不同分为圆锥动力触探和标准贯入两大类。圆锥动力触探实验按锤击能量又分为轻型、重型、超重型3种。轻型动力触探适用于一般黏质土及素填土；重型动力触探适用于中、粗、砾砂和碎石土；超重型动力触探适用于卵石、砾石类土。

圆锥动力触探实验可用来划分土层、判定土的物理力学性质指标，具有勘探和测试双重功能。对难以取样的砂土、粉土、碎石类土等和静力触探难以贯入的含砾土层是十分有效的测试手段。它的缺点是不能取样进行直接描述鉴别，实验误差较大，再现性差。

标准贯入实验是用 63.5 ± 0.5 kg 的穿心锤，以 0.76 ± 0.02 m 的自由落距，将一定规格尺寸的标准贯入器打入土中 15 cm 后，再打入 30 cm，取后 30 cm 的锤击数，称为标准贯入击数。

标准贯入实验适用于一般黏性土、粉土和砂性土。

3.3.2　动力触探仪

圆锥动力触探仪主要由触探头、触探杆及穿心锤三部分组成，见图 3 - 3 - 1。

《岩土工程勘察规范》(GB50021—2001)中例举了我国圆锥动力触探仪和贯入器规格，如表 3 - 3 - 1 和表 3 - 3 - 2 所示。

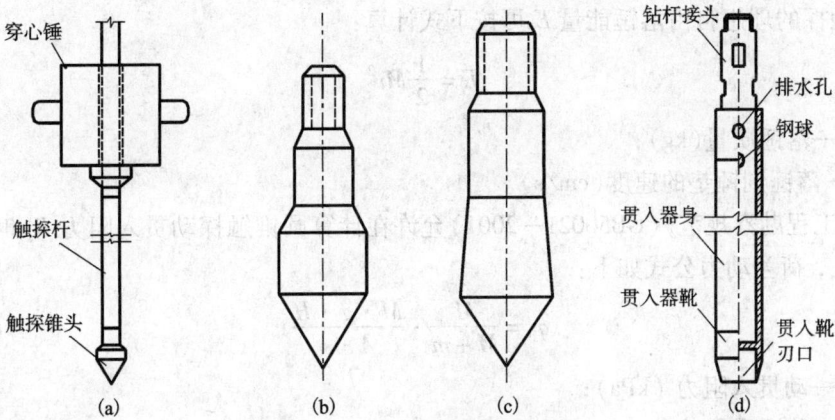

图 3 - 3 - 1　动力触探仪示意图

(a)轻型动力触探仪；(b)轻型动力触探探头；(c)重型动力触探探头；(d)标准贯入探头

表 3 - 3 - 1　我国圆锥动力触探仪的分类和规格

圆锥动力触探类型		轻型(N_{10})	重型($N_{63.5}$)	超重型(N_{120})
落锤规格	锤质量(kg)	10 ± 0.1	63.5 ± 0.5	120 ± 1
	落距(cm)	50 ± 0.1	76 ± 2	100 ± 2
探头规格	直径(mm)	40	74	74
	截面积(mm^2)	12.6	43	43
	角度(°)	60	60	60
探杆直径(mm)		25	42	50 ~ 60
指　　标		惯入 30 cm 的读数 N_{10}	惯入 10 cm 的读数 $N_{36.5}$	惯入 10 cm 的读数 N_{120}

表 3 - 3 - 2　标准贯入器规格

落　锤			落锤质量(kg)	63.5
			落　距(cm)	76
贯入器	对开管	长　度(mm)		>500
		外　径(mm)		51
		内　径(mm)		35
	管靴	长　度(mm)		5076
		刃口角度(°)		1820
		刃口单刀厚度(mm)		2.5
钻　杆		直　径(mm)		42
		相对弯曲		<1/1000

1. 圆锥动力触探基本公式

动力触探的理想自由落锤能量 E 可按下式计算:

$$E = \frac{1}{2}Mv^2 \qquad (3-3-1)$$

式中: M——落锤质量(kg);

v——落锤到锤垫的速度(cm/s)。

《岩土工程勘察规范》(GB50021—2001)允许在计算圆锥触探动贯入阻力 R_d 时采用荷兰的动力公式,荷兰动力公式如下:

$$q_d = \frac{M}{M+m} \cdot \frac{M \cdot g \cdot H}{A \cdot s} \qquad (3-3-2)$$

式中: q_d——动贯入阻力 (kPa);

M——落锤质量(kg);

m——探头及杆件(包括打头、导向杆等)质量(kg);

H——落锤落距(m);

g——重力加速度,其值为 9.81 m/s²;

其余符号同前。

上式建立在古典的牛顿非弹性碰撞理论基础上(不考虑弹性变形量的损耗)。故限用于:

(1)贯入土中深度小于 12 m,贯入度 $D = 2 \sim 50$ mm。

(2) $m/M < 2$。

如果实际情况与上述适用条件出入大时,应慎重使用上式计算。

2. 圆锥动力触探实验步骤

(1)布置实验点,测量实验点高程及平面位置。将触探架安装平稳,以保持触探孔垂直;

(2)采用人工锤击法,在锤击过程中,穿心锤应自由下落,并尽量连续贯入,锤击速率采用 15 ~ 30 击/min,记录每打入 30 cm(轻型)或 10 cm(重型、超重型)的锤击数,记录表见表3-3-11。

3. 圆锥动力触探资料整理

(1)按下式计算每贯入 10 cm 所需锤击数:

$$N_{63.5} = \frac{10N}{D} \qquad (3-3-3)$$

式中: $N_{63.5}$——每贯入 10 cm 的锤击数;

N——阵击的锤击数;

D——阵击的贯入量(cm)。

当土层较为密实(5 击贯入量小于 10 cm)时,可直接记录每贯入 10 cm 所需击数。

(2)现场实验锤击数修正公式如下:

$$N_{10}(\text{或} N_{63.5}) = \mu - 1.645\sigma \qquad (3-3-4)$$

式中: μ——锤击数平均值;

$$\sigma = \sqrt{\frac{\sum_{i=1}^{n} \mu_i^2 - n\mu^2}{n-1}};$$

μ_i——某一次试验值(锤击数);

n——试验次数。

4. 圆锥动力触探成果应用

(1)评价碎石土的密实度,见表 3 - 3 - 3。

原机械部二勘院根据探井中实测的砂密度和孔隙比与 $N_{63.5}$ 对比,得到表 3 - 3 - 4 的关系。

表 3 - 3 - 3　碎石土的密实度

圆锥动力触探锤击数 $N_{63.5}$	密实度
$N_{63.5} \leqslant 5$	松散
$5 < N_{63.5} \leqslant 10$	稍密
$10 < N_{63.5} \leqslant 20$	中密
$N_{63.5} > 20$	密实

表 3 - 3 - 4　$N_{63.5}$ 与土相对密实度

土类	$N_{63.5}$	密实度	孔隙比
砾砂	<5	松散	>0.65
	5~8	稍密	0.65~0.50
	8~10	中密	0.50~0.45
	>10	密实	<0.45
粗砂	<5	松散	>0.80
	5~6.5	稍密	0.80~0.70
	6.5~9.5	中密	0.70~0.60
	>9.5	密实	<0.60
中砂	<5	松散	>0.90
	5~6	稍密	0.90~0.80
	6~9	中密	0.80~0.70
	>9	密实	<0.70

(2)根据各土层的动贯入阻力平均值划分土层界线。

(3)根据动贯入阻力判定砂土地基的承载力特征值:

$$f_a = q_d/20 \tag{3-3-5}$$

一般黏性土地基,也可以采取类似上述的经验式,但应经过大量对比试验和统计分析,取得一定经验再用较为妥当。

(4)判定变形模量:

原冶金部建设科学院和武汉冶金勘察公司提出 $N_{63.5}$ 与变形模量 E_0 的关系如下:

对黏性土和粉质土:

$$E_0 = 5.488 q_d^{1.468} \tag{3-3-6}$$

对填土:

$$E_0 = 10(q_d - 0.56) \tag{3-3-7}$$

式中:E_0——变形模量(MPa);

q_d——动贯入阻力(MPa)。

(5)判定砂土的内摩擦角:

前苏联 PCH32 –70 提出动力触探 N_{10} 与砂土的内摩擦角 φ 的关系，如表 3 –3 –5 所示。

表 3 –3 –5 N_{10} 与砂土的内摩擦角 φ

N_{10}	5	6	8	10	13	16	20	25
$\varphi°$	30	31	32	33	34	35	36	37

（6）判定单桩承载力特征值：

沈阳地区用 $N_{63.5}$ 与基桩的载荷实验成果建立相关关系，得到单桩竖向承载力特征值经验公式如下：

$$p_a = 24.3\overline{N}_{63.5} + 365.4 \tag{3 –3 –8}$$

式中：p_a——单桩竖向承载力（kN）；

$\overline{N}_{63.5}$——由地面至桩尖处范围内 $N_{63.5}$ 每 10 cm 修正后的锤击数平均值。

3.3.3 标准贯入实验

1. 仪器设备

（1）标准贯入器：由刃口形的贯入器靴、对开圆筒式贯入器身和贯入器头三部分组成，见图 3 –3 –1 所示，贯入器规格见表 3 –3 –2 所示。

（2）钻杆：直径 42 mm 或 50 mm。

（3）穿心锤：质量为 63.5 ±0.5 kg 的穿心锤，应配有自动落锤装置。

（4）锤垫：承受锤击的钢制部件，附有导向杆，两者总质量以不超过 30 kg 为宜。

（5）其他设备：卷尺、土样筒、专用扳手，石蜡等。

2. 标准贯入实验步骤

（1）实验在钻孔中进行，先用钻具钻至预定实验深度以上 10 ~ 15 cm 处，清除残土。清孔时应避免实验土层受到扰动，当在地下水位以下的土层进行实验时，应使孔内水位保持高于地下水位，以免出现涌砂和坍孔，必要时应下套管或用泥浆护壁。

（2）贯入前拧紧钻杆接头，将贯入器小心放入孔内，避免冲击孔底，测定其深度，要求残留土厚度不大于 0.1 m。

为了保证穿心锤在中心施力，应保持贯入器、钻杆、导向杆联结后的垂直度，孔口宜加导向器。

（3）在正式贯入前先将贯入器打入土中 15 cm 不计击数，正式贯入时记录每打入 10 cm 的锤击数，以累计打入 30 cm 的锤击数为标准贯入实验锤击数 N，当锤击数达到 50 击且贯入深度小于 30 cm 时，可记录 50 击时的贯入深度，计算时再换算成相当于 30 cm 的标准锤击数。

（4）旋转钻杆，然后提出贯入器，取出贯入器中的土样进行鉴别、描述记录，并测量土柱长度，将需要保存的土样包装、编号，以备室内实验之用，记录表见表 3 –3 –12。

（5）重复（1）~（4）步骤，进行下一深度的贯入实验，直至所需深度。

注：贯入器靴刃口损坏（缺口或卷刃）。单独缺口长度超过 5 mm 或累计长度超过 12 mm 时应更换。

3. 标准贯入实验数据计算与绘图

（1）换算相应于贯入 30 cm 的锤击数 N。

$$N = 30 \times \frac{50}{\Delta S} \tag{3-3-9}$$

式中：ΔS——对应锤击数 50 的贯入量（cm）。

对有效粒径 d_{10} 在 0.1~0.05 mm 范围内的饱和粉细砂，当密度大于某一临界密度，由于透水性小，标贯产生的孔隙水压力可使 N 偏大。相当于此临界密度时的实测值 $N \approx 15$。当 $N > 15$ 时应按表 3-3-6 修正。

表 3-3-6 探杆长度修正系数 α 值

探杆长度	≤3	6	9	12	15	18	21
α	1.0	0.92	0.86	0.81	0.77	0.73	0.70

（2）进行杆长修正公式如下：

$$N_{63.5} = 15 + \frac{1}{2}(\alpha \cdot N - 15) \tag{3-3-10}$$

（3）绘制锤击数与深度 H 关系曲线。

4. 标准贯入实验成果应用

（1）利用 $N_{63.5} - H$ 划分土层（图表法）。

（2）判定砂土的密实度：

《建筑地基基础设计规范》（GB50007—2011）给出了砂土密实度判断标准，如表 3-3-7。

（3）确定砂土的液化：

《建筑抗震设计规范》（GB50011—2001）给出了砂土的地震液化复判规定。

符合下式要求的土应判为液化土。

$$N_{63.5} < N_{cr}$$

表 3-3-7 砂土的密实度

标准贯入锤击数 N	密实度
$N \leq 10$	松散
$10 < N \leq 15$	稍密
$15 < N \leq 30$	中密
$N > 30$	密实

式中：$N_{63.5}$——工程运用时，标准贯入点在当时地面以下 d_s（m）深度处的标准贯入锤击数；

N_{cr}——液化判别标准贯入锤击数临界值。

液化判别标准贯入锤击数临界值应根据下式计算：

$$N_{cr} = N_0[0.9 + 0.1(d_s - d_w)]\sqrt{\frac{3}{\rho_c}} \quad (d_s \leq 15) \tag{3-3-11}$$

$$N_{cr} = N_0(2.4 - 0.1d_w)\sqrt{\frac{3}{\rho_c}} \quad (15 < d_s \leq 20) \tag{3-3-12}$$

式中：ρ_c——土的黏性颗粒含量质量百分率（%），当 $\rho_c < 3\%$，取 3%；

N_0——液化判别标准贯入锤击数基准值，按表 3-3-8 取值；

d_w——地下水位深度（m），按设计基准期内年平均最高水位采用，也可按近期内年最高水位采用；

d_s——饱和土标准贯入点深度(m)。

表 3 - 3 - 8　液化判别标准贯入锤击数基准值

设计地震分组	烈　度		
	7	8	9
第一组	6(8)	10(13)	16
第二、三组	8(10)	12(15)	18

(4)确定黏性土的稠度状态：

武汉冶金勘察公司统计的经验关系如表 3 - 3 - 9 所示。

表 3 - 3 - 9　$N_{63.5}$ 与液性指数 I_L 的关系

N	<2	2 ~ 4	4 ~ 7	7 ~ 18	18 ~ 35	>35
I_L	>1	1 ~ 0.75	0.75 ~ 0.5	0.5 ~ 0.25	0.25 ~ 0	<0
稠度状态	流动	软塑	软可塑	硬可塑	硬塑	坚硬

(5)估算单桩承载力特征值：

用标准贯入锤击数直接估算单桩承载力特征值，可以借鉴国外已有经验，如施墨特曼(J. H. Schmertmann)提出的表 3 - 3 - 10 预估混凝土打入桩单桩承载力特征值。

表 3 - 3 - 10　利用 N 估算桩端极限阻力和桩周极限阻力

土　类	q_c/N	摩阻比 $n = f_s/q_c \times 100$	桩端极限阻力 (t/ft^2)	桩周极限阻力 (t/ft^2)
各种密度净砂	3.5	0.6	0.019N	0.32N
黏土 - 粉土 - 砂混合；粉砂、泥灰土	2.0	2.0	0.04N	1.6N
可塑黏土	1.0	5.0	0.05N	0.7N
含贝壳的砂、软石灰岩等	4.0	0.25	0.01N	3.6N

注：①上表的建立应用了静力触探资料，因此在使用表格时，也应有一定的静力触探资料为妥；

②表中值应用范围 $N = 5 \sim 60$。$N < 5$ 时，用 $N = 0$；$N > 60$ 时，用 $N = 60$

日本建筑钢管桩基础设计规范规定，在持力层为砂土时，桩端极限阻力为：

$$q_{bu} = 40N \tag{3 - 3 - 13}$$

式中：N——桩尖处标准贯入击数，$N = (N_1 + N_2)/2$，N_1 为桩尖以下 2 倍桩径范围内 N 的平均值；

N_2——桩尖以上 10 倍桩径范围内 N 的平均值。

桩周总极限摩阻力为：

$$Q_{SU} = \frac{N_S}{5} \cdot A_s + \frac{N_C}{2} \cdot A_c \tag{3 - 3 - 14}$$

式中：N_s——桩周为砂土部分 N 的平均值；

$\quad N_c$——桩周为黏性土部分 N 的平均值；

$\quad A_s$、A_c——桩在砂土层和黏土层部分 N 的侧面积。

（6）估算黏性土地基土层的压缩模量：

武汉冶金勘察公司对中南及华东地区 49 组黏性土的 N 值与压缩模量 E_s 统计的经验关系为：

$$E_s = 9.27N + 42(100 \text{ kPa}) \qquad (3-3-15)$$

该式统计指标范围：$E_s = 23 \sim 400(100 \text{ kPa})$；$N = 2.5 \sim 41$。

3.3.4　影响动力触探的主要因素

（1）锤击能量因素。规定落锤方式采用控制落距的自动落锤，使锤击能量比较恒定；

（2）杆件垂直度因素。注意保持杆件垂直，探杆的偏斜度不超过 2%。锤击时防止偏心及探杆晃动；

（3）触探杆与土间的侧摩阻力因素。实验过程中可采取贯入一定深度后旋转探杆（每 1 m 转动一圈或半圈），以减少侧摩阻力；

（4）锤击速度因素。一般采用 15 ~ 30 击/min；在砂土、碎石土中，可采用 60 击/min；

（5）间断贯入因素。贯入过程应不间断地连续击入，在黏性土中击入的间歇会使侧摩阻力增大。

3.3.5　记录及结果计算

表 3 – 3 – 11　动力触探记录表

班　　级		实验小组		记 录 者	
计 算 者		校 核 者		实验日期	
说明事项					
测点位置					
标高					

深度 （cm）	锤击数	q_d 值 （kPa）	锤击数	q_d 值 （kPa）	锤击数	q_d 值 （kPa）	锤击数	q_d 值 （kPa）
0 ~ 30								
30 ~ 60								
60 ~ 90								

表 3 - 3 - 12　标准贯入实验记录表

班　　级		实验小组		记 录 者	
计 算 者		校 核 者		实验日期	
序号	浮土厚度(m)	试验深度(m)	贯入深度(cm)	锤击数	描　　述

3.3.6　检测相关

（1）对强夯地基进行重型动力触探实验，具体参见《强夯地基处理技术规程》（CECS279—2010）、《岩土工程勘察规范》（GB50021—2001）、《铁路工程地质原位测试规程》（TB10018—2003）。

（2）对挡土墙地基、管沟进行轻便触探实验，判定地基承载力是否满足设计要求具体参见《岩土工程勘察规范》（GB 50021—2001）、《铁路工程地质原位测试规程》（TB10018—2003）。

（3）在工程地质勘探中，常对地基土进行标准贯入实验，具体参见《岩土工程勘察规范》（GB50021—2001）、《铁路工程地质原位测试规程》（TB10018—2003）。

实验 3.4　静力触探实验

【实验目的】　了解静力触探实验方法及成果应用。
【预习思考】　静力触探实验的适用范围。

3.4.1　基本概念

静力触探是将一个内部装有传感器的圆锥形触探头按一定速率匀速压入土中，同时量测其贯入阻力（锥头阻力、侧壁摩阻力）的过程称为静力触探实验。静力触探仪器见图 3-4-1。

由于地层中各种土的软硬不同，探头所受到的阻力自然也不一样，传感器将这种大小不同的贯入阻力通过电信号输入记录仪表记录下来（图 3-4-2），再通过贯入阻力与土的工程地质特性之间的定性关系和统计相关关系，来实现取得土层剖面、提供浅基础承载力特征值、选择桩端持力层和预估单桩承载力特征值。

静力触探实验适用于软土、一般性黏土、砂土和含少量碎石的土。

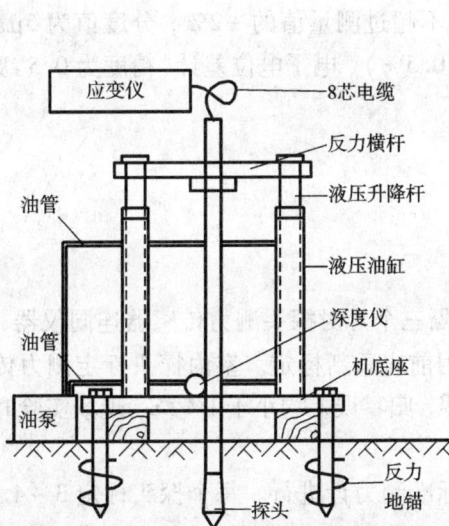

图 3-4-1　静力触探仪示意图

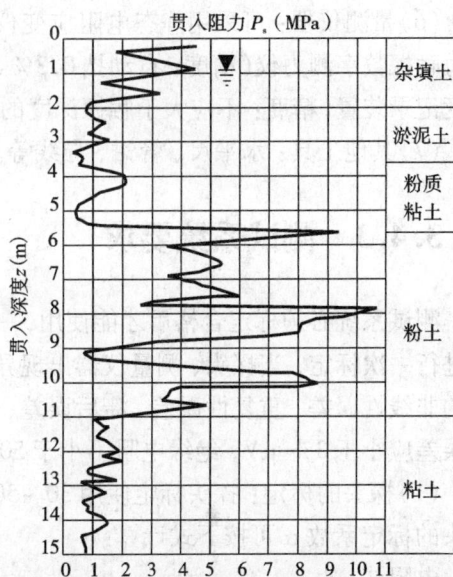

图 3-4-2　静力触探曲线及分层

3.4.2　仪器设备

静力触探仪的种类比较多,有车载型、油压型和手动链式等,但设备的组成基本相同。

(1)触探主机:能匀速地将探头垂直压入土中,贯入速率为 1.2 m/min。

(2)反力装置:一般用地锚、压重、车辆自重提供所需的反力。下地锚可用液压、电动下锚机或手工操作。常用的地锚为单叶片螺旋状结构。

(3)探头:

单桥探头,可测定比贯入阻力 p_s。

双桥探头,可同时测定锥头阻力 p_c、侧壁摩擦阻力 f_s 和贯入时的孔隙水压力 u,探头规格见表 3 – 4 – 1 和表 3 – 4 – 2。

<table>
<tr><td colspan="4">表 3 – 4 – 1　单桥探头规格</td></tr>
<tr><td>型号</td><td>锥底面积
$A(cm^2)$</td><td>有效侧壁长度
$L(mm)$</td><td>锥角
$\alpha(°)$</td></tr>
<tr><td>Ⅰ – 1</td><td>10</td><td>57</td><td>60</td></tr>
<tr><td>Ⅰ – 2</td><td>15</td><td>70</td><td>60</td></tr>
</table>

<table>
<tr><td colspan="4">表 3 – 4 – 2　双桥探头规格</td></tr>
<tr><td>型号</td><td>锥底面积
$A(cm^2)$</td><td>摩擦壁表面积
$F(cm^2)$</td><td>锥角
$\alpha(°)$</td></tr>
<tr><td>Ⅱ—1</td><td>10</td><td>150</td><td>60</td></tr>
<tr><td>Ⅱ—2</td><td>15</td><td>300</td><td>60</td></tr>
</table>

(4)高压油泵:电压和出油量应满足所使用的触探主机需求。

(5)探杆:应采用具有足够强度和刚度的无缝钢管制成,常用触探杆为:直径 32 ~ 35 mm,壁厚 5 mm,每根探杆长约 1 m。探杆必须平直,并应经常检查其平直度。

(6)量测仪器:可采用静态电阻应变仪(精度:不超过测量值的 ±2%,分度值为 5 $\mu\varepsilon$),静力触探数字测力仪(精度:自动挡 0.3%,手动挡 0.5%)、电子电位差计(精度为 0.5 级)、深度记录装置(精度:不应大于触探深度的 ±1%)。

(7)其他工具:水平尺、管钳、导线等。

3.4.3　测试系统要求

测试系统必须标定合格后才能使用,一般应每隔三个月对探头测力传感器连同仪器、电缆进行一次标定,当探头、测量仪器出现异常,使用前应重新标定。室内探头标定测力传感器的非线性误差、重复性误差、滞后误差、温度漂零、归零误差均小于 1% FS,现场实验时归零误差应小于 3% μV,绝缘电阻不小于 500 MΩ。

(1)探头的标定:探头标定使用 30 ~ 50 kN 的标准测力计进行。每个探头标定 3 ~ 4 次。探头的标定系数 α 可按下式计算:

电阻式:

$$\alpha = \frac{P}{A\varepsilon} \quad (MPa/\mu\varepsilon) \tag{3 – 4 – 1}$$

电压式:

$$\alpha = \frac{P}{A \cdot V} \quad (\text{MPa/mV}) \tag{3-4-2}$$

式中：P——率定时所加的总力(N)；

A——探头截面积（mm^2）；

ε——微应变($\mu\varepsilon$)；

V——输出电压（mV）。

（2）探头的标定指标：

①回零误差 $< 100\ \mu V$；

②滞后误差、非线性误差、重复性误差均小于 $100\ \mu V$；

③室温条件下 30 min 内零漂小于 $100\ \mu V$，电桥初始不平衡小于 ± 1 mV；

④额定荷载输出为 $1.0 \sim 1.5$ mV/V；

⑤温漂系数 $n < 0.0005/℃$。

（3）深度仪的标定：

深度记录的误差不应大于触探深度的 $\pm 1\%$。

3.4.4　现场实验步骤

（1）平整实验场地，设置反力装置，将触探主机对准孔位，调平机座（用精度为 ± 1 mm 的水准尺校准），并紧固在反力装置上。

（2）将已穿入探杆内的探头引线按要求接到量测仪器上，打开电源开关，预热并调试到正常工作状态。

（3）贯入前应试压探头，检查顶柱、锥头、摩擦筒等部件工作是否正常，然后将连接探头的探杆插入导向器内，调控垂直并紧固导向装置，必须保证探头垂直贯入土中，启动动力设备并调整到正常工作状态。

（4）采用自动记录仪时，应安装深度转换装置，并检查卷纸设备运转是否正常；采用电阻应变仪或数字测力仪时，应设置深度标尺。

（5）将探头贯入土中 $0.5 \sim 1.0$ m（冬季应超过冻结线）稍许提升探头，使探头传感器处于不受力状态，待探头温度与地温平衡后（仪器零位基本稳定），将仪器调零或记录初读数，即可进行正常贯入。在深度 6 m 内，一般每贯入 $1 \sim 2$ m，应提升探头检查温漂并调零，6 m 以下每惯入 $5 \sim 10$ m 应提升探头检查回零情况，当出现异常时，应检查原因并及时处理。

（6）贯入过程中，当采用自动记录时，应根据贯入阻力大小合理选用供桥电压，并随时核对，校正深度，记录误差；使用电阻应变仪或数字测力计时，一般每隔 $10 \sim 20$ cm 记录读数一次。

（7）当贯入到预定深度或出现下列情况之一时，应停止贯入：

①触探主机达到最大容许贯入能力；探头阻力达到最大容许压力。

②反力装置失效。

③发现探杆弯曲已达到不能容许的程度。

（8）试验结束后应及时起拔探杆，并记录仪器的回零情况。探头拔出后应立即清洗上油，妥善保管，防止探头被暴晒或受冻。

3.4.5　成果的计算

静力触探试验成果分析应包括下列内容：

(1)绘制各种贯入曲线：单桥和双桥探头应绘制 $p_s - z$ 曲线、$q_c - z$ 曲线、$f_s - z$ 曲线、$R_f - z$ 曲线；孔压探头尚应绘制 $u_i - z$ 曲线、$q_t - z$ 曲线、$f_t - z$ 曲线、$B_q - z$ 曲线和孔压消散曲线 $u_t - \lg t$ 曲线，符号表述如下：

其中：p_s——单桥探头的贯入阻力；

$\quad z$——贯入深度；

$\quad q_c$——双桥探头的锥尖阻力；

$\quad f_s$——双桥探头的侧壁摩擦阻力；

$\quad R_f$——摩阻比；

$\quad u_i$——孔压探头贯入土中量测的孔隙水压力(即初始孔压)；

$\quad q_t$——真锥头阻力(经孔压修正)；

$\quad f_t$——真侧壁擦阻力(经孔压修正)；

$\quad B_q$——静探孔压系数

$$B_q = \frac{u_i - u_0}{u_t - \sigma_{vo}} \qquad (3-4-3)$$

$\quad u_0$——试验深度处静水压力(kPa)；

$\quad u_t$——孔压消散过程时刻 t 的孔隙水压力；

$\quad \sigma_{vo}$——试验深度处总上覆盖压力(kPa)。

(2)计算式：

计算实际应变：

$$\varepsilon = \varepsilon_1 - \varepsilon_0 \qquad (3-4-4)$$

计算贯入阻力：

单桥探头

$$p_s = \alpha \cdot \varepsilon \qquad (3-4-5)$$

双桥探头

$$q_c = \alpha_1 \cdot \varepsilon_q \qquad (3-4-6)$$

$$f_s = \alpha_2 \cdot \varepsilon_f \qquad (3-4-7)$$

式中：ε——实际应变(双桥探头可为 ε_q 或 ε_f)；

$\quad \varepsilon_1$——应变观测值(双桥探头可为 ε_{1q} 或 ε_{1f})；

$\quad \varepsilon_0$——应变初始值(双桥探头可为 ε_{0q} 或 ε_{0f})；

$\quad \alpha_1$、α_2——锥尖和侧壁传感器系数。

其余符号同前。

3.4.6　成果应用

（1）利用静力触探资料进行土层划分：

按表 3 - 4 - 3 给出的范围作为土层划分界限。若有钻孔对比资料，可进行对比分层，这时分层的准确性比单纯的静力触探资料分层更准确。对于薄夹层，不能受表 3 - 4 - 3 限制，一般以 $p_{smax}/p_{smin} \leqslant 2$ 作为分层标准。

表 3 - 4 - 3　土层划分界限

实测范围值（MPa）	变化范围值（MPa）
$p_s \leqslant 1$	$\pm 0.1 \sim 0.3$
$1 < p_s \leqslant 3$	$\pm 0.3 \sim 0.5$
$3 < p_s \leqslant 6$	$\pm 0.5 \sim 1.0$

（2）按贯入阻力进行土层分类方法：

利用静力触探资料进行土层分类时，由于不同类型的土可能有相同的 p_s、q_c 或 f_s 值，因此单靠某一指标对土层分类的正确性得不到保证。使用双桥探头时，由于不同土的 q_c 和 f_s 不可能都相同，实践证明，用 q_c 和 f_s 两个指标对土进行分类效果较好表 3 - 4 - 4，相关资料参见《工程地质手册》。

表 3 - 4 - 4　按静力触探指标划分土类

土的名称	q_c (MPa)	f_s/q_c (%)	q_c (MPa)	f_s/q_c (%)	q_c (MPa)	f_s/q_c (%)	q_c (MPa)	f_s/q_c (%)
软黏土及淤泥土	0.2 ~ 1.7	0.5 ~ 3.5	< 1	10 ~ 13	< 1	> 1	≤ 6	> 6
黏　土	1.7 ~ 1.9 2.5 ~ 20	0.25 ~ 5 0.6 ~ 3.5	1 ~ 1.7	3.8 ~ 5.7	1 ~ 7 > 1	> 3 0.5 ~ 3	> 30 > 30	4 ~ 8 2 ~ 4
粉质黏土			1.4 ~ 3	2.2 ~ 4.8				
粉　土			3 ~ 6	1.1 ~ 1.8				
砂类土	2 ~ 32	0.3 ~ 1.2	> 6	0.7 ~ 1.1	> 4	< 1.2	> 30	0.6 ~ 2

（3）按贯入阻力确定地基土承载力特征值：

用静力触探试验资料确定地基土承载力，国内外都根据对比试验结果，提出经验公式，解决生产上的应用问题。建立经验公式的途径主要是将静力触探试验成果与载荷试验成果比较，进行相关分析得到特定地区或特定土性的经验公式。

铁道部《静力触探细则》（1989）给出了比贯入阻力与天然地基承载力特征值相关关系。

表 3 - 4 - 5　黏性土静力触探比贯入阻力与承载力特征值的关系

序号	公式 f_0（MPa）；p_s、q_c（MPa）	适用范围	公式来源
1	$f_0 = 104 p_s + 26.9$	$0.3 \leqslant p_s \leqslant 6$	勘察规范（TJ21 - 77）
2	$\begin{cases} f_0 = 183.4 \sqrt{p_s} - 46 \\ f_0 = 17.3 p_s + 159 \end{cases}$	北京地区老黏土 北京地区新近代土	原北京勘测处
3	$f_0 = 112 p_s + 5$	软土 $0.085 < p_s \leqslant 1.0$	铁道部（1988）
4	$f_0 = 8.6 p_s + 45.3$	无锡地区 $p_s = 0.3 \sim 3.5$	无锡市建筑设计室

(4)推定不排水强度:

用静力触探资料确定饱和软黏土的不排水抗剪强度(c_u),是用它与现场十字板剪切试验成果对比,建立 p_s 与 c_u 之间的相关关系,从而求得 c_u,见表 3 – 4 – 6。

(5)利用静力触探资料与相应试验资料对比,还可以建立 $E_s – q_c$、$\rho – p_s$、$D_r – p_s$ 的关系以及 c、$\varphi – p_s$ 的关系等。

表 3 – 4 – 6　软土 c_u 与 p_s、q_c 相关公式

公　式	适用范围	公式来源
$c_u = 30.8 p_s + 4$	$0.1 \leqslant p_s \leqslant 1.0$	原交通部一航局设计院
$c_u + 50 p_s + 1.6$	$p_s < 0.7$	《铁路触探细则》
$c_u = 71 p_s$	镇海软黏土	同济大学
$c_u = (71 \sim 100) p_s$	软黏土	日　本

3.4.7　影响静力触探成果的因素

1. 贯入速率的影响

一般情况是贯入阻力随贯入速率的增加而增加,但在一定速率范围内这种影响又是很小的。因此,美国材料试验标准(ASTM)提出以 2 cm/s 作为标准速率,但允许 ±25%,这同我国《岩土工程勘察规范》(GB50021—2001)规定贯入速率为 1.2 m/min 是一致的。

2. 探头面积的影响

从理论上说,外观一致而锥底面积不同的探头所测得的贯入阻力是不同的,趋势是贯入阻力随探头面积的增加而减小。实验对比认为,我国目前使用的锥底面积为 10 cm^2 和 15 cm^2 两种探头在测试成功之间没有显著差别。

3. 探头结构型式的影响

探头结构的不同,所测得的贯入阻力是不同的,影响因素大致有两个:一是单、双桥探头指标的换算;二是探头的几何尺寸,包括摩擦筒的位置、锥径与筒径之比、摩擦筒的长径之比。我国目前使用的双桥探头摩擦筒的长径之比 $L/d = 5$。

4. 临界深度的影响

开始贯入时,锥端阻力随深度增加而增加。到某一深度时,端阻达到极限值,贯入深度再增加,端阻基本上不再增加,该深度称之为临界深度。

临界深度的大小与探头直径和砂土密度有关。砂的密度越大,探头直径越大,则临界深度也越大。

砂的极限端阻值主要与砂的原始密度有关,而与探头直径关系很小。但也存在尺寸效应问题。

侧壁摩擦阻力 f_s 随深度的变化规律也是十分明显的,即 f_s 随深度增加,到某一深度后变为常数。许多研究者都证实了上述结论。

5. 成层土的影响

梅耶霍夫（G. G. Meyerhof）等人详细研究了贯入阻力在成层土中的变化情况，所得到的规律可定性地归纳如下：

（1）在上软下硬地层中，端阻 q_c 在离硬层顶面的距离相当于探头直径的 1～3 倍时就开始增加，进入硬层后 q_c 继续增加，待达到某一临界深度时，q_c 达到极限值。极限值的大小，当覆盖层压力不大时，与单一均质硬层的 q_c 值基本相同。临界深度的大小随覆盖层压力的增大而减小，还和双层土的强度比值有关。

（2）上硬下软地层中，探头离下卧软层较远时，其端阻就开始减少，待到离开硬层界面 1～2 倍直径后，端阻降低到下卧软层的极限值。

（3）上下为软层，中间夹薄的硬层时，硬层中的 q_c 一般达不到以该层为单一均匀介质时的极限值。夹层相对厚度（层厚与探头直径之比）越小，则端阻最大值降低得越多。薄夹层的端阻最大值一般出现在这个夹层的中间部位。薄夹层中的 f_s 也有所减少。

以上认识，对静探资料内业整理和成果应用尤其是在桩基工程中的应用很有意义。

对影响静力触探成果因素的详细论述见《工程地质原位测试》。

3.4.8　记录及结果计算

表 3 - 4 - 7　静力触探实验记录表

班　　级		实验小组		记录者		
计算者		校核者		实验日期		
孔　　号		探头编号		率定系数		
触探深度 （m）	锥头阻力 q_c		摩擦阻力 f_s		孔隙水压力 u		摩阻比 $f=f_s/q_c$ （%）
	仪表读数 （mV）	贯入阻力 （kPa）	仪表读数 （mV）	贯入阻力 （kPa）	仪表读数 （mV）	贯入阻力 （kPa）	

3.4.9　检测相关

静力触探既是一种勘探手段，同时又是一种原位测试手段，具体参见《岩土工程勘察规范》（GB 50021—2001）、《土工试验规程》（SL237—1999）、《铁路工程地质原位测试规程》（TB10018—2003）。

实验 3.5 十字板剪切实验

【实验目的】 了解十字板剪切实验方法及成果应用。

【预习思考】 十字板剪切实验的适用范围。

3.5.1 基本概念

十字板剪切实验(VST：Vane Shear Teat)是在钻孔内直接测定土的抗剪强度，适用于饱和软黏土($\varphi \approx 0$)的不排水抗剪强度和灵敏度测试。

国内目前广泛使用电阻应变式十字板剪切仪与轻型静力触探结合，见图 3 - 5 - 1，形成了静力触探 - 十字板两用仪设备。十字板探头为正交的两个矩形，高径比 H/D 为 2。

电测十字板仪的技术要求：

(1)十字板头规格，见表 3 - 5 - 1；

(2)扭力传感器，绝缘电阻不小于 200 MΩ；

(3)测量扭力仪表，静态电阻应变仪精度高于 5 $\mu\varepsilon$，数字测力仪精度 5 N。

表 3 - 5 - 1 十字板头规格

高度 H (mm)	直径 D (mm)	厚度 σ (mm)
100	50	2
150	75	2 ~ 3

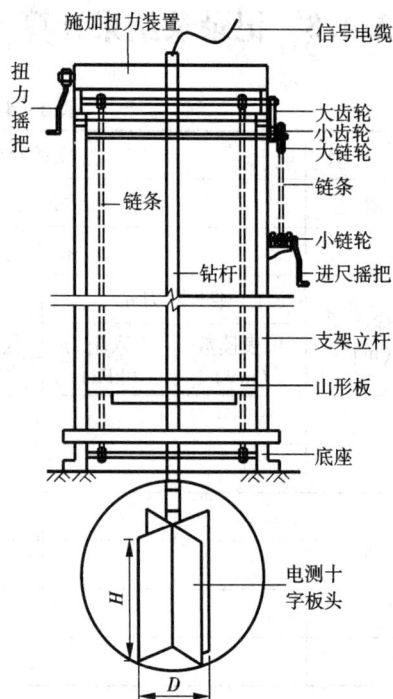

图 3 - 5 - 1 电测十字板剪切仪装置

3.5.2 实验原理

(1)假设地基土为各向同性体时，即地基内水平面的不排水抗剪强度与垂直面上的不排水抗剪强度相同。十字板扭转时，在土体中形成一个直径为 D，高为 H 的圆柱状剪切破坏面。

这时土的不排水抗剪强度的峰值 τ_f 可由最大扭矩 M_{max} 得到,见式(3-5-1);

残余不排水抗剪强度 τ_r 可由达到最大扭矩 M_{max} 之后的残余稳定扭矩 M_r 得到,见式(3-5-2)。

$$\tau_f = \frac{2M_{max}}{\pi D^3 \left(\dfrac{H}{D} + \dfrac{\alpha}{2}\right)} = \frac{x \cdot M_{max}}{\pi D^3} \tag{3-5-1}$$

$$\tau_r = \frac{2M_r}{\pi D^3 \left(\dfrac{H}{D} + \dfrac{\alpha}{2}\right)} = \frac{x \cdot M_r}{\pi D^3} \tag{3-5-2}$$

式中:τ_f、τ_r——峰值和残余抗剪强度(kPa);

M_{max}、M_r——最大扭矩和残余扭矩(kN·m);

H、D——十字板高度和直径(m);

α——与圆柱体底面剪应力分布有关的参数,见表3-5-2;

$$x = \frac{2}{\dfrac{H}{D} + \dfrac{\alpha}{2}} \tag{3-5-3}$$

表 3-5-2　应力分布系数

剪应力分布	均匀	抛物线	三角形
a	2/3	3/5	1/2
x	6/7	20/23	8/9

(2)当考虑土的各向异性时则有总扭矩 M

公式:

$$M = \pi D^2 \left[\frac{D}{6}(c_u)_h + \frac{H}{2}(c_u)_v\right] \tag{3-5-4}$$

式中:$(c_u)_h$——水平面的不排水抗剪强度(kPa);

$(c_u)_v$——垂直面上的不排水抗剪强度(kPa)。

3.5.3　对十字板头传感器的标定

(1)将十字板头接在扭力传感器上拧紧后,把板头插入标定仪的固定座内。

(2)通过施加扭矩的圆盘(半径为 20 cm),用砝码反复加荷至最大允许扭矩(一般反复 2~3次),并观测仪器零位漂移情况,直至传感器回零正常。

(3)逐级施加扭矩(一般每级加 10 N 重力的砝码),并测记相应的应变值读数,直至达传感器的最大允许扭矩,然后逐级卸荷,并测记相应读数。如此重复率定三次,然后根据实验记录进行计算和绘图。首先计算同级扭矩下三次率定读数(应变值)的平均值(包括加荷与卸荷)。再以扭矩为纵坐标,以平均应变读数值为横坐标,绘制扭矩与应变值的关系曲线。最后按下式计算传感器标定系数。

$$\alpha = \frac{M}{\varepsilon_p} \tag{3-5-5}$$

式中:α——传感器标定系数(N·cm/$\mu\varepsilon$);

M——扭矩(N·cm);

ε_p——扭矩 M 所对应的应变($\mu\varepsilon$)。

标定后的传感器，其综合误差(包括线性误差、重复性误差及回滞误差等)不应大于全量程的 ±1%。对率定合格的传感器应建立档案，内容包括传感器编号、标定系数、接线方法、标定者及日期，以供查用。

3.5.4 操作步骤

(1)选择十字板尺寸。对浅层软黏土可用 75 mm×150 mm 的十字板头，对稍硬的土层可用 50 mm×100 mm 的十字板头。

(2)安装及调平电测十字板机架。将十字板贯入到预定深度，并用卡盘卡住钻杆，使十字板头在同一深度进行扭剪，十字板插入钻孔底的深度不应小于钻孔或套管直径的 3～5 倍。

(3)将十字板头与电缆接通，并连接静态电阻应变仪或数字测力仪，将仪器调零或读取初读数。

(4)匀速地转动手摇柄，扭转剪切速率宜采用(1°～2°)/10 s(摇柄每转动一圈十字板头旋转一度)，摇柄转动一圈测记应变读数一次，当读数出现最大峰值或稳定值时，再继续测记读数 1 min。

(5)松开钻杆夹具，将探杆按顺时针方向连续旋转 6 周，使十字板头周围的土充分扰动后，重复步骤(4)，测定重塑土的不排水抗剪强度。

(6)完成某一深度实验后，将十字板头压至另一深度继续实验，重复上述步骤(3)～(5)(十字板剪切试验的布点，对均质土竖向间距可为 1 m，对非均质土或夹层粉细砂的软黏土，宜先作静力触探，再结合土层变化，选择软黏土进行试验，详细论述参考《岩土工程勘察规范》GB50021—2001)。

(7)试验完成后，拔出探杆和探头。

3.5.5 资料整理

电测十字板剪切实验成果分析应包括：计算各试验点土的不排水抗剪峰值强度、残余强度、重塑土强度和灵敏度。

(1)原状土的抗剪强度和重塑土抗剪强度计算：

$$C_u = 10 \cdot k \cdot \alpha \cdot R_y \qquad (3-5-6)$$
$$C'_u = 10 \cdot k \cdot \alpha \cdot R_c \qquad (3-5-7)$$

式中：C_u——原状土抗剪强度(kPa)；

C'_u——重塑土抗剪强度(kPa)；

k——与十字板头尺寸有关的常数(cm^{-2})；

$$k = \frac{2}{\pi D^2 H \left(1 + \dfrac{D}{2H}\right)} \qquad (3-5-8)$$

α——传感器率定系数(N·cm/$\mu\varepsilon$)；

R_y、R_c——分别为原状土和重塑土破坏时的读数($\mu\varepsilon$)；

D、H——分别为十字板头直径和高度(cm)。

（2）灵敏度 S_t 的计算：

$$S_t = \frac{C_u}{C'_u} \qquad\qquad (3-5-9)$$

然后，可根据需要绘制土的抗剪强度随深度变化曲线和各试验点抗剪强度与转角的关系曲线，如图 3-5-2、图 3-5-3 所示。

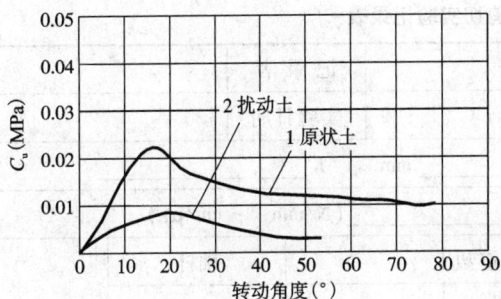

图 3-5-2　抗剪强度与转角的关系曲线　　　图 3-5-3　抗剪强度随深度变化曲线

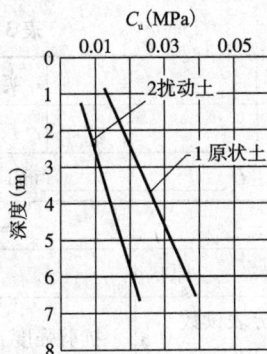

3.5.6　成果应用

（1）判断现场土层的不排水抗剪强度：

通常取十字板峰值强度的 60%～70% 作为现场土不排水抗剪强度。

（2）评定软土地基承载力特征值：

中国建筑科学研究院、华东电力设计院提出如下经验公式：

$$f_k = 2C_u + \gamma \cdot h \qquad\qquad (3-5-10)$$

式中：f_k——地基承载力标准值（kPa）；

　　　γ——土的重力密度（kN/m³）；

　　　h——基础埋置深度（m）。

（3）预估单桩极限承载力。《港口工程设计规范》提出如下经验公式：

$$Q_{umax} = N_c \cdot C_u \cdot A \cdot U \cdot \sum_{i=1}^{n} C_{ui} \cdot L \qquad\qquad (3-5-11)$$

式中：Q_{umax}——单桩极限承载力（kN）；

　　　N_c——承载力系数，均质土取 9；

　　　C_{ui}——第 i 层桩周土的不排水强度（kPa）；

　　　A——桩的截面积（m²）；

　　　U——桩的周长（m）；

　　　L——桩的入土深度（m）。

（4）检验地基加固效果。在软土地基堆载预压处理过程中，可用十字板剪切试验测定地基强度的变化，用于控制施工速率及检验地基加固程度。

(5)用于软土地基填、挖方斜坡工程的稳定性分析与核算。

(6)用于测定软土地基及边坡遭受破坏后的滑动面及滑动面附近土的抗剪强度,反算滑动面上土的强度参数,可为地基与边坡稳定性分析和确定合理的安全系数提供依据。

3.5.7　记录及结果计算

表 3 – 5 – 3　十字板剪切实验记录表

班　　级		实 验 小 组		记 录 者	
计 算 者		校 核 者		实验日期	

十字板规格: D _____ mm　　H _____ mm　　K _____

传感器编号: _____　　率定系数: _____　　$(N/mm, N \cdot cm/\mu\varepsilon)$

序号	原状土		重塑土		轴杆	备注
	百分表读数 (0.01 mm) 应变仪读数($\mu\varepsilon$)	抗剪强度 C_u(kPa)	百分表读数 (0.01 mm) 应变仪读数($\mu\varepsilon$)	抗剪强度 C_u(kPa)	百分表读数 (0.01 mm)	

3.8.8　检测相关

工程中常用于测定饱和软黏土在上覆压力作用下的固结不排水抗剪强度,具体参见《岩土工程勘察规范》(GB 50021—2001)、《土工试验规程》(SL237—1999)、《铁路工程地质原位测试规程》(TB10018—2003)。

实验 3.6　现场直剪实验

【实验目的】　掌握现场直剪实验方法，并运用库仑－莫尔强度理论确定土体的抗剪强度参数 c、φ 值。

【预习思考】　现场直剪实验与室内直剪实验谁更能反映岩土体的实际状态？

3.6.1　基本概念

现场直剪实验是指以建筑物地基原状岩土体为对象，在施工现场进行的剪切实验，属于原位实验方法之一。由于在现场进行剪切实验，相对室内实验土的扰动程度大为减小，试样尺寸增大，易控制实验点的位置。因此，现场剪切实验获得的抗剪强度指标比室内直剪更能反映岩土体的实际状态。

大面积直剪实验适用于测定边坡和滑坡区岩体软弱结构面、岩石和土的接触面以及黏性土、粉土、砂土、碎石土、混合土层和其他粗颗粒土层的抗剪强度。近年来，利用本实验方法测试碎石桩、粉喷桩、搅拌桩及其复合地基的抗剪强度日益广泛。实验可在试洞、试坑、探槽或大口径钻孔内进行。

现场直剪实验分为岩土体试体在法向应力作用下沿剪切面剪切破坏的抗剪断实验、岩土体剪断后沿剪切面继续剪切的抗剪实验（摩擦实验）、法向应力为零时岩土体剪切的抗切实验，见图 3 – 6 – 1。

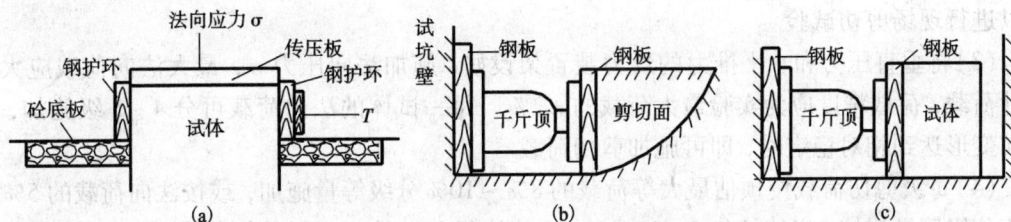

图 3 – 6 – 1　现场直剪试验装置示意图
(a)法向应力作用下抗剪断；(b)水平挤出法；(c)水平推力法

3.6.2　在法向应力作用下抗剪断实验

1. 仪器的基本要求

(1)垂直加压装置：给试样施加垂直荷载，最大荷载应大于设计荷载，并按等量分级；荷载精度应为实验最大荷载的±2%。为避免剪切过程中发生垂直荷载的偏心现象，要求垂直荷载能够随剪切位移发生移动。

(2)水平剪力施加装置：给试样施加水平剪力，使试样发生沿水平面的剪切变形。由于试样直径大，试体剪切破坏时的位移量也大，要求设备(通常用千斤顶)有相应的位移量。

水平剪切的方式有两种：一种是等变形速率方式，这时要求剪切位移匀速增长，这类直剪仪一般用蜗轮推进方式；另一种方式是等应力增量方式，试体剪应力分级施加，控制加载十级左右达到抗剪强度，一般每级增加的剪力 ΔT 相等，在 ΔT 作用下，剪位移达到相对稳定值后再加下一级荷载增量，直到剪位移不能稳定为止。

(3)刚性剪切环装置：对于散粒岩土体和较弱土体，在剪切体成型过程中，需要与室内直剪实验相似的环刀，自上而下削切试体，使试体尽量减少扰动。施加水平剪力时，需要有室内直剪实验一样的护环，使试体受到均匀的剪应力。

(4)量测装置：包括竖向应力、剪应力量测和竖向压缩变形、水平剪切位移量测两类。

①应力量测有力传感器法和液压表法两种，一般力传感器法精度较高。

②变形量测有位移传感器和机械式百分表量测两种，精度要求在 0.01 mm 以上。

2. 操作步骤

(1)选取有代表性的实验地段开挖试坑，开挖试坑时应避免对试体的扰动和含水量的显著变化，在地下水位以下实验时，应避免水压力和渗流对实验的影响。

(2)削切试体：

岩体实验不宜少于5个，剪切面积不得小于0.25 m²。试体最小边长不宜小于50 cm，高度不宜小于最小边长的0.5倍。

土体试验不宜少于3个，剪切面积不宜小于0.3 m²，高度不宜小于20 cm或为最大粒径的4~8倍，剪切面开缝应为最小粒径的1/3~1/4。对散粒土和软弱土体的处理，可采取现浇20~25 cm混凝土板的方法，代替室内直剪试验的下剪切盒，待混凝土垫板达到龄期后就可以进行现场剪切试验。

(3)将垂直压力和水平推力的反力装置架设好，施加法向压力 σ，最大法向荷载应大于设计荷载，荷载精度应为实验最大荷载的±2%。每一试体的法向荷载可分4~5级施加，当法向变形达到相对稳定时，即可施加剪切荷载。

(4)每级剪切荷载按预估最大等荷载的8%~10%分级等量施加，或按法向荷载的5%~10%分级等量施加，岩体按每5~10 min，土体按每30 s施加一级剪切荷载。

(5)记录水平推力读数和剪切位移。

(6)当剪切变形急剧增长或剪切变形达到试体尺寸的1/10时，可终止实验。

(7)根据剪切位移大于10 mm时的实验成果确定残余抗剪强度，需要时可沿剪切面继续进行摩擦实验。

(8)试样达到剪切破坏后，停止试验，进行另一个在不同垂直压力作用下试样的剪切实验。每组岩体试验不宜少于5个；每组土体试验不宜少于3个。试体之间的距离应大于最小边长的1.5倍。法向应力作用下抗剪断实验用室内直剪试验方法整理实验成果。

3.6.3　无法向应力抗剪实验

无法向应力抗剪实验的方式有两种：一种是水平挤出法推剪实验，如图3-6-1(b)所示，另一种是水平推力法实验，如图3-6-1(c)所示。

1. 实验设备

无法向应力抗剪实验因无须施加垂直压力，设备比较简单，主要有：

(1)千斤顶：用于施加水平剪力；

(2)钢板：用于将集中推力变成分别施加于试样上的分布力；

(3)百分表或位移计：用于量测推力大小和水平剪切位移量。

2. 实验步骤

(1)开挖试坑。试坑大小和深度由试样大小和实验部位决定，在深度超过1.5 m时，试坑周围需放坡，防止发生塌方事故。开挖试坑时，测试土的密度、含水率，描述土的特性。

(2)安装水平千斤顶和枕木、钢板。

(3)测定水平推力最大值 T_{max}。按法向应力作用下抗剪断实验方法获得水平推力最大值。

(4)测定残余水平推力 T_r。测定方法为：

①千斤顶压力加到最大值 T_{max} 后，停止加压，千斤顶中油压降低，达到稳定值时对应的压力值即为 T_r；

②观测试样刚开始出现裂缝时的推力即为 T_r；

③水平推力达到最大值 T_{max} 后，重新加压，以第二次达到的最大值为 T_r。

(5)确定滑弧位置和滑面形态。对于水平挤出法确定方法有：①石灰方格法；②反复推剪法等。

3. 实验资料的整理

1)水平挤出法

(1)绘制滑动体实测断面图，如图3-6-2所示；

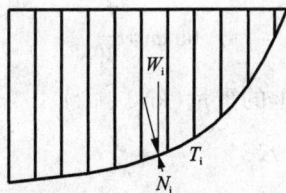

图3-6-2　滑动体断面图

(2)按岩土力学中的条分法将滑动体进行条分；

(3)计算抗剪强度指标 c、φ：

原水电部公式：

$$c = \frac{T_{\max} - T_r}{\sum l_i} \tag{3-6-1}$$

$$\tan\varphi = \frac{\dfrac{T_{\max}}{\sum W_i}\left[\sum W_i\cos\alpha_i - \sum W_i\sin\alpha_i - c\sum l_i\right]}{\dfrac{T_{\max}}{\sum W_i}\left[\sum W_i\sin\alpha_i + \sum W_i\cos\alpha_i\right]} \tag{3-6-2}$$

原机械部公式：

$$c = \frac{\dfrac{T_{\max} - T_r}{\sum W_i}\left[\left(\sum W_i\cos\alpha_i\right)^2 + \left(\sum W_i\sin\alpha_i\right)^2\right]}{\left[\dfrac{T_r}{\sum W_i}\sum W_i\sin\alpha_i + \sum W_i\cos\alpha_i\right]B\cdot\sum l_i} \tag{3-6-3}$$

$$\tan\varphi = \frac{\dfrac{T_r}{\sum W_i}\left[\sum W_i\cos\alpha_i - \sum W_i\sin\alpha_i\right]}{\dfrac{T_r}{\sum W_i}\left[\sum W_i\sin\alpha_i + \sum W_i\cos\alpha_i\right]} \tag{3-6-4}$$

式中：c、φ——滑面上的抗剪强度指标；

$T_{\max}$、T_r——最大和残余水平推力(kPa)；

W_i——第 i 土条的重量(kN)；

α_i——第 i 土条滑面与水平面的夹角(°)；

l_i——第 i 土条滑面长度(m)；

B——滑动土体宽度(m)。

2)水平推力法

水平推力法假设滑面为水平面，最大剪力 $T_{\max}$ 和残余剪力 T_r，定义和测试方法与水平挤出法相同，抗剪强度指标的计算公式如下：

$$c = \frac{T_{\max} - T_r}{A} \tag{3-6-5}$$

$$\tan\varphi = \frac{T_r}{W} \tag{3-6-6}$$

式中：W——试样在水平剪切面以上的重量(kN)；

A——剪切面面积(m^2)；

其余符号同前。

3.6.4 记录及结果计算

表 3 – 6 – 1 现场直剪实验记录表

班 级		实验小组		记录者	
计算者		绘图者		校核者	
实验日期		说明事项			

实验方法：		仪器编号：		实验位置：			千斤顶初读数：				
垂直压力(kPa)											
水平位移与水平推力	左位移量	右位移量	水平推力	左位移量	右位移量	水平推力	左位移量	右位移量	水平推力	左位移量	右位移量	水平推力

3.6.5 检测相关

在建筑边坡、高路堤边坡稳定分析时，常在现场进行大面直剪实验确定土抗剪强度参数 c、φ 值，具体参见《土工试验规程》(SL237—1999)、《岩土工程勘察规范》(GB 50021—2001)、《铁路工程地质原位测试规程》(TB10018—2003)。

实验 3.7　旁压实验

【实验目的】　了解旁压实验方法及其成果应用。

【预习思考】　旁压实验的适用范围。

3.7.1　基本概念

旁压实验也称横压实验，实验时是把一个圆柱形充满水的旁压器探头放入预先钻好的孔内，然后通过压力 - 体积控制装置使旁压器弹性膜径向扩张，对孔壁施加压力，使土体产生侧向变形的一种原位测试方法。仪器设备见图 3 - 7 - 1 所示。

旁压实验适用于黏性土、粉土、砂土、碎石土、残积土和软岩等。

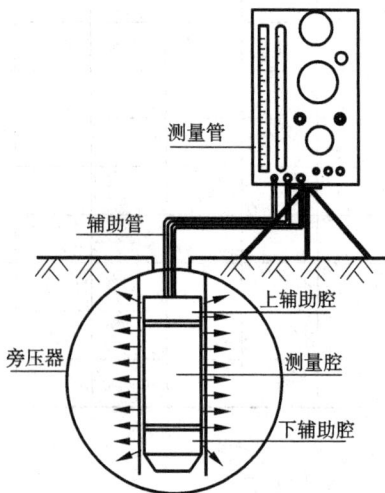

图 3 - 7 - 1　旁压仪示意图

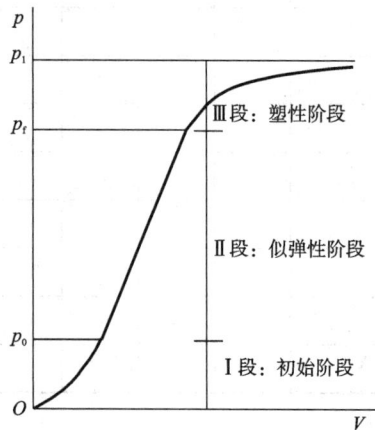

图 3 - 7 - 2　典型的旁压 p - V 曲线

3.7.2　基本原理

旁压实验可理想化为圆柱孔穴扩张，为轴对称平面应变问题。典型的旁压曲线（压力 p - 体积变化量 V 曲线，见图 3 - 7 - 2），可分为三段：

Ⅰ 段：初始阶段；

Ⅱ 段：似弹性阶段，$p-V$ 大致成直线关系；

Ⅲ 段：塑性阶段，随压力增大，体积变化量迅速增加；

Ⅰ 段和 Ⅱ 段间的界限压力相当于初始水平应力 p_0；Ⅱ 段和 Ⅲ 段的界限压力相当于临塑压力 p_f；Ⅲ 段末尾渐近线的压力为极限压力 p_1。

依据似弹性阶段直线的斜率，由轴对称平面应变问题的弹性解，可得旁压模量和旁压剪切模量。

3.7.3 仪器设备

旁压仪由旁压器、测量管、监测装置、成孔设备组成。

(1)旁压器：为圆柱形，外侧有密封的弹性膜，分上、中、下三个腔，上、下腔为辅助腔，用金属管连通，中腔为测试腔，辅助腔与中腔严密隔离，工作时三个腔同时受力膨胀，辅助腔的作用是保证土体在受压时使测试腔周围的土体受力均匀，从而使复杂的空间问题简化为平面对称问题，旁压器规格见表 3-7-1。

表 3-7-1 旁压器规格

型 号	总长度(mm)	中腔长度(mm)	外径(mm)	中腔体积(cm³)	测量管面积(cm²)
PY2-A	450	250	50	491	15.28
PY3-2	680	250	60	565	13.20

(2)量测装置：由辅助管、测量管、体积变化管、调压阀、压力表等组成。辅助管是连接旁压器与测量管、体积变化管的尼龙管；测量管、体积变化管刻有量水位的标尺，当测管水位每下降 1 mm，相当于直径为 50 mm 的旁压器径向位移 0.04 mm。

(3)加压和稳压装置：由压力气源、水箱、储气罐、减压阀、压力表等组成，稳压装置输出压力范围为 1.0~1.6 MPa。

(4)成孔设备：勺钻、提土器、钻杆等。自钻式旁压仪有专门的成孔设备。

3.7.4 仪器的标定

旁压器的标定是为了得到正确的压力-体积变化和压力-径向应变曲线，内容包括：

(1)弹性膜约束力的标定：

旁压器外侧弹性膜能承受一定的张力，即周围没有土反力的条件下，弹性膜扩张需一定的压力，叫弹性膜约束力。这一部分约束力在成果分析时需要减去。约束力大小是扩张体积(或半径)的函数。标定前，先使弹性膜预膨胀 5 次以上，再正式标定。

标定要求，凡更新弹性膜，均需进行弹性膜约束力的标定；弹性膜在标定前要进行加压和退压，使膨胀收缩 1~2 次；新换上的弹性膜一般进行 3~5 次实验后需复核一次约束力，使用 10 次后可不再进行标定。标定方法：

①将旁压器竖直，使旁压器中腔中点与量水管水位齐平，让弹性膜呈自由状态；

②按实验压力增量逐级加压，压力等级为 10 kPa，同时按实验采用的测读时间记录每级压力下的量管水位下降值；

③当量管水位下降总值接近 40 cm 时，则终止加压；

④根据压力 p 值与量管水位下降 S 值，绘制 p-S 曲线，即弹性膜约束力校正曲线，如图 3-7-3；

（2）仪器综合变形标定：

①将旁压器放进有机玻璃管或钢管内，在旁压器受到径向限制条件下进行逐级加压；

②压力等级为 100 kPa，加到 500 kPa 为止，根据记录的压力 p 值与量管水位下降值绘制 p-S 曲线，如图 3-7-4，图中直线的斜率 $\Delta S/\Delta p$，即为仪器的综合变形校正系数。

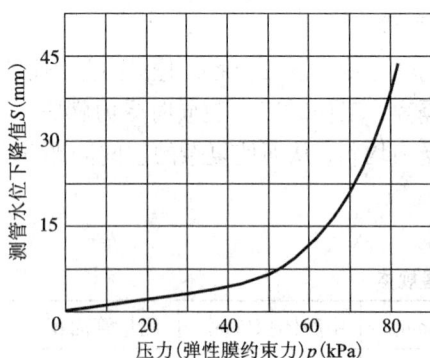

图 3-7-3　弹性膜约束力校正曲线　　　　图 3-7-4　仪器综合变形标定曲线

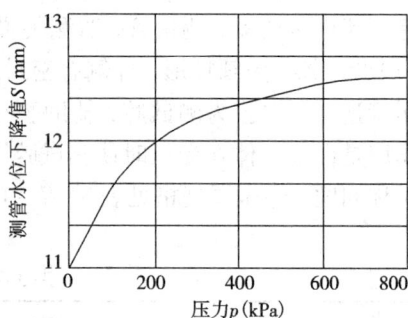

3.7.5　现场实验步骤

（1）选择实验点，然后用成孔设备进行成孔，在成孔过程中，尽量减少对土层的扰动。

（2）实验前在水箱内注满蒸馏水或无杂质的冷开水，打开水箱安全盖。

（3）检查并接通管路，把旁压器的注水管和导压管的快速接头对号插入。

（4）把旁压器竖立于地面，打开水箱至量管、辅管各路阀门，使水从水箱分别注入旁压器各个腔室，并返回量管和辅管。在此过程中需不停地拍打尼龙管并摇晃旁压器，以便尽量排除旁压器和管路中滞留的气泡，当量管和辅管水位升到刻度零或稍高于零，即可终止注水，关闭注水阀和中腔注水阀。

（5）调零。把旁压器垂直提高，直到使中腔的中点与量管零位水平，打开调零阀，并密切注意水位的变化，当水位下降到零刻度时，立即关闭调零阀、量管阀和辅管阀。

（6）将旁压器放入钻孔中预定的实验深度，其深度以中腔中点为准。

（7）打开量管阀和辅管阀施加压力，使高压调节到比所需最高实验压力大 100~200 kPa，然后缓慢地按顺时针方向调节调压阀并调得所需的实验压力。

（8）加压等级一般为预计极限压力的 1/5~1/7。

（9）按下列时间顺序测记各级压力下量管的水位下降值，记录表见表 3-7-2。

①对 1 min 稳定时间：15 s、30 s、60 s；

②对 3 min 稳定时间: 1 min、2 min、3 min;

(10)在任何情况下,当量管里的残留水在 5 cm 以下时,应立刻终止实验。

3.7.6　资料整理

1. 压力校正

对实验中施加的各级总压力(静水压力加压力表读数),应分别扣除相应的弹性膜约束力,从而得到校正后的各级压力 p。

方法是用实验中各级总压力所对应的测管水位降 S_i 在弹性膜标定曲线(图 3 - 7 - 3)上查出相应的弹性膜约束力 p_i,然后用各级总压力减掉相应的弹性膜约束力,即得到校正后的压力 p。

一般国产弹性膜约束力不超过 100 kPa,所以当旁压实验中测管水位降 S_i 较大时,弹性膜约束力 p_i 可取标定曲线中的最大约束力。

压力校正计算公式如下:

$$p = (p_m + p_w) - p_i \qquad (3-7-1)$$

式中: p——校正后的压力(kPa);

$\quad p_m$——压力表读数(kPa);

$\quad p_w$——静水压力(kPa);

$\quad p_i$——弹性膜约束力(kPa)。

2. 测管水位下降校正

对实验中各级压力下测得的测管水位降 S_i 应分别扣除由于仪器综合变形所产生的水位降,从而得到校正后的水位降 S。

方法是用未校正的各级总压力分别乘以仪器综合变形校正系数 α(图 3 - 7 - 4),得到水位降校正值,然后分别用各级压力下得到的水位降减去相应的水位降校正值,即得到校正后的测管水位降 S 值。

测管水位下降校正公式如下:

$$S = S_m - \alpha \cdot (p_m + p_w) \qquad (3-7-2)$$

式中: S——校正后的测管水位下降值(cm);

$\quad S_m$——与压力 $(p_m + p_w)$ 对应的实测水位下降值(cm);

$\quad \alpha$——仪器综合校正系数 $\alpha = \Delta S / \Delta p$(cm/kPa)。

3. 体积校正

方法可采用上述校正后的水位降 S 分别乘以测管面积 A,即得到各压力下校正后的测管水体积变化值 V。

体积校正公式如下:

$$V = S \cdot A \qquad (3-7-3)$$

式中: V——校正后的体积变形量(cm³);

$\quad S$——校正后的测管水位下降值(cm);

$\quad A$——测管内截面积(cm²)。

4. 绘制旁压曲线

用上述校正后的压力 p、测管水位下降值 S 和体积变形量 V 可直接绘制 p-S 曲线和 p-V 曲线。

5. 确定各特征压力

由 p-V 曲线确定各特征压力，见图 3-7-5。

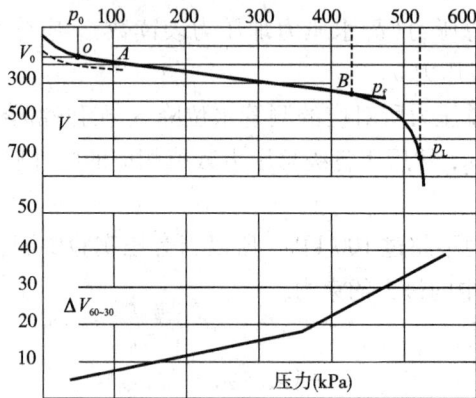

图 3-7-5　p-V 和 p-$\Delta V_{60\sim30}$ 关系

（1）静止侧压力 p_0 的确定：延长直线段 AB，交纵坐标于 V_0，过 V_0 作水平线交 p-V 曲线于 O 点，O 点的横坐标即为 p_0；

（2）临塑压力 p_f 的确定：p-V 曲线直线段的终点对应的压力即为 p_f；

（3）极限压力 p_1 的确定：p-V 曲线上 $V = 2V_0 + V_c$ 所对应的点的压力即为极限压力 p_1。

V_c——量测腔的初始体积，V_0——p_0 对应的体积；

（4）净极限压力 p_1^* 的确定：由 p_1 和 p_0 可计算净极限压力：

$$p_1^* = p_1 - p_0 \tag{3-7-4}$$

3.7.7　成果应用

由《工程地质原位测试》介绍的旁压试验成果应用有：

1. 旁压模量 E_m 计算

《岩土工程勘察规范》（GB50021—2001）给出的旁压模量 E_m 计算式如下：

$$E_m = 2(1+\mu)\left(V_c + \frac{V_0 + V_f}{2}\right) \cdot \frac{\Delta p}{\Delta V} \tag{3-7-5}$$

式中：E_m——旁压模量（MPa）；

　　　μ——土的泊松比（碎石土取 0.27，砂土取 0.30，粉土取 0.35，粉质黏土取 0.38，黏土取 0.42）；

　　　V_0——与初始压力 p_0 对应的体积（cm^3）；

　　　V_c——旁压器量测腔内初始固有体积（cm^3）；

V_f——与临塑压力 p_f 对应的体积(cm^3);

$\dfrac{\Delta p}{\Delta V}$——旁压曲线直线段的斜率($kPa/cm^3$)。

2. 旁压剪切模量 G_m 计算

$$G_m = \left(V_c + \frac{V_0 + V_f}{2} \right) \times \frac{\Delta p}{\Delta V} \qquad (3-7-6)$$

式中：G_m——旁压剪切模量(MPa);

其余符号同前。

3. 黏性土的不排水抗剪强度 c_u（当 $\varphi = 0$ 时）

假定土为弹性 – 完全塑性的黏性土，Gibson 和 Anderson 用圆柱孔穴扩张解答导出：

(1)当孔壁压力等于临塑压力 p_f 时：

$$p_f = p_0 + c_u \qquad (3-7-7)$$

(2)当孔壁压力达到极限压力 p_l 时：

$$p_l = p_0 + c_u \cdot \left[1 + \ln \left(\frac{G_m}{c_u} \right) \right] \qquad (3-7-8)$$

(3)当孔壁压力介于 p_f 和 p_l 之间时：

$$p = p_l + c_u \cdot \ln \left(\frac{\Delta V}{V} \right) \qquad (3-7-9)$$

式中：$\Delta V = V - V_0$;

其余符号意义同前。

上述分析是假设旁压仪毫无扰动地置于土中的，实际上，对于预钻式旁压仪，实验时，原位水平应力已完全或部分地释放，假设已完全释放则有：

$$p = p_0 + c_u \cdot \ln \left(\frac{G_m}{c_u} \right) + c_u \cdot \ln \left[\frac{\Delta V}{V} - \left(1 - \frac{\Delta V}{V} \right) \cdot \frac{p_0}{G_m} \right] \qquad (3-7-10)$$

4. 判定地基承载力特征值

临塑荷载法(kPa)：

$$f_a = p_f - p_0 \qquad (3-7-11)$$

极限压力法(kPa)：

$$f_a = (p_l - p)/F \qquad (3-7-12)$$

式中：f_a——地基承载力特征值(kPa);

F——安全系数，一般取2。

5. 判定单桩承载力特征值

桩端承载力基本值(kPa)：

$$f_0 = p_l/3 \qquad (3-7-13)$$

桩侧摩擦力(kPa)：

$$f = p_l/20 \qquad (3-7-14)$$

3.7.8　记录及结果计算

表 3 - 7 - 2　旁压实验记录表

班　级		试验小组		记录者	
计算者		绘图者		校核者	
试验日期		说明事项			
孔口标高（m）		试验深度（m）		地下水位（m）	
量管水面距孔口距离（m）		旁压腔所受静水压力（kPa）			
试验土层描述					

压力 p（kPa）				量管水位下降值（累计读数）（cm）					体积增量（cm³）
压力表读数	总压力	校正值	校正后	1 min	2 min	3 min	校正值	校正后	

3.7.9　检测相关

工程中进行旁压实验，利用初始压力、临塑压力、极限压力和旁压模量，结合地区经验评定地基承载力和变形参数，具体参见《土工试验规程》（SL237—1999）、《岩土工程勘察规范》（GB 50021—2001）、《铁路工程地质原位测试规程》（TB10018—2003）。

实验 3.8 扁铲实验

【实验目的】 了解扁铲实验方法及其成果应用。

【预习思考】 扁铲实验的适用范围。

3.8.1 基本概念

扁铲(又称压入式板状侧膨胀 flat plate dilatometer),是意大利 Marchetti 在 20 世纪 70 年代末提出来的,测试原理和旁压仪类似。通过测量土的水平方向受力变形,以此推求土的一些工程性质指标,如判别土的类型,确定黏性土的状态、静止侧压力系数等。

扁铲侧胀实验适用于软土、一般黏性土、粉土、黄土和松散至中密的砂土。

3.8.2 基本原理

扁铲侧胀实验时,膨胀膜向外扩张可假设为在无限弹性介质中圆形面积上施加均布荷载 Δp。设弹性介质的弹性模量为 E、泊松比为 μ、膨胀膜中心向外位移量为 S,膨胀膜有效半径为 R,由弹性力学解答得到:

$$S = \frac{4R \cdot \Delta p}{\pi} \cdot \frac{1-\mu^2}{E} \tag{3-8-1}$$

当定义扁胀模量为 E_D 时,取 $S = 1.10$ mm, $R = 30$ mm 代入上式有:

$$E_D = 34.7 \cdot \Delta p = 34.7(p_1 - p_0) \tag{3-8-2}$$

式中:Δp——膜中心外移 1.10 mm 所需压力(kPa);

p_0——作用在扁铲侧面上的原位压力(kPa);

p_1——修正后的膜向外移 1.10 mm 时作用于膜上的压力(kPa)。

将水平有效应力 p_0' 与竖向有效应力 σ_{v0}' 之比定义为水平应力指数 K_D:

$$K_D = \frac{p_0'}{\sigma_{v0}'} = \frac{p_0 - u_0}{\sigma_{v0}'} \tag{3-8-3}$$

式中:σ_{v0}'——实验深度处的有效上覆盖压力(kPa)。

3.8.3 仪器设备

(1)扁铲仪:为一楔形板状探头,中心有一圆形金属膨胀膜,可在高气压下产生横向膨胀,如图 3-8-1。扁铲头的参数:长 230~240 mm、宽 94~96 mm、厚 14~16 mm。铲前缘刃角 12°～16°，扁铲的一侧为直径 60 mm 的钢膜。探头可与静力触探的探杆或钻杆连接；

（2）压入装置：与静力触探压入装置相同，可通用；

（3）记录装置：压力读数盘和压力表；

（4）管路系统：分为连接高压氮气源和探头的加压管路及测量压力与变形的电路。

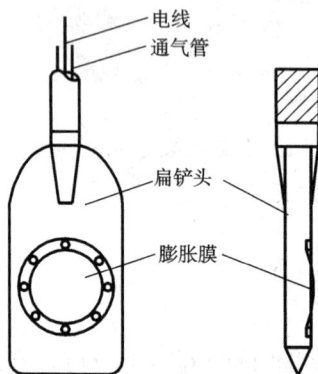

图 3-8-1 扁铲头示意图

3.8.4 仪器标定

（1）标定初始位置压力 ΔA：

探头在空气中膜片中心刚开始向外扩张 0.05 mm 时的气压实测值，$\Delta A = 5 \sim 25$ kPa；

（2）约束压力 ΔB：

探头在空气中膜片中心向外扩张 1.10 mm 时的气压实测值，$\Delta B = 10 \sim 110$ kPa；

（3）压力表零读数 Z_m：压力表与大气相通时的读数。

3.8.5 测试步骤

（1）采用与旁压实验或静力触探相同的办法，将扁铲头沿垂直方向贯入预定深度，贯入速率为 2 cm/s。贯入后，利用高压氮气源通过管路向扁铲头内加压，使膨胀膜膨胀。

在压入过程中，膨胀膜由于受到周围土的挤压而产生内向变形，加压后恢复原状。当扁铲头在开始向外扩张 0.05 mm 时，此时读数盘产生第一次鸣叫声，其压力读数为 A；继续通气加压，扁铲头扩张达 1.10 mm 时，产生第二次鸣叫，此时读数盘上的压力为 B；然后卸压，卸压后膨胀膜回到 0.05 mm 的压力读数为 C 值。

（2）如继续进行实验，可将扁铲头压至下一深度（实验点间距可取 20～50 cm），重复上述测试步骤，直到实验结束。

（3）扁铲侧胀消散实验，应在需测试的深度进行，测读时间间隔可取 1 min、2 min、4 min、8 min、15 min、30 min、90 min，以后每 90 min 测读一次，直至消散结束。

3.8.6　资料整理与计算

(1)对实验的实测数据进行膜片刚度修正：

经过校正后的读数 A 和 B 可代表压力 p_0 和 p_1。

$$p_0 = 1.05(A - z_m + \Delta A) - 0.05(B - z_m - \Delta B) \tag{3-8-4}$$

$$p_1 = B - z_m - \Delta B \tag{3-8-5}$$

$$p_2 = C - z_m + \Delta A \tag{3-8-6}$$

式中：p_0——膜片向土中膨胀之前的接触压力(kPa)；

　　p_1——膜片膨胀至 1.10 mm 时所需压力(kPa)；

　　p_2——膜片回到 0.05 mm 时的终止压力(kPa)；

　　ΔA——率定时膜片中心向外扩张 0.05 mm 时气压(kPa)；

　　ΔB——率定时膜片中心向外扩张 1.10 mm 的气压(kPa)；

　　z_m——压力表调零前的读数(kPa)。

(2)根据 p_0、p_1、p_2 计算下列指标：

侧胀模量 E_D：见式(3-8-2)；

侧胀水平应力指数 K_D：见式(3-8-3)；

侧胀土性指数 I_D：

$$I_D = (p_1 - p_0)/(p_0 - u_0) \tag{3-8-7}$$

侧胀孔压指数 U_D：

$$U_D = (p_2 - p_0)/(p_0 - u_0) \tag{3-8-8}$$

式中：u_0——实验深度处的静水压力(kPa)。

(3)绘制 E_D、K_D、I_D 和 U_D 与深度的关系曲线。

3.8.7　成果应用

1)划分土类

Marchetli (1980)提出依据扁胀指数 I_D 划分土类，其标准如下：

$I_D \leqslant 0.6$ 为黏土；$0.6 < I_D \leqslant 1.8$ 为粉质黏土；$I_D > 1.8$ 为砂土。

2)获得静止侧压力系数 K_0

通过侧胀试验，建立静止侧压力系数 K_0 与水平应力指数 K_D 的关系式，Lunne(1990)提出：

对新近沉降黏土：

$$K_0 = 0.34 K_D^{0.54} \quad (c_u/\sigma'_{v0} \leqslant 0.5) \tag{3-8-9}$$

对老黏土：

$$K_0 = 0.68 K_D^{0.54} \quad (c_u/\sigma'_{v0} > 0.8) \tag{3-8-10}$$

式中：σ'_{v0}——土的有效上覆盖压力(kPa)。

3)获得土的不排水强度 c_u

Marchetli(1980)提出：

$$c_{\mathrm{u}} = 0.22 \cdot \sigma'_{V0} \cdot (0.5 K_{\mathrm{D}})^{1.25} \qquad (3-8-11)$$

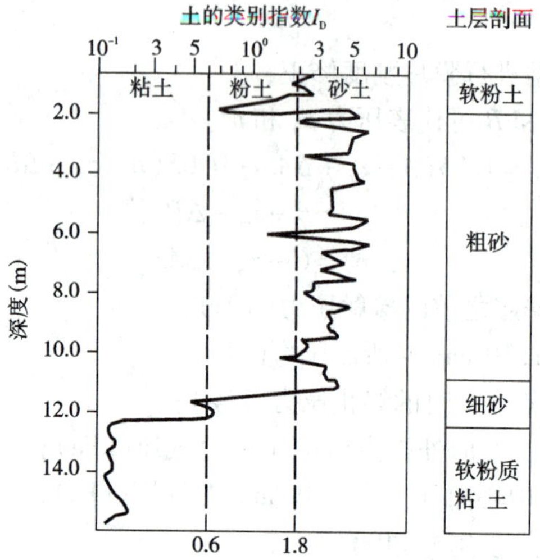

图 3−8−2 深度与 I_{D} 关系曲线

3.8.8 记录及结果计算

表 3−8−1 扁铲实验记录表

班　级		试验小组		记录者	
计算者		绘图者		校核者	
试验日期		说明事项			
率定时膜片中心向外扩张 0.05 mm 时气压 ΔA(kPa)					
率定时膜片中心向外扩张 1.10 mm 的气压 ΔB(kPa)					
压力表调零前的读数 z_{m}(kPa)					
实验深度 （m）	膨胀膜向外扩张 0.05 mm 时 压力读数 A （kPa）		膨胀膜向外扩张 0.05 mm 时压力读数 B （kPa）		膨胀膜卸压后回到 0.05 mm 的压力读数 C （kPa）

3.8.9　检测相关

　　工程中利用扁铲实验指标和地区经验，判断土类，确定黏性土状态、静止侧压力系数等。具体参见《土工试验规程》（SL237—1999）、《岩土工程勘察规范》（GB 50021—2001）、《铁路工程地质原位测试规程》（TB10018—2003）。

实验 3.9　声波波速测试

【实验目的】　通过实验掌握声波仪的使用方法以及声学参数的计算。

【预习思考】　岩块和岩体的区别，纵波、横波的基本概念。

3.9.1　声波基础知识

声波是在介质中传播的机械波，依据波动频率的不同，声波可以分为次声波、可闻声波、超声波、特超声波，如表 3 - 9 - 1 所示。

我们通常所说的声波是在空气中传播的弹性波，所谓弹性波，系指当外力对弹性介质的某一部分产生初始扰动时，由于介质的弹性，使这种扰动由一个质点传播到另一个质点，如此继续进行下去，即形成弹性波。

表 3 - 9 - 1　声波种类和对应的频率范围

名　称	频率范围
次声波	$0 \sim 2 \times 10^1$ Hz
可闻声波	$2 \times 10^1 \sim 2 \times 10^4$ Hz
超声波	$2 \times 10^4 \sim 2 \times 10^{10}$ Hz
特超声波	$> 10^{10}$ Hz

注：摘自《桩基质量检测技术》

弹性波是一种扰动的传播，即介质质点间相互作用的传递。扰动经过介质传播的速度称为弹性波的"波速度"或"相速度"，介质质点在受到扰动时的振动速度，称为质点速度，波速度远远大于质点速度。

1. 弹性波的类型

(1)纵波：在介质中，波的传播与质点的振动都具有一定的方向。我们把波的传播方向与质点振动方向一致的波叫做纵波，又称压缩波(记作 P 波)。纵波的传播是依靠介质时松时密使介质的局部容积发生变化引起压强的变化而传播的，因此和介质的体积弹性相关。所以纵波可以在任何固体、气体和液体中传播。

(2)横波：把质点振动方向与波传播方向垂直的波叫做横波，又称剪切波(记作 S 波)。横波的传播是依靠介质产生剪切变形引起剪应力变化而传播的，因此剪切波只能在固体介质中传播。

(3)体波：根据波动是在介质内部还是在介质表面传播，将波分为体波和表面波。上面介绍的纵波和横波均在介质的内部传播，因此称为体波。由弹性理论可知，在各向同性无限大介质中，仅仅有两种弹性波存在，即纵波和横波。

(4)表面波：只在介质的表面一定深度内传播的波叫做表面波，又称瑞利波(记作 R 波)。表面波只产生在有界固体介质的边界附近或不同介质界面。表面波传播时，质点振动的振幅随速度的增加迅速减小，当深度超过 2 倍的波长时，振幅已经很小了。表面波也只能在固体介质中传播。

2. 岩石(体)声波探测的理论基础

岩体声波探测技术中所涉及的声波是在固体介质中传播的一种机械波。理论上波在介质中的传播速度只取决于介质本身的性质,当介质一定时,其波速为常量。对岩石来讲,岩石的组分和结构决定着弹性波的传播速度和能量,对于岩体,波的传播速度则取决于组成岩体的不同性质的岩石和结构面。岩土体声波测试主要采用"穿透法",即由一发射换能器重复发射超声脉冲波,让超声脉冲波(简称超声波)在所检测的岩土体中传播,然后由接收换能器接收。被接收到的声波由接收换能器变为电信号经仪器放大后显示在示波屏上。当声波在岩土中传播时,它将携带有关岩土材料性能、内部结构及其组成的信息,这些声学参数的大小及其变化与被测试体的性能、内部结构及其组成有关。这就是岩石(体)声测的理论依据。

3. 波的传播速度

(1)在无限介质中,弹性波的传播速度与介质的弹性参数有如下关系:

$$v_p = \sqrt{\frac{E}{\rho} \cdot \frac{(1-\mu)}{(1+\mu)(1-2\mu)}} = \sqrt{\frac{K+4G/3}{\rho}} \qquad (3-9-1)$$

$$v_s = \sqrt{\frac{E}{\rho} \cdot \frac{1}{2(1+\mu)}} = \sqrt{\frac{G}{\rho}} \qquad (3-9-2)$$

式中:v_p——纵波速度(m/s);

V_s——横波速度(m/s);

E——介质的动弹性模量;

μ——介质的泊松比;

G——介质的剪切模量;

K——介质的体变模量;

ρ——介质的密度。

由式(3-9-1)和式(3-9-2)得到

$$\frac{v_p}{v_s} = \sqrt{\frac{2(1-\mu)}{1-2\mu}} \qquad (3-9-3)$$

此式说明,介质的v_p/v_s之比,与介质的密度和弹性模量无关,只与泊松比有关。对于大多数岩石来说,$\mu=0.25$,这个数值,在实际工作中可以帮助我们在已知v_p的情况下,大致估算出v_s的近似值,以便在测读横波时做参考,也说明了,纵波的速度v_p总比横波的速度v_s要快,因此,时常把纵波称之为初至波;把横波称之为次波。

(2)在杆件中,弹性波的传播速度与介质的弹性参数有如下关系:

$$\begin{cases} v_p = \sqrt{E/\rho} \\ v_s = \sqrt{G/\rho} \end{cases} \qquad (3-9-4)$$

4. 波的特性参数

由式(3-9-1)、式(3-9-2)可以得到,介质中传播的声波速度与介质密度、动弹性模量及泊松比有关,因此,当测量出介质的v_p、v_s即可计算出介质的动弹性模量及动泊松比。

$$E = \frac{\rho v_s^2 (3v_p^2 - 4v_s^2)}{v_p^2 - v_s^2} \qquad (3-9-5)$$

$$\mu = \frac{v_p^2 - 2v_s^2}{2(v_p^2 - v_s^2)} \qquad (3-9-6)$$

当横波波速无法识别时,可按下式计算 E 值:

$$E = \frac{\rho}{g} v_p^2 \frac{(1+\mu)(1-2\mu)}{(1-\mu)} \tag{3-9-7}$$

式中: g——重力加速度。

其余符号同前。

在岩土体中测试,有了岩体(石)的动弹性模量 E 值,即可按下式估算出岩体(石)的静弹性模量 E_s 值:

$$E_s = 0.1E^{1.43} \tag{3-9-8}$$

或 $$E_s = 0.1E^{1.32} \tag{3-9-9}$$

上述换算公式都是由某些岩体(石)的实测结果用统计方法得到的,由于只限于某些岩体(石)进行的实测,故上述公式的应用范围有限。

3.9.2 常用的声学参数及测量方法

1. 声时

声波在被测介质中传播一定声程所需要的时间称为声时。

声波仪以特定的重复频率(100 Hz ~ 50 Hz)产生高压电脉冲去激励换能器,声波经岩土体传播后被接收换能器接收,接收换能器将接收到的声信号转化为电信号,经放大后显示在屏幕上。因为声波仪在发射超声波时不断同步重复扫描(或称采样),使接收到的波形稳定显示在屏幕上,如图 3-9-1 所示。声时测量,就是测量从发射开始到出现接收波所经过的时间,如图 3-9-1 上的 t。声时测读的方法有两种:手动游标关门测读(简称游标测读)和自动整形关门测读(简称自动测读)。

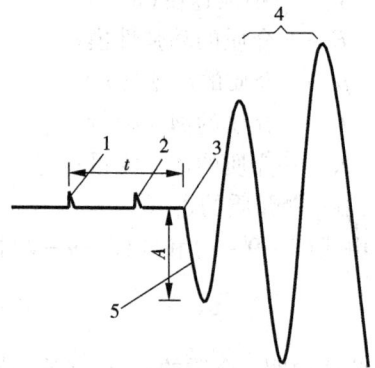

图 3-9-1 游标测读声时

1—发射脉冲;2—游标脉冲;3—接受波起点;4—后续波;5—首波

1)手动测读(游标测读)

在屏幕上显示一游标竖线,游标或竖线所在的位置也就是计时器被关闭的时刻。通过调整扫描延时旋钮和游标旋钮使示波屏上游标脉冲竖线准确地对准接收波起点,如图 3-9-1 中的 3,扫描水平基线将要下弯而又未弯的临界位置)。这时仪器上所显示出时间值,就是发射开始时刻到接收波出现时刻所经过的时间,以 t 表示,单位 μs。

2)自动测读

目前所用的模拟式和数字式声波仪都具有自动测读的功能。自动测读法又分为模拟式自动测读和数字式声波仪的自动测读,二者原理和性能都不相同。本实验省略自动测读的原理部分。

在测试中只需将选择开关拨向"自动"挡,这时声波仪将接受波采集下来,并自动显示测读时间 t。自动测读快速、方便、且可避免人眼测读的视差。但它有自己特有的测读误差。

2. 波幅

波幅通常指接收波首波的幅值。波幅是标志接收换能器接收到的声波信号能量大小的参量，示波屏上接收的波振幅值反映了接收到的声波强弱。在发射出的超声波强弱一定情况下，振幅值反映了超声波在被测体中的衰减情况，振幅值的大小还取决于仪器设备性能、换能器与被测体的耦合状况及传播距离。

目前在波幅测量中一般都采用分贝（dB）表示法，即将测点首波信号峰值 a 与某一固定信号量值 a_0 的比值取对数后的量值定为该测点波幅的分贝（dB）值。

波幅测读方法

1）模拟式仪器的波幅测量

在模拟式仪器中由于示波器显示的模拟波形信号幅值无法量化，因此只能用衰减器的衰减量值表示信号的幅度。有两种方法读取波幅：

（1）刻度法：固定仪器发射电压、增益和衰减器在某一预定刻度，读取首波波谷（或波峰）的高度（mm 数或格数）。以此高度作为度量各测点振幅值大小的相对指标。但当各测点振幅值相差较大时，振幅大的可能会超出示波屏，无法读出其振幅，所以增益与衰减器的预定刻度应选择适当，使强信号的测点不至超出示波屏，信号弱的测点又有一定幅度。

（2）衰减器法：将仪器发射电压、增益固定于预定刻度，用仪器的衰减器将首波的高度衰减至某预定高度，再从衰减器上读得（dB）数，以此作为首波幅度的指标。预定的增益与预定的首波高度应估计得当，使各测点中最弱的信号在 0 dB 情况下波幅能比预定高度略高一些。

2）数字式仪器的波幅测量

在数字式仪器中，由于数字化信号屏幕波幅可以量化，因此通过调整放大衰减系统，只要满足首波幅度不超出满屏的条件，即可用软件自动判定出首波波峰样品幅值并计算出接收到的原始信号的幅值。波幅的量值是放大器的增益（dB）值，衰减器的衰减（dB）值和屏幕显示波形的波幅（dB）值的综合值，这样大大提高了波幅量测的动态范围。

数字式声波仪的波幅测量有自动判读和手动判读两种方式，在绝大多数情况下均可使用自动判读的方法，在声时自动判读的同时即完成了首波波幅的自动判读，同时观察屏幕，如果波幅自动测读光标所对应的位置与首波波峰（或波谷）有差异时，应重新采样或改为手动游标读数。

3. 频率

单位时间内完成的振动速度称为频率。

频率测读方法通常采用周期法，周期法就是用声波仪测量出接收波的周期，进而计算出接收波的主频值，如图 3 - 9 - 2 所示。移动示波屏上的游标，使其前沿分别与接收波的 a、b、c、d 各波峰、波谷对准，读取相应的声时 t_1、t_2、t_3、t_4（t_1 即首波信号起点，声速测量中已测得），则接收波的主频率 f 可按下式计算：

$$f = \frac{1}{4(t_2 - t_1)} \text{或} \frac{1}{2(t_3 - t_2)} \text{或} \frac{1}{t_4 - t_2}$$

$$(3 - 9 - 10)$$

由于接收波各种波的频率并不真正一致，

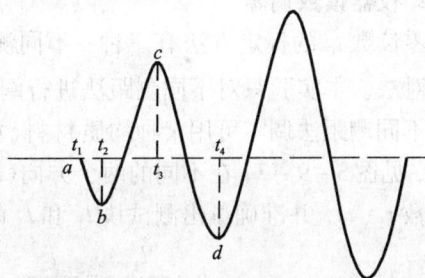

图 3 - 9 - 2　频率接收波形

且后面的波频率将下降,所以宜取前一、二周期的波来量测。由于频率测量值是以两次声时读数之差计算的,仪器零读数已消除,故不再扣除零读数。

4. 波形的记录

这里的波形是指在仪器示波屏上显示的接收波波形。

当超声波在传播过程中碰到被测体内的缺陷、裂缝或异物时,由于超声波的绕射、反射和传播路径的复杂化,直达波、反射波、绕射波等各类波相继到达接收换能器时它们的频率和相位各不相同。这些波的叠加有时会使波形畸变。通常的波形分析与研究大多集中于波列的前面部分,是不受边界影响的直达纵波。

3.9.3　室内岩块的波速测试

1. 仪器设备

声波仪分为模拟式和数字式,设备主要由发射系统、接收系统、电压换能器等组成。中国工程建设标准化协会标准——《超声波检测混凝土缺陷技术规程》(CS21:2000)对声波仪的技术要求作了详细的规定。

(1)发射系统:是产生弹性波的装置。通过发射机产生的周期脉冲作为激励发射换能器的机械振荡脉冲,从而产生穿透被测物体的声波脉冲。发射频率在 100 ~ 50 Hz 之间。

(2)接收系统:由检波器、放大器、记录器等组成。作用是接收穿透被测物体的声波脉冲信号,并将其转变为电脉冲信号,经过衰减放大后送到示波器。

(3)计时系统:调节发射脉冲信号的时间,时间分辨率≤0.5 μs。

(4)纵、横波换能器:作用是将脉冲信号转换成电能信号。根据能量转换方向的不同分为:

发射换能器:实现电能向声能的转换;

接受换能器:实现声能向电能的转换。

根据使用目的不同分为:平面换能器和径向换能器。

室内岩块的波速测试应配有 50 kHz ~ 1.5 MHz 各种不同频率的平面换能器,以满足岩石测试件的边界条件,即 $l \geq (2 ~ 5)\lambda$, $\lambda \geq 3d$。其中 l 为试样横向尺寸, λ 为声波波长(波长 = 声速/频率), d 为试样中颗粒的平均粒径。

(5)耦合剂:测纵波用黄油或凡士林,测横波用铝箔或铜箔。

(6)钻石机、切石机、磨石机、游标卡尺等。

2. 仪器读数调零

零读数 t_0 的标定方法有三种:不同测距法、标准棒法和直接相对法。本实验只对不同测距法进行阐述。

不同测距法调零可用某种均质材料(如有机玻璃)制成的长方体,见图 3 - 9 - 3,在不同的两个方向(l_1、l_2)上测量出仪器时间读数 t_1、t_2,并准确量出测试块 l_1 和 l_2 的长度,于是有:

$$v = \frac{l_1}{t_1 - t_0} = \frac{l_2}{t_2 - t_0}$$

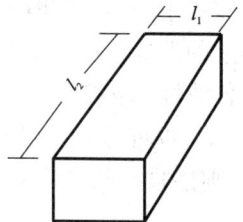

图 3 - 9 - 3　标定棒

得

$$t_0 = (l_2t_1 - l_1t_2)/(l_2 - l_1) \tag{3-9-11}$$

若为径向换能器，可在水中以不同测距测量声时，然后按式(3-9-11)计算 t_0 值。但不包括今后实测时钻孔内的水层及钢导管壁厚的声延迟。

3. 测试步骤

(1)将准备测试的试件放于实验台上，测量试件尺寸精确度 1 mm，并对试件进行描述。

(2)接通仪器电源和换能器，开机预热数分钟，将换能器辐射面加上耦合剂后对接，打开发射开关，采用仪器的"游标"或"自动"读数法测读仪器系统的延时时间初读数。

(3)在试件与换能器的接触面加上耦合剂，将换能器紧贴在试件两端，并保证接触良好，见图 3-9-4。

(4)打开发射开关，调整发射强度，观察检波屏的波形，通过调节"模拟扫描宽度"、"衰减"、"扫描延时"及"增益"旋钮完成波形测试。

(5)记录声波的传播时间和其他指标。

(6)在一批试件测试完成后，取 20~40% 的试件

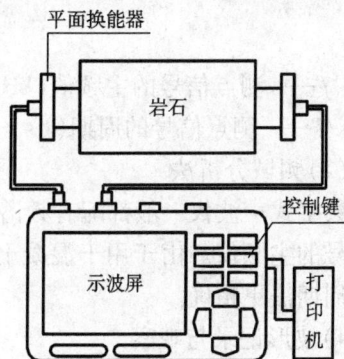

图 3-9-4　声波岩石测试示意图

进行复查，复查结果与第一次测试结果的相对误差不得大于 5%，如果有 20% 以上的试件超差，应查明超差原因，并全部重新测试。

4. 声学参数的计算

1)纵波波速和横波波速

$$v_p = \frac{l}{t_p - t_0} \tag{3-9-12}$$

$$v_s = \frac{l}{t_s - t_0} \tag{3-9-13}$$

式中：t_p——纵波传播时间(μs)；

　　　t_s——横波传播时间(μs)；

　　　t_0——仪器零声时(μs)；

　　　v_p——纵波波速(m/s)；

　　　v_s——横波波速(m/s)。

其余符号同前，计算值取 3 位有效数字。

2)波幅

这里说的波幅是测点首波幅值，它有两种表示方式。一种是用分贝(dB)数表示，即用测点实测首波幅值与某一基准幅值比较取对数得出的分贝数；另一种是直接以示波屏上首波高度表示，单位是毫米(或示波屏刻度格数)。

数字式声波仪采用的是用分贝(dB)数表示：

$$A_p = 20\lg\frac{a}{a_0} \tag{3-9-14}$$

式中：A_p——测点波幅值(dB)；

　　　a——测点信号首波峰值(V)；

a_0——基准幅值,也就是 0 dB 对应的幅值(V)。

3)频率

这里说的频率是指测点声波接收信号的主频,计算接收信号的主频通常有两种方法:

(1)周期法

直接取测试信号的前一、两个周期,用周期与频率的倒数关系进行计算:

$$f = \frac{1000}{T} \tag{3-9-15}$$

式中:f——测点信号的主频值(kHz);

T——测点信号的周期(μs)。

(2)频域分析法

数字式声波仪一般都配有频谱分析软件,可启动软件直接对测试信号进行频域分析,获得信号的主频值。由于用于混凝土检测的声波都是复频波,因而,使用频谱分析计算信号主频比周期法更精确。

4)波形记录与观察

实测波形的形态能综合反映发、收换能器之间声波能量在混凝土中各种传播路径上的总的衰减状况,应记录有代表性的混凝土质量正常的测点的波形曲线,和异常测点的波形曲线,可作为对岩石的辅助判断。

3.9.4 岩体跨孔波速测试

1. 仪器设备

仪器设备同岩石波速测试。

2. 测试步骤

(1)在岩体内钻孔,两相邻测点的距离宜为 1~3 m;

(2)将测试孔清洗干净并注满清水;

(3)测量两孔口中心之间的距离,测距相对误差小于 1%;

(4)将径向换能器放入测孔内,并测量换能器放入孔内的深度;

(5)按室内岩石波速测试步骤(3)~(5)进行声波测试;

(6)每测记一次读数后,将换能器向上提取一定距离(每次移动距离不宜小于 0.2~1 m),再重新测试,直至完成整个深度的测试;

(7)每一对测点读数 3 次,最大读数差不宜大于 3%。

3. 成果整理

(1)绘制孔深与波速关系曲线;

(2)按式(3-9-12)、式(3-9-13)计算岩体纵波、横波波速;

(3)计算岩体完整性指数

$$k_v = (V_{pm}/V_{pr})^2 \tag{3-9-16}$$

式中:k_v——岩体完整性指数,准确至 0.01;

V_{pm}——岩体纵波波速(m/s);

V_{pr}——岩块纵波波速(m/s)。

3.9.5 波速测试在岩土工程中的应用

1. 岩土介质中弹性波的性质

岩土体由固体骨架和孔隙组成,孔隙中通常被流体(孔隙水、油、气)等充填。固体骨架的矿物成分、密度、结构不同,使弹性波传播的速度不同;孔隙中流体性质和充填程度不同也使弹性波传播的速度产生差异。准确测定这些声学参数的大小及变化,即可推断被测试体的性能及内部情况。

1)岩石的矿物成分与波速的关系

通常,不同的矿物成分组成的岩土体性质不同,图 3-9-5 中给出了常见岩土中 P 波速度的变化范围,其纵坐标表示在区间出现次数的相对频率大小。

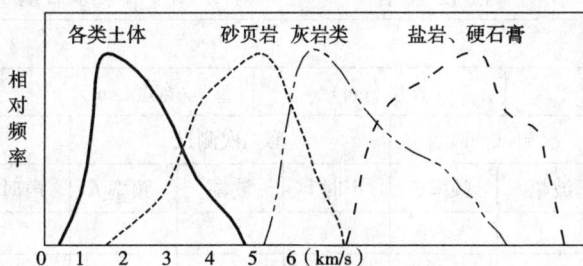

图 3-9-5 常见岩土中 P 波速度

2)岩土体的密度

由弹性波理论,密度与波速的平方成反比,密度大的岩土通常弹性模量高,且弹性模量随密度增加而迅速增加,因此,较重的岩土弹性波速比较轻的岩土波速高。

3)地质年代与深度

地质年代越老,埋藏深度越大,则岩土的胶结程度越高、孔隙率越小、密度越大,从而波速越高。

4)孔隙率和含水率

岩土体为多孔介质,含有大量不规则的孔隙,孔隙中通常充填水和气。岩土的孔隙率越高,波速越低;孔隙水的存在对压缩波的影响十分显著,而对剪切波的影响很小;对于饱和土体,由于孔隙水的压缩性大大低于土骨架的压缩性,因此饱和土中压缩波的波速将不以土骨架为控制因素。

2. 波速测试的应用

波的测试在岩土工程中的应用十分广泛,涉及到工程建设的各个方面,现举例如下:

(1)监测岩土体的变形与破坏:

岩土体在外力作用下变形和破坏的过程中,将产生声波(或超声波)。在岩土体稳定变形期,声发射的能量也是稳定的,在开始破坏时,位移速率增大,发射出的声波能量也增大,当超过一定值时,岩土体出现整体破坏。通过统计,得到声发射能量与岩土体产生整体破坏的关系,就可以用量测岩土体在变形过程中发射的声波的办法来监测岩土体的稳定性。

（2）划分岩土体的地层：

不同的岩土体，其弹性参数不同，波在其中传播的速率也就不同。声波在通过不同介质的分界面时，要发生反射和折射现象，一般通过量测反射波，计算出波速和各分层的厚度，从而进行地质分层。

（3）计算岩土地基的动力参数。

（4）判断砂土的液化。

3.9.6　记录及结果计算

表 3 – 9 – 2　岩石波速测试记录表

班　　级			实验小组			记 录 者		
计 算 者			校 核 者			实验日期		
说明事项								

试样描述			长度（cm）			宽度（cm）		仪器型号
编号	第一次测试			第二次测试			第三次测试		
	声时 t	波幅	频率 f	声时 t	波幅	频率 f	声时 t	波幅	频率 f

3.9.7　检测相关

（1）室内岩块波速测试，具体参见《工程岩体试验方法标准》（GB/T50266—2013）、《水利水电工程岩石试验规程》（SL264—2001）。

（2）混凝土梁、柱超声回弹综合测试，需先测定混凝土波速，具体参见《超声波检测混凝土缺陷技术规程》（CS21：2000）、《超声回弹综合法检测混凝土强度技术规程》（CECS 02：2005）。

实验 3.10 基桩声波透射法检测

【实验目的】 检测灌注桩桩身缺陷及位置,判断桩身完整性类别。
【预习思考】 什么情况下不能使用声波透射法对桩身完整性进行评定?

3.10.1 基本概念

声波透射法是在预埋声测管之间发射和接收声波,通过实测声波在混凝土介质中传播的声时、频率和波幅衰减等声学参数的相对变化,对桩身完整性进行检测的方法。采用该方法检测时,受检桩混凝土强度至少应达到设计强度的 70%,且不小于 15 MPa。

按照声波换能器在桩内不同的布置方式,声波透射法检测混凝土灌注桩可分为三种方法:桩内跨孔透射法、桩内单孔透射法、桩外单孔透射法,如图 3-10-1 所示。

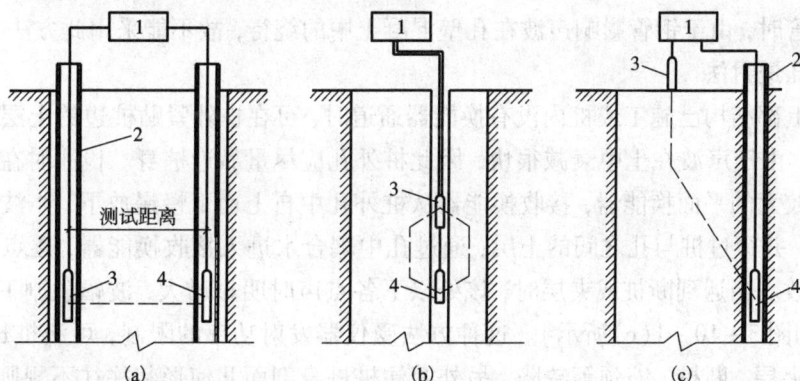

图 3-10-1 灌注桩声波透射法检测方法示意图
(a)桩内跨孔检测;(b)桩内单孔检测;(c)桩外单孔检测
1—声波仪;2—声测管;3—发射换能器;4—接收换能器

1. 桩内跨孔透射法

根据两换能器高程的变化又可分为平测、斜测、扇形扫测等方式,如图 3-10-2 所示。

在桩内预埋两根或两根以上的声测管,把发射、接收换能器分别置于两管道中,如图 3-10-1(a)所示。检测时声波由发射换能器出发穿透两管间混凝土后被接收换能器接收,实际有效检测范围为声波脉冲从发射换能器到接收换能器所扫过的面积。测试距离为两个换能器中对中的直线距离。

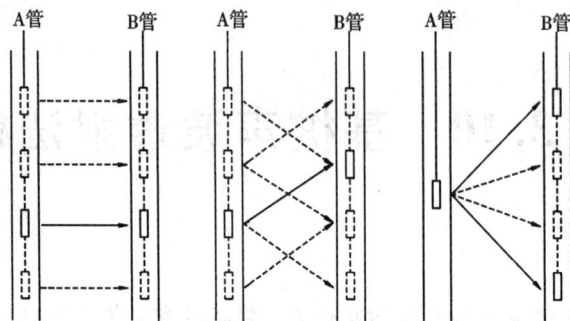

图 3 – 10 – 2　桩内跨孔声波透射测试方式

(a)平测法；(b)斜测法；(c)扇形测法

2. 桩内单孔透射法

在只有一个孔道可供检测情况下，例如钻孔取芯后，我们需进一步了解芯样周围混凝土质量，作为钻芯检测的补充手段，这时可采用单孔检测法，如图 3 – 10 – 1(b)所示。此时，换能器放置于一个孔中，换能器间用隔声材料隔离(或采用专用的一发双收换能器)。声波从发射换能器出发经耦合水进入孔壁混凝土表层，并沿基桩滑行一段距离后，再经耦合水分别到达接收换能器上，从而测出声波沿孔壁混凝土传播时的各项声学参数。

单孔透射法检测时，由于声传播路径较跨孔法复杂得多，须采用信号分析技术，当孔道中有钢质套管时，由于钢管影响声波在孔壁混凝土中的绕行，故不能采用此方法。

3. 桩外孔透射法

当桩的上部结构已施工或桩内没有换能器通道时，可在桩外紧贴桩边的土层中钻一孔作为检测通道，由于声波在土中衰减很快，因此桩外孔应尽量靠近桩身。检测时在桩顶面放置一发射功率较大的平面换能器，接收换能器从桩外孔中自上而下慢慢放下，声波沿桩身混凝土向下传播，并穿过桩与孔之间的土层，通过孔中耦合水进入接收换能器，逐点测出透射声波的声学参数。当遇到断桩或夹层时，该处以下各点声时明显增大，波幅急剧下降，以此为判断依据[如图 3 – 10 – 1(c)所示]。这种方法受仪器发射功率的限制，可测桩长十分有限，且只能判断夹层、断桩、缩颈等缺陷，另外灌注桩桩身剖面几何形状往往不规则，给测试和分析带来困难。

《建筑基桩检测技术规范》(JGJ106—2014)推荐的是桩内跨孔透射法，出现下列情况之一，不得使用本方法对桩身完整性进行评定：

(1)基桩桩径小于0.6 m；

(2)声测管未沿桩身通长配置；

(3)声测管堵塞导致检测数据不全；

(4)声测管埋设数量不符合规定。

3.10.2 仪器设备

(1)声波检测仪:

应具有下列功能:

①具有实时显示和记录接收信号的时程曲线以及频率测量或频谱分析功能;

②最小采样时间间隔应小于等于 0.5 μs,声波幅值测量相对误差应小于 5%,系统频带宽度应为 1～200 kHz,系统最大动态范围不得小于 100 dB;

③声波发射脉冲宜为阶跃或矩形脉冲,电压幅值为 200～1000 V;

④首波实时显示;

⑤自动记录声波反射和接收换能器位置。

(2)发射、接收换能器:

应符合下列规定:

①圆柱状径向振动,沿径向无指向性;

②外径小于声测管内径,有效工作段长度不大于 150 mm;

③谐振频率应为 30～60 kHz;

④水密性满足 1 MPa 水压不渗水。

(3)钢卷尺等。

3.10.3 声测管埋设要求

(1)声测管内径应大于换能器外径。

(2)声测管应有足够的径向刚度,声测管材料的温度系数应与混凝土接近。

(3)声测管应下端封闭、上端加盖、管内无异物;声测管连接处应光滑过渡,管口高出桩顶 100 mm 以上。

(4)浇灌混凝土前应将声测管有效固定。

(5)声测管应沿钢筋笼内侧呈对称形状布置,声测管埋设数量符合:$D \leqslant 800$ mm,不得少于 2 根管;800 mm $< D \leqslant 1600$ mm,不得少于 3 根管;$D > 1600$ mm,不得少于 4 根管;$D > 2500$ mm,应增加预埋声测管数量。

3.10.4 测试步骤

(1)采用率定法确定仪器系统延迟时间;

(2)计算声测管及耦合水层声时修正值;

(3)在桩顶测量各声测管外壁间的净距离;

(4)将声测管注满清水,检查声测管畅通情况;

(5)将发射、接收换能器放入声测管内,并通过深度标志测量换能器放入孔内的深度;

(6)将发射、接收换能器与超声仪连接,开机预热,设置仪器参数;

(7)平测时,发射与接收换能器始终保持相同深度。斜测时发射与接收换能器始终保持固定高差，且两个换能器中点连线的水平夹角不应大于30°；

(8)将发射、接收换能器从桩底向上同步提升，提升间距不大于100 mm，提升速度不大于0.5 m/s；

(9)每提升一定间距，采样并保存记录各测点的信号时程曲线，首波声时、幅值、主频等，直至完成整个深度的测试；

(10)将多根声测管以两根为一个检测剖面进行全组合，分别对所有剖面完成检测；

(11)在桩身质量可疑的地方，应增加声测线或扇形扫测等方式复测和加密测试；

(12)同一根桩的各检测剖面的声测线间距、声波发射电压、仪器设置参数应保持不变。

3.10.5　检测数据的分析与判断

1.声学参数计算

(1)各测点的波速按下式计算：

$$v_i = \frac{L}{t_{ci}} \tag{3-10-1}$$

式中：v_i——波速(km/s)；

t_{ci}——声时值(μs)，L 为测距(mm)。

$$t_{ci} = t_i - t_0 - t' \tag{3-10-2}$$

式中：t_i——第 i 测点声时测量值(μs)；

t_0——仪器系统延迟时间(μs)；

t'——声测管及耦合水层声时修正值(μs)。

$$t' = \frac{D-d}{v_t} + \frac{d-d'}{v_w} \tag{3-10-3}$$

式中：D——测管外径(mm)；

d——测管内径(mm)；

d'——换能器外径(mm)；

v_t——声测管材料声速(km/s)；

v_w——水的声速(km/s)。

(2)各测点的波幅按下式计算：

$$A_{pi} = 20\lg \frac{a_i}{a_0} \tag{3-10-4}$$

式中：A_{pi}——首波波幅(dB)；

a_i——信号首波幅值(V)；

a_0——零分贝信号幅值(V)。

(3)各测点的主频值按下式计算：

$$f_i = \frac{1000}{T_i} \tag{3-10-5}$$

式中：f_i——信号主频值(kHz)；

T_i——信号周期(μs)。

(4)根据各个测点声参数的计算值和测点标高，绘制声速－深度曲线、波幅－深度曲线、

主频 – 深度曲线、PSD – 深度曲线等。

2. 声学参数异常判定

（1）声速异常判断：

① 将同一检测剖面的 n 次声速测量值由大到小依次排序，去掉 k 个较小值和 k' 个较大值，对其余 $n-k-k'$ 个数据按下列公式进行统计计算：

$$v_{01} = v_m - \lambda \cdot s_x \qquad (3-10-6)$$

$$v_{02} = v_m - \lambda \cdot s_x \qquad (3-10-7)$$

$$v_m = \frac{1}{n-k-k'} \sum_{i=k+1}^{n-k} v_i \qquad (3-10-8)$$

$$s_x = \sqrt{\frac{1}{n-k-k'} \sum_{i=k'+1}^{n-k} (v_i - v_m)^2} \qquad (3-10-9)$$

$$C_v = \frac{s_x}{v_m} \qquad (3-10-10)$$

式中：v_i——按序排列后的第 i 个声速测量值（km/s）；

v_{01}——声速的异常小值判断值（km/s）；

v_{02}——声速的异常大值判断值（km/s）；

v_m——$(n-k-k')$ 个声速测量值的平均值（km/s）；

s_x——$(n-k-k')$ 个声速测量值的标准差；

C_v——$(n-k-k')$ 个声速测量值的变异系数；

λ——与 $(n-k-k')$ 相对应的系数（查《建筑桩基检测技术规范》（JG106—2014）表 10.5.3）。

将数列中当时的最小值、最大值与声速异常小值判断值和声速异常大值判断值进行比较。当 $v_{n-k} \leq v_{01}$ 时剔除最小数据，当 $v_{k'+1} \geq v_{02}$ 时剔除最大数据；每次剔除一个数据，对剩余数据构成的数列重复上述计算和比较，直至 $v_{n-k} > v_{01}$，$v_{k'+1} < v_{02}$ 为止。

② 检测剖面声速异常判断概率统计值按下列公式计算：

$$v_0 = v_m(1-0.015\lambda) \quad 当 C_v < 0.015 时 \qquad (3-10-11)$$

$$v_0 = v_{01} \quad 当 0.015 \leq C_v \leq 0.045 时 \qquad (3-10-12)$$

$$v_0 = v_m(1-0.045\lambda) \quad 当 C_v > 0.045 时 \qquad (3-10-13)$$

③ 受检桩声速异常判断临界值按下列方法确定：

a. 当检测剖面异常判断概率统计值 v_0 大于桩身混凝土低限值 v_L 且小于混凝土试件声速平均值 v_p 时

$$v_c = v_0 \qquad (3-10-14)$$

b. 当检测剖面异常判断概率统计值 v_0 小于等于桩身混凝土低限值 v_L 或大于等于混凝土试件声速平均值 v_p 时，按下列情况综合确定：

（a）同一根桩的其他检测剖面声速异常判断临界值；

（b）同一工程、相同桩型且混凝土质量较稳定的其他桩的声速异常判断临界值。

c. 对只有一个检测剖面的受检桩，其声速异常判断临界值等于检测剖面声速异常判断临界值；对有 3 个及 3 个以上检测剖面的桩，应取各个检测剖面声速异常判断临界值的算术平均值，作为该桩各测点的声速异常判断临界值。

④ 声速异常按下式判断：

$$v_i \leqslant v_c \tag{3-10-15}$$

（2）波幅异常时的临界值判据按下列公式计算：

$$A_m = \frac{1}{n} \sum_{i=1}^{n} A_{pi} \tag{3-10-16}$$

$$A_{pi} < A_m - 6 \tag{3-10-17}$$

式中：A_m——n 个测点的实测波幅的平均值(dB)；

$\quad\quad A_{pi}$——第 i 个测点的实测波幅值(dB)；

$\quad\quad n$——检测剖面的测点数。

（3）当采用斜率法的 PSD 值作为辅助异常点判据时，PSD 值按下式计算：

$$PSD = K_{tz} \cdot \Delta t = \frac{(t_{ci} - t_{ci-1})^2}{Z_i - Z_{i-1}} \tag{3-10-18}$$

式中：t_{ci}——第 i 个测点的声时(μs)；

$\quad\quad t_{ci-1}$——第 $i-1$ 个测点的声时(μs)；

$\quad\quad Z_i$——第 i 个测点的深度(m)；

$\quad\quad Z_{i-1}$——第 $i-1$ 个测点的深度(m)；

根据 PSD 值在某深度处的突变，对超越临界值的测点区域，加密测量点距，并结合波幅变化情况，进行异常点判定。

3. 桩身完整性分类标准

桩身完整性类别应结合桩身缺陷处声测线的声学特征、缺陷的空间分布范围按表 3-10-1、表 3-10-2 进行综合判定。

表 3-10-1　桩身完整性判定表

类别	特　征
Ⅰ	所有声测线声学参数无异常，接收波形正常； 存在声学参数轻微异常、波形轻微畸变的异常声测线，异常声测线在任一检测剖面的任一区段内纵向不连续分布，且在任一深度横向分布的数量小于检测剖面数量的 50%
Ⅱ	存在声学参数轻微异常、波形轻微畸变的异常声测线，异常声测线在一个或多个检测剖面的一个或多个区段内纵向连续分布，或在一个或多个深度横向分布的数量大于或等于检测剖面数量的 50%； 存在声学参数明显异常、波形明显畸变的异常声测线，异常声测线在任一检测剖面的任一区段内纵向不连续分布，且在任一深度横向分布的数量小于检测剖面数量的 50%
Ⅲ	存在声学参数明显异常、波形明显畸变的异常声测线，异常声测线在一个或多个检测剖面的一个或多个区段内纵向连续分布，但在任一深度横向分布的数量小于检测剖面数量的 50%； 存在声学参数明显异常、波形明显畸变的异常声测线，异常声测线在任一检测剖面的任一区段内纵向不连续分布，但在一个或多个深度横向分布的数量大于或等于检测剖面数量的 50%； 存在声学参数严重异常、波形严重畸变或声速低于低限值的异常声测线，异常声测线在任一检测剖面的任一区段内纵向不连续分布，且在任一深度横向分布的数量小于检测剖面数量的 50%

续上表

类别	特　　征
Ⅳ	存在声学参数明显异常、波形明显畸变的异常声测线,异常声测线在一个或多个检测剖面的一个或多个区段内纵向连续分布,且在一个或多个深度横向分布的数量大于或等于检测剖面数量的 50%; 　　存在声学参数严重异常、波形严重畸变或声速低于低限值的异常声测线,异常声测线在一个或多个检测剖面的一个或多个区段内纵向连续分布,或在一个或多个深度横向分布的数量大于或等于检测剖面数量的 50%

注:①完整性类别由Ⅳ往Ⅰ类依次判定。

②对只有一个检测剖面的受检桩,桩身完整性判定按该剖面代表桩全部横截面的情况对待

表 3 - 10 - 2　桩身完整性分类表

桩身完整性类别	分类原则
Ⅰ类桩	桩身完整
Ⅱ类桩	桩身有轻微缺陷,不会影响桩身结构承载力的正常发挥
Ⅲ类桩	桩身有明显缺陷,对桩身结构承载力有影响
Ⅳ类桩	桩身存在严重缺陷

3.10.6　记录及结果计算

表 3 - 10 - 3　声波速透射法测试记录表

班　级		实验小组		记 录 者	
计算者		校 核 者		实验日期	
说明事项					

示意图	桩号:	桩径/扩底直径(m)		混凝土桩长(m)	
⭕	成桩日期:	混凝土强度等级(C_n)		单桩设计承载力(kN)	
	AB 测点测管距离(m)				
	BC 测点测管距离(m)				
	AC 测点测管距离(m)				

测试深度(m)	声时读数(μs)	测试深度(m)	声时读数(μs)	测试深度(m)	声时读数(μs)

表 3 – 10 – 4　测试结果汇总表

班　级			实验小组		记 录 者	
计算者			校 核 者		实验日期	
说明事项						

桩号	设计参数			检测结果				
	桩长（m）	桩径（mm）	砼设计强度/Cn	剖面	检测桩长(m)	声速平均值(km/s)	桩身砼完整性描述	完整性类别

3.10.7　检测相关

（1）市政工程桥梁、立交桥桩基声波透射法检测，具体参见《建筑基桩检测技术规范》（JGJ106—2014）。

（2）公路、铁路工程桥梁桩基声波透射法检测，具体参见《公路工程基桩动测技术规范》（JTG/T F81 – 01—2004）。

实验 3.11　　基桩低应变检测

【**实验目的**】　检测混凝土桩的桩身完整性，判定桩身缺陷的程度及位置。

【**预习思考**】　低应变所测桩身波速和声波所测桩身波速有何区别？

3.11.1　基本概念

低应变检测是采用低能量瞬态或稳态方式在桩顶激振，实测桩顶部的速度时程曲线。或在实测桩顶部的速度时程曲线的同时，实测桩顶部的力时程曲线。通过波动理论的时域分析或频域分析，对桩身完整性进行判定的检测方法。

该检测方法是以一维弹性杆平面应力波波动理论为基础，将桩身假定为一维弹性杆件，通过在桩顶施加激振信号产生应力波，该应力波沿桩身传播过程中，遇到不连续界面(如蜂窝、夹泥、断裂、孔洞等缺陷)和桩底面时，将产生反射波和透射波，检测分析反射波的传播时间、幅值和波形特征，就能判断桩的完整性。检测设备及现场连接见图 3 - 11 - 1。

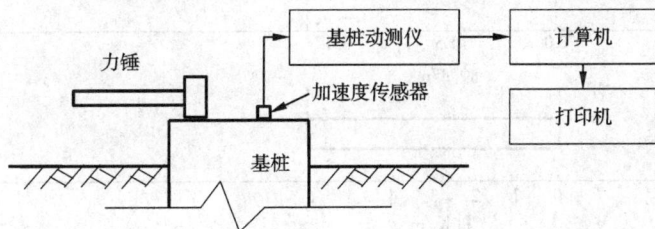

图 3 - 11 - 1　低应变法测试框图

假设桩为一维线弹性杆，其长度为 L，横截面积为 A，弹性模量为 E，质量密度为 ρ，弹性波速为 $C(C^2 = E/\rho)$，广义波阻抗为 $Z = \rho \cdot C \cdot A$，由虎克定律、牛顿第二定律推导可得桩的一维波动方程：

$$\frac{\partial^2 u}{\partial t^2} - C^2 \frac{\partial^2 u}{\partial x^2} = 0 \qquad\qquad (3 - 11 - 1)$$

上述波动方程的达朗贝尔通解为：

$$u(x,t) = w_d(x - Ct) + w_u(x + Ct) \qquad\qquad (3 - 11 - 2)$$

式中：w_d、w_u 为任意函数，分别称为下行波和上行波。w_d、w_u 形状不变、且各自独立地以波速 C 分别沿 x 轴正向和负向传播的特性是解释应力波传播规律的最直观方法。

若桩中某处阻抗发生变化，当应力波从介质 I (阻抗为 $Z_1 = \rho_1 \cdot C_1 \cdot A_1$) 进入介质 II (阻

抗为 $Z_2 = \rho_2 \cdot C_2 \cdot A_2$)时,将产生反射和透射现象。根据应力波理论,由连续条件和牛顿第三定律可推导出下列关系式:

$$v_R = -F \cdot v_I \tag{3-11-3}$$

$$v_T = T \cdot v_I \tag{3-11-4}$$

$$F = \frac{1-n}{1+n} \tag{3-11-5}$$

$$T = \frac{2}{1+n} \tag{3-11-6}$$

$$n = \frac{Z_1}{Z_2} = \frac{\rho_1 \cdot C_1 \cdot A_1}{\rho_2 \cdot C_2 \cdot A_2} \tag{3-11-7}$$

式中: v_I、v_R、v_T 分别表示入射波、反射波和透射波的波速,F、T 为反射系数和透射系数,n 为阻抗比。n 主要取决于材料的质量密度、波速和截面积。由于这些参数的突变会引起波阻抗急剧变化,导致能量转换而产生波的反射和透射。

因为 Z 和 n 总是正值,所以透射系数也总为正值,即透射波和入射波相位总是相同的。反射系数的正负与 n 有关,结合桩的缺陷情况讨论如下:

(1)桩身质量完整的桩,$Z_1 = Z_2$,$n=1$,$F=0$,$T=1$,桩身无反射,全部应力波均透过界面传至下段。实测波形曲线见图 3-11-2。

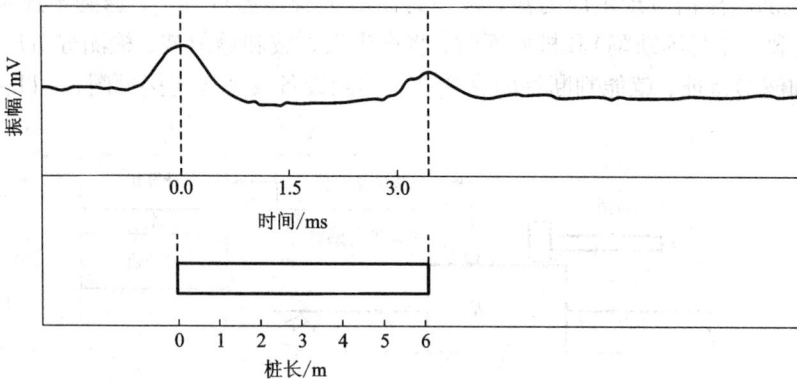

图3-11-2　完整桩实测波形曲线

(2)桩身缩径、离析、断裂、夹泥等,下段波阻抗变小。此时 $n>1$,$F<0$,反射波与入射波同相。缩径、离析、断裂实测波形曲线见图 3-11-3 ~ 图 3-11-5。

(3)桩身扩径,下段波阻抗变大。此时 $n<1$,$F>0$,反射波与入射波反相。实测波形曲线见图 3-11-6。

(4)对于嵌岩桩,桩底落在基岩上,若桩身混凝土波阻抗小于基岩,则 $n<1$,$F>0$,故桩底反射波与入射波反相;若两者接近,则桩底反射波很弱。实测波形曲线见图 3-11-7。

(5)对于摩擦桩桩底,$n>1$,$F<0$,桩底反射波与入射波同相。

(6)若桩底有沉渣,$n>1$,$F<0$,桩底反射波与入射波同相。

(7)由于桩界面上下段波阻抗相差越大时,反射系数也越大,故所测到的反射波也越明显,由此可定性地判断缺陷的严重程度。缺陷位置根据反射波的时间 t_x 由下式确定:

$$L_x = C \frac{t_x}{2} \qquad (3-11-8)$$

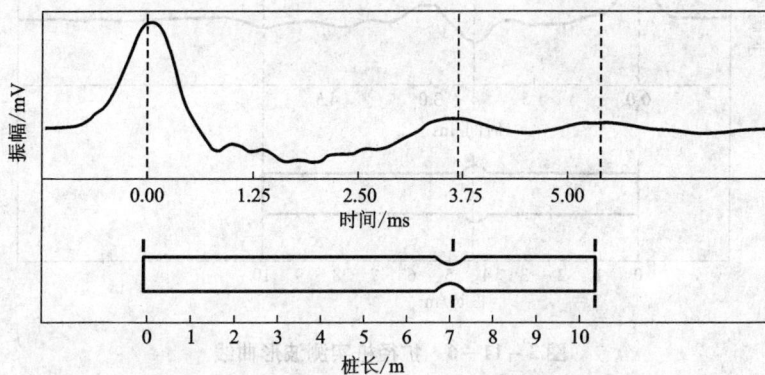

图 3 - 11 - 3　缩径桩实测波形曲线

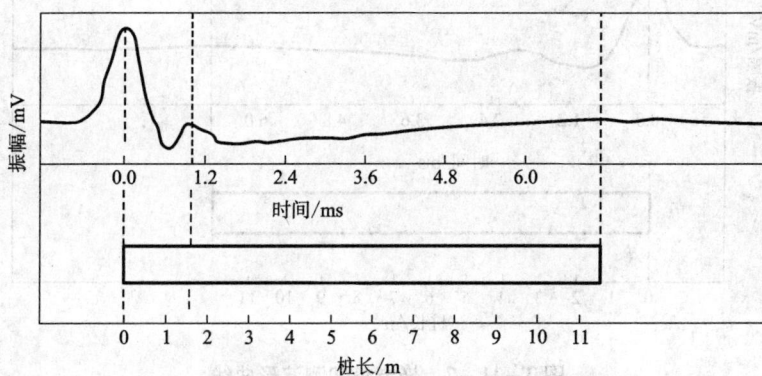

图 3 - 11 - 4　离析桩实测波形曲线

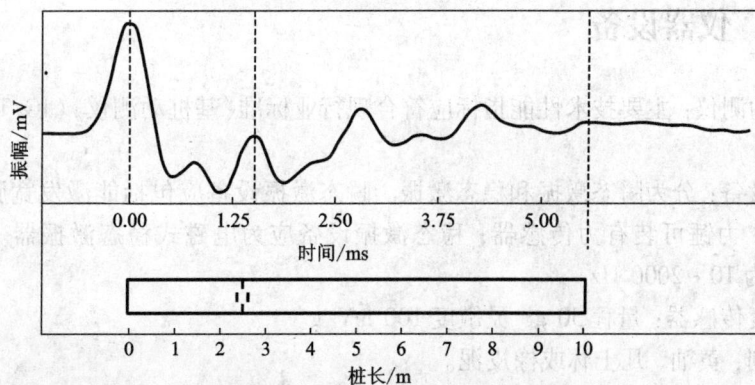

图 3 - 11 - 5　断裂桩实测波形曲线

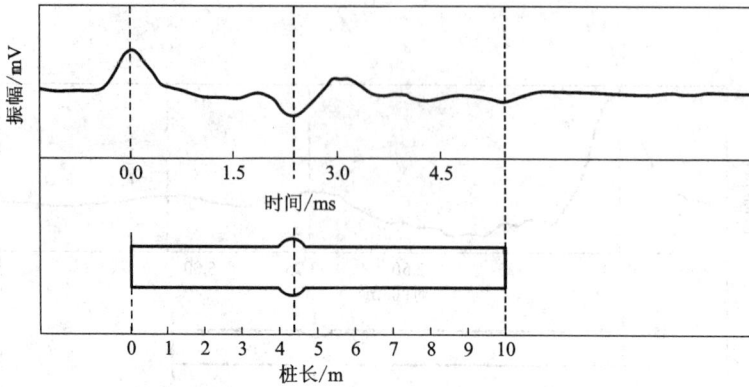

图 3 – 11 – 6　扩径桩实测波形曲线

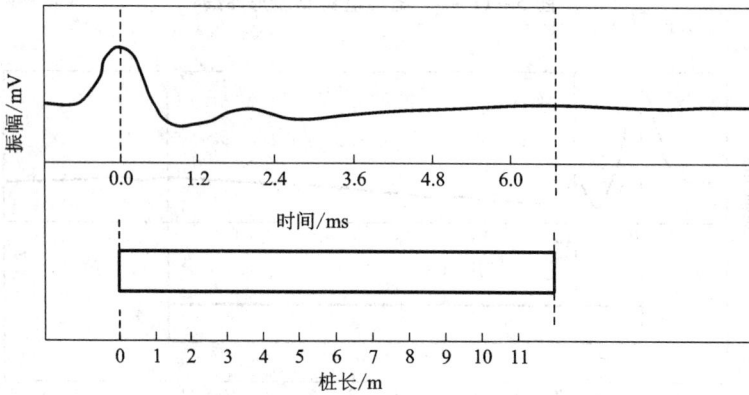

图 3 – 11 – 7　嵌岩桩实测波形曲线

3.11.2　仪器设备

（1）基桩动测仪：主要技术性能指标应符合现行业标准《基桩动测仪》（JG/T3055）的有关规定。

（2）激振设备：分为瞬态激振和稳态激振。瞬态激振设备应包括能激发宽脉冲和窄脉冲的力锤和锤垫；力锤可装有力传感器；稳态激振设备应为电磁式稳态激振器。其激振力可调，扫频范围为 10 ~ 2000 Hz。

（3）加速度传感器：量程 50 g，灵敏度 100 mV/g。

（4）耦合剂：黄油、凡士林或橡皮泥。

（5）打磨砂轮等。

3.11.3　对受检桩的要求

(1)桩身混凝土强度至少应达到设计强度的70%，且不小于15 MPa；

(2)桩头的材质、强度应与桩身相同，桩头的截面尺寸不宜与桩身有明显差异；

(3)桩顶面应平整、密实，并与桩轴线垂直。

3.11.4　测试步骤

1. 桩头处理

灌注桩应凿去桩顶浮浆或松散、破损部分，露出坚硬的混凝土表面；桩顶表面应平整干净且无积水；激振点与测量传感器安装位置最好用砂轮打磨平整；妨碍正常测试的桩顶外露主筋应割掉。对于预应力管桩，当法兰盘与桩身混凝土结合紧密时，可不进行处理，否则应用电锯将桩头锯平。

当桩头与承台或垫层相连时，应将桩头与混凝土承台及垫层断开。

2. 测量传感器的安装和激振

(1)根据桩径大小，桩心对称布置2～4个安装传感器的检测点：实心桩的激振点应选择在桩中心，检测点宜在距桩中心2/3半径处；空心桩的激振点和检测点宜为桩壁厚的1/2处，激振点和检测点与桩中心的连线的夹角宜为90°；

(2)激振点与测量传感器安装位置应避开钢筋笼的主筋影响；

(3)安装传感器部位的混凝土应平整；传感器安装应与桩顶面垂直；用耦合剂黏结时，应具有足够的黏结强度；

(4)激振方向应沿桩轴线方向；

(5)瞬态激振应通过现场敲击试验，选择合适重量的激振力锤和软硬适宜的锤垫；宜用宽脉冲获取桩底或桩身下部缺陷反射信号，宜用窄脉冲获取桩身上部缺陷反射信号；

(6)稳态激振应在每一个设定频率下获得稳定响应信号，并应根据桩径、桩长及桩周土约束情况调整激振力大小。

3. 信号采集和筛选

(1)将测量传感器与基桩动测仪连接，开机预热，设置仪器参数；

(2)采用单击或连击方式采集信号，保存记录各测点的有效信号；

(3)当桩径较大或桩上部横截面尺寸不规则时，除按上款在规定激振点和检测点位置采集信号，尚应根据实测信号特征，改变激振点和检测点的位置采集信号；

(4)不同检测点及多次实测时域信号一致性较差时应分析原因，增加检测点数量；

(5)信号不应失真和产生零漂，信号幅值不应大于测量系统的量程；

(6)每个检测点记录的有效信号数不宜少于3个；

(7)应根据实测信号反映的桩身完整性情况，确定采取变换激振点位置和增加检测点数量的方式再次测试，或结束测试。

3.11.5　检测数据分析与判定

1. 桩身波速平均值的确定

（1）当桩长已知、桩底反射信号明确时。应在地基条件、桩型、成桩工艺相同的基桩中，选取不少于 5 根 I 类桩的桩身波速值，按下列公式计算其平均值：

$$C_m = \frac{1}{n}\sum_{i=1}^{n} C_i \qquad (3-11-9)$$

$$C_i = \frac{2000L}{\Delta T} \qquad (3-11-10)$$

$$C_i = 2L \cdot \Delta f \qquad (3-11-11)$$

式中：C_m——桩身波速的平均值（m/s）；

　　C_i——第 i 根受检桩的桩身波速值（m/s），且 $|C_i - C_m|/C_m$ 不宜大于 5%；

　　L——测点下桩长（m）；

　　ΔT——速度波第一峰与桩底反射波峰间的时间差（ms）；

　　Δf——幅频曲线上桩底相邻谐振峰间的频差（Hz）；

　　n——参加波速平均值计算的基桩数量（$n \geqslant 5$）。

（2）无法满足上款要求时，波速平均值可根据本地区相同桩型及成桩工艺的其他桩基工程的实测值，结合桩身混凝土的骨料品种和强度等级综合确定。

2. 桩身缺陷位置应按下列公式计算

$$x = \frac{1}{2000} \cdot \Delta t_x \cdot C \qquad (3-11-12)$$

$$x = \frac{1}{2} \cdot \frac{C}{\Delta f'} \qquad (3-11-13)$$

式中：x——桩身缺陷至传感器安装点的距离（m）；

　　Δt_x——速度波第一峰与缺陷反射波峰间的时间差（ms）；

　　C——受检桩的桩身波速（m/s），无法确定时可用桩身波速的平均值替代；

　　$\Delta f'$——幅频信号曲线上缺陷相邻谐振峰间的频差（Hz）。

3. 桩身完整性分类标准

桩身完整性类别应结合缺陷出现的深度、测试信号衰减特征以及设计桩型、成桩工艺、地基条件、施工情况按表 3-11-1、表 3-11-2 进行综合分析判定。

表 3 – 11 – 1 桩身完整性判定表

类别	时域信号特征	幅频信号特征
Ⅰ	$2L/C$ 时刻前无缺陷反射波，有桩底反射波	桩底谐振峰排列基本等间距，其相邻频差 $\Delta f \approx C/2L$
Ⅱ	$2L/C$ 时刻前出现轻微缺陷反射波，有桩底反射波	桩底谐振峰排列基本等间距，其相邻频差 $\Delta f \approx C/2L$，轻微缺陷产生的谐振峰与桩底谐振峰之间的频差 $\Delta f' > C/2L$
Ⅲ	有明显缺陷反射波，其他特征介于Ⅱ类和Ⅳ类之间	
Ⅳ	$2L/C$ 时刻前出现严重缺陷反射波或周期性反射波，无桩底反射波；或因桩身浅部严重缺陷使波形呈现低频大振幅衰减振动，无桩底反射波	缺陷谐振峰排列基本等间距，相邻频差 $\Delta f > C/2L$，无桩底谐振峰；或因桩身浅部严重缺陷只出现单一谐振峰，无桩底谐振峰

注：对同一场地、地基条件相近、桩型和成桩工艺相同的基桩，因桩端部分桩身阻抗与持力层阻抗相匹配导致实测信号无桩底反射波时，可按本场地同条件下有桩底反射波的其他桩实测信号判定桩身完整性类别

表 3 – 11 – 2 桩身完整性分类表

桩身完整性类别	分类原则
Ⅰ 类桩	桩身完整
Ⅱ 类桩	桩身有轻微缺陷，不会影响桩身结构承载力的正常发挥
Ⅲ 类桩	桩身有明显缺陷，对桩身结构承载力有影响
Ⅳ 类桩	桩身存在严重缺陷

3.11.6 记录及结果计算

表 3 – 11 – 3 基桩低应变检测记录表

班 级		实验小组		记 录 者	
计算者		校 核 者		实验日期	
说明事项					

序号	设计参数				检测结果		
	桩号	桩长（m）	桩径/扩底直径(m)	砼强度等级（Cn）	波速（m/s）	桩身砼完整性描述	完整性类别

3.11.7　检测相关

建筑地基基础验收时，都要对基桩进行低应变检测，具体参见《建筑基桩检测技术规范》（JGJ106—2014）、《公路工程基桩动测技术规程》（JTG/T F80－01—2004）。

第四篇

岩石力学实验

实验 4.1 岩石单轴抗压强度实验

【实验目的】 掌握岩石单轴抗压强度的实验方法，学会对破坏前及破坏后试件的描述，了解岩石的破坏现象及强度特征，了解岩石单轴抗压强度实验对试件的要求。

【预习思考】 岩石单轴抗压强度的实验为什么要控制加载速度。

4.1.1 基本概念

将标准试件放置于实验机上下承压板之间，进行单向匀速加载，使之发生破坏，破坏时试件单位面上所承受的荷载即为单轴抗压强度。

4.1.2 实验仪器设备

(1) 万能材料实验机：精度 1 级；
(2) 钻石机、切石机、磨石机；
(3) 测量平台、角尺、游标卡尺(精度 0.02 mm)；
(4) 烘箱、干燥箱、水槽、真空泵。

4.1.3 试样制备

(1) 可采用岩芯或岩块制样，在采取、运输、制样过程中，不允许试样出现人为裂缝；
(2) 本试验以圆柱体作为标准试样，试样直径宜为 48～54 mm，试样高度与直径之比宜为 2.0～2.5；
(3) 含大颗粒的岩石，允许采用非标准尺寸圆柱体或长方体试样，但必须保证高径(边)比为 2.0～2.5；并应保证试样直径(边)与岩石内最大颗粒直径之比至少为 10∶1；
(4) 制备试样时用的冷却液必须是洁净水，不允许使用油液；
(5) 对遇水崩解和干缩湿涨的岩石，应采用干法制样；
(6) 试样数量，每种受力方向和实验状态编成一组，每组试件的数量为 3 块；
(7) 试件制备精度要求：
①沿试件整个高度上直径或边长的误差不得大于 0.3 mm；
②试件两端面的不平整度不得大于 0.05 mm；
③试件两端面应垂直于试件轴线，最大偏差不得大于 0.25°。

（8）试件的含水状态，可根据需要选择天然、烘干、饱和或其他含水状态。

4.1.4 实验步骤

（1）对试样进行描述：岩石名称、颜色、主要矿物成分、结构、风化程度；受力方向与层理、节理、裂隙方向的关系及试样加工中出现的问题等；

（2）用游标卡尺量测试样尺寸，准确到 0.02 mm。试样直径（或边长）应沿高度方向分别测量试样两端和中间三个断面上相互垂直的两个直径（或边长），取其算术平均值；试样高度应测量均匀分布于试样顶底面周边四点，和中心点五处的高度值，以检验两端面不平整度，并取其平均值作为试样高度；

（3）处理不同含水状态的试样：

①天然状态试样，拆除密封后立即制样，实验，并测定其含水率；

②对于要求风干的试样，应在当地气候条件下，在室内放置四天以上；

③对于要求烘干的试样，在 105 ~ 110℃ 温度下烘 24 h；

④饱和状态试样，按吸水率实验规定进行饱和后实验。

（4）将试样置于压力机承压板中心处，调整球形座，使试件均匀受力；

（5）估计试样最大载荷范围，选择实验机度盘，并将指针调零，然后以 0.5 ~ 1.0 MPa/s 的速度控制加载，直至试样破坏，记录破坏荷载；

（6）观察记录岩石破坏情况，对破坏试件进行描述。

4.1.5 资料整理

（1）按下式计算岩石单轴抗压强度：

$$R = \frac{p}{A} \tag{4-1-1}$$

式中：R——岩石单轴抗压强度（MPa）；

  p——破坏荷载（N）；

  A——垂直于加载方向的试样的横截面积（mm^2）。

取三个试样的平均值，计算结果取 3 位有效数字。

（2）如需计算岩石软化系数，可按下式计算：

$$K_p = \frac{R_w}{R_d} \tag{4-1-2}$$

式中：K_p——岩石软化系数，准确至 0.01；

  R_w——饱和状态下岩石的单轴抗压强度（MPa）；

  R_d——干燥状态下岩石的单轴抗压强度（MPa）。

4.1.6　记录及结果计算

表 4 – 1 – 1　单轴抗压强度实验记录

班　　级			实验小组		记录者		
计 算 者			校 核 者		实验日期		
说明事项							
试样编号	受力方向	实验状态	试件尺寸（mm）		横截面积（mm²）	破坏荷载（N）	单轴抗压强度（MPa）	
			直　径（长×宽）	高			单值	平均值

4.1.7　检测相关

　　工程中常对挡土墙护坡岩石、基桩持力层岩石、勘探所取岩芯样、公路工程岩石进行单轴抗压实验，具体参见《工程岩体试验方法标准》（GB/T50266—2013）、《公路工程岩石试验规程》（JTG E41—2005）、《水利水电工程岩石试验规程》（SL264—2001）。

实验 4.2 岩石抗拉强度实验

【实验目的】 掌握岩石抗拉强度测试方法,了解岩石拉伸断裂特征。

【预习思考】 岩石抗拉强度实验加载速度与抗压强度实验有什么不同?

4.2.1 基本概念

岩石试件在单向拉伸条件下,试件达到破坏时单位面积上所能承受的拉力即为岩石的抗拉强度。常用的测定岩石抗拉强度的方法是劈裂法。

由弹性理论可知,在圆柱形试件表面上,沿径向施加均布线荷载时,在该径向面上会产生与之垂直的均匀分布的拉应力,其大小按下式计算:

$$\sigma_t = -\frac{2p}{\pi Dh} \tag{4-2-1}$$

式中:σ_t——拉应力(MPa);

p——试件破坏时的载荷(N);

D——试件直径(mm);

h——试件厚度(mm)。

在这种外力条件下,岩石试件就有可能沿受力的径向面产生拉伸断裂破坏,从而间接求出岩石的抗拉强度。

4.2.2 实验仪器设备

(1)万能材料试验机:精度1级;

(2)抗拉夹具(见图4-2-1);

(3)钻石机:钻头直径为48~54 mm;

(4)切石机、磨石机;

(5)测量平台、角尺(160×100 mm)、游标卡尺(精度0.02 mm);

(6)钢丝垫条:直径4 mm。

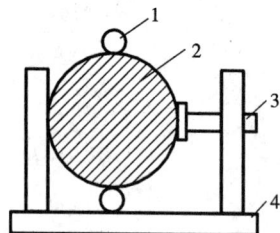

图4-2-1 抗拉夹具示意图

1—钢丝垫条;2—试样;

3—调整螺丝;4—夹具座

4.2.3 试样制备

(1)采用直径 48~54 mm,高径比 0.5~1.0 的圆柱体作为标准试样;

(2)若试样尺寸小于标准尺寸,或试样为非均质粗晶粒结构,允许采用非标准试样,但要满足高径比的要求;

(3)精度要求:沿试件轴向的直径或边长的误差不得大于 0.3 mm;试件两端面应垂直于试件轴线,最大偏差不得大于 0.25°;

(4)试样数量:每个受力方向和不同含水量状态,须制备 3 块试样;

(5)不同含水状态的试样,按抗压强度实验中的有关规定处理。

4.2.4 实验步骤

(1)对试样进行描述;

(2)检查加工精度,用游标卡尺测量试样尺寸,预定拉裂面尺寸精度为 0.1 mm;

(3)估计试样荷载范围,选择试验机度盘,并将指针调零;

(4)标记试样受压位置。圆柱体试样时,受压位置为同一径向面的柱面上;方块试样时,受压位置为试样两对应面的中线位置。注意同组试样受压方向与试件层理等结构方向之间的关系应保持一致;

(5)沿受压位置粘贴好硬质钢丝;

(6)将装好试样的抗拉夹具放置于试验机承压板中心位置,调节上下承压板间距,使上下硬质钢丝与承压板轻轻接触,并保持试样水平;

(7)松开抗拉夹具的调整螺丝,对试样施加匀速连续载荷,加载速度为 0.3~0.5 MPa/s,至试件沿径向面或中心平面破坏。如破坏面未贯穿整个试件截面,而是局部脱落,该次实验无效;

(8)记下破坏载荷,描述破坏后试样的形态;

(9)按(4-2-1)式计算岩石抗拉强度,取三块试样的算术平均值,计算结果取三位有效数值。

4.2.5　记录及结果计算

表 4-2-1　岩石抗拉强度实验记录

班　级			实验小组		记录者	
计算者			校核者		实验日期	
说明事项						

试样编号	受力方向	试验状态	试件尺寸(mm)		破坏荷载(N)	抗拉强度(MPa)	平均抗拉强度(MPa)
			直　径	高			

4.2.6　检测相关

电力施工工程中需要对电杆基础下的岩石进行抗拉实验, 具体参见《工程岩体试验方法标准》(GB/T50266—2013)、《公路工程岩石试验规程》(JTG E41—2005)、《水利水电工程岩石试验规程》(SL264—2001)。

实验 4.3 岩石直剪实验

【实验目的】 掌握岩石直剪实验方法，学会岩石强度曲线的绘制、岩石抗剪强度指标 c、φ 值的确定。

【预习思考】 岩石直剪实验、岩石结构面直剪实验、混凝土与岩石接触面直剪实验各自的试件要求。

4.3.1 基本概念

岩石的抗剪强度是指岩石抵抗剪切滑动的能力。岩石直剪实验采用平推法。各类岩石、岩石结构面以及混凝土与岩石接触面均可采用平推法直剪实验。

剪切面上的剪应力与正应力之间符合莫尔－库仑强度公式：

$$\tau = c + \sigma \tan\varphi \tag{4-3-1}$$

在不同的正应力 σ 下剪切，可得相应的剪应力 τ 值，将不同的 σ、τ 值描绘在 $\tau - \sigma$ 坐标系上得岩石强度曲线，由强度曲线可直接量出岩石的内聚力 c 和内摩擦角 φ，或利用最小二乘法求得曲线的斜率和截距，进而求得岩石的内聚力 c 和内摩擦角 φ。

4.3.2 仪器设备

(1)应力控制式平推法直剪实验仪；

(2)钻石机、切石机、磨石机；

(3)试件饱和与养护设备；

(4)位移测表；

(5)测量平台、角尺、游标卡尺(精度 0.02 mm)。

4.3.3 试样制备

(1)试样应在现场采取，在采取、运输、储存和制备过程中，应防止产生裂隙和扰动。

(2)岩石直剪试验试件的直径或边长不得小于 50 mm，试件高度应与直径或边长相等。

(3)岩石结构面直剪试验试件的直径或边长不得小于 50 mm，试件高度宜与直径或边长相等。结构面应位于试件中部。

(4)混凝土与岩石接触面直剪试验试件宜为正方体。其边长不宜小于 150 mm。接触面应位于试件中部，浇筑前岩石接触面的起伏差宜为边长的 $1\% \sim 2\%$。混凝土应按预定的配合比浇筑，骨料的最大粒径不得大于边长的 1/6。

（5）实验的含水状态，可根据需要选择天然含水状态、饱和状态或其他含水状态。

（6）在同一含水状态和受力方向的情况下，每组实验试件的数量应为 5 个。

4.3.4 实验步骤

（1）将制备好的试样按受力方向、含水状态分组编号。

（2）按抗压强度试验中的有关规定对试样进行含水状态处理和描述。用游标卡尺测量试样预定剪切面的长、宽和试样的高，并对预定剪切面做出标记。

（3）试件安装：

①将试件置于直剪仪的剪切盒内。试件受剪方向宜与预定受力方向一致。试件与剪切盒内壁的间隙用填料填实。应使试件与剪切盒成为一整体。预定剪切面应位于剪切缝中部。

②安装试件时，法向载荷和剪切载荷的作用力方向应通过预定剪切面的几何中心。法向位移测表和剪切位移测表应对称布置，各测表数量不得少于 2 只。

③预留剪切缝宽度应为试件剪切方向长度的 5%，或为结构面充填物的厚度。

④混凝土与岩石接触面试件，应达到预定混凝土强度等级。

（4）施加法向载荷：

①在每个试件上分别施加不同的法向载荷，对应的最大法向应力值不宜小于预定的法向应力。各试件的法向载荷宜根据最大法向载荷等分确定。

②在施加法向载荷前，应测读各法向位移测表的初始值，应每 10 min 测读一次，各个测表三次读数差值不超过 0.02 mm 时可施加法向载荷。

③对于岩石结构面中含有充填物的试件，最大法向载荷力以不挤出充填物为宜。

④对于不需要固结的试件，法向载荷可一次施加完毕，施加完毕法向荷载应测读法向位移，5 min 后应再测读一次，即可施加剪切载荷。

⑤对于需要固结的试件，应按充填物的性质和厚度分 $1 \sim 3$ 级施加。在法向载荷施加至预定值后的第一小时内，应每隔 15 min 读数一次；然后每 30 min 读数一次。当各个测表每小时法向位移不超过 0.05 mm 时，应视作固结稳定，即可施加剪切载荷。

⑥在剪切过程中，应使法向载荷始终保持恒定。

（5）施加剪切载荷：

①应测读各位移测表读数，必要时可调整测表读数。根据需要，可调整剪切千斤顶位置。

②根据预估最大剪切载荷，宜分 $8 \sim 12$ 级施加。每级载荷施加后，即应测读剪切位移和法向位移。5 min 后再测读一次，即可施加下级剪切载荷直至破坏。当剪切位移量增幅变大时，可适当加密剪切载荷分级。

③试件破坏后，应继续施加剪切载荷，直至测出趋于稳定的剪切载荷值为止。

④将剪切载荷退至零。根据需要，待试件回弹后，调整测表，按(1) ~ (3) 步骤进行摩擦试验。

（6）实验结束后，应对试件剪切面进行下列描述：

①应量测剪切面，确定有效剪切面积。

②应描述剪切面的破坏情况，擦痕的分布、方向和长度。

③应测定剪切面的起伏差，绘制沿剪切方向断面高度的变化曲线。

④当结构面内有充填物时，应查找剪切面的准确位置，并应记述其组成成分、性质、厚度、结构构造、含水状态。根据需要，可测定充填物的物理性质和黏土矿物成分。

重复上述步骤对其余试件在不同法向载荷下进行实验。

4.3.5　试验成果整理

（1）各法向载荷下，作用于剪切面上的法向应力和剪切应力按下列公式计算：

$$\sigma = \frac{P}{A} \tag{4-3-2}$$

$$\tau = \frac{Q}{A} \tag{4-3-3}$$

式中：σ——作用于剪切面上的法向应力（MPa）；

τ——作用于剪切面上的剪应力（MPa）；

P——作用于剪切面上的法向载荷（N）；

Q——作用于剪切面上的剪切载荷（N）；

A——有效剪切面面积（mm^2）。

（2）绘制各法向应力下的剪应力与剪切位移及法向位移关系曲线，应根据曲线确定各剪切阶段特征点的剪应力。

（3）将各剪切阶段特征点的剪应力和法向应力点绘在坐标图上，绘制剪应力与法向应力关系曲线，并应按莫尔–库仑表达式确定相应的岩石强度参数（c、φ），或按下式计算抗剪强度参数：

$$\varphi = \tan^{-1} \frac{n \sum_{i=1}^{n} \sigma_i \tau_i - \sum_{i=1}^{n} \sigma_i \sum_{i=1}^{n} \tau_i}{n \sum_{i=1}^{n} \sigma_i^2 - \left[\sum_{i=1}^{n} \sigma_i \right]^2} \tag{4-3-4}$$

$$c = \frac{\sum_{i=1}^{n} \sigma_i^2 \sum_{i=1}^{n} \tau_i - \sum_{i=1}^{n} \sigma_i \sum_{i=1}^{n} \sigma_i \tau_i}{n \sum_{i=1}^{n} \sigma_i^2 - \left[\sum_{i=1}^{n} \sigma_i \right]^2} \tag{4-3-5}$$

式中：φ——内摩擦角（°）；

c——内聚力（MPa）。

（4）内摩擦角计算至分；内聚力计算至小数点后一位。

4.3.6　记录及结果计算

表 4 - 3 - 1　抗剪强度实验记录

班　级			实验小组			记录者	
计算者			校核者			实验日期	
说明事项							

试样编号	试样尺寸（mm）		剪切面积（mm²）	法向载荷 p(N)	剪切载荷 Q(N)	正应力 σ(MPa)	剪应力 τ(MPa)	强度参数	
	直径（长×宽）	高						φ(°)	c(MPa)

4.3.7　检测相关

在边坡稳定分析、边坡治理工程中，需对岩石进行直剪实验，提供岩石抗剪强度参数，具体参见《工程岩体试验方法标准》(GB/T50266—2013)、《公路工程岩石试验规程》(JTG E41—2005)、《水利水电工程岩石试验规程》(SL264—2001)。

实验 4.4　　点荷载强度实验

【实验目的】　掌握岩石点荷载强度实验方法，学会岩石点荷载强度指数的计算，观察和描述岩石试样在点荷载情况下的破坏特征。

【预习思考】　岩石点荷载强度计算值如何修正?

4.4.1　基本概念

实验原理类似于劈裂法，不同的是劈裂法所施加的是线荷载，而点荷载法是施加的点荷载。点荷载实验，是将岩石试样置于点荷载仪上、下两个球端圆锥之间，对试样施加集中荷载，直至试样破坏，然后求得岩石的点荷载强度。

点荷载强度，可作为岩石强度分类及岩体风化分带的指标，也可用于评价岩石强度的各向异性程度，预估与之相关的其他强度值，如单轴抗压强度和抗拉强度等。

4.4.2　仪器设备

(1)点荷载实验仪:

如图 4-4-1 所示，它包括:

①加载系统:主要包括油压机、承压框架、球端圆锥状压板(简称加荷锥)。油压机出力为 50 kN;加载框架应有足够的刚度，要保证在最大破坏荷载的反复作用下不产生永久性扭曲，球端圆锥状压板的球端曲率半径为 5 mm，圆锥体的顶角为 60°(见图 4-2)，采用坚硬材料制成，如碳化钨等。在实验过程中，上、下压板必须保持在同一轴线上，偏差不得超过 ±0.2 mm;

②荷载测量系统:油压表两个，最大量程分别为 10 MPa,60 MPa，其测量精度应保证达到破坏荷载 p 的 2%。整个荷载测量系统应能抵抗液压冲击和振动，不受反复加载的影响;

③标距测量部分:采用 0.2 mm 刻度钢尺或位移传感器，应保证试样加荷点间距的测量精度达到 ±0.2 mm。

(2)卡尺或钢卷尺、地质锤。

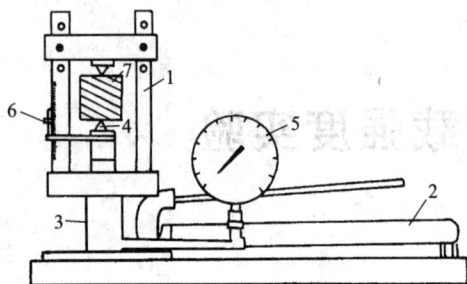

图4-4-1　携带式点荷载仪示意图

1—框架；2—手摇卧式油泵；3—千斤顶；
4—球端圆锥状压扳；5—油压表；6—游标标尺；7—试样

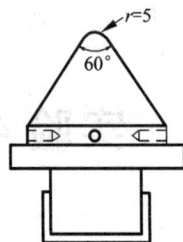

图4-4-2　球端圆锥状压板

4.4.3　试样制备

(1)试样分组：将肉眼可辨的，工程地质特征大致相同的岩石试样分为一组。如果岩石是各向异性的(如层理、片理明显的沉积岩和变质岩)，还应再分为平行和垂直层理加荷的两个亚组。

(2)可采用岩芯样，规则或不规则的块体试样。对不同形体试样的尺寸有如下要求：

①岩芯径向实验，试样长径比应大于1.0；岩芯轴向实验时，试件长度与直径之比宜为0.3~1.0。

②方块体或不规则块体试件，其尺寸宜为50±35 mm，两加荷点间距与加荷处平均宽度之比宜为0.3~1.0。

(3)如要求对不同含水状态的试样进行实验时，试样的含水状态可按抗压强度实验的方法进行处理。

(4)试样数量：同一含水状态和同一加载方向下，岩芯试件数量每组宜为5~10个，方块体或不规则块体试件数量每组宜为15~20个。

4.4.4　操作步骤

(1)描述试样的结构、构造、裂隙及风化程度等特征，加载方向与层理、片理、节理的关系以及含水状态等。

(2)径向实验时，将岩芯试样放入球端圆锥之间，使加荷锥端与试样直径两端紧密接触，并让接触点尽可能处在试样的中心。量测加载点间距，加载点距试件自由端的距离不应小于加荷点间距的0.5。

(3)轴向实验时，将岩芯试样放入球端圆锥之间，加载方向应垂直试件两端面，并让接触点尽可能处在试件中截面的圆心并与试件紧密接触。量测加载点间距及垂直于加载方向的试件宽度。

(4)方块体或不规则块体实验时，应选择试件最小尺寸方向为加载方向。将试样放入球端圆锥之间，使上下锥端位于试样的中心并与试件紧密接触。量测加载点间距及通过两加载点最小截面的宽度或平均宽度，加载点距试件自由端的距离不应小于加荷点间距的0.5。

（5）以在$10 \sim 60$ s内能使试样破坏的加荷速度匀速加荷，一直至试样破坏，记录破坏荷载。

（6）测量试样破坏瞬间两加荷点之间的距离。

（7）描述试件破坏形态（破坏面是平直的或弯曲的等）。破坏面贯穿整个试件并通过两加载点为有效实验。

（8）对每个试样重复（2）～（7）步骤操作。

4.4.5　资料整理

（1）未修正的岩石点荷载强度按下式计算：

$$I_{s} = \frac{p}{D_{e}^{2}} \tag{4-4-1}$$

式中：I_{s}——未修正的岩石点荷载强度（MPa）；

p——破坏荷载（N）；

D_{e}——等价岩芯直径（mm）。

（2）径向实验的等价岩芯直径按下式计算：

$$D_{e}^{2} = D^{2} \tag{4-4-2}$$

$$D_{e}^{2} = D \cdot D' \tag{4-4-3}$$

式中：D——加荷点间距（mm）；

D'——上下锥端发生贯入后，试件破坏瞬间加荷点间距（mm）。

（3）轴向、方块体或不规则块体实验的等价岩芯直径按下式计算：

$$D_{e}^{2} = \frac{4WD}{\pi} \tag{4-4-4}$$

$$D_{e}^{2} = \frac{4WD'}{\pi} \tag{4-4-5}$$

式中：W——通过两加载点最小截面的宽度或平均宽度（mm）；

其余符号同前。

（4）当等价岩芯直径不等于50 mm时，应对计算值进行修正。当其实验数据较多，且同一组试件中的等价岩芯直径具有多种尺寸而不等于50 mm时，应根据实验结果，绘制D_{e}^{2}与破坏荷载p的关系曲线，并在曲线上查找$D_{e}^{2} = 2500$ mm^{2}对应的p_{50}值，按下列公式计算岩石点荷载强度指数：

$$I_{s(50)} = \frac{p_{50}}{2500} \tag{4-4-6}$$

（5）当等价岩芯直径不等于50 mm，且试验数据较少，不宜采用上述方法修正时，应按下列公式计算岩石点荷载强度指数：

$$I_{s(50)} = FI_{s} \tag{4-4-7}$$

$$F = \left(\frac{D_{e}}{50} \right)^{m} \tag{4-4-8}$$

式中：F——修正系数；

m——修正指数，可取 0.40 ~ 0.45，或由同类岩石的经验值确定。

(6)按下式计算岩石点荷载强度各向异性指数：

$$I_{a(50)} = \frac{I'_{s(50)}}{I''_{s(50)}} \qquad (4-4-9)$$

式中：$I_{a(50)}$——岩石点荷载强度各向异性指数；

$I'_{s(50)}$——垂直于弱面的岩石点荷载强度(MPa)；

$I''_{s(50)}$——平行于弱面的岩石点荷载强度(MPa)。

(7)按式(4-4-7)计算的垂直和平行弱面的岩石点荷载强度应取平均值。当一组有效的实验数值不超过 10 个时，舍去最高值和最低值，再计算其余数的算术平均值；当一组有效的实验数值超过 10 个时，依次舍去 2 个最高值和 2 个最低值，再计算其余数的算术平均值。

(8)计算值取 3 位有效数字。

4.4.6 记录及结果计算

表 4-4-1 点荷载实验记录表

班 级		实验小组			记 录 者		
计算者		校 核 者			实验日期		
序号	实验编组	岩石名称			采样地点		
1	试样编号						
2	试样形状						
3	含水状态						
4	加荷方向						
5	长×宽×高(mm)						
6	破坏荷载 p(N)						
7	加荷点间距离 D(mm)						
8	破坏面宽度 W(mm)						
9	等效圆直径平方 D_e^2(mm)						
10	点荷载强度 I_s(MPa)						
11	I_s 平均值(MPa)						
12	试样破坏特征						

4.4.7 检测相关

工程中遇到岩块形状不规则且尺寸较小难以加工成标准试件，又要求即时了解岩石强度大小时，一般在现场进行岩石点荷载强度实验，通过经验关系间接确定岩石强度，具体参见《工程岩体试验方法标准》(GB/T50266—2013)、《公路工程岩石试验规程》(JTG E41—2005)、《水利水电工程岩石试验规程》(SL264—2001)。

实验 4.5　单轴压缩变形实验

【实验目的】　掌握用电阻应变仪、千分表测试岩石单轴压缩变形的实验方法以及岩石弹性模量和泊松比的计算方法。

【预习思考】　弹性模量、泊松比的基本概念；测定岩石轴向和径向应变的方法。

4.5.1　基本概念

岩石单轴压缩变形实验是测定岩石在单轴压缩条件下的轴向和径向应变值，绘制应力 - 应变曲线，再由应力 - 应变曲线求得岩石的弹性模量和泊松比。

弹性模量是轴向应力和轴向应变之比；泊松比是在弹性模量相对应情况下的径向应变与轴向应变之比。

本实验分为电阻应变仪法、千分表法，适用于能制成规则试件的各类岩石。坚硬、较坚硬岩石应采用电阻应变仪法，较软岩石应采用千分表法。

4.5.2　仪器设备

(1)钻石机、切石机、磨石机；

(2)压力机；

(3)电阻应变仪；

(4)惠斯登电桥、兆欧表、万用表；

(5)电阻应变片：丝栅长度应大于岩石颗粒直径的 10 倍，并应小于试件的半径；

(6)千分表架、磁性表架、黏结剂；

(7)卡尺：精度为 0.02 mm；千分表；角尺 150 mm；

(8)烘箱，干燥器；

(9)水槽，真空泵。

4.5.3　试样制备

试件尺寸、加工精度、试样数量应符合岩石单轴抗压强度实验有关规定。

4.5.4　操作步骤

1.电阻应变仪法操作步骤

(1)试样含水状态按岩石单轴抗压强度实验有关规定处理、分组、描述和测量尺寸;

(2)选择电阻应变片时,同一试件所选定的工作片和补偿片的规格、灵敏系数等应相同,电阻允许偏差为0.2 Ω;

(3)贴片位置应选在试件中部相互垂直的两对称部位以相对面为一组,分别粘贴轴向及径向应变片,避开裂隙或斑晶;

(4)贴片处用0号砂纸打磨平整光滑,用清洗液清洗干净。各种含水状态的试件,应在贴片位置的表面均匀地涂一层防潮胶液,厚度不超过0.1 mm,范围应大于应变片;

(5)应变片应牢固地粘贴在试件上,轴向和径向应变片的数量可采用2片或4片,其绝缘电阻值不应小于200 MΩ;

(6)在焊接导线后,可在应变片上作防潮处理;

(7)将贴好电阻应变片的试件置于压力机承压板中心,使试样与上下压板接触;调整试件中心,使其与球座压板的曲率中心重合;然后,用导线将电阻应变片与电阻应变仪连接,接通电源,并调整电阻应变仪的零点。在初始加载时,应随时根据相应测点读数差值的大小调整试件,使试件受载均匀;

(8)以0.5~1.0 MPa/s的加荷速度,对试件施加荷载。逐级测读荷载及各级荷载下的纵、横应变值直至破坏,测值不宜少于10组。

2.千分表法操作步骤

(1)千分表架应固定在试件预定的标距上,在表架上的对称部位分别安装轴向应变和横向应变的测表。标距长度和试件直径应大于岩石最大矿物颗粒直径的10倍;

(2)对于变形较大的试件,可将试件置于压力机承压板中心,将磁性表架对称安装在下承压板上,量测轴向变形的测表表头直接对称与上承压板接触,量测径向变形的测表表头直接对称与试件直径方向的中部表面接触;量测轴向变形和径向变形的测表可采用2只或4只;

(3)其他步骤同电阻应变仪法步骤(7)、(8)。

4.5.5　资料整理

(1)岩石单轴抗压强度按(4-1-1)式计算。

(2)按下式计算各级荷载下的应力:

$$\sigma = \frac{p}{A} \qquad\qquad (4-5-1)$$

式中:σ——各级应力(MPa);

　　　p——与所测各组应变值相应的荷载(N);

　　　A——试样的截面积(mm^2)。

(3)千分表各级应力的轴向应变、同应力的径向应变按下式计算:

$$\varepsilon_1 = \frac{\Delta L}{L} \tag{4-5-2}$$

$$\varepsilon_d = \frac{\Delta D}{D} \tag{4-5-3}$$

式中：ε_1——各级应力的轴向应变；

ε_d——与 ε_1 同应力的径向应变；

ΔL——各级载荷下的轴向变形平均值(mm)；

ΔD——与 ΔL 同载荷下的径向变形平均值(mm)；

L——轴向测量标距或试样高度(mm)；

D——试件直径(mm)。

(4)绘制应力与轴向应变及径向应变关系曲线。

(5)按下式计算岩石平均弹性模量和岩石平均泊松比：

$$E_{av} = \frac{\sigma_b - \sigma_a}{\varepsilon_{lb} - \varepsilon_{la}} \tag{4-5-4}$$

$$\mu_{av} = \frac{\varepsilon_{db} - \varepsilon_{da}}{\varepsilon_{lb} - \varepsilon_{la}} \tag{4-5-5}$$

式中：E_{av}——岩石平均弹性模量(MPa)；

μ_{av}——岩石平均泊松比；

σ_a——应力与轴向应变关系曲线上直线段始点的应力值(MPa)；

σ_b——应力与轴向应变关系曲线上直线段终点的应力值(MPa)；

ε_{la}——应力为 σ_a 时的轴向应变；

ε_{lb}——应力为 σ_b 时的轴向应变；

ε_{da}——应力为 σ_a 时的径向应变；

ε_{db}——应力为 σ_b 时的径向应变。

(6)按下式计算岩石割线弹性模量及相应的岩石泊松比：

$$E_{50} = \frac{\sigma_{50}}{\varepsilon_{l50}} \tag{4-5-6}$$

$$\mu_{50} = \frac{\varepsilon_{d50}}{\varepsilon_{l50}} \tag{4-5-7}$$

式中：E_{50}——岩石割线弹性模量(MPa)；

μ_{50}——岩石泊松比；

σ_{50}——相当于岩石单轴抗压强度 50% 时的应力值(MPa)；

ε_{l50}——与应力 σ_{50} 对应的轴向应变值；

ε_{d50}——与应力 σ_{50} 对应的径向应变值。

(7)本实验需用 3 块以上试样进行平行测定，取其算术平均值。弹性模量取 3 位有效数字，泊松比计算值准确至 0.01。

4.5.6　记录及结果计算

表 4 – 5 – 1　岩石弹性模量实验记录表

班　级		实验小组		记 录 者	
计算者		校 核 者		实验日期	
说明事项					
试样编号		岩石名称		试验状态	
直径(mm)		长(mm) ×宽(mm) ×高(mm)		面积(mm²)	

垂直荷载 p(kN)	应力 σ (MPa)	轴向变形(mm)或轴向应变 ε(×10⁻⁶)			径向变形(mm)或径向应变 ε(×10⁻⁶)		
		$\Delta L(\varepsilon_1)$	$\Delta L(\varepsilon_2)$	平均值	$\Delta D(\varepsilon_3)$	$\Delta D(\varepsilon_4)$	平均值

4.5.7　检测相关

对一些重要工程常需测定岩石的弹性模量及泊松比,具体参见《工程岩体试验方法标准》(GB/T50266—2013)、《公路工程岩石试验规程》(JTG E41—2005)、《水利水电工程岩石试验规程》(SL264—2001)。

实验 4.6　三轴压缩强度实验

【实验目的】　掌握岩石在三向压应力状态下的强度和变形的测定方法；掌握三向压应力状态下岩石抗剪强度参数 c、φ 的确定方法；观察和描述岩石在三向压应力状态下的破坏现象。

【预习思考】　岩石直剪强度参数与三向压应力状态下抗剪强度参数哪个更接近工程实际？

4.6.1　基本概念

岩石三轴压缩强度实验是测定一组岩石试件在不同侧压力条件下三轴压缩强度，据此计算岩石在三轴压缩条件下的强度参数 c、φ 值。

在施加轴向荷载的过程中，同时记录各级应力下的轴向和径向应变，绘制主应力差（$\sigma_1 - \sigma_3$）与轴向应变及径向应变关系曲线，从而求得岩石的弹性模量和泊松比。

本试验采用等侧压（$\sigma_1 > \sigma_2 = \sigma_3$）三向压缩实验。

4.6.2　仪器设备

(1) 试样制备和检测设备：见岩石单轴抗压强度实验；

(2) 试样饱和、烘干设备：见岩石吸水性实验；

(3) 大量程测微表；

(4) 万用电表，兆欧表，精密电桥；

(5) 电阻应变片（技术要求同单向压缩变形试验）、电阻应变仪、防潮胶液及贴片设备；

(6) 岩石三轴实验机：可以用普通压力机装配成符合技术要求的简易三轴压力室，压力室必须有保持侧压力稳定的稳压装置。

4.6.3　试样制备

(1) 采用直径不小于 50 mm，高径比为 2.0～2.5 的正圆柱体作为标准试样。试样直径与岩石最大颗粒尺寸之比值至少为 10∶1，且试样直径应为承压板直径的 0.98～1.00；

(2) 制备试样时采用的冷却液，必须是洁净水，不允许使用油液；

（3）对遇水崩解、溶解和干缩湿胀的岩石，应采用干法制样；

（4）试样数量，视实验的目的、受力方向和含水状态等要求而定，每种受力方向和含水状态的试样数量应为 5 块；

（5）试样制备的精度：

①试样周边应当光滑，沿整个高度的直径误差不超过 0.3 mm；

②试样端面不平整度不大于 0.02 mm，两端面不平行度最大不超过 0.05 mm；

③端面应垂直于试样轴线，其最大偏差不应超过 0.25°。

4.6.4　操作步骤

（1）试样准备：

①按岩石单轴抗压强度试验之规定量测试样尺寸，检查试样加工精度；

②按岩石单轴抗压强度试验之规定对试样进行描述和含水状态处理；

③当采用电阻应变仪测量饱水试样的应变时，粘贴电阻应变片和试样处理，均参照单向压缩变形试验之规定进行。

（2）试样安装：

①将试样对准上、下承压板，然后用耐油橡胶或乳胶质保护套（或能有效防止油液浸入的其他材料的柔性保护套）将试样和压板套住。保护套应有足够的长度，能延长到压板，既不要套得太紧，又要能防止油液渗入试样。然后装上密封圈，使试样封闭，放入三轴压力室内。调整试样、承压板与球座的位置，使三者精确地彼此对准，保持在同一条轴心线上；

②连通油压管路，向压力室注油，同时，打开压力室排气阀，排除压力室空气直至油液达到预定的位置为止。关闭气阀、封闭压力室。

（3）安装变形测量设备：

将导线与试样上的电阻应变片焊接好，然后把导线从压力室导线孔引出，并与电阻应变仪连接。

（4）侧压力的选择，可按等差级数或等比级数进行选择，并考虑下列条件：

①最小侧压力的选择，应依据工程实际情况，并考虑到测力装置的精度；

②选定的侧压力，须使求出之莫尔包络线能明显地反映出所需的应力区间；

③适当照顾莫尔包络线的各个阶段。

（5）实验开始，以 0.05 MPa/s 左右的加荷速率施加侧压力和轴向压力。待加至预定侧压力值时，记录试件轴向变形作为初始值。使侧压力保持稳定，再继续以 0.5～1.0 MPa/s 的加荷速率施加轴向荷载，直至试样破坏。记录试样破坏时的最大轴向荷载及相应的侧压力值。

（6）在施加轴向荷载的过程中，同时记录各级应力下的纵向和横向应变。为了绘制应力－应变曲线，在等间隔荷载下记录的应变测点应不少于 10 个荷级。

（7）实验结束后，取出试样进行描述，量出破坏面和试件轴线方向之间的夹角。

（8）重复上述步骤对其余试件在不同侧压下进行实验。

4.6.5　资料整理

（1）计算岩石强度参数 c、φ：

①按下式计算不同侧向压力下的轴向应力（抗压强度值）：

$$\sigma_1 = \frac{p}{A} \tag{4-6-1}$$

式中：σ_1——不同侧压力下的轴向应力值（MPa）；

　　　p——破坏时的最大轴向荷载（N）；

　　　A——试样的横截面积（mm^2）。

②根据计算的最大主应力 σ_1 及相应施加的侧压力 σ_3，在 $\tau - \sigma$ 坐标图上以 $\left(\dfrac{\sigma_1 + \sigma_3}{2}, 0\right)$ 为圆心，以 $\dfrac{\sigma_1 - \sigma_3}{2}$ 为半径绘制莫尔应力圆，根据莫尔-库仑强度准则确定岩石在三向应力条件下的抗剪强度参数。

③也可以在以轴向应力 σ_1 为纵坐标和侧向应力 σ_3 为横坐标的坐标图上，绘制各试样的侧向-轴向应力关系图（图 4-6-1），建立下列线性方程式：

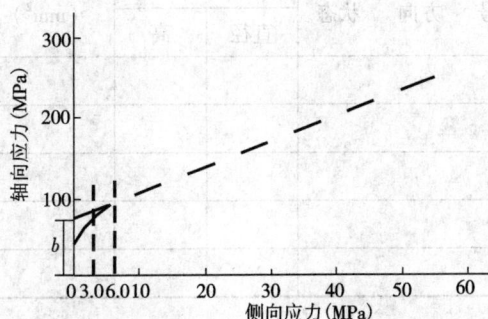

图 4-6-1　侧向-轴向应力关系图

$$\sigma_1 = m\sigma_3 + b \tag{4-6-2}$$

式中：σ_1——最大主应力，即最大轴向应力（MPa）；

　　　σ_3——最小主应力，即侧向应力（MPa）；

　　　m——$\sigma_1 - \sigma_3$ 关系曲线的斜率，$m = \dfrac{1 + \sin\varphi}{1 - \sin\varphi}$；

　　　b——$\sigma_1 - \sigma_3$ 关系曲线在 σ_1 轴上的截距，$b = \dfrac{2c\cos\varphi}{1 - \sin\varphi}$，等同试件单轴抗压强度。

④按下式计算内摩擦角 φ 和内凝聚力值 c：

$$\varphi = \sin^{-1}\frac{m - 1}{m + 1} \tag{4-6-3}$$

式中：φ——内摩擦角（°）；

$$c = \frac{b(1 - \sin\varphi)}{2\cos\varphi} \tag{4-6-4}$$

式中：c——内聚力（MPa）；

⑤成果报告应标明 c、φ 值适用的侧向应力范围。

（2）计算岩石的弹性模量和泊松比：

①分别计算出各级荷载下的纵向应变和横向应变的平均值。

②绘制主应力差（$\sigma_1 - \sigma_3$）与纵向应变及横向应变关系曲线。

③根据主应力差（$\sigma_1 - \sigma_3$）与纵向应变及横向应变关系曲线，按单轴压缩变形试验成果

整理的方法计算岩石的弹性模量和泊松比。

4.6.6　记录及结果计算

表 4 - 6 - 1　岩石三轴压缩强度实验记录表

班　级			实验小组			记录者	
计算者			绘图者			校核者	
实验日期			说明事项				

试样编号	受力方向	试验状态	试样尺寸(mm)		横截面积(mm²)	侧向应力 σ_3(MPa)	最大破坏荷载 p(N)	轴向应力 σ_1(MPa)
			直径	高				

表 3 - 6 - 2　岩石三轴变形实验记录表

试样编号：　　　　　　　　　　　　试样尺寸：　　　mm
侧向应力：　　　　　　　　　　　　试样横截面积：　　　mm²

加荷时间			轴向加荷		应变值×10⁻⁶						备注
					轴向应变值 ε_1			横向应变值 ε_d			
h	min	s	荷载 p(kN)	轴向应力 σ_1(MPa)	ε_1	ε_2	平均值	ε_3	ε_4	平均值	

4.6.7　检测相关

对一些重要工程常需测定岩石在三向压应力状态下的强度参数 c、φ 值，具体参见《工程岩体试验方法标准》(GB/T50266—2013)、《公路工程岩石试验规程》(JTG E41—2005)、《水利水电工程岩石试验规程》(SL264—2001)。

第五篇
建筑结构实验与检测

实验 5.1　钢筋混凝土适筋梁破坏实验

【实验目的】

(1)通过实验,了解适筋梁的受力性能和破坏特征;

(2)测量出适筋梁弯矩段的弯矩 – 曲率关系,绘制出适筋梁荷载与挠度的关系曲线,观察适筋梁的裂缝开展及挠度的变化情况,观察适筋梁的最后破坏情况,加深对受弯构件正截面的三个工作阶段(整体工作阶段,带裂缝工作阶段,破坏阶段)的认识;

(3)进一步了解掌握有关测试仪器设备及加载装置,如静态应变仪、位移计、千分表、伺服试验机等。

5.1.1　基本概念

(1)梁的正截面破坏形式与配筋率、混凝土强度等级、截面形式等有关,影响最大的是配筋率。随着纵向受拉钢筋配筋率 ρ 的不同,钢筋混凝土梁正截面可能出现适筋、超筋、少筋等三种不同性质的破坏。适筋破坏为塑性破坏,适筋梁钢筋和混凝土均能充分利用,既安全又经济,是受弯构件正截面承载力极限状态验算的依据。超筋破坏和少筋破坏均为脆性破坏,既不安全又不经济。

(2)适筋梁,是指含有正常配筋的梁。破坏的主要特点是受拉区混凝土先出现裂缝,然后受拉钢筋达到屈服强度,最后受压区混凝土被压碎,构件即告破坏。这种梁在破坏前,钢筋经历着较大的塑形伸长,从而引起构件较明显的变形和裂缝开展过程,其破坏过程比较缓慢,破坏前有明显的预兆,为塑性破坏。适筋梁因其材料强度能得到充分发挥,受力合理,破坏前有预兆,所以实际工程中应把钢筋混凝土梁设计成适筋梁。

(3)适筋梁工作的三个阶段:

①施加荷载后,拉力由受拉区的钢筋和混凝土共同承担,继续增加荷载,受拉区混凝土处于一种即将开裂又未开裂的状态。此状态可作为受弯构件抗刚度的计算依据;

②继续施加荷载,受拉区混凝土开裂,拉力全部由钢筋承担,再继续施加荷载,钢筋将达到屈服阶段,此时为带裂缝工作状态。此状态可作为使用阶段变形和裂缝宽度的计算依据;

③钢筋达到屈服后,继续施加荷载,直至受压区混凝土被压碎,导致梁完全破坏,此状态的应力图形作为"极限状态"承载力计算的依据;

5.1.2 实验仪器设备

（1）静态应变仪；

（2）电子位移计；

（3）电液伺服加载系统（含台座、反力架、分配梁）；

（4）裂缝测宽仪；

（5）其他：应变片、固化剂、电烙铁、焊锡丝、导线、钢卷尺等。

5.1.3 实验步骤

（1）设计钢筋混凝土梁，梁截面尺寸：_____ mm，长度：____ mm，混凝土强度等级：__
____ 梁配主筋：_____ 箍筋：_____ 配筋率：_____ 计算理论开裂荷载和极限
荷载值分别为：_____。

（2）在钢筋表面磨平，粘贴钢筋应变片并加以保护，浇注混凝土梁，成型养护至龄期；

（3）在梁纯弯曲段（跨中两侧面）粘贴电阻应变片（表面磨平、清洗、粘贴等），安装梁至试
验台座上，安装和测试测点布置简图如图 5 - 1 - 1 所示，要求安装位置准确、稳定、无偏移等；

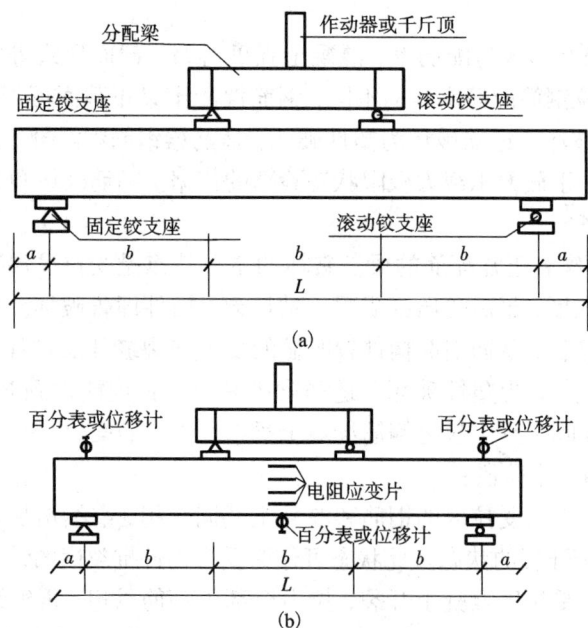

（a）

（b）

图 5 - 1 - 1 安装和测试点布置简图

（4）检查安装是否稳定、偏移，位置是否准确，测量梁的截面尺寸，计算跨度、加载点位
置、应变片位置；

（5）预加载，按（0 kN，2 kN，3 kN）预加载，测读各测点数据，观察试件、仪器仪表工作
是否正常并及时排除故障；

（6）卸除预加载，仪器仪表等数据清零，开始正式加载，采用分级加载方式，以预估破坏荷载的10%进行分级，加载间隔时间为 10 min，记录电阻应变仪、支座和跨中位移读数，同时观察梁是否开裂；

（7）继续加载，在试验梁出现第一条裂缝后，用细铅笔在梁上对出现的裂缝进行标记，标记此开裂状态的前一级荷载；

（8）继续加载，以破坏荷载的20%进行分级加载，加载间隔时间为 10 min，标记不断出现的裂缝位置；

（9）当加载到接近预估破坏荷载的60% ~ 70%时，用裂缝测宽仪测读裂缝宽度，用直尺量测裂缝间距；

（10）继续加载至梁完全破坏，记录其极限荷载；

（11）卸载，记录梁裂缝分布情况。

5.1.4　记录及结果计算

（1）正截面应变记录表（表 5 - 1 - 1）：

表 5 - 1 - 1　正截面应变记录表

实验项目			主要实验仪器										
实验日期			实验人员										
指导教师			记录人员										
原始记录													
砼强度等级			实配钢筋				纵筋：				箍筋：		
跨度(mm)			截面尺寸(mm)										
理论开裂荷载(kN)			理论极限荷载(kN)										
试验开裂荷载(kN)			试验极限荷载(kN)										
序号	1	2	3	4	5	6	7	8	9	10	11	12	13	14
测点1 荷载(kN)	0													
测点1 读数($\mu\varepsilon$)														
测点2 读数($\mu\varepsilon$)														
测点3 读数($\mu\varepsilon$)														
测点4 读数($\mu\varepsilon$)														
测点5 读数($\mu\varepsilon$)														
测点6 读数($\mu\varepsilon$)														
测点7 读数($\mu\varepsilon$)														
测点8 读数($\mu\varepsilon$)														

（2）跨中截面位移及支座记录表（表 5 – 1 – 2）：

表 5 – 1 – 2 跨中截面位移及支座记录表

实验项目		主要实验仪器			
实验日期		实验人员			
指导教师		记录人员			

原始记录

砼强度等级		实配钢筋		纵筋：	箍筋：
跨度（mm）		截面尺寸（mm）			
理论开裂荷载（kN）		理论极限荷载（kN）			
试验开裂荷载（kN）		试验极限荷载（kN）			

序号	荷载（kN）	支座 1（mm）	支座 2（mm）	跨中（mm）	跨中挠度计算值 = 跨中值 –（支座 1 + 支座 2）÷2	挠度理论计算值 $f = \dfrac{23FL^3}{684EI}$

（3）绘制跨中截面荷载与挠度曲线（图 5 – 1 – 2）：

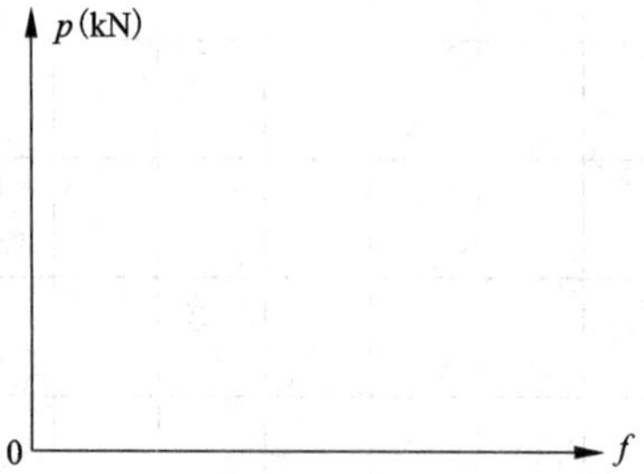

图 5 – 1 – 2 跨中截面荷载与挠度曲线

（4）裂缝分布图（图 5 - 1 - 3）、最大裂缝宽度及平均裂缝距离（表 5 - 1 - 3）：

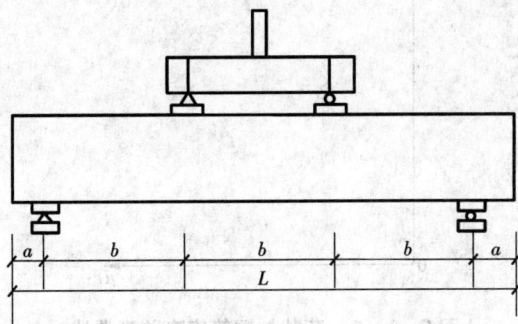

图 5 - 1 - 3　裂缝分布图

表 5 - 1 - 3　裂缝宽度及相应荷载

序号	裂缝宽度（mm）	相应荷载（kN）

（5）正截面应变分布图（图 5 - 1 - 4）：

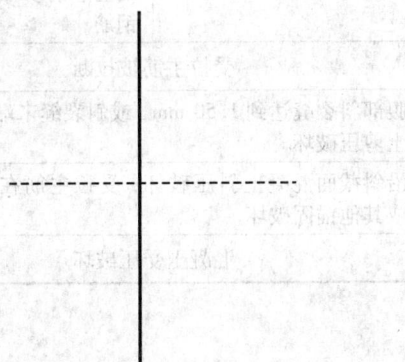

图 5 - 1 - 4　正截面应变分布图

（6）绘制荷载与钢筋应变关系曲线（图 5 - 1 - 5）：

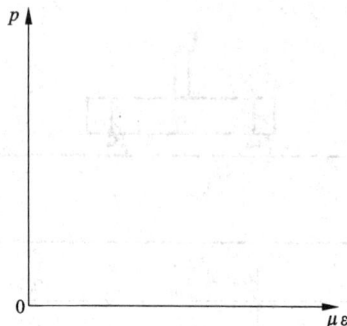

图 5 - 1 - 5　荷载与钢筋应变关系曲线

5.1.5　检测相关

预制构件承载力极限状态标志和承载力检验系数允许值规定如表 5 - 1 - 4 所示。

表 5 - 1 - 4　预制构件承载力极限状态标志和承载力检验系数允许值

受力情况	达到承载力极限状态标志		承载力检验系数
轴心受拉，偏心受拉、受弯，大偏心受压	受拉主筋处的最大裂缝宽度达到 1.5 mm；或挠度达到跨度的 1/50	热轧钢筋	1.20
		钢丝、钢绞线、热处理钢筋	1.35
	受压区混凝土破坏	热轧钢筋	1.30
		钢丝、钢绞线、热处理钢筋	1.45
	受拉主筋被拉断		1.50
受弯构件的受剪	腹部斜裂缝达到 1.50 mm，或斜裂缝末端受压混凝土剪压破坏		1.40
	沿斜截面混凝土斜压破坏；受拉主筋在端部滑脱或其他锚固破坏		1.55
轴心受压，小偏心受压	混凝土受压破坏		1.50

实验 5.2 回弹法检测结构混凝土强度实验

【实验目的】

(1)学习回弹仪的使用技术；

(2)学习和掌握回弹仪检测结构混凝土强度的检测技术；

(3)了解回弹仪的构造、工作原理、使用方法和注意事项；

(4)对混凝土构件的回弹值测定和碳化深度量测，由回弹值和碳化深度按测区混凝土强度换算表确定测区混凝土强度换算值，再通过计算得到构件混凝土强度推定值；

(5)对回弹的混凝土构件推定其混凝土强度等级。

5.2.1 基本概念

(1)水泥混凝土是一种刚性材料，在瞬时外力冲击下，会对施力物体产生反力，当施力物体质量与冲击时的动能一定时，混凝土对其反力的大小反映了其本身的强度。本方法即利用此原理使用一弹击锤以一定动能弹击被测水泥混凝土表面，之后测得其回弹值。

(2)回弹法检测混凝土抗压强度的特点：回弹仪器简单、操作方便、经济迅速和具有一定的测试精度；但回弹仪所测得的回弹值只代表混凝土表层的质量，所以回弹法要求混凝土构件的表面质量与内部质量一致。

(3)回弹法在我国的应用现状：通过对仪器测试性能、测强影响因素、现场测试技术、数据处理方法和构件强度推定方法等的研究，提出了具有我国特色的回弹仪标准状态和考虑混凝土碳化深度的测强曲线，测强相对误差基本控制在 ±15% 以内。

5.2.2 实验仪器设备

(1)回弹仪或数字回弹仪：符合 JJG 817 有关规定，并应符合下列标准状态的要求：

①水平弹击时，在弹击锤脱钩的瞬时，弹击锤的冲击能量为 2.207J；

②弹击锤与弹击杆碰撞的瞬时，弹击弹簧应处于自由状态；

③在洛氏硬度为 60 ±2 的钢砧上，回弹仪的率定值为 80 ±2；

(2)碳化深度测定仪：测量深度：8 mm，分度值：0.25 mm；

(3)其他：钢直尺、毛刷、磨平石、1% ~2% 酚酞酒精溶液、电锤等。

5.2.3　实验步骤

(1)选定单个构件(梁、柱、剪力墙等),在构件表面布置测区并编号,测区宜选在构件的两个对称可测面上,也可选在一个可测面上,且应均匀分布;每个构件布置不少于10个测区,测区离构件端部或施工缝边缘的距离不宜小于0.2 m,不宜大于0.5 m,每个测区面积不宜大于200 mm×200 mm,测区内表面应为原浆面,且表面应清洁、干燥、平整,不应有接缝及蜂窝、麻面,测区表面有粉刷层、饰面层,浮浆及油污等污染物时,应用砂轮清除;

(2)在每个测区内用回弹仪弹击16个测点,相邻两测点间距不宜小于20 mm,测点距外露钢筋、预埋件的距离不宜小于30 mm;弹击时,回弹仪轴线应始终垂直于混凝土检测面,缓慢施压,准确读数(准确至1个单位),快速复位;

(3)边弹击边记录回弹值,同时在记录纸上绘制测区布置示意图并描述外观质量情况;

(4)碳化深度测定:

①在有代表性的测区上测量碳化深度值;

②选定测点,测点数不少于测区数的30%,用电锤等工具在选定的测点上形成直径约15 mm的孔洞;

③用毛刷净孔(不得用水擦洗),用滴管将浓度为1%的酚酞酒精溶液滴洒在洞内壁边缘处;

④用碳化深度测定仪量测未变色部分深度,此深度即为混凝土碳化深度,每测点测三次,每次测读准确至0.5 mm。

(5)计算及结果确定:

①计算每个测区平均回弹值:从该测区的16个回弹值中剔除3个最大值和3个最小值,余下的10个回弹值应按下式计算:

$$R_{m,i} = \left(\sum_{j=1}^{10} R_j \right)/10$$

式中:$R_{m,i}$——第i个测区平均回弹值,准确至0.1;

　　　R_j——第j个测点的回弹值。

②计算构件碳化深度值:

a.每个测点的碳化深度值(每测点测三次)以三次测量的平均值作为该测点的碳化深度值,准确至0.5 mm;

b.构件每个测区碳化深度值(d_m):以所有测点的碳化深度值平均值作为该构件每个测区的碳化深度值(即每个测区的碳化深度值相同);当各个测点的碳化深度值极差大于2.0 mm时,应在每个测区分别测量碳化深度值(即每个测区的碳化深度值不同)。

③计算单个构件每个测区混凝土强度换算值($f^c_{cu,i}$):按所求得的每个测区平均回弹值($R_{m,i}$)、求得的每个测区的碳化深度值(d_m)和混凝土类型(泵送、非泵送)等,查《回弹法检测混凝土抗压强度技术规程》(JGJ/T 23—2011)中附录 A 或附录 B 中读得每个测区混凝土强度换算值(当有地区测强曲线或专用测强曲线时,测区混凝土强度换算值应按地区测强曲线或专用测强曲线换算得出)。

④计算单个构件测区混凝土强度换算值平均值及标准差:

a. 构件测区混凝土强度换算值的平均值(mf_{cu}^{c})：为该构件每个测区混凝土强度换算值的平均值

$$mf_{cu}^{c} = \frac{\sum_{i=1}^{n} f_{cu,i}^{c}}{n}$$

b. 当测区数为 10 个及以上时($n \geqslant 10$)，应计算强度标准差：

$$Sf_{cu}^{c} = \sqrt{\frac{\sum_{i=1}^{n} (f_{cu,i}^{c})^2 - n(mf_{cu}^{c})^2}{n-1}}$$

式中：mf_{cu}^{c}——构件测区混凝土强度换算值平均值（MPa），准确至 0.1MPa；

$\quad n$——对于单个检测的构件，即为该构件的测区数；

$\quad Sf_{cu}^{c}$——结构或构件测区混凝土强度换算值的标准差（MPa），准确至 0.01 MPa；

$\quad f_{cu,i}^{c}$——单个构件第 i 个测区混凝土强度换算值（MPa）。

⑤单个构件现龄期混凝土强度推定值 f_{cu}^{e}：

a. 当构件测区数少于 10 个时：

$$f_{cu}^{e} = f_{cu,min}^{c}$$

式中：$f_{cu,min}^{e}$——构件测区中混凝土强度换算值的最小值。

b. 当构件的测区强度值中出现小于 10.0 MPa 时，则取：

$$f_{cu}^{e} < 10.0 \text{ MPa}$$

c. 当构件测区数不少于 10 个时，应取：

$$f_{cu}^{e} = mf_{cu}^{c} - 1.645 \cdot Sf_{cu}^{c}$$

⑥批构件现龄期混凝土强度推定值 f_{cu}（当所有构件按批检测和评定时）：

a. 可先得出单个构件的现龄期混凝土强度推定值 $f_{cu,i}^{e}$，然后计算所有构件现龄期混凝土强度推定值的平均值 mf_{cu}^{e}，当构件数为 10 个及以上时（$n \geqslant 10$），应计算强度标准差 Sf_{cu}^{e}；

$$mf_{cu}^{e} = \frac{\sum_{i=1}^{n} f_{cu,i}^{e}}{n}$$

$$Sf_{cu}^{e} = \sqrt{\frac{\sum_{i=1}^{n} (f_{cu,i}^{e})^2 - n(mf_{cu}^{e})^2}{n-1}}$$

式中：mf_{cu}^{e}——所有构件现龄期混凝土强度推定值平均值（MPa），准确至 0.1 MPa；

$\quad n$——构件数量（个）；

$\quad Sf_{cu}^{e}$——所有构件现龄期混凝土强度推定值的标准差（MPa），准确至 0.01 MPa；

$\quad f_{cu,i}^{e}$——第 i 个构件现龄期混凝土强度推定值（MPa）。

b. 当构件数少于 10 个时，取 $f_{cu} = f_{cu,min}^{e}$；当构件数不少于 10 个时，取

$$f_{cu} = mf_{cu}^{e} - k \cdot Sf_{cu}^{e}$$

式中：$f_{cu,min}^{e}$——所有构件现龄期混凝土强度推定值中的最小值；

$\quad k$——推定系数，宜取 1.645，当需要进行推定强度区间时，按国家相关规定取值。

c. 当所有构件按批检测和评定时，求该批构件现龄期混凝土强度推定值 f_{cu}，也可以先不

求出单个构件的现龄期混凝土强度推定值 f_{cu}^e，而是按所有测区数来求，具体方法为：

- 计算每个测区混凝土强度换算值（$f_{cu,i}^c$）；（根据测区平均回弹值和碳化深度值查表确定）

- 计算所有测区混凝土强度换算值的平均值 mf_{cu}^c 和标准差 Sf_{cu}^c，此时 n 为批构件所有测区数之和，i 表示第 i 个测区；

- 当所有构件总测区数少于 10 个时：$f_{cu} = f_{cu,min}^c$，当所有构件总测区数不少于 10 个时，$f_{cu} = mf_{cu}^c - 1.645 \cdot Sf_{cu}^c$。

⑦对按批量检测的构件，当该批构件混凝土强度标准差出现下列情况之一时，则该批构件应全部按单个构件检测：

a. 当该批构件混凝土强度平均值小于 25 MPa 时，标准差大于 4.5 MPa；（当按构件强度推定值求批强度推定值时，为 $mf_{cu}^e < 25$ MPa，$Sf_{cu}^e > 4.5$ MPa；当按所有测区强度换算值求批强度推定值时，为 $mf_{cu}^c < 25$ MPa，$Sf_{cu}^c > 4.5$ MPa）

b. 当该批构件混凝土强度平均值不小于 25 MPa 时，标准差大于 5.5 MPa。（当按所有构件强度推定值求批强度推定值时，为 $mf_{cu}^e \geqslant 25$ MPa，$Sf_{cu}^e > 5.5$ MPa；当按所有测区强度换算值求批强度推定值时，为 $mf_{cu}^c \geqslant 25$ MPa，$Sf_{cu}^c > 5.5$ MPa）

5.2.4　记录及结果计算

构件名称：

表 5 - 2 - 1　回弹法检测原始记录表

编号	回弹值 N_i																	碳化深度			测区碳化深度值 d_m
	1	2	3	4	5	6	7	8	9	10	11	12	13	14	15	16	$R_{m,i}$	测点三次碳化深度 L_i (mm)	三次平均值	测点平均值	
构件　测区　1																					
2																					
3																					
4																					
5																					
6																					
7																					
8																					
9																					
10																					

测面状态　　侧面、表面、底面、风干、潮湿、光洁、粗糙

测试角度 α　　水平　　向上　　向下

回弹仪　　型号　　编号　　率定值

测区示意图

测试人：　　　　记录人：　　　　计算人：

测试日期：　　　　年　月　日

表 5－2－2　构件混凝土强度计算表

构件名称及编号：

项目 ＼ 测区	1	2	3	4	5	6	7	8	9	10
回弹值　测区平均回弹值 $R_{m,i0}$										
回弹值　角度修正值（必要时）										
回弹值　角度修正后（必要时）										
回弹值　浇灌面修正值（必要时）										
回弹值　浇灌面修正后（必要时）										
测区碳化深度值 d_m（mm）										
测区换算强度值 $f^c_{cu,i0}$（MPa）										
芯样修正或同条件试块修正量（必要时）Δ_{tot}										
Δ_{tot} 修正后测区换算强度值（必要时）$f^c_{cu,i}$（MPa）										
强度推定值 $f^e_{cu}=$　　　　MPa										

$mf^c_{cu}=$　　　　$Sf^c_{cu}=$　　　　$f^c_{cu,\,min}=$　　　　$k=$

使用测区强度换算表名称：　　　　规程　　　地区　　专用

备注：

5.2.5　检测相关

(1)《回弹法检测混凝土抗压强度技术规程》(JGJ/T 23—2011)中规定：

①回弹仪检定周期为半年，弹击超过 2000 次要进行保养；回弹仪用钢砧每 2 年要进行检定或校准；回弹仪在钢砧上率定在连续四个方向进行，率定时环境温度为 5 ~ 35℃，每个方向弹击三次取平均值作为该方向的率定值，每个方向弹击前，弹击杆要旋转 90°(开始弹击的第 1 个方向除外)，每个方向的率定值均为 80 ± 2。

②混凝土构件强度按单个构件检测时，应符合以下规定：

a. 一般构件测区数不应少于 10 个，当受检构件数量大于 30 个且不需要提供单个构件推定强度或受检构件某一方向尺寸不大于 4.5 m 且另一方向尺寸不大于 0.3 m 时，其测区数量可适当减少，但不应少于 5 个；

b. 相邻两测区的间距应控制在 2 m 以内，测区离构件端部或施工缝边缘的距离不宜大于 0.5 m，且不宜小于 0.2 m；

c. 测区应选在使回弹仪处于水平方向检测混凝土浇筑侧面。当不能满足这一要求时，可使回弹仪处于非水平方向检测混凝土浇筑侧面、表面或底面；但泵送混凝土，测区应选在混凝土浇筑侧面；

d. 测区宜选在构件的两个对称可测面上，也可选在一个可测面上，且应均匀分布。在构件的重要部位及薄弱部位必须布置测区，并应避开预埋件；

e. 测区的面积不宜大于 0.04 m²。

③混凝土构件强度按批构件检测时，应符合以下规定：

在相同的生产工艺条件下，混凝土强度等级相同，原材料、配合比、成型工艺、养护条件基本一致且龄期相近的同类结构或构件应采用批量检测；应随机抽取并使所选构件具有代表性，抽检数量不宜少于同批构件总数的 30% 且不宜少于 10 件，当检验批构件数量大于 30 个时，抽样构件数量可适当调整，但不得少于国家现行有关标准规定的最少抽样数量要求。

④回弹法检测混凝土强度适用于自然养护龄期 14 ~ 1000 d，抗压强度为 10 ~ 60 MPa 的泵送和非泵送混凝土，当不满足上述要求时，可以采用在构件上钻取芯样或同条件养护试块对测区混凝土强度换算值 $f_{cu,i}^c$ 进行修正(并不是说不满足上述条件就不能用回弹法检测)，芯样数量不应少于 6 个，公称直径宜为 100 mm，高径比应为 1，且芯样应在测区内钻取，每个芯样只加工 1 个试件；同条件试块数量不少于 6 个，试块边长应为 150 mm。

a. 测区混凝土强度修正量：

以芯样试件修正时：

$$\Delta_{tot} = f_{cor,m} - f_{cu,m0}^c = \frac{1}{n} \cdot \sum_{i=1}^{n} f_{cor,i} - \frac{1}{n} \cdot \sum_{i=1}^{n} f_{cu,i}^c$$

式中：Δ_{tot}——测区混凝土强度修正量(MPa)，准确至 0.1 MPa；

　　　$f_{cor,m}$——芯样试件混凝土抗压强度实测值的平均值(MPa)，准确至 0.1 MPa；

　　　$f_{cor,i}$——第 i 个芯样试件混凝土抗压强度实测值(MPa)，准确至 0.1 MPa；

　　　$f_{cu,m0}^c$——与芯样试件对应的所有回弹测区的混凝土强度换算值的平均值(MPa)，准确至 0.1 MPa；

$f_{cu,i}^c$——与芯样试件对应的第 i 个回弹测区混凝土强度换算值,即利用第 i 个测区的平均回弹值 $R_{m,i}$ 和测区碳化深度值 d_m 及混凝土类型(泵送、非泵送)等,查《回弹法检测混凝土抗压强度技术规程》(JGJ/T 23—2011)中附录 A 或附录 B 中读得该测区混凝土强度换算值(MPa);

n——芯样试件的数量($n \geq 6$),一个芯样对应一个测区。

以立方体试块修正时:

$$\Delta_{tot} = f_{cu,m} - f_{cu,m0}^c = \frac{1}{n} \cdot \sum_{i=1}^{n} f_{cu,i} - \frac{1}{n} \cdot \sum_{i=1}^{n} f_{cu,i}^c$$

式中:Δ_{tot}——测区混凝土强度修正量(MPa),准确至 0.1 MPa;

$f_{cu,m}$——同条件立方体试块混凝土抗压强度实测值的平均值(MPa),准确至 0.1 MPa;

$f_{cu,i}$——第 i 个同条件立方体试块混凝土抗压强度实测值(MPa),准确至 0.1 MPa;

$f_{cu,m0}^c$——同条件立方体试块的所有回弹测区的混凝土强度换算值的平均值(MPa),准确至 0.1 MPa;

$f_{cu,i}^c$——第 i 个同条件立方体试块的回弹测区混凝土强度换算值(一个试块为一个回弹测区),即利用第 i 个同条件立方体试块的测区平均回弹值 $R_{m,i}$ 和测区碳化深度值 d_m 及混凝土类型(泵送、非泵送)等,查《回弹法检测混凝土抗压强度技术规程》(JGJ/T 23—2011)中附录 A 或附录 B 中得到该测区混凝土强度换算值(MPa);(在试块上进行回弹,参见《超声回弹综合法检测混凝土强度技术规程》(CECS02:2005)附录 A 中要求确定,一个试块作为一个测区,将试块置于压力机上下承压板之间,加压至 30~50 kN,并保持此压力不变,在试块的两个对测面上各弹击 8 个点,组成 16 个点,去掉三个最大值和三个最小值,求得 10 个值的平均值作为该试块的测区平均回弹值 $R_{m,i}$);

n——同条件立方体试块的数量($n \geq 6$),一个试块为一个测区。

b. 测区混凝土强度换算值修正

利用上述算出的修正量 Δ_{tot} 来修正所有测区的混凝土强度换算值

$$f_{cu,i}^c = f_{cu,i0}^c + \Delta_{tot}$$

式中:$f_{cu,i0}^c$——修正前第 i 个测区的混凝土强度换算值(MPa),准确至 0.1 MPa;(即根据测区平均回弹值 $R_{m,i}$ 和测区碳化深度值 d_m 查表得到);

$f_{cu,i}^c$——修正后第 i 个测区的混凝土强度换算值(MPa),准确至 0.1 MPa。

⑤当回弹弹击时为非水平方向弹击、弹击面非浇注面的侧面时,测区平均回弹值也要进行修正。

a. 非水平方向弹击混凝土浇筑侧面时:$R_{m,i} = R_{m,i0} + R_{m,\alpha}$

b. 水平方向弹击混凝土浇筑表面时:$R_{m,i} = R_{m,i0} + R_{m,t}$

c. 水平方向弹击混凝土浇筑底面时:$R_{m,i} = R_{m,i0} + R_{m,b}$

d. 非水平方向弹击混凝土浇筑表面、底面时:先进行非水平方向角度修正,再进行浇筑面修正:

$$R_{m,i} = R_{m,i0} + R_{m,\alpha} + R_{m,t}(或 R_{m,b})$$

式中:$R_{m,i0}$——修正前,第 i 测区平均回弹值;

$R_{m,i}$——修正后,第 i 测区平均回弹值;

$R_{\mathrm{m},\alpha}$——非水平方向角度修正值；

$R_{\mathrm{m},t}$——弹击混凝土浇筑表面修正值；

$R_{\mathrm{m},b}$——弹击混凝土浇筑底面修正值。

(2)《建筑结构检测技术标准》(GB/T50344—2004)中规定：

检验批最小样本容量要求如表 5 - 2 - 3 所示。

表 5 - 2 - 3　建筑结构抽样检测的最小样本容量

检测批的容量	检测类别和样本最小容量			检测批的容量	检测类别和样本最小容量		
	A	B	C		A	B	C
2 ~ 8	2	2	3	501 ~ 1200	32	80	125
9 ~ 15	2	3	5	1201 ~ 3200	50	125	200
16 ~ 25	3	5	8	3201 ~ 10000	80	200	315
26 ~ 50	5	8	13	10001 ~ 35000	125	315	500
51 ~ 90	5	13	20	35001 ~ 150000	200	500	800
91 ~ 150	8	20	32	150001 ~ 500000	315	800	1250
151 ~ 280	13	32	50	> 500000	500	1250	2000
281 ~ 500	20	50	80	—			

注：检测类别 A 适用于一般施工质量的检测，检测类别 B 适用于结构质量或性能的检测，检测类别 C 适用于结构质量或性能的严格检测或复检

实验 5.3　超声回弹综合法(对测法)检测结构混凝土强度实验

【实验目的】

(1)学习超声波的使用技术;

(2)学习和掌握超声波和回弹仪综合检测结构混凝土强度的检测技术;

(3)了解超声波的构造、工作原理、使用方法和注意事项;

(4)对混凝土构件的回弹值测定和超声波测定,由回弹值和超声波声速值表确定构件混凝土强度推定值。

5.3.1　基本概念

(1)超声回弹综合法是建立在超声波传播速度和回弹值与混凝土抗压强度之间相关关系的基础上,采用带波形显示器的低频超声波检测仪和 50～100 kHz 的换能器,测量混凝土中超声波声速值和回弹仪测得的回弹值,综合反映混凝土抗压强度的一种非破损方法。

(2)超声波波速:在混凝土中,超声脉冲波单位时间内传播的距离。

(3)超声波波幅:超声脉冲波通过混凝土被换能器接收后,由超声波检测仪显示的首波信号的幅度。

5.3.2　实验仪器设备

(1)回弹仪或数字回弹仪:符合 JJG 817 有关规定,并应符合下列标准状态的要求:

①水平弹击时,在弹击锤脱钩的瞬时,弹击锤的冲击能量为 2.207J;

②弹击锤与弹击杆碰撞的瞬时,弹击弹簧应处于自由状态;

③在洛氏硬度为 60 ±2 的钢砧上,回弹仪的率定值为 80 ±2;

(2)数字超声波检测仪及配套的换能器:符合《混凝土超声波检测仪》(JG/T5004)有关规定:换能器工作频率在 50～100 kHz 范围,声时分度值为 0.1 μs,信号幅度分度值为 1 dB(波幅单位 dB);调整系统:接收灵敏度不大于 50 μV,接收放大器频响范围 10～500 kHz,总增益不小于 80 dB;

(3)其他:钢直尺、毛刷、磨平石、耦合剂(黄油)等;

(4)仪器使用环境条件:超声波使用温度 0～40℃;回弹仪使用温度 -4～40℃。

5.3.3 实验步骤

（1）按回弹法检测混凝土强度实验要求，对所选构件布置测区并编号，采用对测法时测区布置在构件两个对测面的对称位置（组成超声波发射测区和接收测区），每个构件布置不少于 10 个测区，测区尺寸宜为 200 mm × 200 mm，测区内表面应为原浆面，且表面应清洁、干燥、平整，不应有接缝及蜂窝、麻面，测区表面有粉刷层、饰面层，浮浆及油污等污染物时，应用砂轮清除。

（2）对布置和编好号的测区（图 5 - 3 - 1）按回弹法检测混凝土强度方法进行回弹，弹击点数为：超声波的发射测区和接收测区内各弹击 8 个点，作为该测区的回弹值（共 16 个点），回弹测点在测区范围内均匀布置，相邻测点之间间距不宜小于 30 mm，测点距离构件边缘或外露钢筋、铁件的距离不应小于 50 mm，同一测点只允许弹击一次。

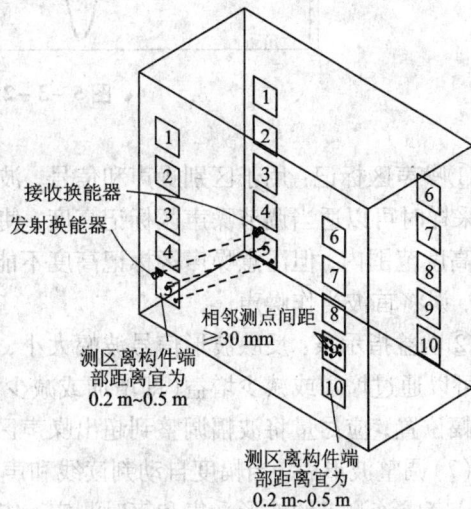

图 5 - 3 - 1 布置和编好号的测区

图中标注：接收换能器、发射换能器、相邻测点间距 ≥30 mm、测区离构件端部距离宜为 0.2 m~0.5 m、测区离构件端部距离宜为 0.2 m~0.5 m

（3）布置超声测点，对每个测区布置 3 个测点，在测点位置涂抹黄油作耦合剂，或者直接在换能器上涂抹黄油作耦合剂。

（4）先对超声波检测仪进行调零操作，消除超声仪与发射、接收换能器之间的系统声延时，现以 U520 非金属超声波超声检测仪为例说明调零操作，采用自动调零法：

①进入超声波检测仪的"综合法检测混凝土强度"的测试界面，任输入某一构件名称和对测法测距，启动"采样"按钮，将平面换能器涂抹黄油后直接耦合，再次按"采样"按钮，此时测试界面为"静态波形"状态，按"调零"按钮，输入标准声时值（换能器直接耦合时，输入"0"，标准声时棒与换能器耦合时，输入标准身时棒的声时值）；

②调零界面自动消失，进入动态采样状态，此时调整好波形后（调整增益以增大或减少波幅），按"采样"按钮，弹出消除系统延时的声时值，按"确定"按钮确定即可；

③调零后多次测量声时值（即多次用换能器直接耦合或标准声时棒与换能器耦合），其偏差应 ≤ ±2 个采样周期，否则应重新调零；

④当超声仪更换采样通道或更换换能器及连接线时，应重新进行调零操作，以消除超声仪与发射、接收换能器之间的系统声延时。

（5）超声波测试：进入超声波检测仪的"综合法检测混凝土强度"的测试界面，输入测试构件名称和对测法测距（准确至 1.0 mm），将发射换能器和接收换能器耦合在构件对应测区的对应测试点上，按"采样"按钮，采集波形。

（6）调整波形：

数字式超声波检测仪能够通过声时自动判读线和幅度（波幅）自动判读线自动判别首波，自动测读得到声时值，从而算得超声波在混凝土中传播时的波速值，如图 5 - 3 - 2 所示：

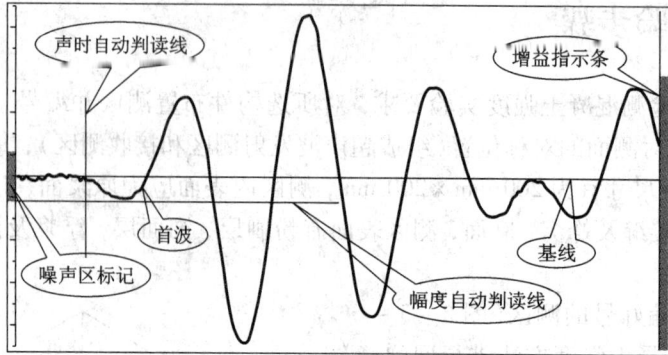

图 5 - 3 - 2　波形示意图

①噪声区标记：用于区别噪声和信号，波幅未超过噪声区标记高度范围内的波均为噪声波，采样时可以适当调节噪声区标记高度，使该高度比噪声波幅略大一点，以便噪声波完全在该高度范围内，但注意噪声区标记高度不能调得太高，否则可能将首波波幅调到该高度范围内，误将首波当作噪声；

②增益指示条：反映波形信号波幅大小，可调；当幅度自动判别线不能判别出首波波幅时，可以通过增加或减少增益（即增加或减少波幅值），将幅度自动判别线能自动捕捉到首波的波幅位置；应尽量将波幅调整到超出噪声区但未达到示波显示器的满屏状态。

（7）调整波形后，当幅度自动判读线和声时自动判读线能自动捕捉到首波时，按"存储"按钮，完成该测点的波形采集和声时测定，依次完成所有测区的所有测点的超声波采集。

（8）计算及结果确定：

①计算每个测区平均回弹值：从该测区的 16 个回弹值中剔除 3 个最大值和 3 个最小值，余下的 10 个回弹值应按下式计算：

$$R_{m,i0} = \left(\sum_{j=1}^{10} R_j \right) / 10$$

式中：$R_{m,i0}$——第 i 个测区平均回弹值，准确至 0.1；

　　　R_j——第 j 个测点的回弹值。

②每个测区平均回弹值的修正（必要时）：

a. 非水平方向弹击混凝土浇筑侧面时：$R_{m,i} = R_{m,i0} + R_{m,\alpha}$

b. 水平方向弹击混凝土浇筑表面时：$R_{m,i} = R_{m,i0} + R_{m,t}$

c. 水平方向弹击混凝土浇筑底面时：$R_{m,i} = R_{m,i0} + R_{m,b}$

d. 非水平方向弹击混凝土浇筑表面、底面时：先进行非水平方向角度修正，再进行浇筑面修正：$R_{m,i} = R_{m,i0} + R_{m,\alpha} + R_{m,t}$（或 $R_{m,b}$）

$R_{m,i0}$——修正前，第 i 测区平均回弹值；

$R_{m,i}$——修正后，第 i 测区平均回弹值；当不进行修正时，$R_{m,i} = R_{m,i0}$

$R_{m,\alpha}$——非水平方向角度修正值；

$R_{m,t}$——弹击混凝土浇筑表面修正值；

$R_{m,b}$——弹击混凝土浇筑底面修正值。

③计算测区混凝土声速代表值:以测区三个测点的声速值的平均值计算:

$$v_i = \frac{1}{3} \cdot \sum_{j=1}^{3} \frac{l_j}{t_j}$$

式中: v_i——第 i 个测区($i \geqslant 10$)声速值(km/s),准确至 0.01 km/s;

　　　　l_j——第 i 测区内的第 j 个测点的测距(mm),准确至 1.0 mm;

　　　　t_j——第 i 测区内的第 j 个测点的调零后的声时值(μs),准确至 0.1 μs,若仪器未消除系统声延时,则 $t_j = t_{j0} - t_0$;

　　　　t_{j0}——第 i 测区内的第 j 个测点的仪器直接得到的声时值(μs);

　　　　t_0——声时初读数。

④各测区混凝土强度换算值 $f_{\text{cu},i}^{c}$:优先利用地方测强曲线或专用测强曲线计算,当无地方或专用测强曲线时,可以按全国统一测强曲线计算为:

$$f_{\text{cu},i}^{c} = 0.0056 \cdot v_i^{1.439} \cdot R_{\text{m},i}^{1.769} (卵石时)$$

$$f_{\text{cu},i}^{c} = 0.0162 \cdot v_i^{1.656} \cdot R_{\text{m},i}^{1.410} (碎石时)$$

⑤各测区混凝土强度换算值的修正(必要时):当结构或构件所采用的材料及其龄期与制定测强曲线所采用的材料及其龄期有较大差异时,应采用同条件立方体试块或从结构或构件测区中钻取的混凝土芯样试件的抗压强度进行修正(试件数量不应少于 4 个,一个试块为一个测区,一个芯样试件对应一个测区),对各个测区混凝土强度换算值 $f_{\text{cu},i}^{c}$(根据测区平均回弹值和波速值,利用测强曲线计算得到的)乘以修正系数 η,得到修正后的各个测区混凝土强度换算值。

a.采用同条件立方体试块(边长 150 mm)修正时,

$$\eta = \frac{1}{n} \cdot \sum_{i=1}^{n} (f_{\text{cu},i}^{0} / f_{\text{cu},i}^{c})$$

式中: $f_{\text{cu},i}^{0}$——第 i 个试块立方体抗压强度实测值(MPa),准确至 0.1 MPa;

　　　　$f_{\text{cu},i}^{c}$——第 i 个试块的超声回弹测区混凝土强度换算值(MPa),准确至 0.1 MPa;(以一个试块作为一个测区,在试块上先进行超声,得到声速值 v,然后再将试块置于压力机上进行回弹,参见《超声回弹综合法检测混凝土强度技术规程》(CECS02:2005)附录 A 中要求确定,一个试块作为一个测区,将试块置于压力机上下承压板之间,加压至 30~50 kN,并保持此压力不变,在试块的两个对测面上各弹击 8 个点,组成 16 个点,去掉三个最大值和三个最小值,求得 10 个值的平均值作为该试块的测区平均回弹值 $R_{\text{m},i}$,由 $R_{\text{m},i}$ 和 v,通过测强曲线得到该测区的混凝土强度换算值 $f_{\text{cu},i}^{c}$)

　　　　η——修正系数,准确至小数后两位小数;

　　　　n——立方体试块的个数($n \geqslant 4$);

b.采用芯样试件(直径宜为 100 mm,高径比宜为 1.0)修正时,

$$\eta = \frac{1}{n} \cdot \sum_{i=1}^{n} (f_{\text{cor},i}^{0} / f_{\text{cu},i}^{c})$$

式中: $f_{\text{cor},i}^{0}$——第 i 个芯样抗压强度实测值(MPa),准确至 0.1 MPa;

　　　　$f_{\text{cu},i}^{c}$——第 i 个芯样对应的结构或构件上的超声回弹测区混凝土强度换算值(MPa),准确至 0.1 MPa;(一个芯样试件对应于构件上的一个测区,利用该测区的平均

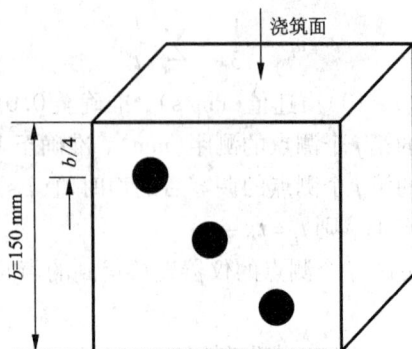

图 5 – 3 – 3　声时测量测点布置示意

回弹值 $R_{m,i}$ 和超声声速值 v，通过测强曲线得到该测区的混凝土强度换算值 $f_{cu,i}^c$）；

η——修正系数，准确至小数后两位小数；

n——芯样试件的个数（$n \geqslant 4$）。

⑥测区混凝土强度换算值的平均值 mf_{cu}^c 和标准差 Sf_{cu}^c：

构件的测区数不少于 10 个时，

$$平均值：mf_{cu}^c = \frac{\sum_{i=1}^{n} f_{cu,i}^c}{n}$$

$$标准差：Sf_{cu}^c = \sqrt{\frac{\sum_{i=1}^{n}(f_{cu,i}^c)^2 - n(mf_{cu}^c)^2}{n-1}}$$

式中：mf_{cu}^c——构件测区混凝土强度换算值平均值（MPa），准确至 0.1 MPa；

n——对于单个检测的构件，即为该构件的测区数；

Sf_{cu}^c——结构或构件测区混凝土强度换算值的标准差（MPa），准确至 0.01 MPa；

$f_{cu,i}^c$——单个构件第 i 个测区混凝土强度换算值（MPa）。

当结构或构件测区数少于 10 个时，仅算平均值，不算标准差

$$平均值：\qquad mf_{cu}^c = \frac{\sum_{i=1}^{n} f_{cu,i}^c}{n}$$

⑦单个构件现龄期混凝土强度推定值 f_{cu}^e：

a. 当构件测区数少于 10 个时：

$$f_{cu}^e = f_{cu,min}^c$$

式中：$f_{cu,min}^c$——构件测区中混凝土强度换算值的最小值。

b. 当构件的测区强度值中出现小于 10.0 MPa 时，则取：

$$f_{cu}^e < 10.0 \text{ MPa}$$

c. 当构件测区数不少于 10 个时，应取：

$$f_{cu}^{e} = mf_{cu}^{e} - 1.645 \cdot Sf_{cu}^{e}$$

⑧批构件现龄期混凝土强度推定值 f_{cu}(当所有构件按批检测和评定时):

a. 可先得出单个构件的现龄期混凝土强度推定值 $f_{cu,i}^{e}$,然后计算所有构件现龄期混凝土强度推定值的平均值 mf_{cu}^{e},当构件数为 10 个及以上时($n \geqslant 10$),应计算强度标准差 Sf_{cu}^{e};

$$mf_{cu}^{e} = \frac{\sum_{i=1}^{n} f_{cu,i}^{e}}{n}$$

$$Sf_{cu}^{e} = \sqrt{\frac{\sum_{i=1}^{n} (f_{cu,i}^{e})^{2} - n (mf_{cu}^{e})^{2}}{n-1}}$$

式中:mf_{cu}^{e}——所有构件现龄期混凝土强度推定值平均值(MPa),准确至 0.1 MPa;

    n——构件数量(个);

    Sf_{cu}^{e}——所有构件现龄期混凝土强度推定值的标准差(MPa),准确至 0.01 MPa;

    $f_{cu,i}^{e}$——第 i 个构件现龄期混凝土强度推定值(MPa)。

b. 当构件数少于 10 个时,取 $f_{cu} = f_{cu,min}^{e}$;当构件数不少于 10 个时,取

$$f_{cu} = mf_{cu}^{e} - k \cdot Sf_{cu}^{e}$$

式中:$f_{cu,min}^{e}$——所有构件现龄期混凝土强度推定值中的最小值;

    k——推定系数,宜取 1.645,当需要进行推定强度区间时,按国家相关规定取值。

c. 当所有构件按批检测和评定时,求该批构件现龄期混凝土强度推定值 f_{cu},也可以先不求出单个构件的现龄期混凝土强度推定值 f_{cu}^{e},而是按所有测区数来求,具体方法为:

- 计算每个测区混凝土强度换算值($f_{cu,i}^{c}$)(根据测区平均回弹值和波速值,利用测强曲线计算得到);

- 计算所有测区混凝土强度换算值的平均值 mf_{cu}^{c} 和标准差 Sf_{cu}^{c},此时 n 为批构件所有测区数之和,i 表示第 i 个测区;

- 当所有构件总测区数少于 10 个时:$f_{cu} = f_{cu,min}^{c}$,当所有构件总测区数不少于 10 个时,$f_{cu} = mf_{cu}^{c} - 1.645 \cdot Sf_{cu}^{c}$。

⑨对按批量检测的构件,当该批构件混凝土强度标准差出现下列情况之一时,则该批构件应全部按单个构件检测:

a. 当该批构件混凝土强度平均值小于 25 MPa 时,标准差大于 4.5 MPa;(当按单个构件强度推定值求批强度推定值时,为 $mf_{cu}^{e} < 25$ MPa,$Sf_{cu}^{e} > 4.5$ MPa;当按所有测区强度换算值求批强度推定值时,为 $mf_{cu}^{c} < 25$ MPa,$Sf_{cu}^{c} > 4.5$ MPa)

b. 当该批构件混凝土强度平均值为 25~50 MPa 时,标准差大于 5.5 MPa;(当按单个构件强度推定值求批强度推定值时,mf_{cu}^{e} 为 25~50 MPa,$Sf_{cu}^{e} > 5.5$ MPa;当按所有测区强度换算值求批强度推定值时,mf_{cu}^{c} 为(25~50)MPa,$Sf_{cu}^{c} > 5.5$ MPa)

c. 当该批构件混凝土强度平均值大于 50 MPa 时,标准差大于 6.5 MPa。(当按所有构件强度推定值求批强度推定值时,为 $mf_{cu}^{e} > 50$ MPa,$Sf_{cu}^{e} > 6.5$ MPa;当按所有测区强度换算值求批强度推定值时,为 $mf_{cu}^{c} > 50$ MPa,$Sf_{cu}^{c} > 6.5$ MPa)

5.3.4　记录及结果计算

构件名称:

表 5 – 3 – 1　超声回弹综合法检测原始记录表

编号	测区	回弹值 N_i																	声速值		备注
构件		1	2	3	4	5	6	7	8	9	10	11	12	13	14	15	16	$R_{m,i}$	测区三次声速值(km/s)	测区声速平均值	
	1																				
	2																				
	3																				
	4																				
	5																				
	6																				
	7																				
	8																				
	9																				
	10																				

测面状态	侧面、表面、底面、风干、潮湿、光洁、粗糙		
测试角度 α	水平　向上　向下		
测试方法	平测　对测　角测		

回弹仪	型号	超声仪	型号	测区示意图
	编号		换能器	
	率定值		初始声时	

记录人:　　　计算人:　　　测试人:

测试日期:　年　月　日

构件名称及编号：

表 5 - 3 - 2 构件混凝土强度计算表

测区 项目	1	2	3	4	5	6	7	8	9	10
回弹值 测区平均回弹值 $R_{m,i0}$										
角度修正值（必要时）										
角度修正后										
浇灌面修正值（必要时）										
浇灌面修正后（必要时）										
测区声速值（km/s）										
测区换算强度值 $f^c_{cu,i0}$（MPa）										
芯样修正或同条件试件试块修正系数 η（必要时）										
η 修正后测区换算强度值（必要时）$f^c_{cu,i} = \eta \cdot f^c_{cu,i0}$（MPa）										
强度推定值 $f^c_{cu} = $ MPa	$mf^c_{cu} = $					$Sf^c_{cu} = $		$f^c_{cu,\,min} = $		$k = $

使用测区强度换算表名称：   规程   地区   专用

备注：

5.3.5 检测相关

(1)《超声回弹综合法检测混凝土强度技术规程》(CECS02：2005)中规定：

①按单个构件检测时，应在构件上均匀布置测区，每个构件测区数不应少于10个；当受检构件某一方向尺寸不大于4.5 m且另一方向尺寸不大于0.3 m时，其测区数量可适当减少，但不应少于5个；

②测区应优先布置在构件混凝土浇筑方向的侧面，测区可在构件的两个对应面、相邻面或同一面上，测区宜均匀布置，相邻测区间距不宜大于2 m，测区尺寸宜为200 mm×200 mm，平测法时宜为400 mm×400 mm；

③超声回弹综合法检测混凝土强度适用于自然养护龄期7～2000 d，抗压强度为10～70 MPa的泵送和非泵送混凝土；

④当结构或构件所采用的材料及其龄期与制定测强曲线所采用的材料及其龄期有较大差异时，应采用同条件立方体试块或从结构或构件测区中钻取的混凝土芯样试件的抗压强度进行修正(试件数量不应少于4个)，对各个测区混凝土强度换算值 $f_{cu,i}^c$ (根据测区平均回弹值和波速值，利用测强曲线计算得到的)乘以修正系数 η，得到修正后的各个测区混凝土强度换算值，再以此计算单个构件或结构的混凝土强度换算值的平均值和标准差，最后得到单个构件或结构的混凝土强度推定值。

(2)《混凝土结构施工质量验收规范》(GB50204—2015)附录E中提出一种钻芯法检测实体混凝土强度的方法，可以认为是钻芯回弹综合法(与超声回弹综合法比较，不防称钻芯回弹综合法)，其实验步骤为：

①随机抽取同一强度等级、同一类型的构件(不能不同类型的构件混抽样，即抽取的是梁，则是同一强度等级的所有梁中抽取，不得延伸到同一强度等级的柱或剪力墙，虽然强度等级相同)，抽样数量符合《建筑结构检测技术标准》(GB/T50344—2004)中规定的一般施工质量的检测(A类)检验批最小样本容量要求；每一楼层均应抽取构件；

②对抽取的构件，以构件为单位，每个构件都按《回弹法检测混凝土抗压强度技术规程》(JGJ/T23—2011)的要求，布置不少于10个测区并编号进行回弹，计算测区平均回弹值；

③找出每个构件测区平均回弹值最小的那个测区，由低到高排序，取排序中较低的三个测区对应的三个构件，在这三个构件中，每个构件的平均回弹值最低的测区各钻取一个芯样(共三个芯样)，芯样直径宜为100 mm，芯样试件加工后高径比为1.0(用钢直尺测量试件高度，准确至1 mm)；

④将芯样试件用环氧胶泥或聚合物水泥砂浆补平，或用硫磺胶泥修补，补平厚度不宜大于1.5 mm，用游标卡尺在芯样试件中部相互垂直的两个位置测试件直径，取其算术平均值作为试件直径，准确至0.5 mm；

⑤按《普通混凝土力学性能试验方法标准》(GB/T50081)中圆柱体试件抗压强度规定对三个芯样试件进行抗压强度试验，计算单个试件的抗压强度值和三个试件的抗压强度平均值；

⑥对同一强度等级、同一类型的构件，当芯样试件抗压强度平均值不小于设计要求的混凝土强度等级标准值的88%，且芯样试件抗压强度最小值不小于设计要求的混凝土强度等级标准值的80%时，该批混凝土强度可判为合格。

实验 5.4　混凝土中钢筋检测

【实验目的】

(1)掌握钢筋检测的原理和方法;

(2)熟悉应用钢筋检测仪进行操作。

5.4.1　基本概念

1)电磁感应钢筋探测仪检测方法

由单个或多个线圈组成的探头产生电磁场,当钢筋或其他金属物体位于该电磁场时,磁力线会变形。金属所产生的干扰导致电磁场强度的分布改变,被探头探测到,通过仪器显示出来。如果对所检测的钢筋尺寸和材料进行适当的标定,可以用于检测钢筋位置、数量、直径及混凝土保护层厚度。

2)雷达仪检测方法

由雷达天线发射电磁波,从与混凝土中电学性质不同的物质如钢筋等的界面反射回来,并再次由混凝土表面的天线接收,根据接收到的电磁波来检测反射体的情况。

3)钢筋保护层厚度

对于光圆钢筋,为混凝土表面与钢筋表面间的最小距离,对于带肋钢筋,其值如图 5 - 4 - 1 所示,带肋钢筋保护层厚度 $C^i = C_1$。

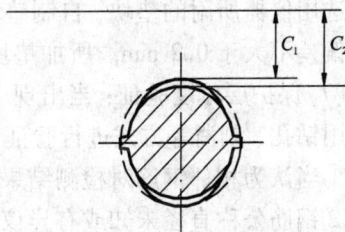

图 5 - 4 - 1　带肋钢筋保护层厚度

5.4.2　实验仪器设备

(1)电磁感应法钢筋检测仪;

(2)游标卡尺;

(3)其他:钢直尺、记号笔、打磨机等。

5.4.3　实验步骤

钢筋保护层厚度、数量、间距检测步骤如下:

(1)根据工程设计资料,确定检测区域钢筋的可能分布状况,选择混凝土表面作为检测面,检测面应清洁、平整,并避开金属预埋件。

(2)仪器在检测前先进行预热或调零,调零时探头必须远离金属物体。在检测过程中,应经常检查仪器是否偏离初始状态并及时进行调零。

(3)清除构件待测表面粉刷层,并清理干净。

(4)进行钢筋位置检测时,探头有规律地在检测面上移动,直到仪器显示接收信号最强或保护层厚度示值最小时,结合设计资料判断钢筋位置,此时探头中心线与钢筋轴线基本重合,在相应位置做好标记。按上述步骤将相邻的其他钢筋逐一标出,得到钢筋数量和量测出钢筋间距值。

(5)钢筋定位后可进行保护层厚度的检测:

①设定好仪器量程范围及钢筋直径,沿被测钢筋轴线选择相邻钢筋影响较小的位置,并应避开钢筋接头,读取指示保护层厚度值 C^i。每根钢筋的同一位置重复检测 2 次,每次读取 1 个读数;

②对同一处读取的 2 个保护层厚度值相差大于 1 mm 时,应检查仪器是否偏离标准状态并及时调整(如重新调零)。不论仪器是否调整,其前次检测数据均舍弃,在该处重新进行 2 次检测并再次比较,如 2 个保护层厚度值相差仍大于 1 mm,则应该更换检测仪器或采用钻孔、剔凿的方法核实。

注:大多数仪器要求钢筋直径已知方能检测保护层厚度,此时仪器必须按照钢筋实际直径进行设置。

(6)当实际保护层厚度值小于仪器最小示值时,可以采用附加垫块的方法进行检测。宜优先选用仪器所附的垫块,自制垫块对仪器不应产生电磁干扰,表面光滑平整,其各方向厚度值偏差不大于 0.2 mm。所加垫块厚度 C^0 在计算时应予扣除。

(7)保护层厚度验证:当出现下列情况时,应选取不少于30%的已检测钢筋且不少于6处采用钻孔、剔凿等方式进行验证并修正,验证采用游标卡尺直接测量,准确至 0.1 mm。

①当认为相邻钢筋对检测结果有影响时;

②钢筋公称直径未知或有异议时;

③钢筋实际根数、位置与设计有较大偏差时;

④钢筋及混凝土材质与校准试件有显著差异时。

(8)计算钢筋的混凝土保护层厚度平均值:

$$C^t_{m,i} = (C^t_1 + C^t_2 + 2C_c - 2C_0)/2$$

式中:$C^t_{m,i}$——第 i 测点钢筋的混凝土保护层厚度平均值,准确至 1 mm;

C^t_1,C^t_2——第 1、2 次检测的指示保护层厚度值,准确至 1 mm;

C_c——保护层厚度修正值,为同一规格钢筋的混凝土保护层厚度剔凿实测验证值减去钢筋检测仪测得的检测值(当两者差异不超过 ±2 mm 时,可判定剔凿实测验证结果和检测值无明显差异,无需进行保护层厚度修正,取 $C_c = 0$,当两者差异超过 ±2 mm 时,称为有明显差异点,在检验批中有明显差异的点数不超过《混凝土结构现场检测技术标准》(GB/T50784—2013)中表 3.4.5 - 2 范围时,可直接采用钢筋检测仪的检测结果,即取 $C_c = 0$,否则要进行修正),准确至 0.1 mm;

C_0——探头垫块厚度,准确至 0.1 mm。(无垫块时,$C_0 = 0$)

（9）计算或绘制钢筋间距图：

钢筋间距结果可以根据实际需要，绘制钢筋间距结果图。当同一构件钢筋检测数量不少于 7 根（6 个间隔）时，可以给出被测钢筋的最大间距、最小间距，并计算钢筋平均间距 $S_{m,i}$

$= \dfrac{\sum\limits_{i=1}^{n} S_i}{n}$（准确至 1 mm），也可根据第一根钢筋和最后一根钢筋的位置，确定这两个钢筋的距离，计算出钢筋的平均间距。

5.4.4　记录及结果计算

表 5 – 4 – 1　混凝土中钢筋检测记录表

实验项目		工程名称		构件名称及编号	
实验方法			实验规程		
主要仪器设备名称			实验环境条件		
实验人员			指导老师		
记录人员			实验日期		垫块厚度（mm）

实验原始记录

序号	保护层厚度设计值（mm）	检测部位	钢筋公称直径间距（mm）	保护层厚度检测值（mm）				钢筋保护层厚度平均值（mm）
				第 1 次	第 2 次	平均值	验证值	

续上表

检测部位示意：

备注：纵向受力钢筋保护层厚度允许偏差：对梁类构件为 + 10 mm， − 7 mm；对板类构件为 + 8 mm，
− 5 mm；钢筋直径允许偏差：±3 mm；不合格点的最大偏差均不应大于允许偏差的 1.5 倍；每根纵向受力钢筋选 3 个测点，每个测点测两次取平均值，再取 3 个测点的保护层厚度平均值作为该根钢筋保护层厚度值

实验项目		工程名称			构件名称及编号	
实验方法			实验规程			
主要仪器设备名称			实验环境条件			
实验人员			指导老师			
记录人员			实验日期			

实验原始记录

序号	设计配筋间距（mm）	检测部位	钢筋间距（mm）								验证值（mm）	钢筋数量
			1	2	3	4	5	6	7	8		

检测部位示意：

备注：梁、柱类构件主筋数量和间距时，应将构件测试面一侧所有主筋逐一检出；梁、柱类构件箍筋间距和数量在每个测试部位连续检出 7 根钢筋，存在箍筋加密区时，加密区内箍筋全部测出；墙、板类构件钢筋数量和间距时，在每个测试部位连续检出 7 根钢筋

5.4.5 检测相关

(1)《混凝土结构工程施工质量验收规范》(GB50204—2015)中对钢筋保护层厚度检验规定:

①钢筋保护层厚度检验,对梁、板类构件,应各自抽取构件总数量(包括悬挑构件)的 2%且不少于 5 个构件进行检验;当有悬挑构件时,抽取的构件中悬挑梁、板类构件所占有比例各自均不宜少于 50%。

②对选定的梁类构件,应对全部纵向受力钢筋的保护层厚度进行检验;对选定的板类构件,应抽取不少于 6 根纵向受力钢筋的保护层厚度进行检验;对每根纵向受力钢筋选有代表性的不同部位量测 3 点取平均值。

③当全部纵向受力钢筋保护层厚度检验合格率为 90%以上时,则钢筋保护层厚度检验结果评为合格;当全部纵向受力钢筋保护层厚度检验合格率小于 90%但不小于 80%时,再抽取相同数量的构件进行检验;当按两次抽样总数计算的合格率在 90%及以上时,则钢筋保护层厚度检验结果评为合格;每次抽样检验结果中不合格点的最大偏差均不应大于允许偏差的 1.5 倍。

(2)《混凝土结构现场检测技术标准》(GB/T50784—2013)中对钢筋数量和间距、钢筋保护层厚度规定:

①批量检测钢筋数量和间距时,检验批和抽检构件数量的确定:

a.按设计文件中钢筋配置要求相同的构件作为一个检验批。

b.检验批内抽样构件数量按表 5 - 4 - 2 确定。

表 5 - 4 - 2　建筑结构抽样检测的最小样本容量

检测批的容量	检测类别和样本最小容量			检测批的容量	检测类别和样本最小容量		
	A	B	C		A	B	C
2 ~ 8	2	2	3	91 ~ 150	8	20	32
9 ~ 15	2	3	5	151 ~ 280	13	32	50
16 ~ 25	3	5	8	281 ~ 500	20	50	80
26 ~ 50	5	8	13	501 ~ 1200	32	80	125
51 ~ 90	5	13	20	—	—	—	—

注:检测类别 A 适用于一般施工质量的检测,检测类别 B 适用于结构质量或性能的检测,检测类别 C 适用于结构质量或性能的严格检测或复检。

c.检验批内每个构件的钢筋数量和间距检测规定:

(a)检测梁、柱类构件主筋数量和间距时,应将构件测试面一侧所有主筋逐一检出,并在构件表面标注出每个检测钢筋的相应位置;

(b)检测墙、板类构件钢筋数量和间距,检测梁、柱类构件的箍筋数量和间距时,在每个测试部位连续检出 7 根钢筋,少于 7 根时全部检出,并在构件表面标出每个检出钢筋的相应位置;当存在箍筋加密区时,宜将加密区内箍筋全部测出。

d. 单个构件钢筋数量和间距的符合性判定：

（a）梁、柱类构件主筋实测根数少于设计根数时，该构件配筋判为不符合设计要求；

（b）梁、柱类构件主筋的平均间距与设计要求的偏差大于相关标准规定的允许偏差时，该构件配筋应判为不符合设计要求；

（c）墙、板类构件钢筋平均间距与设计要求的偏差大于相关标准规定的允许偏差时，该构件配筋应判为不符合设计要求；

（d）梁、柱类构件箍筋按墙、板类构件钢筋相同方法判定。

e. 检验批符合性判定应符合下列规定：

（a）根据检验批中受检构件的总数量和受检的单个构件的符合性判定按表 5-4-3 来确定检验批的符合性，即满足表 5-4-3 要求时，判为该检验批合格；

表 5-4-3 检验批符合性规定

检验批主控项目符合性判定					
样本容量	合格判定数	不合格判定数	样本容量	合格判定数	不合格判定数
2～5	0	1	50	5	6
8～13	1	2	80	7	8
20	2	3	125	10	11
32	3	4	—	—	—
检验批一般项目符合性判定					
2～5	1	2	32	7	8
8	2	3	50	10	11
13	3	4	80	14	15
20	5	6	125	21	22

备注：来源于《混凝土结构现场检测技术标准》（GB/T50784—2013）表 3.4.5-1 及表 3.4.5-2

（b）对于梁、柱类构件，检验批中一个构件的主筋实测根数少于设计根数，该检验批直接判为不符合设计要求；

（c）对于墙、板类构件，当出现检验批中受检构件的钢筋间距偏差大于允许值的 1.5 倍时，该检验批直接判为不符合设计要求；

（d）对于判为符合设计要求的检验批，可建议采用设计的钢筋数量和间距进行结构性能判定；对于判定为不符合设计要求的检验批，宜细分检验批后重新检测或进行全数检测。当不能进行重新检测或全数检测时，建议采用最不利检测值进行结构性能评定。

② 钢筋保护层厚度检测时，检验批和抽检构件数量的确定：

a. 工程质量检测时，混凝土保护层厚度的抽检数量及合格判定规则，按《混凝土结构工程施工质量验收规范》（GB50204—2015）中规定（即上面第 A 条规定）；

b. 结构性能检测时，检验批钢筋保护层厚度检测应符合以下规定：

（a）按设计要求的混凝土保护层相同的同类构件作为一个检验批，按 B1 第（2）条的 A 类构件确定受检构件的数量；

（b）随机抽取构件，对梁、柱类构件，应对全部纵向受力钢筋混凝土保护层厚度进行检测；对于墙、板类构件应抽取不少于 6 根钢筋进行混凝土保护层厚度检测；

（c）检验批内全部受检钢筋的混凝土保护层厚度检测值要计算均值区间，总体均值的推定区间计算公式为：

$$\mu_\mu = m + k_{0.5} \cdot s$$
$$\mu_l = m - k_{0.5} \cdot s$$

式中：μ_μ——均值推定区间上限值；

μ_l——均值推定区间下限值；

$k_{0.5}$——推定区间限值系数（查 GB/T50784 - 2013 表 3.4.6 确定）；

m——样品平均值；

s——样品标准差；

（d）当均值推定区间上限值与下限值差值不大于其均值的 10% 时，该批钢筋的混凝土保护层厚度检测值可按推定区间上限值或下限值确定；当均值推定区间上限值与下限值差值大于其均值的 10% 时，宜补充检测或重新划分检验批进行检测。当不具备补充检测或重新检测条件时，应以最不利检测值作为该检验批混凝土保护层厚度检测值。

实验 5.5 电阻应变片的粘贴技术

【实验目的】

(1)掌握应变片的粘贴技术;

(2)熟悉电阻应变仪的操作方法;

(3)掌握电阻应变计的选用原则和方法。

5.5.1 基本概念

(1)电阻应变片的工作原理是基于应变效应制作的,即导体或半导体材料在外界力的作用下产生机械变形时,粘贴在其表面的应变片的电阻值相应的发生变化,这种现象称为"应变效应";

(2)应变片是由敏感栅等构成用于测量应变的元件,使用时将其牢固地粘贴在构件的测点上,构件受力后由于测点发生应变,敏感栅也随之变形而使其电阻发生变化,再由专用仪器测得其电阻变化大小,并转换为测点的应变值;

(3)应变片的灵敏系数:指应变片粘贴于试件表面,当有与应变片轴线方向平行的单向应力作用其上时,应变片阻值的相对变化与试件表面上应变片粘贴区域的轴向应变之比;由于敏感栅具有横向效应及基片层变形传递失真等原因,电阻应变片的灵敏系数恒小于电阻金属丝的灵敏度;

(4)横向效应:无论是丝绕式、短接式还是箔片式应变片,其内部敏感栅都是由纵横交叉连接的金属丝或箔片组成,当应变片轴向受拉产生轴向变形时,轴向金属丝或箔的电阻将增加,但在垂直于轴向的横向微段金属丝或箔将产生负的压应变,按泊松关系,该横向微段金属丝电阻将减少。所以,同样长度的金属丝或箔纵横交叉制成应变片后,在相同的相对应变下灵敏系数降低;

(5)零飘和蠕变:应变片粘贴在试件表面后,在温度保持恒定且不加载情况下(空载),电阻随时间变化而变化的性质,称零飘;而在温度保持恒定且承受恒定的荷载情况下(恒载),电阻随时间变化而变化的性质,称蠕变;

(6)应变片绝缘电阻:应变片的应变栅(金属丝)与粘贴的测试试件之间的电阻值,一般要求 50~100 MΩ,绝缘层太薄,则绝缘电阻过低,会造成漏电而产生测量误差;绝缘层太厚,虽然可以防止漏电,但会降低应变片的灵敏系数。

5.5.2 实验仪器设备

(1)万用表(或电桥)、放大镜、常温用电阻应变片;
(2)镊子、电烙铁、红外线灯泡(或电吹风);
(3)502 胶水、丙酮、酒精、脱脂棉、砂纸、黑胶布;
(4)导线、接线端子、小块钢板;
(5)石腊、环氧树脂与固化剂、烧杯、搅棒等。

5.5.3 实验步骤

(1)用放大镜检查电阻应变片敏感栅有无锈斑、弯曲等不良情况,用电桥(或用万用表)测量应变片阻值(目的是检查应变片敏感栅是否有短路、断路),实际测试应用时,对于共用温度补偿的一组应变片,其阻值相差不得超过 ±0.5 Ω;

(2)贴片部位表面处理:用砂纸或手持式砂轮机等工具在试件贴片表面除去铁锈、毛面、污垢覆盖层,划出测点定位线,再用砂纸打磨出与测量方向成45°交叉的条纹,目的是为了增加黏结力,打磨面积为应变片面积的 5 倍左右,打磨完毕后,用划针划出贴片的准确位置;

(3)清洁:用镊子、脱脂棉沾丙酮,将贴片部位擦洗干净,直至棉球上见不到污垢为止;

(4)贴片:左手捏住应变片引出线,右手拿胶水瓶在应变片背面或测点部位处涂一层 502 胶水,并将应变片迅速、准确地贴在测点位置上,然后在应变片上覆盖一小张薄膜,用右手大拇指从应变片引出端向另一端轻轻挤压,挤出多余的胶水和气泡(但应变片位置不能移动),手指轻按 2~3 min 即可松手;

(5)引接线:在应变片的引出线端用 502 号胶水粘贴印刷电路板制成的接线端子,用电烙铁将应变片引出线导线头分别焊接在接线端子上,再焊接连接线,常温静态测量时,可以用双芯多股铜质塑料线作导线,动态测量时,应使用三芯或四芯屏蔽电缆作导线;

(6)固化:贴片胶干燥后,才能固化,一般靠自然干燥让溶剂挥发而固化,为加快这一过程,可用红外线灯或电吹风,将贴片区加热到50℃,防止过热,以防损伤应变片;

(7)检查:包括应变片阻值及绝缘电阻的测量,胶层固化后应变片阻值应无变化,绝缘电阻值是检验胶层固化程度的标志,一般静、动态测量均要求绝缘电阻值大于 200 MΩ 以上方为合格;

(8)防潮密封:应变片受潮后会降低绝缘电阻和黏结强度,严重时会使敏感栅锈蚀;为防止大气中游离水分、雨水、露水等浸入,对已充分干燥、固化及连接好导线的应变片,应立即涂上防护层,进行防潮处理,常用的防护剂用中性凡士林(须脱水)、石蜡合剂或环氧树脂作防潮剂,涂在应变片上面,其覆盖厚度约3 mm,涂层范围为应变片基底四周往外多涂 5~10 mm。

5.5.4 记录及结果计算

(1)记录电阻应变片在贴片之前及贴好后的电阻值,并说明其变化原因。记录应变片贴好后的绝缘电阻值;

(2)分析在贴片过程中所发生的故障原因及排除方法。

实验 5.6　电阻应变计在电桥中的接法

【实验目的】

(1)掌握在静载荷作用下,使用静态电阻应变仪进行单点与多点应变的测量方法;

(2)学会电阻应变片的1/4桥、半桥、全桥接法;

(3)验证电桥的桥路特性,测取不同接桥方式时的桥路桥臂灵敏系数。

5.6.1　基本概念

1)静态应变仪电桥原理(图 5 - 6 - 1)

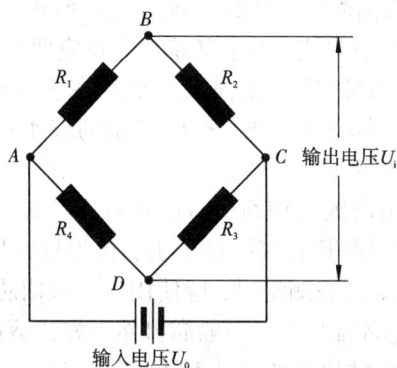

图 5 - 6 - 1　静态应变仪电桥原理图

$$U_i = \left(\frac{R_1 \cdot R_3 - R_2 \cdot R_4}{(R_1 + R_2)(R_3 + R_4)} \right) \cdot U_0$$

(1)当 $R_1 = R_2 = R_3 = R_4$ 时,此时 $R_1 R_3 = R_2 R_4$ 或 $\dfrac{R_1}{R_4} = \dfrac{R_2}{R_3}$,输出电压 $U_i = 0$,此时电桥处于平衡;

(2)当某个桥臂电阻发生变化时,电桥将失去平衡,输出电压 $U_i \neq 0$,测量应变时,应变仪每排接线柱相当于一个电桥,将应变片当作一个桥臂电阻外接到电桥中,如只接一个应变片(R_1 为应变片)称为1/4桥接法,接两个应变片(R_1 和 R_2 为应变片)称为半桥接法,接四个应变片(R_1、R_2、R_3 和 R_4 均为应变片)称为全桥接法;

表 5 - 6 - 1　静态应变仪电桥各种测量接线法

A.单臂测量接线法（1/4桥）（公共补偿应变片）

B.单臂测量接线法（半桥）

$(1)\ \varepsilon_{r} = \varepsilon_{1} = \varepsilon_{1P} + \varepsilon_{T} - \varepsilon_{T} = \varepsilon_{1P}$	$(2)\ \varepsilon_{r} = \varepsilon_{1} - \varepsilon_{2} = \varepsilon_{1P} + \varepsilon_{T} - \varepsilon_{T} = \varepsilon_{1P}$

C.双臂测量接线法（半桥弯曲桥路）

D.双臂测量接线法（半桥泊松比桥路）

$(3)\ \varepsilon_{r} = \varepsilon_{1} - \varepsilon_{2} = \varepsilon_{1P} + \varepsilon_{T} - (-\varepsilon_{2P} + \varepsilon_{T})$ $\ = \varepsilon_{1P} + \varepsilon_{2P} = 2\varepsilon\,(\varepsilon_{1P} = \varepsilon_{2P} = \varepsilon)$	$(4)\ \varepsilon_{r} = \varepsilon_{1} - \varepsilon_{2} = \varepsilon_{1P} + \varepsilon_{T} - (-\mu\varepsilon_{2P} + \varepsilon_{T})$ $\ = \varepsilon_{1P} + \mu\varepsilon_{2P} = (1 + \mu)\varepsilon\,(\varepsilon_{1P} = \varepsilon_{2P} = \varepsilon)$

串联双臂测量接线法（半桥）

并联双臂测量接线法（半桥）

公式同（3）	公式同（4）

续上表

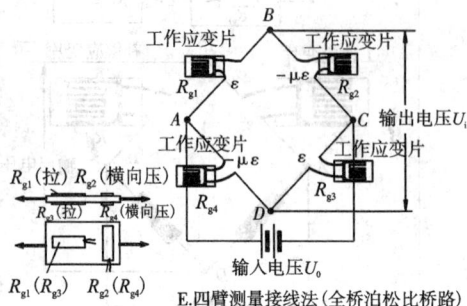

E.四臂测量接线法(全桥泊松比桥路)

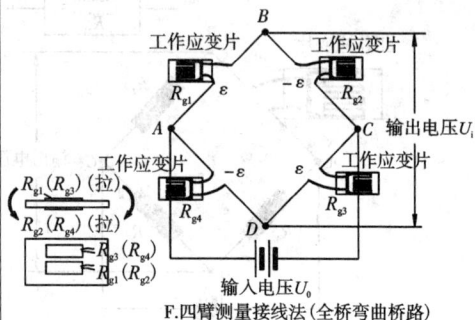

F.四臂测量接线法(全桥弯曲桥路)

$(5)\varepsilon_r = \varepsilon_1 - \varepsilon_2 + \varepsilon_3 - \varepsilon_4 = \varepsilon_{1P} + \varepsilon_T - (-\mu\varepsilon_{2P} + \varepsilon_T)$
$+ \varepsilon_{3P} + \varepsilon_T - (-\mu\varepsilon_{4P} + \varepsilon_T) = \varepsilon_{1P} + \mu\varepsilon_{2P} + \varepsilon_{3P} + \mu\varepsilon_{4P}$
$= 2(1+\mu)\varepsilon(\varepsilon_{1P} = \varepsilon_{2P} = \varepsilon_{3P} = \varepsilon_{4P} = \varepsilon)$

$(6)\varepsilon_r = \varepsilon_1 - \varepsilon_2 + \varepsilon_3 - \varepsilon_4 = \varepsilon_{1P} + \varepsilon_T - (-\varepsilon_{2P} +$
$\varepsilon_T) + \varepsilon_{3P} + \varepsilon_T - (-\varepsilon_{4P} + \varepsilon_T) = \varepsilon_{1P} + \varepsilon_{2P}$
$+ \varepsilon_{3P} + \varepsilon_{4P} = 4\varepsilon(\varepsilon_{1P} = \varepsilon_{2P} = \varepsilon_{3P} = \varepsilon_{4P} = \varepsilon)$

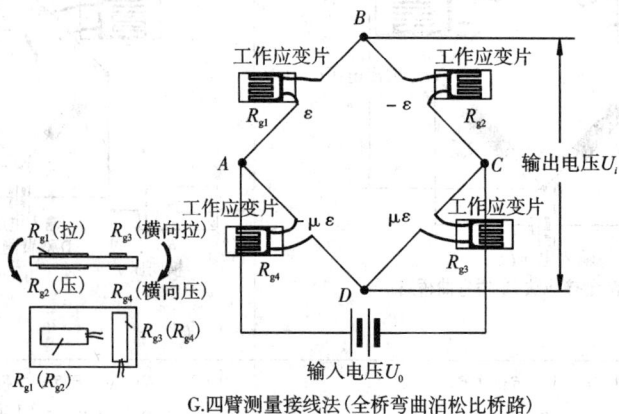

G.四臂测量接线法(全桥弯曲泊松比桥路)

$(7)\varepsilon_r = \varepsilon_1 - \varepsilon_2 + \varepsilon_3 - \varepsilon_4 = \varepsilon_{1P} + \varepsilon_T - (-\varepsilon_{2P} + \varepsilon_T)$
$+ \mu\varepsilon_{3P} + \varepsilon_T - (-\mu\varepsilon_{4P} + \varepsilon_T) = \varepsilon_{1P} + \mu\varepsilon_{2P} + \varepsilon_{3P} + \mu\varepsilon_{4P}$
$= 2(1+\mu)\varepsilon(\varepsilon_{1P} = \varepsilon_{2P} = \varepsilon_{3P} = \varepsilon_{4P} = \varepsilon)$

（3）当进行全桥测量时，四个工作应变片测量前平衡；测量时，设其电阻变化分别为：ΔR_1、ΔR_2、ΔR_3、ΔR_4，则此时输出电压：$U_i = \left(\dfrac{R_2 \cdot R_4}{(R_1+R_2)(R_3+R_4)}\right)\left(\dfrac{\Delta R_1}{R_1} - \dfrac{\Delta R_2}{R_2} + \dfrac{\Delta R_3}{R_3} - \dfrac{\Delta R_4}{R_4}\right) \cdot U_0$；

（4）电阻变化$(\dfrac{dR}{R})$与应变$(\varepsilon = \dfrac{dl}{l})$的关系可由金属丝阻值与机械变形的物理关系得到：即由$R = \rho \cdot \dfrac{l}{A}$，两边取自然对数再微分得：$\dfrac{dR}{R} = \dfrac{d\rho}{\rho} + \dfrac{dl}{l} - \dfrac{dA}{A}$，而根据材料变形的特点，$\dfrac{dA}{A} = $

$-2\mu \dfrac{\mathrm{d}l}{l} = -2\mu\varepsilon$，因此可得：

$$\frac{\mathrm{d}R}{R} = \frac{\mathrm{d}\rho}{\rho} + \frac{\mathrm{d}l}{l} - \frac{\mathrm{d}A}{A} = (1+2\mu)\varepsilon + \frac{\mathrm{d}\rho}{\rho} = \left(1+2\mu + \frac{1}{\varepsilon}\cdot\frac{\mathrm{d}\rho}{\rho}\right)\cdot\varepsilon = K\cdot\varepsilon$$

（5）当全桥测量时，若四个应变片规格完全相同，则电阻 $R_1 = R_2 = R_3 = R_4$，$K_1 = K_2 = K_3 = K_4 = K$，则输出电压：$U_i = \dfrac{1}{4}\cdot K\cdot U_0 (\varepsilon_1 - \varepsilon_2 + \varepsilon_3 - \varepsilon_4)$，则有相邻桥臂的应变符合相反，相对桥臂的应变符合相同；

（6）用电阻应变仪测量应变时，通过测量电桥失去平衡后的输出电压，将该电压换算成应变值，这种方法称为直读法；令 $\varepsilon_r = \varepsilon_1 - \varepsilon_2 + \varepsilon_3 - \varepsilon_4$ 为应变仪输出应变，则电阻应变仪各个接线通道的读数与该通道各桥臂应变片的应变值关系为：$\varepsilon_r = \varepsilon_1 - \varepsilon_2 + \varepsilon_3 - \varepsilon_4$，电桥的这一特征虽然是根据全桥接法（四个桥臂电阻全接应变片）计算得到的，对其他桥路接法，只要将未接入桥路的应变片的应变为零即可；因此，根据这一特征，可以达到多种测量目的。

2）等强度梁

按等强度原则设计的一种变截面悬臂梁，当对其施加荷载时，可在梁上、下表面产生均匀的单向应力场，试验中，采用的试件为悬臂的等强度梁，测量在其自由端施加集中力时的弯曲应变。

等强度梁的截面高度 h 是不变的，而宽度 b 随加载点与被测截面的距离 x 变化，因此等强度梁上、下表面的应力（绝对值）为：$\sigma = \dfrac{M}{W} = \dfrac{p\cdot x}{1/6\cdot b(x)\cdot h^2} = \dfrac{6p\cdot x}{b(x)\cdot h^2}$，而 $\varepsilon = \dfrac{\sigma}{E}$。

5.6.2　实验仪器设备

（1）等强度梁及砝码（包括底座、支架等）；

（2）静态电阻应变仪；

（3）游标卡尺、万用表、螺丝刀等；

（4）电阻应变片，在等强度梁轴向上、下表面各粘贴 2 枚。横向上下表面各粘贴一枚，在补偿块上粘贴 2 枚，如图 5 - 6 - 2 所示，其中括号内代表下表面；每一个应变片反映出的应变值包含荷载作用和温度影响两部分，按迭加原理可以写成 $\varepsilon = \varepsilon_P + \varepsilon_T$，$\varepsilon_P$ 和 ε_T 分别表示荷载和温度引起的应变，而荷载又可分为弯矩、轴力等；若单独接在与被测试件材料相同的另一试块上的应变片，未受外力作用，则荷

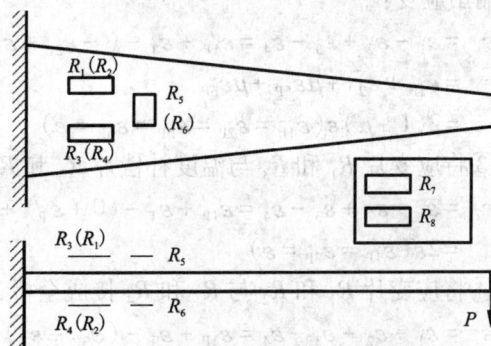

图 5 - 6 - 2　应变片粘贴示意图

载引起的应变 $\varepsilon_P = 0$，只有温度引起的应变 ε_T，所以利用此应变片可以消除受力应变片由于温度引起的应变，求出受力引起的应变 ε_P，这种不受力的应变片称温度补偿片。

5.6.3　实验步骤

(1)按电阻应变仪使用方法,使其处于正常状态;

(2)半桥接法:

①将应变片 R_1(上表面,受拉应变)与温度补偿片 R_7 接成半桥,另外半桥为应变仪内部固定桥臂电阻,则为单臂测量半桥接线法;加载后,输出应变:

$$\varepsilon_r = \varepsilon_1 - \varepsilon_2 = \varepsilon_{1P} + \varepsilon_T - \varepsilon_T = \varepsilon_{1P}$$

②将上表面应变片 R_1(受拉应变)与下表面应变片 R_2(受压应变)接成半桥,另外半桥为应变仪内部固定桥臂电阻,则为双臂测量半桥弯曲桥路;输出应变:

$$\varepsilon_r = \varepsilon_1 - \varepsilon_2 = \varepsilon_{1P} + \varepsilon_T - (-\varepsilon_{2P} + \varepsilon_T) = \varepsilon_{1P} + \varepsilon_{2P} = 2\varepsilon (\varepsilon_{1P} = \varepsilon_{2P} = \varepsilon)$$

③将上表面应变片 R_1(受拉应变)与横向应变片 R_5(横向受压)接成半桥,另外半桥为应变仪内部固定桥臂电阻,则为双臂测量泊松比桥路;输出应变:

$$\varepsilon_r = \varepsilon_1 - \varepsilon_2 = \varepsilon_{1P} + \varepsilon_T - (-\mu\varepsilon_{5P} + \varepsilon_T) = \varepsilon_{1P} + \mu\varepsilon_{5P} = (1 + \mu)\varepsilon (\varepsilon_{1P} = \varepsilon_{5P} = \varepsilon)$$

④将上表面应变片 R_1 与 R_3 接成半桥,另外半桥为应变仪内部固定桥臂电阻,则输出应变:

$$\varepsilon_r = \varepsilon_1 - \varepsilon_2 = \varepsilon_{1P} + \varepsilon_T - (\varepsilon_{3P} + \varepsilon_T) = 0 (\varepsilon_{1P} = \varepsilon_{2P} = \varepsilon)$$

(3)全桥接法:

①将应变片 R_1 和 R_3(上表面、受拉应变)与 R_2 和 R_4(下表面、受压应变)接成全桥,则为四臂测量全桥弯曲桥路;输出应变:

$$\varepsilon_r = \varepsilon_1 - \varepsilon_2 + \varepsilon_3 - \varepsilon_4 = \varepsilon_{1P} + \varepsilon_T - (-\varepsilon_{2P} + \varepsilon_T) + \varepsilon_{3P} + \varepsilon_T - (-\varepsilon_{4P} + \varepsilon_T)$$
$$= \varepsilon_{1P} + \varepsilon_{2P} + \varepsilon_{3P} + \varepsilon_{4P}$$
$$= 4\varepsilon (\varepsilon_{1P} = \varepsilon_{2P} = \varepsilon_{3P} = \varepsilon_{4P} = \varepsilon)$$

②将应变片 R_1 和 R_2 与横向应变片 R_5 和 R_6 接成全桥,则为四臂测量全桥弯曲泊松比桥路;输出应变:

$$\varepsilon_r = \varepsilon_1 - \varepsilon_2 + \varepsilon_3 - \varepsilon_4 = \varepsilon_{1P} + \varepsilon_T - (-\varepsilon_{2P} + \varepsilon_T) + \mu\varepsilon_{5P} + \varepsilon_T - (-\mu\varepsilon_{6P} + \varepsilon_T)$$
$$= \varepsilon_{1P} + \varepsilon_{2P} + \mu\varepsilon_{5P} + \mu\varepsilon_{6P}$$
$$= 2(1 + \mu)\varepsilon (\varepsilon_{1P} = \varepsilon_{2P} = \varepsilon_{5P} = \varepsilon_{6P} = \varepsilon)$$

③将应变片 R_1 和 R_3 与温度补偿片 R_7 和 R_8 接成全桥,则输出应变:

$$\varepsilon_r = \varepsilon_1 - \varepsilon_2 + \varepsilon_3 - \varepsilon_4 = \varepsilon_{1P} + \varepsilon_T - (0 + \varepsilon_T) + \varepsilon_{3P} + \varepsilon_T - (0 + \varepsilon_T) = \varepsilon_{1P} + \varepsilon_{3P}$$
$$= 2\varepsilon (\varepsilon_{1P} = \varepsilon_{3P} = \varepsilon)$$

④将应变片 R_1 和 R_2 与 R_3 和 R_4 接成全桥,则输出应变:

$$\varepsilon_r = \varepsilon_1 - \varepsilon_2 + \varepsilon_3 - \varepsilon_4 = \varepsilon_{1P} + \varepsilon_T - (\varepsilon_{3P} + \varepsilon_T) + (-\varepsilon_{4P} + \varepsilon_T) - (-\varepsilon_{2P} + \varepsilon_T)$$
$$= \varepsilon_{1P} - \varepsilon_{3P} - \varepsilon_{4P} + \varepsilon_{2P}$$
$$= 0 (\varepsilon_{1P} = \varepsilon_{2P} = \varepsilon_{3P} = \varepsilon_{4P} = \varepsilon)$$

(4)1/4 桥接法:

将应变片 R_1、R_2、R_3、R_4、R_5、R_6 分别接应变仪的 6 排接线通道,R_7 或 R_8 接公共补偿通道,组成单臂测量 1/4 桥,公共补偿,则输出应变:

$$\varepsilon_r = \varepsilon_1 - \varepsilon_2 + \varepsilon_3 - \varepsilon_4 = \varepsilon = \varepsilon_1 + \varepsilon_T - \varepsilon_T = \varepsilon_1$$

（5）分别按上述半桥、全桥、1/4 桥等接法连线；

（6）将应变仪调零，分两级加载，每级加载 20 N，每加一级荷载稳定后，读取应变仪相应接线通道，重复测量三次，记录于表中；

（7）用游标卡尺及钢尺量测等强度梁的几何尺寸（包括等强度梁的截面高度 h，被测应变片中心位置距离加载点距离 x，x 处梁宽度 $b(x)$，悬臂梁端部宽度 b 和总长度 L），每个尺寸重复测量三次，取平均值；

（8）按理论公式 $\sigma = \dfrac{M}{W} = \dfrac{p \cdot x}{1/6 \cdot b(x) \cdot h^2} = \dfrac{6p \cdot x}{b(x) \cdot h^2} = \dfrac{6p \cdot L}{b \cdot h^2}$，$\varepsilon = \dfrac{\sigma}{E}$ 计算各级荷载作用下的理论应变值，与实际测定得到的应变值比较；

（9）各种接线电路图如表 5 - 6 - 2 所示。

表 5 - 6 - 2　电阻应变仪接线电路

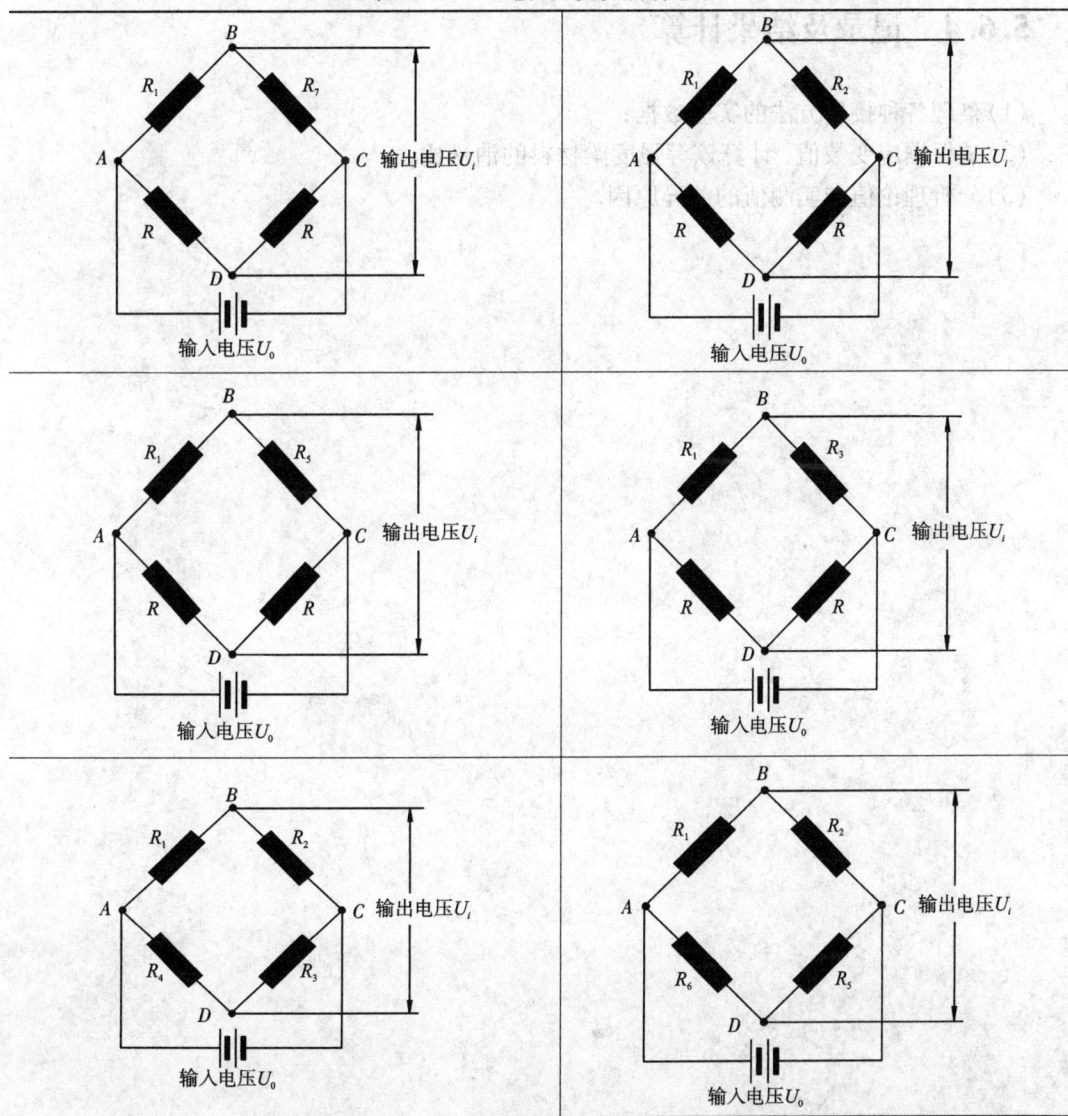

续上表

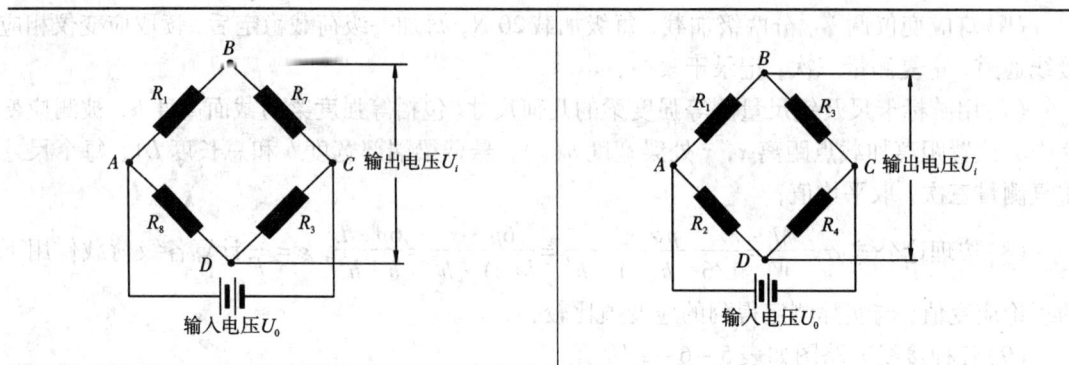

5.6.4 记录及结果计算

（1）整理各种接桥方法的实验数据；

（2）试根据应变数值，计算该等强度梁材料的泊松比 μ；

（3）分析理论值与实测值的差异原因。

表 5 - 6 - 3　桥路接法应变原始记录值

| | 半桥接法 | | | | | | | | | | | | 全桥接法 | | | | | | | | | | | |
| | a | | | b | | | c | | | d | | | a | | | b | | | c | | | d | | |
实验次数	0	20	40	0	20	40	0	20	40	0	20	40	0	20	40	0	20	40	0	20	40	0	20	40
1																								
2																								
3																								
4																								
平均变化值																								
桥臂系数																								

实验人员　　　　记录人员　　　　指导教师　　　　实验日期

表 5 - 6 - 4　1/4 桥接法应变仪各通道原始记录值

| | 通道 1 | | 通道 2 | | 通道 3 | | 通道 4 | | 通道 5 | | 通道 6 | | 通道 7 | | 通道 8 | |
实验次数	0	20 40	0	20 40	0	20 40	0	20 40	0	20 40	0	20 40	0	20 40	0	20 40
1																
2																
3																
4																
平均变化值																
桥臂系数																

实验人员　　　　记录人员　　　　指导教师　　　　实验日期

表 5 – 6 – 5　等强度梁几何尺寸及应变理论计算记录

实验次数	x (mm)	L (mm)	$b(x)$ (mm)	b (mm)	h (mm)	荷载 (N)	选定桥路类型：		
							x 位置理论应变($\mu\varepsilon$)	x 位置理论应变($\mu\varepsilon$)	x 位置实际应变($\mu\varepsilon$)
1						0			
2						20			
3						40			
平均									
实验人员				记录人员			指导教师		

备注:(1)x 为被测应变片中心位置距离加载点距离,选定桥路中的某一种接法,验证理论应变和实际应变;

(2)等强度梁弹性模量 E 取 2.0×10^5 MPa,泊松比 μ 取 0.285;

(3)根据 $\varepsilon = \dfrac{\sigma}{E} = \dfrac{M}{W \cdot E} = \dfrac{P \cdot x}{1/6 \cdot E \cdot b(x) \cdot h^2} = \dfrac{6p \cdot x}{E \cdot b(x) \cdot h^2} = \dfrac{6p \cdot L}{E \cdot b \cdot h^2}$,亦可只测 b、h、L

实验 5.7　机械式量测仪表及电测仪表的使用

【实验目的】

认识结构静载实验用的各种机械式量测仪表、电测仪表,了解它们的构造、性能,并学习安装的技术和使用的方法。

5.7.1　基本概念

(1)等强度梁被测位置的挠度理论计算

距悬臂端加载点 X_1 位置截面的挠度(图 5 - 7 - 1):

$$f_{x1} = \frac{pL}{2EI}(X_1 - L)^2$$

悬臂端挠度

$$f_0 = \frac{pL^3}{2EI}$$

式中:L——等强度梁的总长度(mm);

　　b——等强度梁的根部宽度(mm);

　　b_{x1}——被测挠度截面的宽度(mm);

　　h——等强度梁的平均厚度(mm)。

等强度梁弹性模量 E 取 2.0×10^5 MPa,泊松比 μ 取 0.285;

图 5 - 7 - 1　等强度梁被测位置示意图

(2)在等强度梁上距离加载点 X_1 位置安装百分表,在等强度梁端施加砝码,测量该截面上的挠度值,然后再在同一位置安装电子位移计,在等强度梁端施加砝码,测量该截面上的挠度值,并与百分比测量值以及理论挠度值进行比较;

(3)由挠度公式和应变公式,可以计算出荷载作用下,距悬臂端加载点 X_1 位置截面的挠度和应变关系:$f_{x1} = \frac{pL}{2EI}(X_1 - L)^2 = \frac{6pL}{Ebh^3}((X_1 - L)^2 = \frac{6pL}{E \cdot bh^2} \cdot \frac{1}{h}(X_1 - L)^2 = \frac{\varepsilon}{h}(X_1 - L)^2$,故对等强度梁,只要测得某位置的挠度,根据公式可以得出该位置表面应变值。

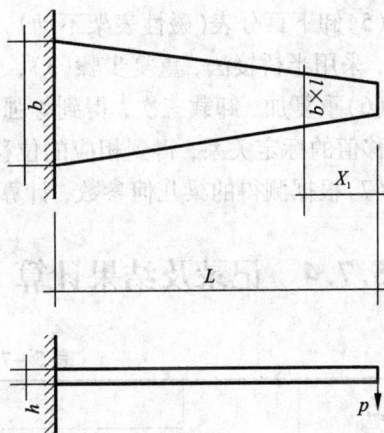

5.7.2　实验仪器设备

(1)等强度梁及砝码(包括底座、支架等);

(2)静态电阻应变仪;

(3)百分表、电子位移计、磁性表架;

(4)游标卡尺、万用表、螺丝刀等。

5.7.3 实验步骤

(1)用游标卡尺及钢尺量测等强度梁的几何尺寸(包括等强度梁的总长 L,根部宽度 b,平均厚度 h 等),并记录于原始记录表中;

(2)用磁性表架在距梁端 X_1(设在 100 mm)的截面上安装百分表(注意百分表安装时应给表一预压量,并且表面应严格垂直于梁表面);

(3)在梁端逐级施加砝码(每级加 20 N),量测等强度梁在相应荷载作用下被测截面的位移值(挠度值),共加两级载荷,即 20 N、40 N,分别将各级读数记录于原始记录表中;

(4)加、卸载三次(即重复步骤(3)共 3 次),从而得到三组读数值。再分别取这三组读数值的平均值作为该等强度梁在相应荷载下的位移值(机测值);

(5)卸下百分表(磁性表架不动),在原磁性表架上安装电子位移计,并把导线接在应变仪上,采用半桥接法,重复步骤(3),分别将各级荷载下的应变读数记录于原始记录表中;

(6)重复加、卸载三次,得到等强度梁在相应荷载作用下的电测应变值,并根据应变值与位移值的标定关系,得到相应的位移值;

(7)根据测得的梁几何参数,计算各级荷载下梁理论挠度值,再与实验实测值进行比较。

5.7.4 记录及结果计算

表 5-7-1 结构静载实验记录表

实验次数	荷载(N)	位移(挠度 f) mm				
		机测(百分表)			电测(电子位移计)	
		S	ΔS	$f = \sum \Delta S$	ε	$f = \dfrac{\varepsilon}{200}$
1	0					
	20					
	40					
2	0					
	20					
	40					

续上表

实验次数	荷载(N)	位移(挠度f) mm				
		机测(百分表)			电测(电子位移计)	
		S	ΔS	$f = \sum \Delta S$	ε	$f = \dfrac{\varepsilon}{200}$
3	0					
	20					
	40					
平均						
实验人员			记录人员			
实验日期			指导教师			

表 5 - 7 - 2 等强度梁几何尺寸及挠度理论计算记录表

实验次数	X_1 (mm)	L (mm)	b (mm)	h (mm)	荷载(N)	x 位置理论挠度	机测挠度平均值(mm)	电测挠度平均值(mm)	误差	
									机测误差	电测误差
1					0					
2					20					
3					40					
平均										
实验人员				记录人员		指导教师				

备注：(1) X_1：被测挠度位置距离加载点距离；

(2) 等强度梁弹性模量 E 取 2.0×10^5 MPa，泊松比 μ 取 0.285；

(3) 根据 $f_{x1} = \dfrac{PL}{2EI}(X_1 - L)^2$ 计算理论挠度值；

(4) 误差 $\delta = \dfrac{\text{试验值} - \text{理论值}}{\text{理论值}} \times 100\%$

实验 5.8　结构的静荷载试验
——六米钢桁架试验

【实验目的】

(1)进一步认识结构静荷试验用的各种仪器、设备，了解它们的构造、性能，并学习其安装和使用的方法；

(2)熟悉结构静荷载试验的全部过程；

(3)学习试验方法和试验结果的分析整理。

5.8.1　基本概念

(1)六米钢桁架位于固定的刚性支座上，并在上弦节点 B、D 点处安装加载设备，施加载荷，利用荷重传感器和应变仪测量加载的数值；

(2)六米钢桁架下弦各节点(F、G、H、K 点)安装电子位移传感器，测量各节点的挠度，在上弦 A、E 正点安装位移传感器测量支座在各级载荷下的挠度，由此，便可得到钢桁架受载后，消除支座刚性位移的挠度曲线；

(3)用电子倾角仪或位移计测量上弦杆 AB 及 DE 的转角，并对其值进行比较；

(4)用电阻应变片测量桁架各杆件的内力，且电阻应变片应布置在每一杆件中间截面的重心上，具体位置见图 5 - 8 - 1；

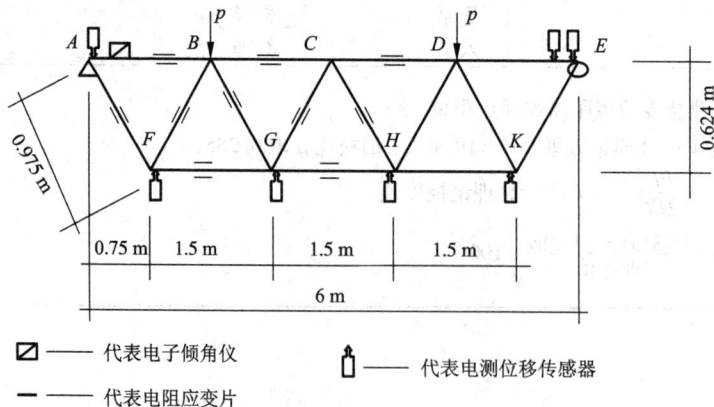

図 ☐ —— 代表电子倾角仪　　☐ —— 代表电测位移传感器

━ —— 代表电阻应变片

图 5 - 8 - 1　钢桁架杆件内力及挠度测点布置图

(5)钢桁架为二力杆件，其单位力、单位力偶、实际加载 p 作用下，内力计算可借助于结构力学求解器或手工计算得到，如图 5 - 8 - 2 所示：

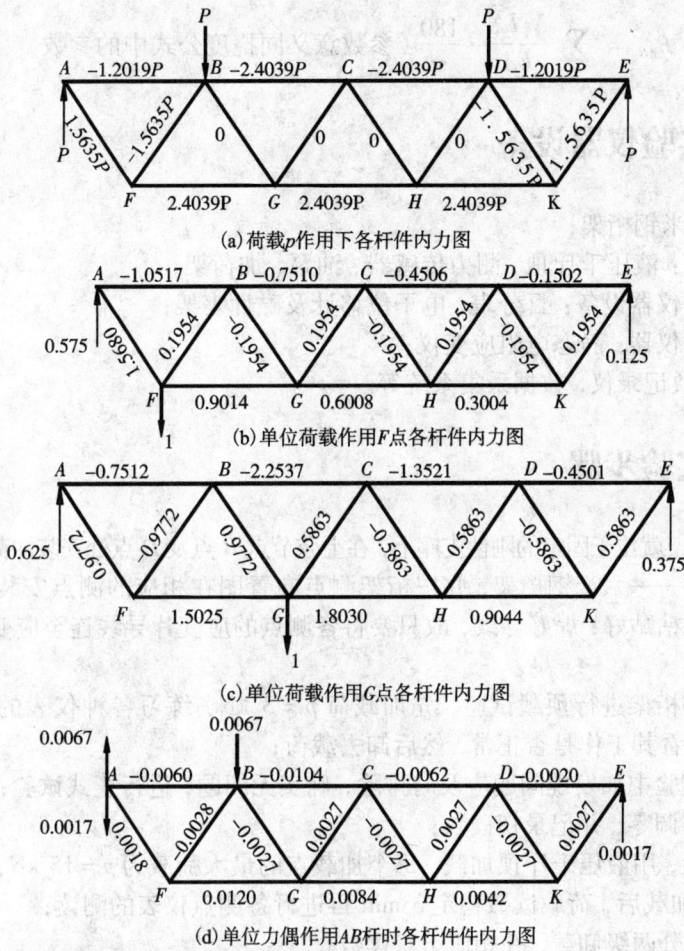

(a)荷载p作用下各杆件内力图

(b)单位荷载作用F点各杆件内力图

(c)单位荷载作用G点各杆件内力图

(d)单位力偶作用AB杆时各杆件内力图

图 5 - 8 - 2　荷载下各杆件内力图

①桁架下弦杆节点挠度计算：

由对称性可得出单位力作用于 H、K 点时桁架各杆件内力，这样利用挠度计算公式

$$f_i = \sum \frac{N_p L \overline{N}}{EA}$$

式中：N_P——结构(桁架杆件)在实际荷载作用下所产生的内力；

$\overline{N}$——结构(桁架杆件)在虚拟状态中由于广义的虚单位荷载所产生的虚内力；

L——桁架杆件的长度；

A——桁架杆件的截面面积(取 $A = 6.172\ \text{cm}^2$)；

E——桁架杆件材料的弹性模量(取 $E = 2.1 \times 10^5 \text{MPa}$)。

可计算出桁架下弦杆节点挠度值。

②桁架上弦 AB、DE 杆的转角计算：

单位力偶作用于桁架上弦 AB 杆时，由公式可计算出 AB 杆的转角，同理可算出单位力偶作用于桁架上弦 DE 杆时的转角。

$$\theta_{AB} = \sum \frac{N_P L \overline{N}}{EA} \cdot \frac{180}{\pi} \text{（参数意义同挠度公式中的参数）}$$

5.8.2　实验仪器设备

(1)试件：六米钢桁架；

(2)荷载设备：液压千斤顶、测力传感器、油泵、加荷架；

(3)测位移的仪器设备：百分表、电子位移计及磁性表架；

(4)测应变的仪器：静态电阻应变仪；

(5)$X - Y$ 函数记录仪，数据采集系统等。

5.8.3　实验步骤

(1)六米钢桁架就位于固定的刚性支座上，在上弦节点 B 点及 D 点处安装加荷架及加载设备；

(2)检查试件——六米钢桁架，并按桁架测点布置图在相应的测点安装各种仪器、仪表（电阻应变片事先粘贴好，焊好导线，故只要将各测点的应变片导线连至应变仪预调平衡，即可进行测量）；

(3)对六米钢桁架进行预载试验，先加载荷 $p = 3$ kN，练习各种仪表的测读，并检查设备、试件、仪表，看其工作是否正常，然后卸去载荷；

(4)在预载试验中如发现问题应及时排除，确实无问题，进行正式试验；

(5)所有仪表调零，并记录初读数；

(6)正式试验，用液压千斤顶加载，每个加载点的最大荷载为 $p = 15$ kN，分5级加载，每级加 3 kN，每次加载后，荷载读数稳定 3 min 再进行各测点仪表的测读；

(7)满载后，分两级卸载，并相应记录读数；

(8)正式试验重复两次，两次试验数据的平均值作为最后试验结果。

5.8.4　记录及结果计算

(1)桁架下弦节点挠度的整理与分析：

①荷载作用下，下弦节点挠度原始记录（表5 – 8 – 1）；

表 5 – 8 – 1　下弦节点挠度原始记录表

节点挠度 （mm）	0 kN	3 kN	6 kN	9 kN	12 kN	15 kN
F 节点						
G 节点						
H 节点						
K 节点						
实验人员				记录人员		
指导教师				实验日期		

②绘制满荷载作用下,桁架下弦节点实测与理论挠度曲线(图 5 - 8 - 3);(要考虑支座刚性位移的影响修正)(以节点 F 位置为坐标零点)

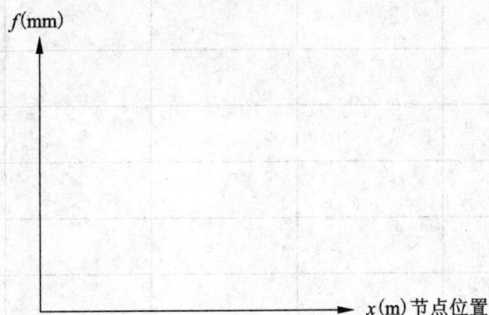

图 5 - 8 - 3　满荷载下桁架下弦节点实测与理论挠度曲线

③绘制桁架下弦节点 F、G 点的实测与理论的荷载挠度曲线(图 5 - 8 - 4);

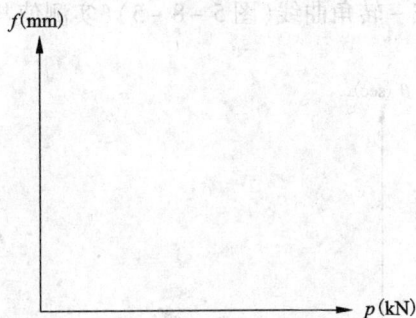

图 5 - 8 - 4　下弦节点 F、G 点的实测与理论的荷载挠度

④比较桁架满载时,下弦各节点的实测与理论挠度值(考虑支座刚性位移的影响修正)(表 5 - 8 - 2)。

表 5 - 8 - 2　满载时下弦各节点的实测与理论挠度值

项目	A 点	F 点	G 点	H 点	K 点	E 点
	mm	mm	mm	mm	mm	mm
理论挠度 f						
实测挠度 f_T						
误差 $\delta = \dfrac{\lvert f - f_T \rvert}{f} \times 100\%$						

(2)桁架上弦杆 AB、DE 的转角(角变位)分析:
①荷载作用下,AB、DE 点转角原始记录(表 5 - 8 - 3);

表 5 - 8 - 3　转角原始记录表

节点位移(mm)	0 kN	3 kN	6 kN	9 kN	12 kN	15 kN
A 节点						
A_1 节点						
AB 杆转角计算						
E 节点						
E_1 节点						
DE 杆转角计算						
实验人员			记录人员			
指导教师			实验日期			

②绘制上弦杆 AB 的荷载 - 转角曲线(图 5 - 8 - 5)(实测值与理论值);

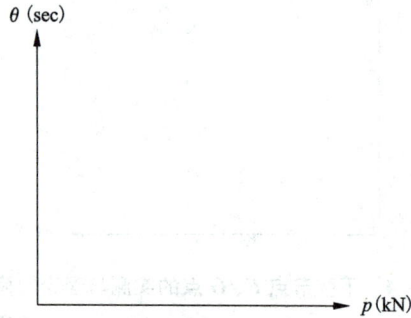

图 5 - 8 - 5　荷载 - 转角曲线

③比较上弦杆 AB 在满荷载作用下转角的实测值与理论值(表 5 - 8 - 4)。

表 5 - 8 - 4　满载时各转角的实测值与理论值

项目	3 kN	6 kN	9 kN	12 kN	15 kN
	sec	sec	sec	sec	sec
理论值 θ					
实测值 θ_T					
误差 $\delta = \dfrac{\mid \theta - \theta_T \mid}{\theta} \times 100\%$					

(3)桁架杆件的内力分析:

①荷载作用下,各杆件应变原始记录(表 5 - 8 - 5);

表 5 – 8 – 5 各杆件原始记录表

杆件应变(με)	0 kN	3 kN	6 kN	9 kN	12 kN	15 kN
AB						
AF						
BC						
BF						
BG						
CG						
CH						
CD						
FG						
GH						
实验人员				记录人员		
指导教师				实验日期		

②绘制桁架杆件 *BC*、*GH*、*AF* 在满荷载作用下的荷载 – 应变曲线(图 5 – 8 – 6);

图 5 – 8 – 6 荷载 – 应变曲线

③比较桁架各杆件在各级荷载作用下内力实测值与理论值(表 5 – 8 – 6)。

表 5 – 8 – 6 各级荷载作用下内力实测值与理论值

杆件内力值 (kN)		3 kN	6 kN	9 kN	12 kN	15 kN	满荷载时误差 $\delta = \dfrac{\|N_T - N_L\|}{N_L} \times 100\%$
AB	N_L						
	N_T						

续上表

杆件内力值 （kN）		3 kN	6 kN	9 kN	12 kN	15 kN	满荷载时误差 $\delta = \dfrac{\mid N_{\mathrm{T}} - N_{\mathrm{L}} \mid}{N_{\mathrm{L}}} \times 100\%$
BC	N_{L}						
	N_{T}						
CD	N_{L}						
	N_{T}						
FG	N_{L}						
	N_{T}						
GH	N_{L}						
	N_{T}						
AF	N_{L}						
	N_{T}						
BF	N_{L}						
	N_{T}						
BG	N_{L}						
	N_{T}						
CG	N_{L}						
	N_{T}						
备注	N_{L}——杆件理论内力值，N_{T}——实测杆件内力值（由应变计算得到），$F = EA\varepsilon$						
实验人员				记录人员			
指导教师				实验日期			

实验 5.9　单自由度系统自由衰减振动及固有频率、阻尼比的测定

【实验目的】

(1)认识结构动载试验用的基本设备与仪器；

(2)了解动力特性的测定方法；

(3)掌握一般结构动载试验的数据处理方法；

(4)记录小阻尼情况下衰减振动的时间 – 位移曲线，了解阻尼对自由振动的影响；

(5)测量并计算单自由度系统的固有周期、固有频率、阻尼比 ξ 等。

5.9.1　基本概念

(1)结构的动力特性参数，主要包括自振频率、阻尼和振型等。测量方法有自由振动法、共振法和脉动法等；本次试验中采用的是自由衰减振动法，采用撞击法使试件产生自由振动，一般的自由振动试件时间历程曲线形状如图 5 – 9 – 1 所示。

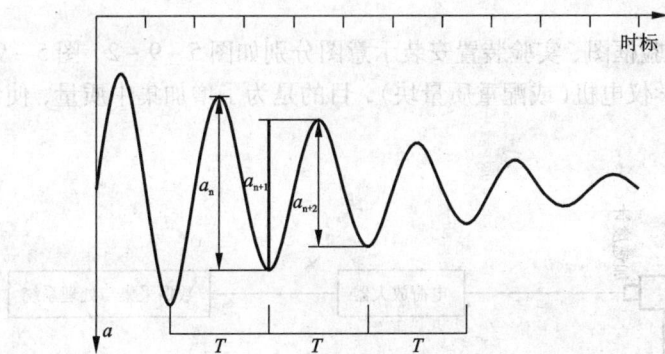

图 5 – 9 – 1　一般的自由振动试件时间历程曲线

在记录纸上测出相应信号尺寸或在振动分析软件上分析相应信号，即得到信号的幅值以及周期，随后利用下列公式得出结构的特征参数：

$$\omega = \frac{2\pi}{T} = 2\pi f$$

$$f = \frac{1}{T}$$

$$\xi = \frac{\ln \dfrac{a_n}{a_{n+1}}}{2\pi}$$

式中：T 为自振周期，ξ 为阻尼比。为消除冲击荷载的影响最初几个周期的波形可以不作参考，同时应取若干周期之和的平均值作为基本周期，以提高精度。

（2）单自由度系统的阻尼计算，在结构和测振仪器的分析中是最重要的。阻尼的计算常常通过衰减振动的时程曲线（波形）来进行计算。用衰减波形求阻尼可以通过半个周期的相邻两个振幅 a_{n+1} 与 a_n 绝对值之比，或经过一个周期的两个同方向相邻振幅之比，这两种基准方式来进行计算。两个相邻振幅绝对值之比，称为波形衰减系数（$\varphi = \dfrac{a_n}{a_{n+1}}$），通常利用衰减系数的自然对数来表示振幅的衰减，令 $\delta = \ln \dfrac{a_n}{a_{n+1}}$，$\delta$ 称为对数衰减率。

5.9.2　实验仪器设备

振动教学仪及配套系统如下：
（1）力锤：用来发生激振信号；
（2）加速度传感器：将被测系统的机械振动量（加速度）转换成电量；
（3）电荷放大器：将加速度传感器输出的较小的电荷信号放大成可供检测的电压信号；
（4）数据采集与分析系统：记录和分析结构振动的各个参数。

5.9.3　实验步骤

（1）仪器安装：实验框图、实验装置安装示意图分别如图 5-9-2、图 5-9-3 所示，按示意图安装好振动教学仪电机（或配重质量块），目的是为了增加集中质量，使结构更接近单自由度模型。

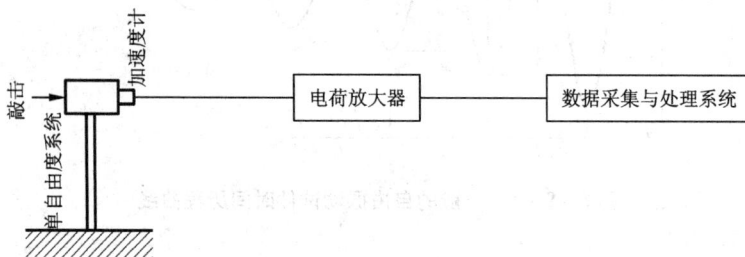

图 5-9-2　单自由度系统自由振动实验框图

（2）加速度传感器接入振动教学实验仪的传感器输入插座，传感器选择开关置于加速度挡位，测量参数选择开关置于 $a(\mathrm{m/s^2})$，输出接到振动教学仪采集仪的第一通道。
（3）开机进入振动教学仪测试软件的主界面，点击选择控制面板上"监视类型"的"波形"，用力锤或用手敲击简支梁或电机，观察梁振动的衰减信号，以确定信号是否连通。

图 5 – 9 – 3　实验台安装示意图

（4）适当选择"采样频率"和"程控放大"倍数，"数据块数"选择 8。用力锤轻敲简支梁或电机，同时在软件上采样存盘。

（5）重复进行若干次敲击，并采样存盘，经过确认后结束测试。

（6）在较好的衰减振动曲线上移动光标读取波峰值、波谷值和相邻的波峰值并记录，在频谱图中读取当前波形的频率值。

（7）可以移动光标读取峰值，记录峰值，利用基本概念中的公式手动计算阻尼比和固有频率等。

5.9.4　记录及结果计算

表 5 – 9 – 1　结构动载实验记录表

试验次数	第一峰峰值（mm）			第二峰峰值（mm）			频率（Hz）	阻尼
	波峰值	波谷值	峰峰值	波峰值	波谷值	峰峰值		
1								
2								
3								
实验人员			记录人员				实验日期	

实验 5.10 单自由度系统受迫振动的幅频特性、固有频率及阻尼比的测定

【实验目的】

（1）测绘受迫振动的幅频特性曲线，了解干扰力频率对振幅的影响；

（2）掌握通过受迫振动测试系统固有频率和阻尼的方法。

5.10.1 基本概念

（1）单自由度有阻尼系统在简谐力 $F_0\sin\omega_e t$ 作用下受迫振动的运动微分方程为：

$$m\frac{\mathrm{d}^2 x}{\mathrm{d}t^2} + C\frac{\mathrm{d}x}{\mathrm{d}t} + Kx = F_0\sin\omega_e t$$

该微分方程的解由 $x_1 + x_2$ 两部分组成，x_1 和 x_2 分别为：

$x_1 = \mathrm{e}^{-\varepsilon t}(C_1\cos\omega_D t + C_2\sin\omega_D t)$，式中 $\omega_D = \omega\sqrt{1-D^2}$，$C_1$、$C_2$ 常数由初始条件决定；

$x_2 = A_1\sin\omega_e t + A_2\cos\omega_e t$，其中 $A_1 = \dfrac{q(\omega^2 - \omega_e^2)}{(\omega^2 - \omega_e^2)^2 + 4\varepsilon^2\omega_e^2}$，$q = \dfrac{F_0}{m}$，$x_1$ 代表阻尼自由振动基，

x_2 代表阻尼受迫振动项，ω_D 为有阻尼自振频率，ω_e 为干扰频率，D 为阻尼比。

（2）有阻尼的受迫振动，当经过一定时间后，只剩下受迫振动部分，有阻尼受迫振动的振幅特性：

$$A = \frac{1}{\sqrt{(1-\mu^2)^2 + 4\mu^2 D^2}}x_{\mathrm{st}} = \beta \cdot x_{\mathrm{st}}$$

动力放大系数 $\beta = \dfrac{1}{\sqrt{(1-\mu^2)^2 + 4\mu^2 D^2}} = \dfrac{A}{x_{\mathrm{st}}}$，当干扰力决定后，由力产生的静态位移 x_{st} 就可随之决定，而受迫振动的动态位移与频率比 μ 和阻尼比 D 有关，这种关系表现为幅频特性。动态振幅 A 与静态位移 x_{st} 之比值 β 称为动力系数，它由频率比 μ 和阻尼比 D 所决定。把 β、μ 和 D 的关系作成曲线，称为频率响应曲线，如图 5-10-1 所示。

从图可以得出：

①当 $\dfrac{\omega_e}{\omega}$ 很小时，即干扰频率比自振频率小很多时，动力放大系数 β 在任何阻尼系数时均接近于 1；

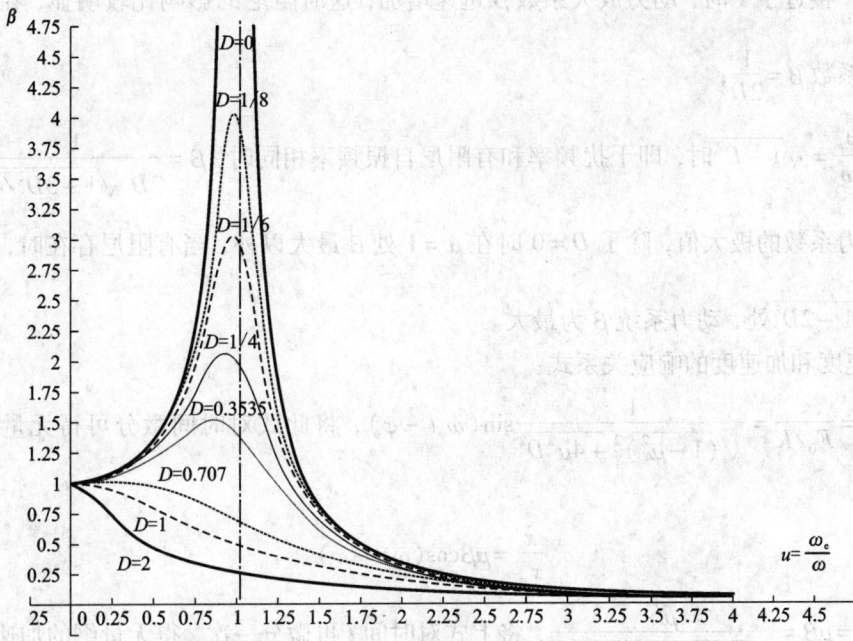

(a)

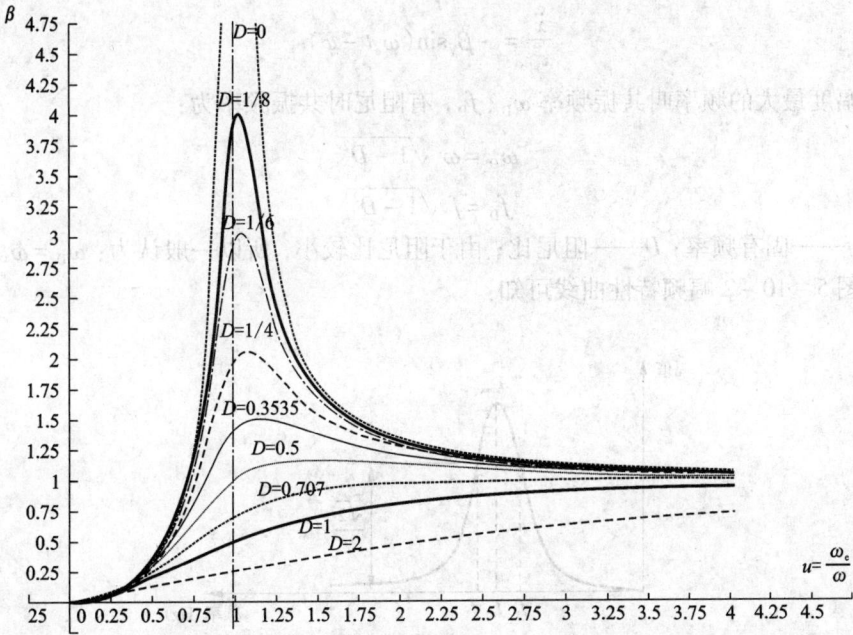

(b)

图 5 - 10 - 1　简谐力作用下的频率响应曲线

② 当 $\dfrac{\omega_e}{\omega}$ 很大时，即干扰频率比自振频率高很多时，动力放大系数 β 则很小，小于 1；

③当$\dfrac{\omega_e}{\omega}$接近于 1 时，动力放大系数 β 迅速增加，这时阻尼的影响比较明显，在共振点时动力放大系数 $\beta = \dfrac{1}{2D}$；

④当$\dfrac{\omega_e}{\omega} = \sqrt{1 - D^2}$时，即干扰频率和有阻尼自振频率相同时，$\beta = \dfrac{1}{2D\sqrt{1 - 3D^2/4}}$；

⑤动力系数的极大值，除了 $D = 0$ 时在 $\mu = 1$ 处 β 最大以外，当有阻尼存在时，在 $D \leqslant \dfrac{1}{\sqrt{2}}$ 时，$u = \sqrt{1 - 2D^2}$ 处，动力系统 β 为最大。

（3）速度和加速度的响应关系式：

由$\dfrac{x}{x_{st}} = \dfrac{x}{F_0/K} = \dfrac{1}{\sqrt{(1 - \mu^2)^2 + 4\mu^2 D^2}}\sin(\omega_e t - \varphi)$，将此式对时间微分可得无量纲速度形式为：

$$\frac{\dot{x}}{x_{st}} = \mu\beta\cos(\omega_e t - \varphi)$$

令 $\beta_v = \mu\beta = \dfrac{\mu^2}{\sqrt{(1 - \mu^2)^2 + 4\mu^2 D^2}}$，将上式对时间 t 再微分一次，得无量纲的加速度响应：

$$\frac{\ddot{x}}{x_{st}} = -\beta_v\sin(\omega_e t - \varphi)$$

振动幅度最大的频率叫共振频率 ω_D、f_D，有阻尼时共振频率为：

$$\omega_D = \omega\sqrt{1 - D^2}$$

或
$$f_D = f\sqrt{1 - D^2}$$

式中：ω、f——固有频率；D——阻尼比；由于阻尼比较小，所以一般认为：$\omega_D = \omega$。

根据图 5-10-2 幅频特性曲线可知：

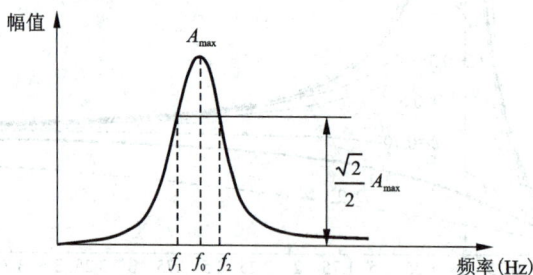

图 5-10-2　用半功率法求系统阻尼

当 $D < 1$ 时，共振处的动力放大系数 $|\beta_{max}| = \dfrac{1}{2D\sqrt{1 - D^2}} \approx \dfrac{1}{2D} = Q$，峰值两边 $\beta = \dfrac{Q}{\sqrt{2}}$ 处的频率 f_1、f_2 称为半功率点，f_1 和 f_2 之间的频率范围称为系统的半功率带宽。

代入放大系数公式得

$$\beta = \frac{1}{\sqrt{\left[1 - \left(\frac{f_{1,2}}{f_0}\right)^2\right]^2 + 4\left(\frac{f_{1,2}}{f_0}\right)^2 \cdot D^2}} = \frac{Q}{\sqrt{2}} = \frac{1}{2D\sqrt{2}}$$

当 D 很小时有：$D = \dfrac{f_2 - f_1}{2f_0}$。

5.10.2　实验仪器设备

振动教学仪及配套系统如下：
(1)信号发生器：用来发生正弦信号，其频率和电压幅值可调；
(2)功率放大器：将来自信号发生器的电压信号进行功率放大输出，用以推动振动台工作；
(3)电磁式振动台：振动台的台面可以按照信号发生器输出的信号的频率和幅值振动；
(4)加速度传感器：将被测系统的机械振动量（加速度）转换成电量；
(5)电荷放大器：将加速度传感器输出的较小的电荷信号放大成可供检测的电压信号；
(6)数据采集与分析系统：记录和分析结构振动的各个参数。

5.10.3　实验步骤

(1)仪器安装：实验框图、实验装置安装示意图分别如图 5 – 10 – 3、图 5 – 10 – 4 所示，按示意图安装好振动教学仪电机（或配重质量块）；质量块可用到 2.5 kg，上下都可以放置，传感器安装在简支梁的中部（由于速度传感器不能倒置，如果用速度传感器只能把质量块放在梁的下面）；

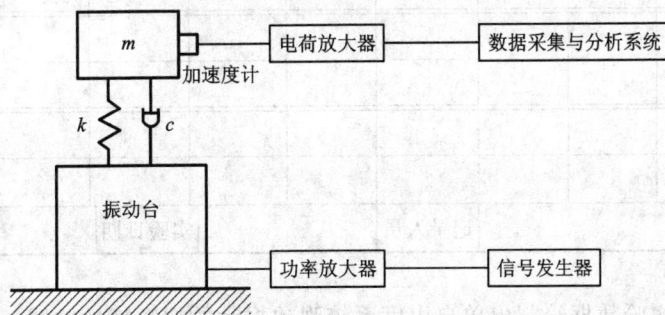

图 5 – 10 – 3　单自由度系统受迫振动实验框图

(2)激振器引线接到振动教学实验仪的功率输出 A 插座，在梁中部的传感器，通过振动教学实验仪输出到采集仪第一通道；
(3)开机进入振动教学仪测试软件的主界面，点击选择控制面板上"监视类型"的"波形"，适当选择"采样频率"和"程控放大"倍数，"数据块数"选择 4 或 8 即可；

图 5 – 10 – 4　实验台安装示意图

（4）把振动教学实验仪的频率旋钮用手动搜索一下梁当前的共振频率，不要让共振时的信号过载。然后把频率调到零，逐渐增大频率到 50 Hz 以上，每增加一次为 2 ~ 5 Hz，在共振峰附近尽量增加测试点数；

（5）在不同的频率下，打开测试软件数据显示功能，同时读取频率值和幅值，记录在表 5 – 10 – 1 中。

5.10.4　记录及结果计算

（1）实验原始记录如表 5 – 10 – 1 所示；

表 5 – 10 – 1　实验原始记录表

频率(Hz)							
振幅							
频率(Hz)							
振幅							
频率(Hz)							
振幅							
频率(Hz)							
振幅							
实验人员			记录人员		实验日期		指导教师

（2）用表中的实验数据绘制出单自由度系统强迫振动的幅频特性曲线；

（3）根据所绘制的幅频特性曲线，找出系统的共振频率 f_D；

（4）计算出 $\frac{\sqrt{2}}{2}A_{max}$，根据幅频特性曲线确定 f_1 和 f_2，又 $f_0 = f_D$，根据公式 $D = \frac{f_2 - f_1}{2f_0}$ 计算阻尼比。

主要参考文献

[1] 柯国军.土木工程材料[M].北京：北京大学出版社，2008.

[2] 中华人民共和国国家标准.GB175—2007 通用硅酸盐水泥[S].北京：中国标准出版社，2007.

[3] 中华人民共和国国家标准.GB/T12573—2008 水泥取样方法[S].北京：中国标准出版社，2008.

[4] 中华人民共和国国家标准.GB/T208—2014 水泥密度测定方法[S].北京：中国标准出版社，2014.

[5] 中华人民共和国国家标准.GB/T8074—2008 水泥比表面积测定方法[S].北京：中国标准出版社，2008.

[6] 中华人民共和国国家标准.GB/T1345—2005 水泥细度检验方法[S].北京：中国标准出版社，2005.

[7] 中华人民共和国国家标准. GB/T17671—1999 水泥胶砂强度检验方法[S]. 北京：中国标准出版社，1999.

[8] 中华人民共和国国家标准. GB/T1346—2011 水泥标准稠度用水量、凝结时间、安定性检验方法[S].北京：中国标准出版社，2011.

[9] 中华人民共和国国家标准. GB/T2419—2005 水泥胶砂流动度测定方法[S].北京：中国标准出版社，2005.

[10] 中华人民共和国行业标准.JTG E30—2005 公路工程水泥及水泥混凝土试验规程[S].北京：人民交通出版社，2005.

[11] 中华人民共和国建材行业标准.JC/T421—2004 水泥胶砂耐磨性试验方法[S].北京：中国建材工业出版社，2004.

[12] 中华人民共和国建材行业标准. JC/T603—2004 水泥胶砂干缩试验方法[S].北京：中国标准出版社，1999.

[13] 中华人民共和国国家标准. GB/T2419—2005 水泥胶砂流动度测定方法[S].北京：中国标准出版社，2005.

[14] 中华人民共和国行业标准.JTG/E42—2005 公路工程集料试验规程[S].北京：人民交通出版社，2005.

[15] 中华人民共和国国家标准.GB/T 2542—2012 砌墙砖试验方法[S].北京：中国标准出版社，2014.

[16] 中华人民共和国行业标准.JTG/T F50—2011 路桥涵施工技术规范[S]. 北京：人民交通出版社，2000.

[17] 中华人民共和国国家标准. GB/T14684—2011 建设用砂[S]. 北京：中国标准出版社，2011.

[18] 中华人民共和国国家标准. GB/T14685—2011 建设用碎石、卵石[S]. 北京：中国标准出版社，2002.

[19] 中华人民共和国行业标准.JGJ52—2006 普通混凝土用砂、石质量及检验方法标准[S]. 北京：中国建筑工业出版社，2007.

[20] 中华人民共和国国家标准.GB50108—2008 地下工程防水技术规程[S].北京：中国计划出版社，2001.

[21] 中华人民共和国行业标准. JTG F40—2004 公路沥青路面施工技术规范[S].北京：人民交通出版社，2004.

[22] 中华人民共和国国家标准.GB5066—2011 混凝土结构工程施工规范[S].北京：中国建筑工业出版社，2012.

[23] 中华人民共和国国家标准. GB50164—2011 混凝土质量控制标准[S]. 北京：中国建筑工业出版社，2012.

[24] 中华人民共和国行业标准. JGJ/T193—2009 混凝土耐久性检验评定标准[S]. 北京：中国建筑工业出版社, 2009.

[25] 中华人民共和国国家标准. GB50208—2011 地下防水工程质量验收规范[S]. 北京：中国建筑工业出版社, 2011.

[26] 中华人民共和国国家标准. GB/T14902—2012 预拌混凝土[S]. 北京：中国标准出版社, 2013.

[27] 中华人民共和国国家标准. GB50108—2008 地下工程防水技术规程[S]. 北京：中国计划出版社, 2008.

[28] 中华人民共和国建材行业标准. GB/T50080—2002 普通混凝土拌合物性能试验方法标准[S]. 北京：中国建筑工业出版社, 2003.

[29] 中华人民共和国铁道行业标准. TB/T2181—1990 混凝土拌合物稠度试验方法[S]. 北京：中国铁道出版社, 1991.

[30] 中华人民共和国国家标准. GB50204—2015 混凝土结构工程施工质量验收规范[S]. 北京：中国建筑工业出版社, 2015.

[31] 中华人民共和国国家标准. GB/T50107—2010 混凝土强度检验评定标准[S]. 北京：中国建筑工业出版社, 2010.

[32] 中华人民共和国水利行业标准. SL352—2006 水工混凝土试验规程[S]. 北京：中国水利水电出版社, 2006.

[33] 中华人民共和国国家标准. GB/T50081—2002 普通混凝土力学性能试验方法[S]. 北京：中国建筑工业出版社, 2003.

[34] 中华人民共和国行业标准. GB/T50784—2013 混凝土结构现场检测技术标准[S]. 北京：中国建筑工业出版社, 2013.

[35] 中国工程建设协会标准. GB/T50082—2009 普通混凝土长期性能和耐久性能试验方法标准[S]. 北京：中国建筑工业出版社, 2010.

[36] 中华人民共和国行业标准. GB/T19879—2005 建筑结构用钢板[S]. 北京：中国标准出版社, 1990.

[37] 中华人民共和国国家标准. GB/T5313—2010 厚度方向性能钢板[S]. 北京：中国标准出版社, 2011.

[38] 中华人民共和国国家标准. GB/T706—2008 热轧型钢[S]. 北京：中国标准出版社, 2009.

[39] 中华人民共和国国家标准. GB/T11263—2010 热轧 H 型钢和剖分 T 型钢[S]. 北京：中国标准出版社, 2011.

[40] 中华人民共和国国家标准. GB/T3524—2015 碳素结构钢和低合金结构钢热轧钢带[S]. 北京：中国标准出版社, 2000.

[41] 中华人民共和国国家标准. GB/T3274—2007 碳素结构钢和低合金结构钢热轧厚钢板和钢带[S]. 北京：中国标准出版社, 2008.

[42] 中华人民共和国国家标准. GB712—2011 船舶及海洋工程用结构钢[S]. 北京：中国标准出版社, 2011.

[43] 中华人民共和国国家标准. GB/T700—2006 碳素结构钢[S]. 北京：中国标准出版社, 2006.

[44] 中华人民共和国国家标准. GB/T699—1999 优质碳素结构钢[S]. 北京：中国标准出版社, 1999.

[45] 中华人民共和国国家标准. GB1499.1—2008 钢筋混凝土用钢（第 1 部分：热轧光圆钢筋）[S]. 北京：中国标准出版社, 2008.

[46] 中华人民共和国国家标准. GB1499.2—2008 钢筋混凝土用钢（第 2 部分：热轧带肋钢筋）[S]. 北京：中国建筑工业出版社, 2007.

[47] 中华人民共和国国家标准. GB13788—2008 冷轧带肋钢筋[S]. 北京：中国标准出版社, 2008.

[48] 中华人民共和国国家标准. GB/T701—2008 低碳钢热轧圆盘条[S]. 北京：中国标准出版社, 2008.

[49] 中华人民共和国国家标准. GB/T1591—2008 低合金高强度结构钢[S]. 北京：中国标准出版社, 2008.

[50] 中华人民共和国国家标准. GB/T5223—2014 预应力混凝土用钢丝[S]. 北京：中国标准出版社, 2014.

[51] 中华人民共和国国家标准. GB/T522—2014 预应力混凝土用钢绞线[S]. 北京：中国标准出版社，2014.

[52] 中华人民共和国国家标准. GB/T20065—2006 预应力混凝土用螺纹钢筋[S]. 北京：中国标准出版社，1990.

[53] 中华人民共和国行业标准. JGJ19—2010 冷拔低碳钢丝应用技术规程[S]. 北京：中国建筑工业出版社，2010.

[54] 中华人民共和国国家标准. GB/T4171—2000 高耐候结构钢[S]. 北京：中国标准出版社，2008.

[55] 中华人民共和国国家标准. GB/T714—2015 桥梁结构用钢[S]. 北京：中国标准出版社，2016.

[56] 中华人民共和国行业标准. JG190—2006 冷轧扭钢筋[S]. 北京：中国标准出版社，2006.

[57] 中华人民共和国国家标准. GB/T2975—1998 钢及钢产品力学性能试验取样位置及试样制备[S]. 北京：中国标准出版社，1999.

[58] 中华人民共和国国家标准. GB/T228.1—2010 金属材料拉伸试验（第1部分：室温试验方法）[S]. 北京：中国标准出版社，2012.

[59] 华人民共和国国家标准. GB/T238—2013 金属材料线材反复弯曲试验方法[S]. 北京：中国标准出版社，2013.

[60] 中华人民共和国国家标准. GB/T232—2010 金属材料弯曲试验方法[S]. 北京：中国标准出版社，2011.

[61] 中华人民共和国国家标准. GB/T 2651—2008 焊接接头拉伸试验方法[S]. 北京：中国标准出版社，2008.

[62] 中华人民共和国黑色冶金行业标准. YBT 5126—2003 钢筋混凝土用钢筋弯曲和反向弯曲试验方法[S]. 北京：中国标准出版社，2004.

[63] 中华人民共和国行业标准. JGJT27—2014 钢筋焊接接头试验方法标准[S]. 北京：中国建筑工业出版社，2014.

[64] 中华人民共和国国家标准. GB/T2653—2008 焊接接头弯曲试验方法[S]. 北京：中国标准出版社，2008.

[65] 中华人民共和国行业标准. GB/T21839—2008 预应力混凝土用钢材试验方法[S]. 北京：中国标准出版社，1990.

[66] 中华人民共和国行业标准. JGJ18—2012 钢筋焊接及验收规范[S]. 北京：中国建筑工业出版社，2012.

[67] 中华人民共和国国家标准. GB/T2101—2008 型钢验收、包装、标志及质量证明书的一般规定[S]. 北京：中国标准出版社，1900.

[68] 中华人民共和国国家标准. GB/T17505—2016 钢及钢产品交货一般技术要求[S]. 北京：中国标准出版社，1999.

[69] 中华人民共和国黑色冶金行业标准. YB/T081—2013 冶金技术标准的数值修约与检测数值的判定[S]. 北京：冶金工业出版社，2013.

[70] 中华人民共和国国家标准. GB/T8170—2008 数值修约规则与极限数值的表示和判定[S]. 北京：中国标准出版社，1987.

[71] 中华人民共和国国家标准. GB/T50123—1999 土工试验方法标准[S]. 北京：中国计划出版社，1999.

[72] 中华人民共和国行业标准. SL237—1999 土工试验规程[S]. 北京：中国水利水电出版社，1999.

[73] 中华人民共和国国家标准. GB50021—2001 岩土工程勘察规范[S]. 北京：中国建筑工业出版社，2009.

[74] 中华人民共和国国家标准. GB50007—2012 建筑地基设计规范[S]. 北京：中国建筑工业出版社，2012.

[75] 中华人民共和国行业标准. JGJ106—2014 建筑基桩检测技术规范[S]. 北京：中国建筑工业出版社，2014.

[76] 《岩土工程手册》编写委员会. 岩土工程手册. 北京：中国建筑工业出版社，2016.

[77] 中国工程建设标准化协会标准. CECS21：2000 超声波检测混凝土缺陷技术规程[S]. 北京：中国计划出

版社，2000.

[78] 陈凡等.基桩质量检测技术[M].北京：中国建筑工业出版社，2003.

[79] 张喜发等.工程地质原位测试[M].北京：地质出版社，1989.

[80] 中华人民共和国国家标准.GB/T50226—2013 工程岩体试验方法标准[S].北京：中国计划出版社，2013.

[81] 中华人民共和国行业标准.JTG E40—2007 公路土工试验规程[S].北京：人民交通出版社，2007.

[82] 中华人民共和国行业标准.JTG E41—2005 公路工程岩石试验规程[S].北京：人民交通出版社，2005.

[83] 中华人民共和国行业标准.SL264—2001 水利水电工程岩石试验规程[S].北京：中国水利水电出版社，2001.

[84] 中华人民共和国行业标准.JTG E60—2008 公路路基路面现场测试规程[S].北京：人民交通出版社，2008.

[85] 中华人民共和国推荐性行业标准.JTG/T F80 - 01—2004 公路工程基桩动测技术规程[S].北京：人民交通出版社，2004.

[86] 中华人民共和国行业标准.JGJ79—2012 建筑地基处理技术规范[S].北京：中国建筑工业出版社，2012.

[87] 中国工程建设协会标准.CECS279：2010 强夯地基处理技术规程[S].北京：中国计划出版社，2010.

[88] 中华人民共和国行业标准.JGJ120—2012 建筑基坑支护技术规程[S].北京：中国建筑工业出版社，2012.

[89] 中华人民共和国国家标准.GB50330—2002 建筑边坡工程技术规程[S].北京：中国建筑工业出版社，2002.

[90] 中华人民共和国行业标准.TB10018—2003 铁路工程地质原位测试规程[S].北京：中国铁路出版社，2003.

[91] 中华人民共和国行业标准.JGJ/T 23—2011 回弹法检测混凝土抗压强度技术规程[S].北京：中国建筑工业出版社，2011.

[92] 中国工程建设标准化协会标准.CECS02：2005 超声回弹综合法检测混凝土强度技术规程[S].北京：中国计划出版社，2005.

[93] 中华人民共和国国家标准.GB/T50344—2004 建筑结构检测技术标准[S].北京：中国建筑工业出版社，2004.

[94] 中华人民共和国国家标准 GB/T50783—2013 混凝土结构现场检测技术标准[S].北京：中国建筑工业出版社，2013.

图书在版编目(CIP)数据

土木工程实验与检测技术(上)/张志恒主编．

—长沙:中南大学出版社,2016.8

ISBN 978 - 7 - 5487 - 2344 - 8

Ⅰ.土...　Ⅱ.张...　Ⅲ.土木工程－工程结构－检测－高等学校－教材　Ⅳ.TU317

中国版本图书馆 CIP 数据核字(2016)第 198650 号

土木工程实验与检测技术(上)
TUMU GONGCHENG SHIYAN YU JIANCE JISHU(SHANG)

主编　张志恒

□责任编辑	胡小锋	
□责任印制	易红卫	
□出版发行	中南大学出版社	
	社址:长沙市麓山南路	邮编:410083
	发行科电话:0731-88876770	传真:0731-88710482
□印　装	长沙印通印刷有限公司	

□开　本	787×1092　1/16	□印张 28	□字数 693 千字	
□版　次	2016 年 8 月第 1 版	□印次	2016 年 8 月第 1 次印刷	
□书　号	ISBN 978 - 7 - 5487 - 2344 - 8			
□定　价	55.00 元			

图书出现印装问题,请与经销商调换